普通高等教育农业农村部"十四五"规划教材

木 材 碳 学

（第二版）

郭明辉　李　坚　关　鑫　等　编著

吴义强　审

科学出版社

北　京

内 容 简 介

本书以生态文明思想为指导，贯彻新发展理念引领林业工程的绿色转型，为绿色能源低碳发展提供科学指导。本书以国内外木材碳学的最新研究进展为主，全面、系统地介绍了木材碳储存的基本特征和木材碳储能的原理，以及木质林产品、木质基碳功能材料、木质人造板和木结构建筑等的碳足迹、低碳加工及应用等。

本书可作为林业工程类专业研究生、本科生教材，也可供工程技术、科学研究、木材贸易、企业生产和管理方面的人员学习参考。

图书在版编目（CIP）数据

木材碳学 / 郭明辉等编著. -- 2 版. -- 北京：科学出版社，2024.12. -- （普通高等教育农业农村部"十四五"规划教材）. -- ISBN 978-7-03-079277-8

Ⅰ. S781.4

中国国家版本馆 CIP 数据核字第 2024VB6715 号

责任编辑：张会格　薛　丽／责任校对：严　娜
责任印制：肖　兴／封面设计：无极书装

科学出版社 出版
北京东黄城根北街 16 号
邮政编码：100717
http://www.sciencep.com

北京华宇信诺印刷有限公司印刷
科学出版社发行　各地新华书店经销

*

2012 年 6 月第 一 版　　开本：720×1000　1/16
2024 年 12 月第 二 版　　印张：25
2024 年 12 月第一次印刷　字数：503 000

定价：128.00 元
（如有印装质量问题，我社负责调换）

序

伴随世界经济的高速增长，气候变暖严重影响了生态安全、人类健康和经济社会的可持续发展。面对挑战，我国将应对气候变化上升为国家战略，制定了碳达峰碳中和目标，将"固碳""减碳"提升到了新的高度。

森林是陆地生态系统最大的碳库，在全球碳循环过程中起着非常重要的作用。森林生态系统约占陆地生态系统总面积的 31%，但储存了陆地生态系统 76%～98%的有机碳。值得一提的是，中国是世界上人工林面积最大的国家，全球增绿面积的 1/4 来自中国，且中幼龄林占我国森林资源面积的 60.94%，中幼龄林处于高生长阶段，伴随着森林质量的不断提升，固碳速率提升和碳汇增长潜力巨大。木材（木质部）是树木的主体，也是树木全部生物量中碳素最大的寄存体，其固碳机理主要是通过光合作用，将大气中的二氧化碳转化为糖类、氧气和有机物，再通过物质能量转换生成纤维素、半纤维素和木质素等高分子化合物，从而为人类提供可再生的生物质和生物质能。新时代，资源丰富、可再生、可固碳林产工业的高质量发展，直接关系到国民经济的提质增效和生态文明建设等的实施。因此，系统研究木质资源固碳理论和低碳加工方法，对于指导行业高质量发展、加速形成林产工业的新质生产力具有重要意义。

《木材碳学》一书遵循尊重自然、顺应自然和保护自然的理念，旨在揭示木质资源固碳差异化与其内在和外在系统的联系，探究生物质能量转化过程的质量互变规律，构建"取之于自然，还之于自然"的碳循环体系；该书面向科技前沿，详细阐述了森林碳素储存、木材及木制品碳素储存与计量方法、人工林木材固碳增汇与优质木材培育技术等基础理论研究，完善了林木碳汇知识体系；该书面向经济主战场，介绍了木质林产品碳足迹、木材保护与改良，以及木质基碳功能材料、木质人造板加工和木结构建筑等延长木质材料储碳周期，增加产品附加值的低碳加工技术，对木材加工及木制品制造产业的绿色发展具有指导意义。

该书的出版发行，有助于加快木材碳学基础知识和木材低碳加工技术科技成果的传播，为林业工程领域从事教学、科研、生产和企业管理等方面工作的人员提供参考。同时，该书也促进了林业工程与生态学、林学、环境学等学科教育思想的碰撞和教育理念的更新，为探索复杂工程问题提供了解决之道。

中国工程院院士吴义强

2024 年 5 月 27 日

作 者 序

2023 年，在全国生态环境保护大会上，习近平总书记强调，要积极稳妥推进碳达峰碳中和。实现碳达峰碳中和是一场广泛而深刻的经济社会系统性变革。现阶段，我国经济社会发展已进入加快绿色化、低碳化的高质量发展阶段。

于贵瑞院士等生态学专家长期从事陆地生态系统碳收支研究的理论与方法、区域陆地生态系统的碳吸收与碳排放、陆地生态系统碳循环过程及其对全球变化的响应与适应的研究。生态学专家一致认为陆地生态系统是大气的碳汇，增强陆地生态系统的碳固定、减少碳排放，以提高生态系统碳汇功能，是温室气体管理的重要技术途径，可为缓解全球气候变化发挥重要作用。森林在光合作用下可将空气中的 CO_2 转化为多种生物质资源与氧气，森林可认为是储存大量 CO_2 的碳库。我国木材是陆地植物中蓄积量巨大、碳储量最多的生物质。我国森林面积在不断增加，据《2022 年中国国土绿化状况公报》，我国森林面积已达 2.31 亿 hm^2（2019 年为 2.2 亿 hm^2），森林覆盖率达 24.02%（2019 年为 22.96%），森林植被的总生物量和总碳储量也随之增加。

在"双碳"目标下，木材加工利用要符合新的行业标准与规范，采用新方法和新技术，最大限度地减排固碳，进一步提升碳汇，减少碳源；木材加工企业应按照低碳化、零排放的尺度转型升级，在"双碳"愿景下促进木业高质量发展；木材加工利用的全过程应坚守绿色低碳发展之路，有利于抑制温室效应，保障人类赖以生存发展的自然环境。

木材碳学是研究木材与碳汇、碳源之关系，是与森林经理学、森林生态学和木材保护学等多学科交叉及融合的一门学科。本团队 2012 年编著的《木材碳学》系国内外林业工程领域第一部专著，此次修订旨在延伸、创新和丰富 2012 年版中"木材碳学"的研究内涵，着重阐述森林、木材与木制品的碳素储存与计量方法、主要人工林树种固碳增汇与优质木材培育技术，木材、人造板等功能性复合材料的绿色低碳加工技术及木材产品碳足迹的探寻，以在理论体系和工程技术应用上助力"双碳"目标的实现，助力培育木材加工新兴产业，加快形成木业新质生产力。

中国工程院院士李坚

2024 年 3 月 29 日

第二版前言

自工业革命以来，由于人类对化石燃料的过量使用和对森林的破坏性砍伐，二氧化碳等温室气体在地球大气中积累，引发国际社会公认的全球性环境问题，而减排固碳是缓解或解决这一问题的唯一途径。森林是陆地生态系统中最大的碳库，联合国粮食及农业组织在《2022年世界森林状况》报告中指出，全球森林覆盖面积在人为、自然灾害等破坏下持续减少，预示着森林正在发挥碳源的作用。木材在碳循环过程中发挥着碳库和碳源的双重作用，经历着碳吸存—碳排放—碳储存—碳排放的过程。以往，人工林的培育和林木生产力的提高减缓了森林的退化速度，但以材积作为评价林木经营的标准，忽视了林木固碳效应的最优化，且在后续的木材砍伐、运输、保管、加工、废弃等过程中也都忽视了木材的碳学特性及其带来的生态效应、社会效应和经济效应。

本书以习近平生态文明思想为指导，贯彻新发展理念，旨在引领林业工程的绿色转型，为绿色低碳发展提供科学指导。本书以总结国内外木材碳学的最新研究进展为主，系统介绍了木材碳储存的基本特征和木材碳储能的原理，以及木质林产品、木质基碳功能材料、木质人造板和木结构建筑等的碳足迹、低碳加工及应用等。本书共12章：第1章绪论，第2章森林碳素储存，第3章木材及木制品碳素储存，第4章人工林固碳增汇与优质木材培育技术，第5章木材碳储能与木质能源，第6章木材低碳加工，第7章木质林产品碳足迹，第8章木材保护与改良，第9章木质基碳功能材料，第10章木质人造板低碳加工和碳足迹，第11章木结构建筑，第12章碳生活。

本书由东北林业大学郭明辉、李坚、甘文涛、高丽坤，福建农林大学关鑫，安徽农业大学徐斌，中南林业科技大学万才超，南京林业大学刘祎，北京林业大学刘毅，西南林业大学秦磊，西北农林科技大学闫丽，四川农业大学谢九龙共同编写而成。在本书的相关研究过程中，得到了"十四五"国家重点研发计划项目中的子专题"重组材料抗老化与仿生增强研究"（编号 2021YFD2200601-3）、国家自然科学基金（编号 31971587）、中国高等教育科学研究规划重点课题（23NL0302）、东北林业大学研究生精品项目专业学位《木材碳学》等项目的支持。在此，表示衷心的感谢，同时对本书所引文献的作者表示由衷的谢意。在本书付梓之际，衷心感谢吴义强院士对全书逻辑结构的严谨审阅和未来发展的专业指导，感谢陈广胜教授和于海鹏教授的学术支持，感谢孙慧良副教授对教材封面的美学设计，感谢教材编辑团队和为本书顺利完成付出努力的研究生同学们，正因大家的智慧与付出，本书得以严谨完善、理念清晰。谨此致谢！

由于作者水平有限，书中欠妥和疏漏之处难免，恳请读者批评指正！

作 者

2023 年 6 月 19 日

第一版前言

自工业革命以来，由于人类对化石燃料的过量使用和对森林的破坏性砍伐，二氧化碳等温室气体在地球大气中积累，引发国际社会公认的全球性环境问题，而固碳减排是缓解或解决这一问题的唯一途径。森林是陆地生态系统中最大的碳库，根据联合国粮农组织发布的"世界森林状况报告"可知，全球森林累积面积在人为、自然灾害等破坏下持续减少，预示着森林正在发挥着碳源的作用，这主要是受到木材需求压力的胁迫。木材在物质循环过程中发挥着碳库和碳源的双重作用，经历着碳吸存—碳排放—碳储存—碳排放的过程。以往，人工林培育和林木生产力的提高缓解了森林的加速退化，以材积作为评价林木经营的标准，忽视林木固碳效应的最优化，而在后续的木材砍伐、运输、保管、加工、废弃等过程中也都忽视了木材的碳学特性及其带来的生态效应、社会效应和经济效应。

本书主要分析了木材碳储存的基本特性，探讨碳储量与木材宏/微观构造特征、物理化学特征和力学特征的相关关系，介绍木材碳储能原理及应用，解析高固碳量优质木材培育技术，探索木材固碳的延伸方法。结构上首先阐述木材碳学基本特性，其次与木材培育相结合拓展到应用，再次从多角度分析木材固碳减排的发展方向。内容上注重方法介绍和结果分析，学科交叉融合性强，与生产实际相结合，并引入国内外较新的研究成果和科学论点。本书可为建筑设计、木材加工工艺设计、木材加工设备配置、木材循环利用、木材保管、木材功能性改良等提供科学参考。全书共分为5个部分。第1章：绪论；第2章：木材碳素储存；第3章：木材碳储能与木质能源；第4章：人工林固碳增汇与优质木材培育技术；第5章：木材固碳的延伸。

本书由东北林业大学郭明辉、李坚和关鑫共同编写而成，分工如下：第4章和第5章由郭明辉编写，第3章由李坚编写，第1章和第2章由关鑫编写。在本书的相关研究过程中，得到了"十二五"国家科技支撑计划课题"大兴安岭森林资源高效利用关键技术研究与示范"（课题编号：2011BAD08B03）、黑龙江省重点科技攻关项目"森林经营剩余物高效利用技术研究"（课题编号：GA09B201-07）、黑龙江省自然科学基金项目"木材的碳素储存与环境效应的研究"（课题编号：ZD200808-01）和教育部博士点基金项目"红松人工林及其木制品生物固碳与延展机制的研究"（课题编号：20110062110001）的资助，在此对其大力支持表示衷心的感谢，同时对引用的期刊论文和著作的作者也表示由衷的谢意。此外，在本书编写过程中还得到宋魁彦、于海鹏、袁媛、秦磊、付纪磊、胡建鹏、李志勇、刘芳延等同志的大力帮助，在此谨向他们表示由衷的感谢！

鉴于作者水平有限，且第一次把木材碳学的相关内容编写成书，书中欠妥和疏漏之处难免，恳请得到各方面的批评指正和宝贵意见。

作　者

2011 年 11 月

目 录

第1章 绪论 ·· 1
    1.1 木材碳学产生的客观基础 ·· 1
    1.2 木材碳学的指导思想 ··· 2
    1.3 木材碳学的研究意义 ··· 2
    1.4 木材碳学的研究对象和内容 ·· 16
    参考文献 ·· 19

第2章 森林碳素储存 ··· 22
    2.1 森林生态系统及其碳素储存功能 ··· 22
    2.2 森林生态系统碳素储存分布 ·· 24
    2.3 森林生态系统的碳输入 ··· 28
    2.4 森林生态系统的碳动态 ··· 32
    2.5 森林碳储量计量方法 ··· 40
    2.6 森林生态系统碳排放 ··· 52
    参考文献 ·· 54

第3章 木材及木制品碳素储存 ··· 64
    3.1 碳素储量计量方法 ·· 64
    3.2 影响木材及木制品碳素储量的主要因素 ·· 73
    参考文献 ·· 91

第4章 人工林固碳增汇与优质木材培育技术 ··· 94
    4.1 中国主要人工林树种木材固碳量 ··· 94
    4.2 各因素对木材固碳量的影响 ··· 107
    4.3 高固碳量的优质人工林培育技术 ··· 123
    参考文献 ·· 136

第5章 木材碳储能与木质能源 ··· 141
    5.1 木材碳储能 ··· 141
    5.2 木质能源 ·· 146
    参考文献 ·· 175

第6章 木材低碳加工 ··· 177
    6.1 制材 ··· 177
    6.2 木材干燥 ·· 186

  6.3 板材加工 195
  6.4 表面装饰 202
  参考文献 213
第7章 木质林产品碳足迹 219
  7.1 木质林产品界定、分类及碳足迹评价目的和意义 219
  7.2 木质林产品的碳储量与碳流动 221
  7.3 木质林产品碳足迹模型 224
  7.4 木质林产品碳足迹量化与评价 234
  参考文献 248
第8章 木材保护与改良 254
  8.1 木材着色处理 254
  8.2 木材生物劣化防治 264
  8.3 木材阻燃 274
  8.4 木材尺寸稳定化 276
  参考文献 277
第9章 木质基碳功能材料 279
  9.1 木质基碳催化剂 279
  9.2 木质基碳催化剂载体 283
  9.3 木质基碳光热材料 291
  9.4 木质基碳光电材料 296
  9.5 其他木质基碳先进功能材料 299
  参考文献 301
第10章 木质人造板低碳加工和碳足迹 306
  10.1 单板类人造板 306
  10.2 纤维类人造板 309
  10.3 刨花类人造板 310
  10.4 无机类人造板 312
  10.5 集成材与重组材 316
  10.6 竹材人造板 318
  10.7 人造板的低碳储碳特性 326
  10.8 人造板的碳排放 328
  参考文献 338
第11章 木结构建筑 342
  11.1 木结构建筑的低碳可持续特性 342
  11.2 木结构建筑的结构体系 346

11.3　木结构建筑的发展策略 ································· 352
11.4　木结构建筑的碳排放 ····································· 355
参考文献 ··· 357

第12章　碳生活 ··· 359
12.1　低碳校园 ··· 359
12.2　低碳交通 ··· 365
12.3　低碳制造 ··· 369
参考文献 ··· 384

第1章 绪　　论

1.1　木材碳学产生的客观基础

　　伴随着世界经济的高速增长，气候变暖严重影响了生态安全、人类健康和社会经济的可持续发展。为应对挑战，国际社会积极倡导建立物理、化学、生物的"高固碳"发展模式和低能耗、低污染、低排放的"低排碳"发展模式，提倡发展低碳经济，推进节能减排，构建资源节约型、环境友好型社会（Begg et al.，2001）。随着应对气候变化成为全球性公共议题，我国将低碳与节能减排、环境保护结合起来，将"减碳"提升到新的战略高度。《中华人民共和国环境保护法》总则第六条明确表述公民应当增强环境保护意识，采取低碳、节俭的生活方式，自觉履行环境保护义务；第三章第二十八条明确表述地方各级人民政府应当根据环境保护目标和治理任务，采取有效措施，改善环境质量；第三章第三十六条明确表述国家鼓励和引导公民、法人和其他组织使用有利于保护环境的产品和再生产品，减少废弃物的产生；第四章第四十条明确表述国家促进清洁生产和资源循环利用。"双碳"视角下，能源结构调整成为重中之重，国家发展改革委和国家能源局联合印发的《能源生产和消费革命战略（2016—2030）》提出，到 2020 年，非化石能源占比 15%；2021~2030 年，非化石能源占能源消费总量比重达到 20%左右；展望 2050 年，能源消费总量基本稳定，非化石能源占比超过一半。同时，"双碳"目标的达成亦需要依托技术的突破，2020 年 10 月 29 日中国共产党第十九届中央委员会第五次全体会议审议通过《中共中央关于制定国民经济和社会发展第十四个五年规划和二〇三五年远景目标的建议》，这一《建议》提出"十四五"期间的重点工作之一是加快推动绿色低碳发展。

　　太阳能是非化石能源的重要组成部分之一，而森林是太阳能的存储器，森林所蕴含的生物质能是太阳能的一种表现形式，其通过光合作用将大气中的二氧化碳转化为储存能量的有机物，从而将太阳能以化学能的形式贮存在生命体中。地球上每年经光合作用产生的物质有 1730 亿 t，其中蕴含的能量相当于全世界能源消耗总量的 10~20 倍，但是利用率不到 3%。木材来源于树干，以巨大的资源量和优良的性能位居森林木质资源之首（方精云和陈安平，2001）。

　　木材碳学是研究木质资源系统固碳与生物质能源开发的一门科学。木材碳学基于应用现代生物学、物理学和化学的原理来研究木质资源系统的碳素储存和能源转化,并探究其与木质资源材料解剖学特性、物理特性、化学特性、力学特性、选育、营林和加工利用之间的关系。"木材碳学"是一个广义的定义,并不是单纯以木材为研究对象的科学,而是引申为以木材为典型代表的木质化天然材料的碳学。

1.2 木材碳学的指导思想

木材碳学的研究遵循尊重自然、顺应自然和保护自然的理念,揭示木质资源固碳差异化与其内在和外在系统的根本联系,探究生物质能量转化过程的质量互变规律,秉承"知其然,知其所以然"的思想,构建"取之于自然,还之于自然"的碳循环体系。

因此,木材碳学的指导思想就是:从生物质材料的特点和角度,探究和解析木质资源材料固碳的奥秘,解释其受气候、环境、培育等因素影响的规律及原因;研究和揭示木质资源材料储能的奥秘,阐明其能量转化的原理和利用技术。为正确评价生物质材料、对其合理开发利用提供理论基础和专业指导。

1.3 木材碳学的研究意义

1.3.1 全球气候问题概况

从喜马拉雅冰川的悄然融化到南极冰架的轰然崩塌,从中国南方的雨雪冰冻灾害到中国北方的严重干旱,从澳大利亚森林大火到日本里氏 9.0 级地震,一场场灾难引发了全球对气候问题的空前关注,气候问题成为 21 世纪最热门的话题之一。

南极 Law Dome 冰芯资料显示 CO_2 等温室气体的浓度与全球气候变化具有同步性,说明温室气体是引发气候变化的原因。温室气体的排放主要是自然因素和人为因素所致,自工业革命以来,人类活动(化石燃料燃烧和森林砍伐)向大气中排放的温室气体是加剧温室效应的主导因素,其中以 CO_2 和 CH_4 的排放为主。其中,1860~2000 年的气候变化主要由人类活动引起(IPCC,2001;Pearce,2005)。

气候变暖等气候问题的出现破坏了生态系统的平衡,比如动植物的批量死亡等等,从而加剧了极端天气的发生频次,威胁着经济社会健康发展和国际安全,因此引发了国际社会对气候问题的高度关注,为减缓或消除气候变化对人类社会健康发展的制约,1992 年 6 月,在巴西里约热内卢召开的联合国环境与发展大会上,154 个国家签署了《联合国气候变化框架公约》(UNFCCC),该公约于 1994 年 3 月 21 日正式生效,此后每年召开一次缔约方大会。1997 年,149 个国家和地区的代表在日本京都召开了第三次缔约方大会,会议通过了旨在限制发达国家温室气体排放的《京都议定书》,规定到 2010 年所有发达国家排放的二氧化碳等 6 种温室气体的数量要比 1990 年减少 5.2%。具体说来,各发达国家从 2008 年到 2012 年必须完成的削减目标是:与 1990 年相比,欧盟削减 8%、美国削减 7%、日本削减 6%、加拿大削减 6%、东欧各国削减 5%～8%。1997 年《京都议定书》确认发展中国家不适用发达国家的强制量化减排义务。2001 年达成的《波恩政治协议》和《马拉喀什协定》,同意将造林、再造林作为"清洁发展机制（clean development mechanism, CDM）"框架下的第一承诺期内的项目。2005 年《京都议定书》正式生效。2008 年八国集团峰会就温室气体长期减排目标达成一致。温室气体的减排战略牵动着国家发展动脉,决定着国际竞争的优势地位,其不单是环境问题,更是政治、外交、经济和科技问题。

1.3.1.1 全球气候变化趋势

工业革命后,随着人类活动,特别是化石燃料（煤炭、石油等）的消耗量不断增长和森林植被的大量破坏,二氧化碳等温室气体的人为排放量不断增长。联合国政府间气候变化专门委员会（Intergovernmental Panel on Climate Change, IPCC）第三次报告指出,最近 12 年（1995～2006 年）中有 11 年位列最暖的 12 个年份之中。

最近 100 年（1906～2005 年）的温度线性趋势为 0.74℃[0.56～0.92℃][①],这一趋势大于 IPCC 第三次报告给出的 0.6℃[0.4～0.8℃]的相应趋势（1901～2000年）。全球温度普遍升高,在北半球高纬度地区温度升幅较大。陆地区域的变暖速率比海洋快。自 1961 年以来,全球平均海平面上升的平均速率为每年 1.8mm[1.3～2.3mm],而从 1993 年以来平均速率为每年 3.1mm[2.4～3.8mm],海平面上升的主要原因是热膨胀及冰川、冰帽和极地冰盖的融化。已观测到的积雪和海冰面积减少也与变暖一致。1978 年以来的卫星资料显示,北极年平均海冰面积已经以每十年 2.7%[2.1%～3.3%]的速率退缩,夏季的海冰退缩速率较大,为每十年 7.4%[5.0%～9.8%]。南北半球的山地冰川和积雪平均面积也已呈现退缩趋势。1900～2005 年,在北美和南美的东部地区、北欧和亚洲北部及中亚地区降水显著增加,但在萨赫勒、地中海、非洲南部地区和南亚部分地区降水减少。在 20 世纪下半叶,北半球平均温度很可能高于过去 500 年中任何一个 50 年期,并可能至少是过去 1300 年中平均温度最高的 50 年（IPCC,2007）。

---

① 方括号内的数字表示某个最佳估值的可能性为 90%的不确定区间,即该值可能大于方括号内给出范围的可能性估计为 5%,而该值低于这一范围的可能性为 5%。不确定性区间并不一定是对应于某个最佳估值的前后对称值。

全球气候变暖后,不仅气候平均值会发生变化,自然系统也会受到影响,积雪、冰川和冻土消融使冰川湖泊的数量和面积增加,使山区和其他多年冻土区的土层不稳定性增加;由冰川和积雪供水的河流径流量增加,春季最大流量提前;植物生长和动物活动范围朝着两极和高海拔地区推移;浮游生物和鱼类大量繁殖。

1.3.1.2 气候变化的影响

气候变化的影响具有全球性、长远性、不确定性和潜在性。气候变化威胁人类生存发展、促进人类价值观转变、影响国际合作关系,因此,应对气候变化已转变为国际社会的政治和经济问题,其对世界政治经济秩序的调整和能源发展产生了巨大影响。

1. 气候变化威胁人类生存发展

人类生存发展依托于健康的生态系统,气候变化扰乱了生态系统的平衡,进而对粮食安全、水资源、自然灾害、人类健康和居住环境等产生了一系列影响。

粮食安全受到挑战。气候变化引发了温度、降水量、土壤性质、病虫害等多种因素的异常波动,进而制约了农业生产。温度和降水的反常变化、干旱和洪涝等自然灾害发生频次和强度的增大、土壤肥力的下降、病虫害的流行等导致粮食生产的不稳定性加剧,产量波动增大。据中国农业和气候科学家的最新研究,气候变化可能导致中国三大粮食作物(水稻、小麦和玉米)产量持续下降。此外,粮食生产的不稳定性、产量下降和格局调整还会影响世界粮食的贸易和价格,加重粮食供应问题,引发潜在的政治和安全后果。

水资源危机。气候变暖可加速冰川、冻土和积雪的消融及其面积的缩减,提高河川径流量和水位,虽然短期能够增加水资源供应,但长期将使水资源逐渐枯竭。气候变化带来了水环境和水生态安全问题,温度升高易引发蓝藻暴发和富营养化等问题;降水量减少和径流减少降低了水的自净能力,容易诱发疾病;海平面上升则威胁着沿海地区和低洼浸水地区的地下水蓄水层。这些问题为水资源管理带来了巨大的挑战,需加强节约用水、污水处理、防洪工程体系和防护堤坝的建设与投入。

自然灾害频发。气候变暖引发的自然灾害主要有水旱灾害、气象灾害、海洋灾害、生物灾害和森林草原火灾等。20世纪的观测数据显示,气候变化引起的自然灾害(厄尔尼诺、干旱、洪涝、雷暴、冰雹、风暴、高温天气、沙尘暴等)发生频率和强度明显上升,直接危及国民经济发展。此外,气候变暖导致冰帽融化,释放出地壳中被抑制的压力,还可能引发地震、海啸和火山喷发。英国地质学家也指出全球气候变暖已经影响了地震、火山喷发和灾难性海底滑坡的发生频率,并且这些极端性气候事件将再次发生。

人类健康和居住环境受到威胁。气候变暖产生的系列变化给生态系统、渔业资源、旅游资源、基础设施、民居和公用建筑带来了巨大威胁，制约了国家和地区的可持续性发展。如果气候变暖持续下去，预计未来，伴随着海平面的上升和对海岸的侵蚀，沿海和低洼地区将大面积被淹没。此外，疾病发生和传播机会的增大，也将直接危害人类健康。

2. 气候变化促进人类价值观转变

吸取了现代工业文明带来的教训，人类有必要重新思考现有的生产、生活和消费方式，近年来对环境伦理的探讨、对生态赤字的关注、对绿色 GDP 的推动和低碳经济发展模式的提出等集中反映出人们对生产生活方式的深刻反思和价值观的深层次变化，这为人类从工业文明转向生态文明奠定了重要的思想基础。

气候变化引发了人类的归因认识。大量事实表明，人为温室气体排放引发了气候问题，因此减缓气候变化的关键和难点是如何解决全球温室气体排放。温室气体排放是各国的独立行为，但后果要全球共同承担。控制全球温室气体排放除了依靠科技进步和创新外，还要确立真正有约束力的国际气候合作协议，实现对大气温室气体排放的全球性管理。而受本国利益的驱使，要达成真正有约束力的国际协议具有很大的难度。

气候变化重塑了人类对合作、公平、伦理的认识。解决气候变化的关键是实现全球合作，这涉及人与人之间的伦理关系问题和国际国内间的公平问题。世界各国通过《联合国气候变化框架公约》对合作、公平和伦理问题达成了共识。在公平的国际气候合作应对机制下，发达国家和发展中国家对全球环境承担着共同但有区别的责任，在合作的基础上谋求集体理性的气候变化解决之路。

气候变化影响国家政治和社会管理。全球气候合作应对机制为各国制定了国内气候治理的目标或行动义务，这需要各国调整对国内经济活动的干预力度和手段；反过来，国内各经济部门和利益集团为了各自目的，在此问题上以强大的经济实力和社会影响力为后盾，游说和影响着政府的决策过程。

3. 气候变化影响国际合作关系

解决全球气候变化问题离不开世界各国的合作，而国际气候制度的创建和运行必将带来国家利益的重新调整和分配。全球气候变化问题促进了发达国家与发展中国家的合作与对话，同时彰显出发达国家和发展中国家在环境伦理、平等权利、气候责任、减排义务和损害补偿方面的分歧与对立。

气候变化催生国际公约制定。气候变化的全球性导致世界各国协作的必然性，《联合国气候变化框架公约》和《京都议定书》就是主要成果，《联合国气候变化框架公约》确立了国际气候合作的最终目标，并为缔约方共同实现该目标确立了包括共同但有区别的责任原则、充分考虑发展中国家的具体需要和特殊情况原则、环境风险预防原则、促进可持续发展原则等基本原则和规范，是指导缔约方开展国际气候合作的纲领性文件。《京都议定书》相当于《联合国气候变化框架公约》在减缓气候变化方面的具体实施和补充，为发达国家缔约方控制温室气体排放规定了更加细化并具有强制力的承诺义务。

气候变化影响国际外交。气候变化合作制度的建立和实施包含着非气候问题的主观因素，如国家利益、国际形象、国内外政治压力、文化因素和其他战略考虑，因此必须通过政治和外交手段来协同各国之间的关系和利益取向。世界各国围绕气候变化问题的复杂互动深刻影响着当今世界的国际关系和国际政治格局。

气候变化影响国际贸易。国际气候制度促进了国际碳排放权交易，碳排放权交易是发达国家之间的双边或多边交易，是灵活的减排机制，可有效促进发达国家内部及与发展中国家之间的减缓合作，增强减排的成本有效性，同时对国际技术和资金流向产生重大影响。

1.3.2 全球气候变化问题的解决方针

1.3.2.1 解决气候变化问题的基本原则

大气属于公共产品，具有全球性、必需性和有限性，因此，解决气候变化问题应遵循几大基本原则。

1. 共同但有区别的责任

由于各国的经济发展水平、历史责任和人均排放存在差异性，要求发达国家发挥主动性，率先减排，给发展中国家提供资金和技术支持；发展中国家在发达国家资金和技术的支持下，采取措施减缓或适应气候变化。

2. 公平

当代国际社会是以国家政治实体为单元，通过政府间的国际气候谈判来解决气候变化问题的，而公平的真正含义是人与人之间的人际公平，主要体现在：每个人都能公平地享有作为全球公共资源的温室气体排放权；寻求从历史、现实到未来全过程的存量公平。

3. 可持续发展

正确处理气候问题与发展的关系，既不能盲目追求发展，也不能片面地解决气候变化问题，尤其是对于发展中国家，应在适度经济增长的前提下，寻求适合本国国情的解决问题的途径和方法。

1.3.2.2 解决气候变化问题的国际公约

目前,解决气候变化问题的国际公约主要是《联合国气候变化框架公约》和《京都议定书》。

《联合国气候变化框架公约》是1992年5月22日联合国政府间谈判委员会就气候变化问题达成的公约,于1992年6月11日在巴西里约热内卢召开的联合国环境与发展大会上签署。《联合国气候变化框架公约》是世界上第一个为全面控制二氧化碳等温室气体排放,以应对全球气候变暖给人类经济和社会带来不利影响的国际公约,也是国际社会在对付全球气候变化问题上进行国际合作的一个基本框架。目前,其拥有近200个缔约方,规定发达国家和发展中国家履行共同但有区别的责任,发达国家作为温室气体的排放大户,采取具体措施限制温室气体的排放,并向发展中国家提供资金以支付他们履行公约义务所需的费用。而发展中国家只承担提供温室气体源与温室气体汇的国家清单的义务,制订并执行含有关于温室气体源与汇方面措施的方案,不承担具有法律约束力的限控义务。

《京都议定书》是《联合国气候变化框架公约》的补充条款,2005年2月16日正式生效,目前拥有近200个缔约方。为了促进各国完成温室气体减排目标,议定书允许采取以下4种减排方式:①两个发达国家之间可以进行排放额度买卖的"排放权交易",即难以完成削减任务的国家,可以花钱从超额完成任务的国家买进超出的额度。②以"净排放量"计算温室气体排放量,即从本国实际排放量中扣除森林所吸收的二氧化碳的数量。③可以采用绿色开发机制,促使发达国家和发展中国家共同减排温室气体。④可以采用"集团方式",即欧盟内部的许多国家可视为一个整体,采取有的国家削减、有的国家增加的方法,在总体上完成减排任务(张焕波,2010;曹荣湘,2010)。

1.3.3 森林生态系统的源汇功能及潜力

森林生态系统对全球碳循环具有重要意义,主要表现在:森林生态系统约占陆地生态系统总面积的31%,但贮存了陆地生态系统76%~98%的有机碳,是陆地生态系统中最大的碳库(Post et al.,1982;Houghton,1996);森林的碳贮存密度很大,达到198Mg/hm^2(1Mg=10^{6}g);森林植被的碳积累速度快(Dixon et al.,1994;Houghton et al.,2000;孙丽英等,2005)。由此,森林生态系统被纳入《京都议定书》,旨在减少大气中二氧化碳等温室气体的含量。森林生态系统碳库分为生物碳库和非生物碳库,生物碳库指以乔木为主体的植被,非生物碳库主要指土壤。

1.3.3.1 森林植被的源汇功能及潜力

中国森林植被的固碳能力一直备受国际社会的关注,森林植被既是碳库也是碳源,其源汇功能在碳循环的收支平衡中起着重要作用。

1. 森林植被的固碳和排碳机理

森林植被的主体是乔木,还包括灌木、草本、苔藓植物和地衣等。以树木为研究对象,其固碳机理是光合作用将大气中的二氧化碳转化为糖类、氧气和有机物,其中吡喃型 *D*-葡萄糖基在 1→4 位彼此以 β-苷键连接形成线形分子链,再由纤维素分子链聚集成束,构成基本纤丝,基本纤丝再组成丝状的微纤丝,继而聚合成纤丝、粗纤丝、薄层,薄层又形成了细胞壁的初生壁及次生壁 S1 层、S2 层和 S3 层,进而形成管胞、导管和木纤维等重要组成分子,最终表现为树干、枝叶、茎根、果实、种子等形态。

森林植被排碳机理是毁林、病虫害、火灾等导致植被死亡的现象或行为发生时,植被将固定在体内的碳以二氧化碳的形式排放到大气中,从而变为碳源。对于花朵的凋谢和树叶的凋落等现象,因其具有周期循环性,通常认为其碳循环处于平衡状态,因此在固碳和排碳的研究中忽略不计。

2. 森林植被的碳素含量分布

IPCC 第三次评估报告显示,全球陆地生态系统碳储量约 2477Gt($1Gt=10^9t$),植被储碳量约占 20%,具体分布情况如表 1-1 所示。热带森林的植被碳储量最高,约为 120.45t/hm²,其次依次为北方森林 64.23t/hm²、温带森林 56.73t/hm²、湿地 42.86t/hm²、热带稀树草原 29.30t/hm²、温带草地 0.72t/hm²、冻原 0.63t/hm²、农地 0.19t/hm²、荒漠和半荒漠 0.18t/hm²。对比可知,森林和湿地相比于农田和草地具有更强的碳汇能力,而毁林、森林退化等事件将释放生物中储存的碳。

表 1-1　全球植被和 1m 深土壤碳储量(Ciais et al., 2000)

生物群落	面积/亿 hm²	碳储量/Gt 植被	碳储量/Gt 土壤	碳储量/Gt 合计
热带森林	17.6	212	216	428
温带森林	10.4	59	100	159
北方森林	13.7	88	471	559
热带稀树草原	22.5	66	264	330
温带草地	12.5	9	295	304
荒漠和半荒漠	45.5	8	191	199
冻原	9.5	6	121	127
湿地	3.5	15	225	240
农地	16	3	128	131
合计	151.2	466	2011	2477

为应对气候变化问题，中国公布了《中国应对气候变化国家方案》，该方案显示 2005 年中国森林植被碳储量估计为 5Gt，以 1990 年为基年，预计到 2010 年、2030 年和 2050 年造林再造林活动形成的碳汇量分别为 26Mt/a（1Mt=10^{6}t）、124Mt/a 和 191Mt/a（张小全等，2005）。

3. 森林植被的固碳减排潜力

根据《2005 年全球森林资源评估报告》，2005 年全球森林面积 39.52 亿 hm^2，单位面积蓄积量 110m^3/hm^2。单位面积蓄积量可体现森林生产力和储碳能力，数据显示世界上不到三分之一的国家和地区森林每公顷蓄积量大于全球平均水平（110m^3/hm^2），其中，14 个国家和地区森林每公顷蓄积量超过 200m^3，瑞士、奥地利和法属圭亚那地区高于 300m^3，分别为 368m^3、300m^3 和 350m^3。多数国家森林每公顷蓄积量不足全球平均水平，包括坦桑尼亚、津巴布韦、埃塞俄比亚、泰国、希腊、西班牙等在内的 47 个国家和地区森林每公顷蓄积量不足 50m^3，有些国家如沙特阿拉伯、土库曼斯坦、乌兹别克斯坦和也门低于 10m^3。在森林面积居世界前 10 位的国家中，刚果（金）森林每公顷蓄积量较高，为 230.8m^3；巴西、美国、加拿大、俄罗斯分别为 170.1m^3、115.9m^3、106.4m^3、99.5m^3；中国（84.73m^3）、印度和印度尼西亚远低于全球平均水平。可见，森林生产力和储碳能力有巨大的开发潜力，通过科学的森林经营管理和保护将可有效提高单位面积蓄积量。

此外，全球森林的三分之一用于木质和非木质产品生产，用于生产木质和非木质产品的森林比重大于 50%的国家和地区全球有 43 个，有些国家如克罗地亚、芬兰、法国、希腊和爱尔兰的比重超过 90%。可见，木材在砍伐、运输、加工、使用和废弃的一系列过程中，通过科学合理的减排措施将可降低大气二氧化碳等温室气体的排放量。

1.3.3.2 森林土壤的源汇功能及潜力

土壤有机碳是陆地碳库的重要组成部分，土壤中储存的碳是陆地生态系统的 1.5～3 倍，在全球碳循环中扮演着重要角色（Post et al., 1990）。

1. 森林土壤的固碳和排碳机理

土壤固碳主要指来源于植被光合作用固定的大气中的二氧化碳，通过植物残体、根系和根系分泌物进入土壤；土壤排碳主要是微生物分解土壤中的有机碳，再以二氧化碳和甲烷等形式释放到大气中。

2. 森林土壤的碳素含量分布

IPCC 第三次评估报告显示，全球陆地生态系统碳储量约 2477Gt，土壤碳储量约占 80％，具体分布情况如表 1-1 所示。湿地的土壤碳储量最高，约为 642.86t/hm^2，其次依次为北方森林 343.80t/hm^2、温带草地 236.00t/hm^2、冻原 127.37t/hm^2、热带森林 122.73t/hm^2、热带稀树草原 117.33t/hm^2、温带森林 96.15t/hm^2、农地 80.00t/hm^2、荒漠和半荒漠 41.98t/hm^2。可见，土壤的碳储量主要与生物群落类型有关，而不取决于生态系统类型。

中国的第二次土壤普查统计资料显示，中国陆地土壤有机碳储量约为 92.42Gt，平均碳密度为 105.3t/hm^2，土壤储碳量约占全球的 6.73%。中国土壤碳储量的空间分布规律为：东部地区土壤碳储量随纬度的升高而增加，北部地区土壤碳储量随经度的减小而减少，西部地区土壤碳储量随纬度的降低而增加（王绍强等，2000）。

3. 森林土壤的固碳潜力

土壤对碳的固持不是无限度增加的，而是存在一个最大的保持容量，即饱和水平。初始有机碳含量越远离饱和水平，碳的累积速率则越快，随着有机碳含量增长，土壤对碳的保持将变得更加困难。当有机碳含量逼近或到达饱和水平时，增加外源碳的投入将不再增加土壤有机碳库。就目前来讲，中国土壤平均碳密度远低于世界平均水平，因此中国土壤的固碳潜力还很大。据估算，如接近现今欧盟土壤碳密度的平均值，未来 45 年我国土壤碳储量累计可达 18Gt C，基本能够平衡未来 45 年我国工业化等因素导致的超过排放预期的二氧化碳总量（17Gt C）。

1.3.3.3 森林生态系统对解决全球气候变化问题的贡献

全球范围内森林生态系统的碳储量占全球陆地生态系统储碳总量的 76%～98%，是碳库的主要组成部分，能有效缓解和解决全球气候变化问题。森林生态系统的健康发展对实施"高固碳·低排碳"的发展模式具有积极作用，这主要体现在如下几个方面：①造林、再造林、退化生态系统恢复、建立农林复合系统等措施有效增加了森林植被和土壤碳储量；②通过减少毁林、改进森林经营作业措施、提高木材利用效率及更有效的森林灾害（林火、洪涝、风害、病虫害）控制措施可减少对林木和土壤干扰所产生的碳排放；③降低造林、抚育和森林采伐对植被和土壤碳的扰动影响，减少因此产生的碳排放量；④提高木材利用率可降低碳排放速率，延长木制品使用寿命能增加碳储存时效；⑤增加木制品使用量，减少因化石燃料燃烧产生的二氧化碳排放。

森林生态系统在缓解全球气候变化问题中具有战略意义，其可牵动固碳减排方针政策的导向、引导科学研究发展方向、决定碳交易的利害关系、催生新的生产生活方式，在发展低碳经济、构建资源循环型社会中具有举足轻重的地位。

1.3.4 木材的"多R"特性与环境响应

木材是树木在天然环境中生长形成的一种绿色材料,是森林生态系统中储量巨大的一种生物质。树木在生长过程中,作为"生产者"(有生命部分)和环境(无生命部分)共处于一个生态系统之中。它们之间有着天然的密不可分的关联。树木被采伐后,其木质部就是木材。木材仍可视为树木生命的延伸,因为木材保留着生长时形成的生物结构以及色、气、质、纹等天然形成的品质。与其他材料相比,木材拥有与环境和谐、永续利用和实现节能减排,利于经济社会可持续发展的"多R"特性。

1.3.4.1 "多R"的由来和意义

日本曾在 1990 年提出发展 3R 型社会的基本方针,旨在通过节省资源(reduce)、废旧产品再使用(reuse)、废弃物再资源化(recycle),实现资源的循环利用,并且已经取得了很大的进展,积累了成功的经验。

继 3R(reduce、reuse 和 recycle)之后,中国香港环保署提出了"环保4R",即以 4 个"R"为首的环保守则,又称为环保四用,是用来解决环境问题的 4 个原则。至于第四个 R,有不同的说法,有的认为应该是"replace"(替代),也有的认为应该是"recovery"(回收再用)。国际公认的环保"4R"是:reduce(减少使用量)、reuse(重复使用)、recycle(循环使用或重制再用)和 recovery(回收再用),其主要用意是遵守"4R"守则,实现废弃物的回收利用,既创造新的价值,又减少了对环境的污染,保持节约、清洁的社会形象。

环保"4R"的内涵和意义如下。

reduce——减少使用量。例如,选择双面影印与打印,从而减少用纸量。尽量减少过期货品和消耗品,小心处理及储存物料,减少破损。

reuse——重复使用。例如,将包装物料(如纸箱、塑料袋等)重复再用,要求供应商收回包装材料,清洁或修缮后反复使用,不要用一次就丢弃。重复使用设备零件与装置,以及修补家具等,以减少制造废物。

recycle——循环使用或重制再用。是指收集本来要废弃的材料,分解后再制成新产品,或者是收集用过的产品,清洁、处理之后再出售。就是把使用过的物品经过再一次处理后成为新的产品,像再生纸、再生玻璃,就是最好的例子。

recovery——回收再用。主要指回收潜在的能源资源,通过改变其化学性质再利用。可从垃圾中找回可利用的资源,经处理后再用。例如,猪、牛等动物的排泄物可以制成肥料或燃料。

随着"3R"和"4R"的提出与推广,有人认为"3R"和"4R"还不够全面,应该增加 repair(再修复)和 refuse(拒绝使用),其主要体现在延长物品使用寿命、减少一次性筷子使用量和拒绝使用塑料袋等方面（李坚，2010）。

1.3.4.2 木材性质响应"多R"守则

比对环保的"4R"守则，以木材为对象，人们认识到木材加工设计理念与环保"4R"理念的相似性，木材的性质和行为对环境保护的目的与要求有着高度的响应性。

以木材或木质材料（如竹材、人造板等）为原料制造家具和进行室内设计，遵循"绿色设计"的理念。20世纪80年代，绿色设计理念在世界范围内提出，并迅速得到多领域设计部门重视并予以实行，如建筑及室内设计、家具设计、产品设计、包装设计等。其主要设计原则：节省能源，即着力从节约资源的角度开发产品和服务，如对节能、节水、节材等技术研究成果的应用；降低污染，即通过着力减少、消除污染的途径开发产品和服务，如无氟冰箱、无铅油墨、绿色包装等；回收及再利用，即实施绿色设计，使产品可以翻新和循环利用，最大限度减少丢弃物，变废为宝，最有效地综合利用资源；消除污染，即着力于净化生态环境、提高生活质量而开发产品与服务。其不仅具有"4R"特性，还兼具repair（再修复）和refuse（拒绝使用）等"多R"特性。

"多R"是由英文的recovery、recycle、reuse、reduce、repair和refuse等词的第一个字母组合而来的，其构成了现代环保设计（即绿色设计）的内涵之一。这种设计方法充分考虑产品原材料的特性和产品各部分零件容易拆卸的特点，使产品废弃时能将其未损坏的零部件进行回收、再循环或再利用。把绿色设计的"多R"理念作为产品生产策略，将为企业创造一个"量少、质精和避免对环境造成污染"的绿色企业文化。

一般而言，一件同时具有实用性和宜人性的物品必须满足健康、安全和环境的标准要求。对产品设计的研究不仅要考虑产品的实用性，而且还要强调它所放置的环境，考虑循环利用可再生材料和可持续发展等问题。

1. 木材性质响应regrowth守则

"regrowth"即"再生长"，木材是四大建材中唯一在自然界可天然生长的材料，可通过造林和再造林等措施实现木质资源的可持续发展。同时，木材具有多边效益，主要体现在木材来源于树木，树木在生长期通过光合作用固碳产氧，保护生态环境多样性，而树木采伐后，木材变为产品供给人类，产生巨大的经济效益。

此外，木材具有额外性，即"regrowth"，树木的生长量受自然因素、立地条件和培育措施的影响，其中，培育措施的人为可控性最强，科学的培育措施能有效增加树木的年产量，使树木在自然生长的基础上实现再生长，有研究表明，间伐比未间伐的马尾松林木平均胸径增大60%（李坚和栾树杰，1993）。

2. 木材性质响应 reduce 守则

"reduce"即"减少使用量"，不仅体现在使用量上，也体现在能源消耗量方面。木材是一种硬度低、密度小、多孔性的植物纤维材料，具有良好的加工性能。对它可以进行任何形式的机械加工、功能性化学加工和表面装饰，在彼此之间及与其他材料之间容易进行良好的多种形式的连接，可以成型为家具、各种各样的木材制品及木结构建筑等，应用高新技术和现代加工设备可以获得低消耗（资源、能量、加工费用等）、无污染和高质量的产品。此外，木材的强质比高，强质比是材料的极限强度与密度的比值。木材的强质比较一般工程材料高，如与钢材同样断面的桦木，强度相当于钢材的 $1/5 \sim 1/4$，而质量只为钢的 $1/15$。木材强质比高的这个特点，使它很适合做结构用材，同时，由于木材细胞壁物质呈薄壳状分散分布，这对木材的弯曲刚度有重要作用。一定量的材料排列成散布的管状结构就会大大增加梁、柱用材的弯曲抗力。所以，在长梁和柱的应用中木材比其他实心结构材料的刚性指标好（李坚，2006）。

由于木材具有易于加工、强质比高的特点，自然会在加工利用中达到资源用量少、能源消耗少和成品率高的要求。

3. 木材性质响应 recycle 守则

"recycle"即"再循环"，主要针对木质废弃物，木质废弃物来源广泛，一般分为两大类。一类产生于产品加工的全过程，主要有森林采伐剩余物、原木造材剩余物、木材加工剩余物（即三剩物），也包括果壳、核等森林副产品的废弃物；另一类产生于人们生活中使用后作为垃圾被废弃的木质制品和木质纤维制品。木质废弃物的形式也非常复杂，有木屑、锯末、刨花、板皮、枝丫、截头、木片、废旧纸箱、纸板和废旧木材等，据统计，这些废弃物甚至可以占到原木材积的50%（刘一星，2005）。如此之多的木质废弃物，急需全面回收、重制，提高我国木材的综合利用率和综合利用水平。随着科学技术的进步，我国相关领域的科技工作者和生产企业，针对木质废弃物的形态、尺寸等自身特点全面地进行了多种途径的重制利用。诸如：利用木质废弃物制造各种人造板、新型木质复合材料；生产生物质洁净能源；采用热解、水解、萃取等方法制造出多种化学精细产品等。这已大大推动了我国林产工业的迅速发展，创造了巨大的经济价值，保障了国民消费，减少了环境污染。

4. 木材性质响应 replace 守则

"replace"即"替代"，体现在两个方面，一方面指以木材为原材料替代其他材料;另一方面指在木材加工过程中,选用环保低毒材料替代有毒有害材料。木材具有加工能耗低的特性,因此从能源消耗的角度考虑选材时,木材具有绝对优势。研究结果表明:木材、水泥、钢材、铝材和塑料等材料的能源消耗相比,只相当于后者的 1/10、1/20、1/30、1/30。我国由于技术上的原因,这些材料生产过程中能源消耗量比较大,除了水泥,木材能耗与其他材料能耗的相对比值更大(表 1-2)(李顺龙,2006)。由表 1-2 可知,木材代替其他原材料可节省能源消耗,产生的二氧化碳减排效果呈倍数增加。

表 1-2 木材与常规材料能耗比较(相对比值)

国家	木材	水泥	钢材	铝材	塑料
美国	1	10	20	30	30
中国	1	5~7	27~40	300~400	35~45

木材具有环境友好性,但是在加工过程中添加的胶黏剂、涂料等化学物质往往对环境造成污染,其挥发的游离甲醛、苯类有机物对人类健康具有巨大危害,因此,应大力提倡使用环保胶黏剂和水溶性油漆等,并制定木制品质量检测标准。

5. 木材性质响应 recovery 守则

"recovery"即"回收利用",对木质废弃物而言,其内涵与 recycle 守则相似,只是更侧重于能源回收和经化学处理后再利用。

6. 木材性质响应 repair 守则

"repair"即"再修复",主要指木材加工和木制品使用过程中的利用、修复和保护,其目的是减少木质废弃物和延长木制品的使用寿命。木材是非均质材,且存在节子、变色、腐朽、虫眼等缺陷,这些缺陷严重影响了木材的物理化学性质,因此修复和剔除这些缺陷在木材加工过程中十分重要。木材漂白和染色技术是应对木材变色的有效手段,无损检测技术能判别木材中的隐藏节子和腐朽,木材加工过程中采用的补色和底色技术能掩盖虫眼和轻度变色。此外,在木材加工过程中最能体现"repair"的就是人造板加工,木材是非规格材,且尺寸差别大,枝丫材和小径级材数量多,根据这些材料的尺寸和品质,可将其加工成纤维板、刨花板、胶合板、单板集成材、定向刨花板、细木工板等,这使得人造板加工技术从真正意义上实现了资源的节约和高效利用。

同时,在木制品的运输和使用过程中要做好保护措施,因为木制品的破损将缩短木制品的使用寿命,且造成碳泄漏。

7. 木材性质响应 refuse 守则

"refuse"即"拒绝",指避免一切不利因素的产生和发展,涉及面广泛。首先,树木的生长吸收大气中的二氧化碳,可减缓和避免全球变暖的发生与发展,同时可保护森林生物多样性;其次,木材是环境友好型材料,在加工过程中应拒绝或减少有毒有害物质的添加,降低木制品的毒害性;再次,木材本身存在易腐、易燃等缺点,因此在加工过程中应通过特殊技术的处理来改善木材易腐、易燃的特性,目前这方面的技术已经比较成熟,主要是通过防腐剂和阻燃剂的涂刷浸渍来避免木材腐朽和降低木材的燃烧能力。

木材的"多 R"特性贯穿于木材的生长-采伐-加工-使用-废弃的一系列过程中,遵循可持续发展的基本原则,是构建环境友好型、资源循环型可持续发展社会模式的首选材料。

1.3.4.3 "多 R"理念响应增汇减排策略

增汇减排是全球应对气候变暖的重要举措。木材 regrowth 守则响应木材增汇策略,木材增汇主要指造林和再造林,所谓造林,是指通过栽种、播种和(或)人为地增加自然种子源,将至少有 50 年处于无林状态的地带转变为森林地带的直接由人类引起的活动。所谓再造林,是指在曾经有林,但被改为无林的地带通过栽种、播种和(或)人为地增进自然种子源,将这种无林地带转变为森林地带的直接由人类引起的活动。造林和再造林的目的是通过实现树木的生长和再生长来抵消部分大气二氧化碳,树木的生长和再生长都是增汇的重要途径,树木的生长包括自然生长和人为生长,人为生长主要体现为人工林的种植、培育和经营管理,我国现有 60%以上的中幼龄林地亟待抚育,科学的营林管理措施将充分发挥其增汇潜力。

木材 recycle、refuse、repair、recovery、replace 和 reduce 守则响应木材减排策略,其主要表现为两方面:一方面是从节能的角度出发,木材加工能耗远远低于其他材料(钢材、水泥、塑料、铝材等)的加工能耗。同时,废弃木制品可加工成燃料用于能源供应,成为化石燃料的替代品。另一方面从减少二氧化碳排放量的角度出发,木制品的使用寿命从几年到几百年不等,使用寿命越长,碳在木制品内部的储存期越长,减排效果越明显。同时,减少不必要的加工工序和简化包装等措施对减排也十分有利。

木材是大自然赐予人类的礼物,助力实现可持续发展目标,应对全球气候变暖的问题,应给予木材的增汇减排作用以极大的重视。

1.4 木材碳学的研究对象和内容

森林是保护地球生态系统的重要自然资源，树木在生态效益中发挥着固定二氧化碳、供给氧气、水土保持等多种重要功能。树木的主体是木材（木质部），木材是树木全部生物量中碳素最大的储存库，其固碳机理主要是通过光合作用，将大气中的二氧化碳转化为糖类、氧气和有机物，再通过物质能量转换生成纤维素、半纤维素和木质素等高分子化合物，从而为人类提供可再生的生物质和生物质能。

植物的光合作用方程式为

$$6CO_2 + 6H_2O \xrightarrow{\text{光能}} C_6H_{12}O_6 + 6O_2$$

可见，构成木材的主要元素有 C、O、H 三种，其中 C 占比 50%、O 占比 42.6%、H 占比 6.4%，碳素含量相当可观，这既是木材被认为是陆地生态系统最大碳库的原因，也决定了木材碳学在全球碳汇研究中的重要地位。研究对象和研究内容是构建木材碳学的基础，决定了木材碳学的主体构架。因此，阐明研究对象和研究内容对于木材碳学的建立与发展具有积极作用。

1.4.1 木材碳学的研究对象

木材碳学围绕木材开展一体化研究，具体研究对象包括森林碳素储存、木材及木制品碳素储存、人工林木材固碳增汇与优质木材培育技术、木材碳储能和木质能源、木材低碳加工、木质林产品碳足迹、木材保护与改良、木质基碳功能材料、木质人造板低碳加工和碳足迹、木结构建筑和低碳生活。

木材碳学的研究涵盖基础理论研究和应用技术研究，依托基础理论研发应用技术，完善碳汇知识体系的同时实现巨大的生态效益、社会效益和经济效益。

1.4.2 木材碳学的研究内容

木材碳学的研究内容主要包括基础篇和应用篇两个方面。

基础篇主要涵盖 5 方面内容：①森林碳素储存，研究全球森林植被和土壤的碳密度分布及其计量方法，并分析林业活动的增汇减排效应；②木材及木制品碳素储存，主要研究木材及木制品的碳素储量计量方法，以及影响木材和木制品碳素储存的主要因素；③人工林木材固碳增汇与优质木材培育技术，揭示气象因子与木材碳素储存量的变异规律，立地条件与木材碳素储存量的变异规律，培育措施与木材碳素储存量的变异规律，以及木材材质与木材碳素储存量的变异规律；④木材碳储能和木质能源，木材储存的能量可转化为热能、电能和化学能，主要研究木材储能与热能、电能和化学能的转化率，及其对木材碳素储存量的响应；

⑤木材低碳加工，主要从制材、木材干燥、板材加工和表面装饰 4 个方面阐述低碳加工技术。

应用篇主要涵盖 6 方面内容：①木质林产品碳足迹，研究木质林产品的界定与分类、碳储存与碳流动、碳足迹模型、量化与评价；②木材保护与改良，主要从木材着色、木材生物劣化防治、木材阻燃、木材尺寸稳定化和木材强化的角度研究低碳应用技术；③木质基碳功能材料，主要研究木质基碳催化剂、木质基碳催化剂载体、木质基碳光热材料、木质基碳光电材料等木质基碳先进功能材料；④木质人造板低碳加工和碳足迹，主要研究单板类人造板、纤维类人造板、刨花类人造板、无机类人造板、集成材、重组竹等人造板低碳加工技术；⑤木结构建筑，主要从木结构建筑的低碳可持续特性、木结构建筑的结构体系、木结构建筑的发展策略、木结构建筑的碳排放 4 个方面提出木结构建筑对低碳减排策略的响应；⑥低碳生活，主要从低碳校园、低碳交通和低碳制造 3 个角度提出低碳的必然性和可行性。

1.4.3 木材碳学的研究现状和发展趋势

木材碳学涵盖了碳计量方法、林木培育固碳、木材碳储能、木质能源、木材低碳加工、木质基碳功能材料、延长碳循环周期的一体化研究，具有科学研究和实际应用的双重价值，对减缓温室效应和发展低碳经济具有积极作用。

第九次全国森林资源清查数据显示，我国森林面积 2.2 亿 hm^2，蓄积量 175.6 亿 m^3，人工林面积 8003.10 万 hm^2。反映出我国森林资源保护和发展依然面临森林资源不足、森林资源质量不高、碳素储备总量不足等突出问题。人工林是解决天然林和天然次生林日益减少的有效方法，同时扮演着固碳林和原材料林的双重角色，依托人工林研究木材碳学是备受全球瞩目的新的研究方向。

关于人工林木材碳储量计量方法的研究，国内外采用的碳储量计量方法主要有生物量法、蓄积量法、生物量清单法、涡度相关法、弛豫涡旋积累法、箱式法、干烧法、湿烧法、树木解析法、树芯法、IPCC 缺省法、碳储量变化法、大气流动测定法和生产计量法，估测对象为人工林、木材和木制品。人工林碳储量计量方法相对成熟，但还存在急需解决的问题：一是森林生态系统的复杂性，实测数据不够全面和完善，各种方法中使用的参数不一致，导致对估算结果不能做出正确的评价；二是受资料和数据限制，大多数采用静态平衡分析法，以及对某一点的静态估计，缺乏动态预测和评价。木材和木制品的碳储量计量方法存在的问题较多，如对某一工业区或木制品加工厂碳排放量的估算，启动节能减排措施后缺省值的选取，不同节能减排措施的碳汇效应对比，加工设备更新换代造成的碳排放量估算，兴建、维护厂房等产生的碳排放量估算等等（Rathgeber et al.，2000；白彦锋等，2009；郭明辉等，2010）。

关于人工林碳储量影响因素的研究。人工林碳储量的影响因素有 3 种：人类活动、自然条件和林分状况。人类活动包括人口密度、土地利用变化和植被变化、人工林经营和管理（林分组成、人工林结构、抚育间伐、整地、施肥、修枝等）；自然条件包括气象因素（光照、温度、湿度等）、气候因素（地理纬度、环流等）和地形因素（海拔、坡度等）；林分状况包括森林类型、土壤类型和深度、林分密度和林龄、林下植被和枯枝落叶等（Koo et al.，2011）。国内外学者的研究结果表明，人工林经营管理能有效提高人工林质量，增加碳素储存量（Fredrik and Christian，2009）；自然条件中气候因素起着主导作用，决定了树种的组成、林木的生长发育、木材的蓄积量等；不同类型的人工林生态系统中，乔木层、土壤层，包括林下植被和枯枝落叶的碳储量均存在着一定差异。人工林是一个动态的复杂体系，人类活动、自然条件和林分状况之间交互作用，人工林碳储量与之存在动态的时空关系，现阶段研究方法中存在大量的假设，对科学问题缺乏全面考虑。

关于人工林木材和木材衍生品碳储量的研究。树木从采伐时起终止对大气中二氧化碳的固定，并成为碳排放源，碳排放不单指树木自身分解释放的碳，还包括因其而发生的碳排放（化石燃料燃烧）。树木在采伐过程中产生的木屑、落叶、枝丫等在细菌、真菌等微生物的作用下腐烂分解，一部分碳沉降到土壤中，一部分碳以二氧化碳的形式排放到大气中，此部分碳排放量相对较少，通常在研究中忽略不计（李坚和栾树杰，1993；杨玉盛等，2004）。依据木材材质的差别，采伐得到的木材进入不同的物质循环过程，主要有木质基碳功能材料、建筑材料、家具材料、家装材料、饰面材料、工程材料、纸质材料等，在产品加工、使用、消耗过程中产生的碳排放均计为树木的碳排放量，这主要有运输、机器制造、机器运转、木废料燃烧、产品损毁、产品废弃、产品消耗等。为了便于估算和横向对比，通常采用 IPCC 缺省法进行估算。树木转化为木材衍生品时进入碳封存期，认为零碳排放，此阶段时间越长越好，但任何木材衍生品都存在使用寿命，寿命终止便进入碳排放阶段。目前对木材衍生品的使用寿命还没有一个统一的标准，通常认为薪碳材为 1 年，纸和纸板类为 20 年，实体木材为 40 年，但这只是一个平均值，以纸张为例，清洁纸卷的使用寿命为 14~15d，牛皮纸的使用寿命不超过两年，而无酸纸的使用寿命通常在 200 年左右。木材衍生品的使用寿命与碳封存期密切相关，较长的使用寿命也是对固碳减排的一种贡献。使用寿命对固碳减排的贡献在木材学界再次掀起木材保护研究热潮，主要研究内容有木材防腐、木材阻燃、木材防潮等，在技术方面已经形成较成熟的理论体系，但同样存在使用寿命评定标准的问题。

关于延展人工林木材及木材衍生品碳储量的研究，提高碳储量的途径主要有以下几个方面：人工林合理经营、人工林合理采伐、木材保护处理、创生生物质复合材料、推进木建筑产业发展、研发新型建筑木构件、生物质转化技术、木制品低碳加工技术和木质资源循环利用。木材的腐朽过程即木材释放碳素的过程，通过木材防腐、木材耐候、木材强化等技术进行处理可有效延长木材的储碳期，目前关于木材保护技术的研究比较成熟，但是关于保护技术与木材储碳期相关性的研究还未涉及。生物质复合材料是扩展木材应用范围的有效手段，木材的使用量与二氧化碳排放量呈负相关关系。木建筑和木构件的固碳减排效果超出其他建筑材料，平均一栋面积为 $136m^2$ 的住宅，木结构住宅固碳量 6t，钢筋混凝土住宅固碳量 1.6t，钢筋预制板住宅固碳量 1.5t。生物质转化技术可使木材转化为能源材料，替代部分化石能源，从而有效降低二氧化碳的排放量。木材衍生品的需求量逐年增加，为减缓其加工过程排放的二氧化碳量，主要从动力来源、能量损耗、原料损耗、生产效率、加工精度等几方面考虑。木质资源循环利用，除了将其用于加工能源物质、纸张、板材外，还可作为包装材料及装饰材料使用。人工林木材固碳减排的强化措施已部分应用于生产生活中，但其与木材碳储量相关关系的定性和定量研究还未深入开展，木材的无限使用和任意开发并不能保护生态安全，只有平衡资源开发与资源利用间的关系才能合理有效地保护生态和人类的安全。

木材碳学已经成为国际前沿热点科学问题之一，人工林木材固碳减排效益日趋显著，但还需要对以下几方面进行深入研究。

（1）木材碳储量计量方法研究。从人工林木材构造特征入手，借助计算机视觉分析系统，缩小人工林木材碳储量动态变化研究间隔，同时提高计量效率和准确度。

（2）木材碳储量的基本规律研究。人工林木材宏微观构造特征、物化特征和力学特征与其碳储量的相关回归分析，为木材碳储量变异性的研究奠定基础，进而指导人工林经营管理与木材加工利用。

（3）人工林木材碳储量与生物质能的潜在关系研究。探索不同生物质能转化技术的排碳量和能量转换率，为指导人工林木质资源循环利用提供重要的基础理论依据。

（4）优质高固碳量人工林木材培育技术的研究。考虑综合因素对人工林木材碳储量和材质的影响，根据用材的需要，建立合理的经营培育模式，指导人工林的生产。

（5）人工林木材固碳减排强化措施的有效性研究。定性分析和定量研究人工林合理经营、木材保护处理、创生生物质复合材料、木建筑及建筑木构件、生物质能转化技术和木质资源循环利用等对人工林木材固碳减排的作用，从而实现木材碳学研究的现实意义。

参 考 文 献

白彦锋，姜春前，张守攻. 2009. 中国木质林产品碳储量及其减排潜力. 生态学报, 29(1):

399-405.

曹荣湘. 2010. 全球大变暖: 气候经济、政治与伦理. 北京: 社会科学文献出版社.

方精云, 陈安平. 2001. 中国森林植被碳库的动态变化及其意义. 植物学报, 43(9): 967-973.

郭明辉, 关鑫, 李坚. 2010. 中国木质林产品的碳储存与碳排放. 中国人口•资源与环境, 20(5): 19-21.

李坚. 2006. 木材保护学. 北京: 科学出版社.

李坚. 2010. 木材对环境保护的响应特性和低碳加工分析. 东北林业大学学报, 38(6): 111-114.

李坚, 栾树杰. 1993. 生物木材学. 哈尔滨: 东北林业大学出版社.

李顺龙. 2006. 森林碳汇问题研究. 哈尔滨: 东北林业大学出版社.

刘一星. 2005. 木质废弃物再生循环利用技术. 北京: 化学工业出版社.

孙丽英, 李惠民, 董文娟, 等. 2005. 在我国开展林业碳汇项目的利弊分析. 生态科学, 24(1): 42-45.

王绍强, 周成虎, 李克让, 等. 2000. 中国土壤有机碳库及空间分布特征分析. 地理学报, 55(5): 533-544.

杨玉盛, 郭剑芬, 林鹏, 等. 2004. 格氏栲天然林与人工林枯枝落叶层碳库及养分库. 生态学报, 24(2): 359-367.

张焕波. 2010. 中国、美国和欧盟气候政策分析. 北京: 社会科学文献出版社.

张小全, 武曙红, 何英, 等. 2005. 森林、林业活动与温室气体的减排增汇. 林业科学, 41(6): 150-156.

Begg K, Parkinson S, Wilkinson R. 2001. Maximizing GHG emissions reduction and sustainable development aspects in the clean development mechanism. World Resources Review, 13(3): 315-334.

Ciais P, Cramer W, Jarvis P, et al. 2000. Summary for policymakers: land use, land use change and forestry//Watson R T, Noble I R, Bolin B, et al. Land Use, Land Use Change, and Forestry. A Special Report of the IPCC. Cambridge: University Press: 23-51.

Dixon R K, Brown S, Houghton R A, et al. 1994. Carbon pools and flux of global forest ecosystem. Science, 262: 185-190.

Fredrik H, Christian A. 2009. Bioenergy plantations or long-term carbon sinks?—A model based analysis. Biomass and Bioenergy, 33: 1693-1702.

Houghton R A. 1996. Terrestrial sources and sinks of carbon inferred from terrestrial data. Tellus, 48: 420-432.

Houghton R A, Skole D L, Nobre C A. 2000. Annual fluxes of carbon from deforestation and regrwoth in the Brazlian Amazon. Nature, 403: 301-304.

IPCC. 2001. Climate Change 2001: Impact, Adaptation, and Vulnerability. Cambridge: Cambridge University Press.

IPCC. 2007. Summary for Policymakers Climate Change 2007: The Physical Science Basis. Cambridge: Cambridge University Press.

Koo K A, Patten B C, Teskey R O. 2011. Assessing environmental factors in red spruce (*Picea rubens*

Sarg.) growth in the Great Smoky Mountains National Park, USA: from conceptual model, envirogram, to simulation model. Ecological Modeling, 222: 824-834.

Miko U F K. 2003. To sink or burn? A discussion of the potential contributions of forests to greenhouse gas balances through storing carbon or providing biofuels. Biomass and Bioenergy, 24: 297-310.

Pearce F. 2005. Climate change: menace or myth? New Scientist, 12: 42-45.

Post W M, Emanuel W R, Zinke P J, et al. 1982. Soil carbon pools and world life zones. Nature, 298: 156-159.

Post W M, Peng T H, Emanuel W R, et al. 1990. The global carbon cycle. American Scientist, 78: 310-326.

Rathgeber C, Nicault A, Guiot J, et al. 2000. Simulated responses of *Pinus halepensis* forest productivity to climate change and CO_2 increase using a statistical model. Global and Planetary Change, 26: 405-421.

第 2 章　森林碳素储存

2.1　森林生态系统及其碳素储存功能

2.1.1　森林生态系统

　　生态系统是指在一定时间和空间范围内，由生物群落及其环境组成的一个整体，该整体具有一定的大小和结构，各成员通过能量流动、物质循环和信息传递而相互联系、相互依存，并形成具有自我组织、自我调节功能的复合体。森林是林木和林地的总称，把林木和周围环境视为统一体，森林群落和它的环境一起构成一个生态系统。

　　森林生态系统是以树木为主体的森林生物群落与其生存的非生物环境通过能量流动、物质循环和信息传递构成的功能系统。森林生态系统包括林内所有生物，垂直向上延伸到空中的林冠层，向下延伸到受根系和生物过程影响的土壤最底层。它是一个开放系统，并与其他相邻的森林生态系统、水生生态系统和大气圈发生碳交换、能量交换和物质交换，森林生态系统一直处于非平衡状态，是陆地碳循环中的重要组成部分。

　　森林生态系统经过成千上万年的长期变化，会发生植物迁移、物种形成和物种进化的现象。天然林往往分布在能够维持树木生长、海拔达到林线的区域，不会分布在那些自然火灾频发、干扰太大或环境已经被人类活动改变的区域。

2.1.2　森林生态系统的碳素储存功能

　　森林生态系统碳素储存过程最初是通过植物光合作用对大气中的 CO_2 进行吸收，之后将一部分碳固定到植被、凋落物和土壤库中。森林植被碳库和土壤碳库之间的碳交换主要通过植物的根、茎、叶、繁殖器官等凋落及腐殖化进行，而土壤碳库和大气之间的碳交换通过土壤微生物的呼吸及土壤有机质的分解等过程实现。森林生态系统既是碳汇又是碳源，具有源汇二重性，这促使人们研究、管理和控制森林，以充分发挥其碳汇功能。

　　目前，对光合作用的研究较为充分，光合作用是绿色植物利用叶绿素等光合色素和某些细菌利用其细胞本身，在可见光照射下，将 CO_2 和水（细菌为硫化氢和水）转化为储存着能量的有机物，并释放出氧气（细菌释放氢气）的生化过程。

呼吸作用分为自养呼吸和异养呼吸两类，自养呼吸又可分为维持呼吸和生长呼吸两大类。自养呼吸产生的能量主要用于植物的各类活动，包括组织生长、细胞膜修复、养分吸收和运输等。异养呼吸是指微生物降解土壤和植物残体有机碳的过程。由于森林植被是巨大的不均匀系统，每个个体及个体的不同器官以不同的速率进行呼吸作用，森林的生物学特征和气候环境等因素使得呼吸强度存在空间异质性，导致呼吸作用尤其是异养呼吸是森林碳循环过程中较难准确测定和模拟的部分。

从森林生态系统碳汇角度来看，短周期碳循环比长周期碳循环更为重要。通过海洋圈、陆地生物圈和大气圈持续的大规模碳流动，短周期碳循环有效地控制了大气中的 CO_2 和 CH_4 的浓度。光合作用固定的大气碳，由于植物、微生物和动物的呼吸作用又重新返回大气中，其中，有氧呼吸释放 CO_2，厌氧呼吸释放 CH_4。另外，森林火灾同样是 CO_2 和 CH_4 重要的释放源。森林火灾一年产生的 CO_2 和 CH_4，需要植被吸收 10 年才可平衡。碳汇意味着在特定时间内，特定森林区域内植物、凋落物和土壤碳库净变化为正值。除了碳输入，还需要考虑如呼吸作用、淋浸作用等森林碳输出过程，特别是土壤的呼吸作用，在森林碳汇中起着重要作用。在全部砍伐或者火灾之后，新生长的幼树固碳速率低。树木生长到冠层茂密时，固碳速率增加并且在数年内保持较高的速率。在许多森林中，这段较高的碳同化速率能持续几十年。当树木生长成熟后，年生长量和固碳速率开始降低，此时树木已经固定了大量的碳。

2.1.3 森林生物量与碳储量

生产力作为生态系统中积累的植物有机物总量，是整个生态系统运行的能量基础和营养物质来源，是植物生物学特性与外界环境相互作用的结果，作为表征陆地生态系统的关键参数，构成了地表碳循环过程中至关重要的部分，反映了植物群落在自然条件下的生产能力，是估算地球支持能力和评价陆地生态系统可持续发展态势的一个重要生态指标。

森林生物量是指单位面积森林生态系统的干物质重量，包括活性的、惰性的或死的有机物总量。森林碳储量是指森林固定的碳量。森林碳库则是指森林生态系统中储存碳的场所，通常包括地上生物量碳库、地下生物量碳库、凋落物碳库、枯死木碳库和土壤碳库等。研究认为，森林生态系统的碳储量是研究森林生态系统与大气间碳交换的基本参数，也是估算森林生态系统吸收和排放含碳气体的关键因子。

地上生物量用每公顷生物量吨数或每公顷碳量吨数表示，地上生物量碳库是森林生态系统最重要的和可见的碳库。地下生物量用地下活根每公顷生物量的吨数或每公顷碳量的吨数表示，虽然根能扎入地下很深，但是根的总量大部分局限在距地表 30cm 以内的部分，在土壤纵剖面上层，碳动态十分活跃。凋落物是由有机废物、从植物体上落下的植物器官或组织，以及依附在植物体上的一些植物组成的，凋落是乔木和灌木的木质与非木质部分干燥和掉落到地面的自然化过程，这一过程也是森林生物量转换全过程的一部分。枯死木包括自然死亡的枯立木和枯倒木，以及受病虫害、风折和人为干扰等致死的树木，一般在天然林中存在。当土壤中的有机物被分解后，就转化为土壤有机质，包括土壤中存留时间不同的大量物质，其中一部分被微生物分解，另一部分被转化成难以分解的混合物。

森林中植物碳库和凋落物碳库的碳输入可分为地上部分碳输入和地下部分碳输入，其中，地下部分的碳输入是土壤有机碳库的主要碳源。土壤碳库和植物碳库的碳储量比值因森林生态系统所处地理位置变化而有显著区别，在寒带地区土壤碳库与植物碳库碳储量比值约为 5∶1，在温带地区约为 2∶1，在热带地区约为 1∶1。因为树木的生长、死亡和腐朽与其所处位置及当地气候等因素密切相关，所以各树种固碳效率也不尽相同，各地区树种所固定的碳总量也必然不同，寒带地区森林生态系统每年吸收 4.9 亿～7 亿 t 碳，温带地区森林生态系统每年约吸收 3.7 亿 t 碳，热带地区森林生态系统每年吸收 7.2 亿～13 亿 t 碳。

人为因素导致的大气 CO_2 浓度增加，在分子和生态系统水平上影响了森林生态系统。CO_2 浓度增加还会影响植物细胞水平的基因表达调控、光合碳氧化和碳还原、水分利用效率、次生化合物代谢和碳氮比。在个体水平上，CO_2 浓度升高可能影响植物的养分吸收、繁殖能力、种子萌芽及物候期。而由于 CO_2 浓度升高所引起的全球气候变化，造成的温度升高、干旱等情况，也会影响到植物的基因表达和个体生长行为，进而影响森林植物之间的种间竞争、植物生境、繁殖成功率和物种多样性水平，也影响了动物、植物和微生物之间的相互作用，从而影响了森林生态系统的物质循环和能量流动。

通过森林经营管理、停止热带森林采伐、在温带和热带进行森林植被的恢复和人工造林、划定森林和非森林用地等方法，可以明显减缓大气 CO_2 浓度的增长速度，提高土壤碳汇能力，是稳定温室气体浓度的重要手段。综合分析森林生态系统的碳在全球碳循环中所起的作用，必须进行及时准确的森林生态系统碳素储量及其动态的调查、直接碳通量检测，建立生物化学模型估算总初级生产力（GPP）、生态系统呼吸和净生态系统生产力（NEP）等。

2.2 森林生态系统碳素储存分布

森林作为陆地生态系统的主体，以其巨大的生物量储存着大量的碳，森林生物量约占陆地植被总生物量的 90%，森林植物中的碳含量约占其生物量干重的 50%。2015 年，联合国粮食及农业组织对全球森林资源的调查结果表明，全球森林面积约为 40 亿 hm^2，约占全球陆地面积的 30%，但正在逐年减少，其中，非洲地区占 15.6%，美洲地区占 39.8%，亚洲地区占 14.9%，欧洲地区占 25.4%，大洋洲地区占 4.3%。

全球森林生态系统固碳量为 8540 亿～15 050 亿 t，其中，植被层碳库为 3000 亿～7660 亿 t，森林植被碳库约占全球植被碳库的 86%，森林土壤碳库约占全球土壤碳库的 73%。森林所处地理位置不同、森林组成结构不同、各树种生长速率不同、林分密度差异等原因使得不同森林生态系统的碳储量也不尽相同。大多学者在估算森林生态系统碳储量时考虑植被层、凋落物层和土壤层的碳储量情况，这 3 个库的碳储量主要由其各自的碳密度和面积决定。

研究表明，纬度升高森林植被层的碳密度降低，土壤层碳密度升高；纬度降低森林植被层的碳密度升高，而土壤层碳密度降低，全球森林土壤层碳储量约为植被层碳储量的 2.2 倍。相比于植被层碳储量和土壤层碳储量，森林凋落物层碳储量较小，在成熟林中，粗木质残体和凋落物碳库占总碳库的 10%～20%。森林凋落物层在植被层和土壤层之间起纽带作用，促进植被-凋落物-土壤系统的物质循环。

树木的树叶和细根仅能存活数月，但其主干和主根中的碳可以被固定上百年。放射性碳同位素分析表明，植物各个部位有机碳的平均滞留时间从几天到几百年不等，微生物碳的平均年龄从几天到几年不等，细胞液、细胞壁等微观组织结构固定的有机碳的平均年龄从几年到几十年不等，微生物衍生的磷脂脂肪酸和脂肪族化合物所含的碳平均滞留时间均长达几百年。因此，与土壤有机质和黑炭（BC）相比，树木的固碳时间较短。经化学和物理方法分离出来的土壤有机质组分，其碳滞留时间长达上千年。受聚合、吸附的缓慢过程与矿物表面相互作用过程的剧烈影响，土壤有机碳组分被固定或分离出来，加速了其老化过程。因此，要加强森林生态系统固碳能力除了不断增加 BC 输入外，还要把大气中 CO_2 更多地转移到植物、凋落物和土壤等长时有效的碳库中。

土壤有机碳库变化较小，通常以千年来计量，变动速率约为 $0.02t/(hm^2·a)$，而凋落物碳库变化时间为几月至数年，变动速率为 $2～10t/(hm^2·a)$，是土壤有机碳库的 100～500 倍。提高森林生态系统固碳量的长期目标是通过人为控制"有机质-矿物"的作用来增加土壤有机碳储量。当一定时间内，森林生态系统通过吸收大气中的 CO_2，植被层、凋落物层和土壤层的总有机碳储量增加，且随着时间推移，总有机碳储量的滞留时间延长时，森林生态系统的固碳功能就得到了充分的发挥。

2.2.1 植被层碳素储存

就植被层碳素储存而言，首先考虑的是总初级生产力（GPP），即在单位时间和单位面积上绿色植物通过光合作用所产生的全部有机物同化量，即光合总量，可以理解为植被所吸收的 CO_2。由于植被自身的呼吸作用，同时产生并排放 CO_2，GPP 减去植被呼吸作用所消耗的碳量，即净初级生产力（NPP），NPP 累积形成植被碳库。植被层碳素储存量取决于树木的年龄、径级分布及其林系动态特征。环境因子和干扰影响着固碳的时空模式和森林的碳通量。老龄林是潜在的净碳汇。老龄林的地上和地下部分均含有大量的生物量，且维持了百年以上的生物量积累。

寒带地区森林由于当地气候条件恶劣，生态系统中树种多样性相对较低，主要树种包括冷杉、云杉、落叶松、毛白杨、大叶杨、垂柳和旱柳等。根据 Luyssaert 等（2007）基于碳库和碳通量数据收集编制的全球综合性数据库，在不同类型的寒带森林中，经光合固定或 GPP 摄取的碳总量在半干旱常绿林中为 773g $C/(m^2·a)$，半干旱落叶林中为 1201g $C/(m^2·a)$。一般情况下，森林一半的 GPP 用于生命细胞的合成和维持，另一半形成 NPP。而寒带森林中只有 25%～35% 的 GPP 用于 NPP 的生产，而大部分的碳被呼吸作用所消耗，寒带森林 NPP 为 238～539g $C/(m^2·a)$。据 Saugier 等（2001）的研究结果，寒带森林地上生物量碳为 3050g C/m^2，地下生物量碳为 1100g C/m^2，植物生物量含 420 亿 t 碳，地下生物量含 150 亿 t 碳。

温带森林面积约为 14.2 亿 hm^2，温带森林所处地区季节分明，夏季温暖、冬季寒冷，植物多样性明显高于寒带地区。与寒带森林相比，人类的干扰及空气污染物对温带森林的影响更加明显，Bryant 等（1997）的研究统计表明，仅有约 3% 的温带森林未受过人类的干扰。在各种温带森林类型的 GPP 统计中，湿润气候常绿林为 1762g $C/(m^2·a)$，地中海常绿林为 1478g $C/(m^2·a)$，湿润气候落叶林为 1375g $C/(m^2·a)$，半干旱常绿林为 1228g $C/(m^2·a)$。温带森林 NPP 为 354～801g $C/(m^2·a)$。半干旱常绿林地上生物量约为 6283g C/m^2，地下生物量约为 2238g C/m^2。湿润气候常绿林地上生物量约为 14394g C/m^2，地下生物量约为 4626g C/m^2，地中海常绿林地上生物量约为 5947g C/m^2，地下生物量约为 3247g C/m^2。

热带森林所处地区气温高、降水量充足、全年大气相对湿度较高。热带森林的树种多样性最高。热带老龄林是巨大的碳库，在全球 NPP 中占重要比例。Luyssaert 等（2007）编制的数据库显示，热带湿润常绿林 GPP 在各类森林中最高，约为 3551g $C/(m^2·a)$，非洲中部热带森林 GPP 约为 2558g $C/(m^2·a)$。与温带森林相比，热带森林中有相当大一部分碳被呼吸作用快速消耗，热带湿润常绿林中因自养呼吸损失的碳约为 2323g $C/(m^2·a)$。目前对热带森林生产力的研究主要集中在几个有限的站点，因此热带森林的 NPP 估算值可能比温带森林和寒带森林更加不准确。热带湿润常绿林 NPP 约为 864g $C/(m^2·a)$，热带落叶林的 NPP 约为 1098g $C/(m^2·a)$。Clark 等（2001）根据热带森林 39 个观测点数据发现，其 NPP 的变化幅度很大，为 170～2170g $C/(m^2·a)$。热带湿润森林的地上生物量约为 11 389g C/m^2，地下生物量约为 2925g C/m^2。

2.2.2 凋落物层碳素储存

凋落物现存量是由未分解、半分解和已分解凋落物组成的存在于土壤表层的死有机制所积累的数量。由于凋落物层通常仅为植物生物量的 6%~8%，而其碳密度约是植被层和土壤层的 11%，所以其并不是森林生态系统中一个主要碳库。中外学者研究发现，全球范围的年森林凋落物量变化范围为 1.6~9.2t/hm^2。

凋落物的含碳率不同于植物体，由于微生物的分解作用，其有机碳已经被消耗。在中纬度和高纬度地区，凋落物层是重要的碳库，其分解速率低，NPP 较低，温带森林中，辐射松林下植被生物量达 1460g C/m^2，地被物生物量为 2.8t/hm^2，美国黄松的地被物生物量则为 188t/hm^2，不同树种森林之间地被物储存的碳量差异较大。挪威云杉林下地被物储存的碳量高于欧洲栓皮栎和欧洲山毛榉，而挪威枫、欧洲白蜡、小叶椴林下地被物储存的碳量较低。在热带地区，植被生物量密度高，凋落物生物量密度远远小于植被生物量密度，湿润常绿阔叶林地表凋落物碳储量较小，为 100~500g C/m^2。

据估计，全球每年通过凋落物分解归还到土壤的有机碳约为 500 亿 t。Usman 等（2000）的研究表明，森林树木的细根在一年内死亡 40%~90%，对土壤碳库的贡献率高达 25%~80%。Finer 等（2003）对芬兰欧洲云杉（*Picea abies*）过熟林的研究表明，89%的碳储存在植物体内，每年通过凋落物归还到森林地表的碳为 0.958t/hm^2，为其年固碳量的 48%。凋落物对土壤碳库的贡献最直接体现在通过凋落物自身分解释放 CO_2 通量上。根据邓琦等（2007）对鼎湖山季风常绿阔叶林、针阔混交林和马尾松林 3 种林型凋落物的现存量、输入量和年分解速率的数据计算，得出三者凋落物自身分解释放 CO_2 的通量分别为（597±129）g/(m^2·a)、（736±187）g/(m^2·a)、（582±181）g/(m^2·a)，明显低于凋落物对土壤呼吸的贡献量，虽然凋落物自身分解释放的 CO_2 并不能完全代表凋落物对土壤呼吸的贡献，但是凋落物自身分解释放的 CO_2 对全球碳循环的作用还是非常大的。Raich 和 Schlesinger（1992）的研究表明，全球每年因凋落物分解释放的碳为 680 亿 t，约占全球年碳总流通量的 70%。

2.2.3 土壤层碳素储存

近年来，国内外植物学、生态学和土壤学等学科的专家针对全球范围内不同地区、不同森林生态系统的土壤固碳量及其稳定性、土壤呼吸作用、气候变化和土地利用方式转变对土壤碳动态的影响进行了研究。研究结果表明，土壤亚系统在调节森林生态系统碳循环过程中起着十分重要的作用。森林生态系统的土壤层碳库微小变化，可以引起大气 CO_2 浓度的显著响应。土壤碳库的动态变化主要体现在土壤活性有机碳上。土壤活性有机碳具有移动快、稳定性差、易氧化和易分解的特征，能够直接参与土壤生物化学转化过程，为土壤微生物的活动提供能源，是土壤养分循环的驱动力。

容量大、滞留时间长的森林土壤碳库是固定大气 CO_2 的主要场所。全球土壤碳储量空间分布按纬度划分，全球森林土壤碳储量的 45.6%在高纬度的北方森林区，14.8%分布在中纬度温带森林区，39.6%分布在低纬度的热带和亚热带地区。寒带地区森林土壤的长期固碳速率为 0.008~0.117t/(hm^2·a)，温带地区森林土壤的长期固碳速率为 0.007~0.120t/(hm^2·a)，热带地区森林土壤的长期固碳速率为 0.023~0.025t/(hm^2·a)。森林土壤碳库的这种纬度地带性分布是生态系统在气候、植被和土壤等多个要素共同作用下的结果。在农业用地和退化土地上进行造林，其土壤有机碳的固定率会相对高些。

寒带森林土壤状态不良、营养贫瘠，凋落物层厚，有机酸能深入土壤深层，并且存在永久冻土层，妨碍植物根系的发育和土壤排水。但是在寒带森林中储存在土壤中的碳仍然是最多的，在 1m 深土壤中约有 3380 亿 t 碳。Kasischke（2000）研究估计寒带森林的土壤碳库约为 6250 亿 t。

温带森林的土壤肥沃而且种类繁多。其中，针叶林中的土壤碳储量巨大，为 56~388t C/hm^2，但是其在 1m 深土壤中的碳储量低于寒带森林，为 1530 亿~1950 亿 t，3m 深土壤碳储量约为 2620 亿 t。

与温带森林土壤类似，热带森林的土壤类型十分丰富，尤其是氧化土在潮湿的热带地区广泛分布，这些高度风化的土壤表层 0~5cm 深度内含有大量营养元素，被植物吸收，又以凋落物的形式被土壤回收。在 0~1m 深土壤中碳储量为 11 000~600 000g C/m^2，约 435 亿 t 碳储存在 0~1m 深热带森林土壤中，0~3m 深热带森林土壤中碳储量约为 692 亿 t。李意德等（1998）对热带山地雨林的研究表明，森林生物量、凋落物现存量和土壤层碳库的碳密度分别为 234.31t C/hm^2、2.98t C/hm^2 和 104.7t C/hm^2。

2.3 森林生态系统的碳输入

绝大多数植物都能进行光合作用，CO_2 是其生存的唯一碳源，植物中光合作用组织吸收的碳用于生物质的生产，其生产的生物质为其他生物的生存和繁衍提供养料。GPP 指单位时间自养生物固碳器官光合作用吸收 CO_2 的总和。每年全球陆地的 GPP 约为 1200 亿 t 碳，释放量也大致相同。植物的自养呼吸（R_a）会产生碳流失，而残余的碳则被用于植物生物量的生产。净初级生产力（NPP）可以反映 GPP 与 R_a 间的不平衡关系。

$$GPP=NPP+R_a \tag{2-1}$$

全球陆地年 NPP 约为 630 亿 t 碳,其中一半储存在森林中,森林生态系统的年固碳量为 15.8 亿 t,占全球陆地生态系统年固碳量的 59%,全球陆地地上部分约 85%的碳和地下部分约 74%的碳储存在森林生态系统中。NPP 还包括转换给食草动物和根部共生菌的碳,藻类生物的有机碳排泄,根系分泌物和生物挥发性有机化合物的生产。净生态系统碳平衡代表整个生态系统中各种碳源和碳汇的平衡:

$$NECB = -NEE + F_{CO} + F_{CH_4} + F_{BVOC} + F_{DIC} + F_{DOC} + F_{PC} \tag{2-2}$$

式中,NECB 为生态系统净碳累计量;NEE 为生态系统净 CO_2 交换量;F_{CO} 为净一氧化碳交换量;F_{CH_4} 为净甲烷交换量;F_{BVOC} 为净生物挥发性有机化合物交换量;F_{DIC} 为净可溶性无机碳交换量;F_{DOC} 为净可溶性有机碳交换量;F_{PC} 为净颗粒碳交换量。

2.3.1 碳同化

2.3.1.1 真核生物光合作用

森林中大部分光合生物体,如树木、林下植物、绿藻与地衣型真菌都是真核生物。真核生物细胞的主要特点是具有封闭的膜结构,即细胞器,其中包括叶绿体。植物通过光合作用吸收 CO_2,并产生生物质,这是植物固碳的主要途径,其基本反应如式(2-3)所示。光合作用主要由具有叶绿素的光合系统Ⅰ、光合系统Ⅱ共同完成,光能被植物的光合系统Ⅰ吸收,之后启动自身的一个电路,使电流从光合系统向蛋白质链传递,借此合成能量丰富的三磷酸腺苷(ATP)和烟酰胺腺嘌呤二核苷酸(NADPH),如式(2-4)所示。光合系统Ⅱ则通过撞击水分子而得到失去的电子,这个过程释放 O_2。植物通过光合反应,利用化学能固定 CO_2 并将其转化成碳水化合物和其他有机化合物,其固碳过程的化学方程式如式(2-5)所示。

$$6CO_2 + 12H_2O \xrightarrow{\text{光能}} C_6H_{12}O_6 + 6H_2O + 6O_2 \tag{2-3}$$

$$2H_2O + 2NADP^+ + 2ADP + 2Pi \xrightarrow{\text{光能}} 2NADPH + 2H^+ + 2ATP + O_2 \tag{2-4}$$

$$3CO_2 + 9ATP + 6NADPH + 6H^+ \xrightarrow{\text{光能}} PGAld + 9ADP + 8Pi + 6NADP^+ + 6H_2O \tag{2-5}$$

植物体内的光合反应主要发生在叶片内部,CO_2 必须通过叶面气孔才能进入叶片内部,气孔同时也是水分蒸发后水蒸气的通道。在固定 CO_2 过程中,为降低气孔的水分损失,植物除了占主导地位的 C_3 途径,还进化出了 C_4 和 CAM 途径。

1. C_3 植物光合作用

世界上 95%的植物都存在 C_3 光合途径,所有的乔木及几乎所有寒冷气候条件

下的作物都属于 C_3 植物。植物叶片的光合作用主要发生在叶绿体。叶绿体内的光合反应一般可分为两个阶段：首先是光反应阶段，光被叶绿素吸收，吸收的太阳光将被用来生成具有还原效能的 NADPH 和具有化学能的 ATP，如式（2-4）所示；其次是暗反应阶段，为了固定 CO_2，NADPH 和 ATP 在 C_5 糖（1,5-二磷酸核酮糖）的羧化作用下形成 3-磷酸甘油酸，其含有 3 个碳原子，所以该过程称为 C_3 光合途径。3-磷酸甘油酸一部分被还原为磷酸丙糖，另一部分生成 6-磷酸果糖排出叶绿体。经过此过程，大气中的 CO_2 以 C_6 糖的形式被固定下来。很大一部分磷酸丙糖被用于 CO_2 受体 1,5-二磷酸核酮糖的再生产，即在固定 3 个 CO_2 分子的基础上，共合成了 6 个磷酸丙糖分子，但最终只有一个磷酸丙糖分子用于植物体内的各种生物质合成。处于光饱和点和理想温度及相同水分和 CO_2 浓度条件下，木本植物每小时每平方米的 CO_2 固定量由大到小为：落叶阔叶乔木＞常绿阔叶乔木＞灌木＞常绿针叶乔木。

森林生态系统的净碳同化影响因素主要有 3 个。第一，单位叶面积的辐射照度、辐射通量和叶绿体数量等因素限制了叶绿素对光的作用。第二，空气中 CO_2 的浓度影响了叶绿体各种反应活动，CO_2 通过气孔进入植物叶内，气孔导度、水分状况和叶内 CO_2 浓度均可影响植物的光合速率。第三，在水分供应充足的情况下，碳同化速率可能受 CO_2 固定酶（Rubisco）数量和活性的限制。由于各种限制因素的交互影响，单株树木的树冠部分具有该植株的最大碳同化率。

2. C_4 植物光合作用

由于在高温下植物叶片在 CO_2 同化过程中气孔水分损失严重，对植物体本身造成损害，同时通过 Rubisco 反应进行光呼吸作用消耗部分能量，这些能量会因温度升高而增加，增加速度远大于 CO_2 同化速度，因此一些植物进化出了 C_4 光合途径进行碳同化作用。C_4 植物的光合作用原理是确保具有足够的 CO_2 浓度，可以使卡尔文循环在气孔闭合时也能进行，其本质即将 CO_2 的初始同化与卡尔文循环在空间上分离开来，前者发生在与外部空气保持紧密联系的叶肉细胞组织中，后者发生在维管束鞘内。在发生卡尔文循环的部位，以 ATP 为能量支出，CO_2 从叶肉细胞被运送到维管束鞘内，在叶肉细胞中，高浓度的 CO_2 和磷酸烯醇丙酮酸（PEP）反应生成载体草酰乙酸盐，然后由 PEP 羟化酶催化，在一些植物中还以苹果酸盐作为载体，由于这两种载体化合物都含有 4 个碳原子，因此该过程被称为 C_4 植物光合作用。载体被运转至维管束鞘细胞中，之后载体被脱羧，释放 CO_2 进入卡尔文循环，该过程与 C_3 植物的光合作用相同，之后剩余的丙酮酸重新返回到叶肉细胞里，化学反应如式（2-6）所示。

$$CO_2（叶肉细胞）+ATP+H_2O \longrightarrow CO_2（维管束鞘细胞）+AMP+2Pi+H^+ \quad (2-6)$$

在 C_4 光合途径中，形成一个 C_6 糖的化合物分子共需要 6 个 CO_2 分子和 30 个 ATP 提供的能量，相比之下，C_3 光合途径只需要 18 个 ATP 提供能量，但是 C_4 植物在进行卡尔文循环时，高浓度 CO_2 能加快羧化酶反应，比 Rubisco 催化的加氧反应速度快，因此，光呼吸所消耗的能量被降至最低，但是 Rubisco 同样是 C_4 光合途径中的限速因子。

3. CAM 植物光合作用

在极度干旱和炎热的环境下，由于植物水分损失非常严重，其进化出了 CAM 光合途径。热带荒漠气候下的一些植物可进行 CAM 光合作用，其本质是植物只在夜间温度较低时气孔开放，吸收 CO_2 临时储存在酸中。白天气孔关闭，CO_2 被释放，进入卡尔文循环，利用光能同化 CO_2。与 C_4 光合途径不同的是，其羧化和脱羧反应在时间上是分开的，但空间上并不是分开的，而且 CAM 途径不依赖光。CAM 途径的优点是其同化 CO_2 时所需的水分仅占 C_3 途径的 5%～10%。

2.3.1.2 植物对 CO 的吸收

森林生态系统主要通过植物的光合作用吸收空气中的 CO_2 并将部分碳固定在植物组织中，但森林植被也可以吸收 CO，因此在计算净生态系统碳平衡时，还需考虑 CO 的吸收情况，然而大气中的 CO 通常会被快速氧化为 CO_2。因此，在大多数碳循环中，CO 属于 CO_2 通量的一部分，由于缺乏可信的 CO 收放数据，森林植被吸收 CO 的情况，以及气候变化和人为干扰与 CO 吸收之间的关系还有待进一步研究。

2.3.1.3 原核生物碳同化

1. 微生物 CO_2 固定

除了真核生物具有光合活性外，广泛分布在陆地环境中的蓝藻等大型单细胞原核生物也具有光合能力，蓝藻中含有能利用光能的叶绿素，其一般生存在中性或碱性土壤中，同时还是一些地衣植被的光合组分。地衣、藻类和苔藓植物等组成了森林植物和土壤的微生物层，可以从空气中固定碳。与植物光合作用相似，微生物可以利用光能同化大气中的 CO_2，以有机物的形式固碳。与 C_3 植物类似，微生物光合作用也是通过卡尔文循环来固定 CO_2 的。硝化细菌广泛分布于土壤中，但其不含有光合色素，是通过化能合成作用固定 CO_2 的，同样对森林生态系统中的碳吸收有所贡献。

2. 甲烷氧化菌碳同化

甲烷氧化菌在森林生态系统的碳循环中发挥着重要的作用。在有氧环境下，甲烷氧化菌极易将 CH_4 作为其唯一的碳源，因此有氧土壤是重要的大气 CH_4 库，研究表明，在粗质结构土壤的温带森林中，CH_4 的吸收率最大，但是从全球角度看，森林土壤仍只是一个较小的 CH_4 库。

3. CO 氧化细菌碳同化

绿色植物、土壤、凋落物中降解的纤维素、木质素和多酚是森林中 CO 的主要来源。CO 氧化细菌以 CO 作为主要能量源，将其氧化成 CO_2，而后进行卡尔文循环，位于土壤表层的 CO 氧化细菌可能是自然界最重要的 CO 库。

2.3.2 溶解碳和颗粒碳的沉降

气态碳是碳进入森林生态系统的主要形式，被人们广泛关注，但是仍有微量碳流以溶解碳和颗粒碳的形式进入森林生态系统中。溶解碳和颗粒碳进入森林生态系统的形式主要是可溶解的无机碳与有机碳凝聚在雨雪中，并以沉降的形式降落，大气中的 CO_2 遇水产生水解，形成碳酸盐和碳酸氢盐。森林生态系统的林冠表面层能接收到少量的溶解碳，在非强酸条件下，凝聚在降水中到达林冠表面的 CO_2 与可溶性无机碳之间相互平衡。在没有降水的情况下，干沉降将大气中的气态和颗粒态的碳输入森林表面，但是输入量比较有限。

大气气溶胶作为大颗粒物的组成成分，能影响降水，可以吸收和反射太阳辐射，同时能改变云量，从而降低太阳辐射，对全球平均气温起冷却作用。气溶胶中的有机碳有两种来源，一种来源于天然的土壤灰尘和火山灰，另一种来源于人为的化石燃料和生物质材料燃烧，化石燃料和生物质材料燃烧产生黑炭、石墨及附着烟尘的有机物。黑炭主要由具有高化学阻力的多环芳烃群组成，与非黑炭气溶胶相比，黑炭具有更大的正辐射能力，其主要吸收可见光，然后与其他气溶胶混合组成大气中广泛分布的云。燃料燃烧引起的黑炭释放是除 CO_2 外导致全球变暖的第二大原因。

2.4 森林生态系统的碳动态

2.4.1 树木内碳分配

树木通过叶片进行光合作用将空气中的碳固定，被固定的碳将被树木运转分配到各个组织部位中，如图 2-1 所示。通过分配作用，碳在树木各个器官内可以起供应生长、储备、积累和防御等作用,并形成不同形式的有机化合物(表2-1)。

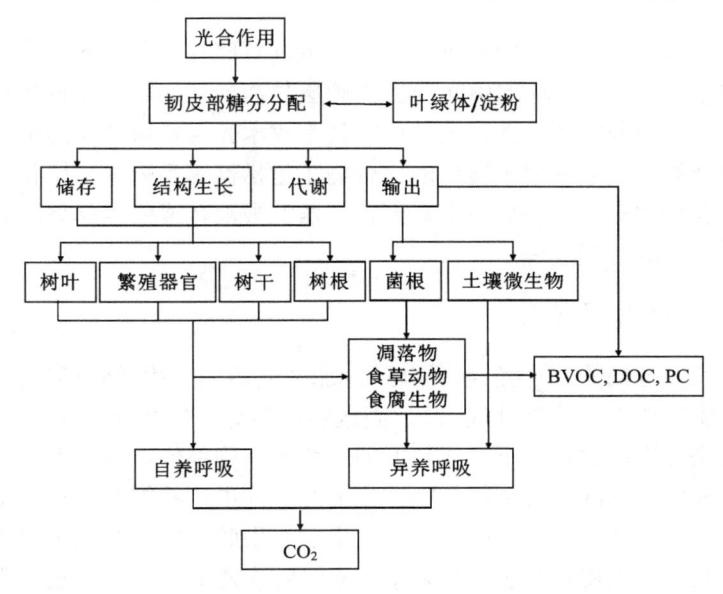

图 2-1 树木内碳分配和传输流程图

BVOC:植物源可挥发性有机物(biogenic volatile organic compounds);DOC:可溶性有机碳(dissolved organic carbon);PC:颗粒碳(particle carbon)

表 2-1 树木固碳的主要有机化合物形式

树木组织器官	有机化合物
叶绿体	淀粉
叶片	蛋白质、纤维素、半纤维素、果胶、木质素、蜡质、角质、单宁酸
树干	淀粉、木质素、纤维素、半纤维素、果胶、单宁酸、木栓
繁殖器官(花序/果实/种子等)	蔗糖、果糖、葡萄糖、蛋白质、淀粉、脂肪、孢粉素、果胶、单宁酸
树根	木质素、木栓、碳水化合物

2.4.1.1 叶绿体固碳

树木的光合反应主要发生在叶绿体中,在这里大气中的 CO_2 被初步固定。卡尔文循环的中间产物果糖(6-磷酸果糖)被用于合成淀粉,碳以淀粉的形式被暂时储存,之后在夜间被降解生成 1,5-二磷酸核酮糖,此过程被称为 CO_2 的固定。除此之外,叶绿体内的碳还用于合成脂类和蛋白质。

2.4.1.2 同化碳的运输

经过叶绿体光合反应固定的碳,一部分被临时储存,另一部分被运输到邻近的叶肉细胞中。卡尔文循环的中间产物 3-磷酸甘油酸作为载体化合物把碳运输至叶肉细胞,然后合成蔗糖,蔗糖及其衍生物是树木光合作用同化的碳的主要运输形式。除蔗糖外,其他常用于转运的化合物还包括糖醇系列等。糖和糖醇被转送到叶肉细胞和韧皮部中,而后被运输到各个器官被消耗或储存起来,该过程是树木内碳源至碳汇的转变过程。

2.4.1.3 叶片固碳

处于生长发育期的叶片光合作用较强,加之成熟期叶片同样存在碳输入过程,因此叶片固碳是树木的碳汇过程。叶片固碳的主要有机化合物形式如表 2-1 所示。不同的有机化合物,存在于不同成熟度的叶片的不同部位。碳在嫩叶中最初的储存形式是合成蛋白、次生代谢物多糖。在成熟叶片中,纤维素、含有蛋白质的原生质体和液泡内含有碳。叶片的厚角组织中含有果胶,厚壁组织中含有纤维素、半纤维素和果胶。表皮和叶脉中含有木质素。叶表皮的蜡质层由长链脂肪酸、酯类、蜡醇和甾醇等组成,蜡质附着在基质表面。叶片中还含有很多次生代谢产物,用于抵御食草动物和病原微生物。这些都是叶片固碳有机化合物的主要形式。

2.4.1.4 树干固碳

树干作为树木的主要生物量部位,固定和储存了大量的碳。如表 2-1 所示,树干含有与叶片类似的有机化合物。树干由外而内的解剖特征包括树皮、形成层、木质部和髓。在嫩茎中,表皮细胞主要由初生细胞组成,当大多数细胞停止增长后,木质部次生细胞壁随即被合成。木质部的产生先后经历细胞分裂、细胞生长(纵向生长和横向生长)、细胞壁增厚(纤维素、半纤维素、细胞壁蛋白及木质素生物合成和沉积)、细胞程序性死亡等过程。不同树种形成的木材在化学组成、宏观微观形态上均存在差异,但其主要组成化合物均为纤维素、半纤维素和木质素。树干中还含有树脂等内含物,以封闭伤口、阻止昆虫和动物的攻击。树干和树皮中均含有单宁酸,有些树种的树皮中含有木栓层,栓化组织由聚酯和聚酚类物质组成。

2.4.1.5 繁殖器官固碳

光合作用固定的碳还用于繁殖后代的器官中,如花序、果实、种子和蜜腺。与草本植物相比,木本植物用较少的碳来进行繁殖,而每年将最大比例的碳用于营养器官的生长。花青素、花色素等类黄酮和类胡萝卜素均为繁殖器官的固碳化合物，花蜜是植物花蜜腺分泌的液体，含有蔗糖、果糖和葡萄糖。花粉中含有蛋白质、糖类、淀粉和脂肪，在陆地生态系统中，花粉粒保护膜由孢粉素组成，该保护膜是一种长期的碳汇。对于树木，果实和种子的形成过程中消耗了树木固定的碳，果实细胞中含有的果胶和单宁酸，种子细胞中含有的碳水化合物、脂肪、蛋白质和酚类化合物等，均是固碳有机化合物的主要形式。

2.4.1.6 根系固碳

陆地植被每年固碳量约 1200 亿 t，其中约一半被转移到地下土壤中。树木为了维护根系的生长使用了土壤中大量的碳。关于碳在植物体内的分配研究，绝大多数针对于地上生物量，因此关于根系固碳和碳分配的研究处于发展阶段。新的根系生长一直被认为靠近期光合产物提供初始能量，但在 0.4 年树龄的温带森林中发现，非应激胁迫条件下，新根系储存了大量的碳，储存的碳为树木春季生长提供了重要的同化能源。根系中木质素和木栓的比例可能高于树木的地上器官，而单宁酸含量较低。

2.4.2 可溶碳通量

可溶碳以凝聚沉降形式进入森林生态系统，在沉降过程中，部分被林冠截留，部分沿着树干茎流运输，部分直接透过林窗滴落，部分被森林地表滞留。经过植物表面过滤杂质后，最终到达土壤的沉降物富含可溶碳。植物表面滤除的可溶性化合物如碳水化合物、氨基酸和有机酸、生物碱、酚类物质等与沉降在植物表面的颗粒物质共同组成了穿透雨中的可溶性有机碳。

不同森林类型及森林内部不同部位的穿透雨量差异非常大，如北方阔叶林的穿透雨量很小，其在凋落物碳流中所占比例低于 2%。与新叶相比，老叶更容易渗出有机化合物，阔叶树比针叶树更容易渗出有机化合物。沿树干流下的树木茎流也富含滤除的有机化合物，不同树种和林分间茎流存在显著差异。

2.4.3 凋落物动态

森林凋落物也可称为枯落物或有机碎屑，是指在森林生态系统内，由生物组分产生并归还到林地表面，作为分解者的物质和能量来源，借以维持生态系统功能的所有有机物质的总称。它是森林生产力的重要组成部分，是林地有机质的主要物质库和维持土壤肥力的基础，是森林生态系统物质循环和能量流动的主要途径。

植物的凋落物为土壤输送了大量的 NPP，木本植物能通过脱落各种组织和器官，有规律地产生凋落物，包括树叶、树枝、树皮、树根、繁殖器官及花粉等，为土壤生物提供食物和生境，改变林地局部小生境，影响林内植物种子萌发并定向改善土壤的理化性质和生物学性质，以及调节森林水分。一般将森林生态系统中直径大于 2.5cm 的落枝、枯立木、倒木统称为粗死木质残体，将直径小于 2.5cm 的落枝、落叶、树皮、繁殖器官、动植物残体和代谢产物、林下枯死草本植物和树根称为森林凋落物。在森林生态系统中，除树木外，林下植物对凋落物层的输入也十分重要，约占凋落物总量的 25%。叶片是地上凋落物层的主要组成部分，对于部分树种，如桉树等，树皮也是主要的凋落物来源。随着树龄和林龄的增加，树木凋落物量增大。

在全球范围内，不同森林生态系统凋落物量往往随维度的升高而减少，与全球森林 NPP 的分布格局相似。NPP 以凋落物的形式进入土壤，该过程的动力包括自身季节性衰老、强风、冰雹、降雪和食草动物等采食。火灾是凋落物层的自然干扰因素，甚至可以带走寒带森林地区三分之一的 NPP。地上部分燃烧导致凋落物减少，严重时会烧至根系，进而导致地下凋落物减少。此外，火灾提高了 BC 的输入量，是一种潜在的沉降碳输入。

地下根系产生的 NPP 要大于地上部分，与凋落物的沉降相似，根系周转量也是从热带到寒带逐渐下降，大部分 NPP 通过地上和地下凋落物进入土壤，但对每年输入到土壤中的碳量估测可能会偏低，原因是地下根系的大量碳流无法检测。

2.4.4 根部非气态碳通量

植物根系通过根际沉积作用释放有机化合物，碳通过此作用进入土壤中，该过程包括根冠和边缘细胞的消亡，根细胞的死亡和溶解，碳向根共生体（如菌根）的转移，气体排放，活细胞的溶质泄漏，活细胞分泌的非可溶性高分子分泌物。根围的真菌层从根部接收有机化合物。

土壤-根系之间的碳流动是双向的，即碳可从根部流出，同时也能从土壤中进入根部。根系生长过程中，流失的大部分碳主要是复杂的高分子聚合物。Steinmann 等（2004）的研究表明，在温带森林中，树木固定的碳从树冠转移至根系需要数天时间。大多数植物根系通过共生体与菌根相联系，真菌与土壤之间进行物质交换，使植物摄取碳。Högberg 等（2008）研究表明，在寒带欧洲赤松林中，最大的碳汇是外生菌根根系。

2.4.5 凋落物分解

凋落物分解是生态系统物质循环和能量流动的重要环节，是沟通生物地球化学循环的桥梁和纽带，凋落物分解向土壤中释放的营养元素是林木维持自身生长的重要物质来源，对林地土壤肥力的维持极为重要。陆地生态系统中，高达 90% 的光合作用固定的碳最终进入食物网并被分解，植物凋落物、根系分泌物、动物和微生物的残留物等被分解和硝化，凋落物分解过程包括凋落物过滤、裂解和化学性质变化。

影响凋落物分解的主要因素包括物理化学环境、凋落物种类、生物群落及腐殖质组成。植物的特性是凋落物分解率的主要控制因素，影响凋落物质量的最重要因素，即碳氮比，能改变分解者的呼吸速率和单种凋落物的分解速率。然而凋落物中的化合物的化学成分和多样性能影响分解速率，如缩合单宁酸能减缓凋落物的分解速率。生物群落是凋落物分解的重要驱动力。分解过程中，动物和微生物的活动改变了地上与地下凋落物的化学特性，小部分凋落物中的碳在土壤有机质形成时被重新反应形成新分子，矿化作用则使凋落物的碳氧化成 CO_2 和 CH_4。

凋落物分解基质的主要组分包括所有地上和地下植物、动物和微生物的残渣和分泌的有机物。其中，植物残渣是主要的分解基质，而微生物残体和根系沉淀物构成了分解基质的第二梯队。被分解的主要植物化合物为多糖、木质素、单宁酸、角质、木栓质、脂肪和蜡质。不同种类的植物的有机化合物含量变化很大。对于森林生态系统固碳，凋落物中不易被生物降解或生物化学性质稳定的化合物数量越多越好。木质素、脂肪、蜡质、角质和木栓质等化合物均较抗分解。根际沉淀的主要化合物为糖、蛋白质、氨基酸和有机酸，它们比较容易被分解。

初始分解过程是水溶性有机物的滤除。从植物叶片浸出的主要是一些不稳定的化合物，包括低分子糖类、多酚类和氨基酸，此时凋落物发生了显著的质量亏损现象。在植物组织衰老期间，凋落物不断掉落，浸出作用尤为重要。浸出的物质可以被土壤生物吸收，或被吸附成为土壤有机质形成矿物，或与渗漏水一起作为可溶性有机碳流失。

凋落物分解依靠细菌和真菌的活动，新鲜凋落物最初被真菌分解，凋落物层和森林表层土壤的微生物生物量中，真菌数量占优势的土壤比细菌占优势的土壤的碳储量更大。真菌在凋落物中生长活跃，真菌的酶可以分解各类植物化合物，白腐菌可以分解木质素，褐腐菌可以分解部分木质素和纤维素。真菌在低 pH 的森林土壤中具有竞争优势，在厌氧土壤中很少出现或处于休眠状态。菌根不仅能充当植物碳输入土壤的媒介，同时能产生胞外裂解酶，促进土壤有机碳代谢。

细菌只能分解其附近的凋落物基质，而不能像真菌一样依靠菌丝延长分解网络，细菌主要分解不稳定基质，因此细菌主导的食物链具有叶凋落物含量高的特点。然而放线菌和生长缓慢且具有类似菌丝结构的细菌可以分解木质素等抗分解化合物。在植物根部，细菌分解是比较重要的。

土壤动物可以将凋落物碎化，通过动物咀嚼和肠道的作用，凋落物被分解，表面积随之增加。很多无脊椎动物优先摄食凋落物，因为其中的碳水化合物含量高，而多酚和单宁酸含量低。蚯蚓、蚂蚁和白蚁等动物除碎化凋落物外，还将其运输至土壤深处。通过动物的肠道，凋落物的化学组成发生进一步的变化，且肠道微生物也会进入凋落物中。在土壤动物肠道中，森林凋落物不但能释放甾醇、短链脂肪酸、三萜烯化合物、氨基酸和多糖,而且还能积累三萜类化合物、蜡酯、甲氧基碳、芳香碳和木质素等物质。Fox 等（2006）研究发现,土壤动物可将不稳定碳经过肠道作用转化为有机碳。Crow 等（2009）研究发现,在北美地区森林中,一些入侵蚯蚓取食凋落物,通过促进凋落物和颗粒有机物中的脂肪族与芳香族化合物的转换,可能会影响土壤有机质的稳定性。

通过细菌和真菌对凋落物的分解,土壤动物间接改变了凋落物的化学成分。土壤动物群对凋落物的分解过程起重要作用,土壤动物会间接导致森林落叶中总酚的富集,同时造成纤维素和缩合单宁酸的流失。分解过程中,凋落物发生了巨大的质量变化,第一阶段浸出作用使细胞可溶物大量流失,第二阶段稍慢,浸出作用使生物活性失效,第三阶段非常缓慢,有机质进一步发生化学变化,与土壤矿物质反应形成土壤有机质。结果是纤维素和半纤维素被分解,而抗分解性凋落物化合物和微生物产物逐渐积累。

树根的分解速度通常比树叶慢,主要受根系化学特性控制,落叶分解的主要决定因素有温度、湿度、土壤特性和基质质量。因此,湿润的热带森林中的落叶分解速度要快于寒冷的寒带森林。

2.4.6 土壤有机碳

土壤是陆地生物赖以生存的物质基础,是陆地生态系统中物质与能量交换的重要场所;同时它本身又是生态系统中生物与环境相互作用的产物。土壤层是森林生态系统中主要的固碳部分,0～1m 深森林土壤中储存了全部森林生态系统43%的碳,包括土壤中新鲜未被分解的有机质、未被分解的植物残体、土壤微生物、微生物代谢产物和腐殖质。植物是土壤层有机碳的主要来源,分解后的植物残渣会影响土壤有机质的动态变化,从而影响整个土壤剖面有机碳的动态变化,因为在森林土壤的各个层面中都发现了单宁酸标记物。

土壤有机碳不仅是土壤的重要组成部分,而且是生态系统重要的生态因子。土壤有机碳的含量与分布直接关系到生态系统的生产力和规模。同时,土壤有机碳的转化和迁移又直接影响温室气体的组成与含量,全球的气候变化又反作用于土壤有机碳的转化与迁移。因此,土壤有机碳的分布、转化及其对全球气候变化的响应与调控的研究对于正确理解碳循环及应对全球气候变化策略的制定具有重要意义,成为近年来国际全球气候变化问题的核心研究内容之一。

土壤有机碳并不是一种单纯化合物,它包括植物、动物和微生物的遗体、排泄物、分泌物及其部分分解产物和土壤腐殖质。土壤有机碳在维持土壤良好的物理结构等方面具有重要作用。作为陆地碳库的主要组成,土壤有机碳在全球碳循环中起着重要作用,土壤有机碳的稳定性及其碳汇增加是目前国际上公认的减缓大气 CO_2 浓度升高的重要途径之一。

根据稳定性不同,土壤有机碳库一般分为易分解碳和稳定性碳,前者指易分解的有机物质,如植物残体和它们初步分解后的产物、微生物体和微生物代谢体;后者则是指不易分解的植物有机质和被黏粒保护的腐殖质。易分解碳分解以后,抗分解的化合物遗留在残渣中,因此,凋落物和土壤有机质的分解活动随着时间推移而减弱。土壤易分解碳在土壤有机质中所占比例很小,但由于周转快,故对土壤碳通量影响很大。Biederbeck 等(1994)认为,土壤有机质的短暂波动主要由易分解碳的动态变化所引起。因此,土地利用变化初期土壤有机碳的快速变化与土壤易分解碳动态变化紧密相关。

在温带气候条件下,不稳定的土壤有机质库周转时间是 1~2 年,将产生 1/4~2/3 的初始碳流失,中期稳定的土壤有机质库周转时间为 10~100 年,其间将损失 90%有机质,长期稳定的碳一般出现在惰性的土壤有机库中,分解非常缓慢,周转时间为 100~1000 年。稳定的土壤有机质是多种机制共同作用的结果,其中包括选择性降解、植物不完全燃烧以及含有稳定的微团聚体包裹物、有机质和酚类、金属离子及矿物联合体。

传统意义上,土壤有机质经过化学萃取、分馏形成腐殖酸、胡敏酸和富里酸。腐殖酸在森林土壤中占主导地位,是个体较大的相对不溶性化合物,具有芳香环网络且侧链少,主要源于含量丰富的酚类植物衍生物;胡敏酸也是相对不溶性化合物,但比腐殖酸含有更多的角质和由蜡质衍生的长链非极性基团;富里酸很容易水解,并易与其他物质结合。现代多维核磁共振(NMR)技术显示腐殖质可能不在一个明确的化学范畴内。这主要是由于大多数腐殖质是动物、微生物和植物生物聚合物及其降解产物组成的混合物,蛋白质、木质素、碳水化合物和脂肪族生物聚合物等是其主要组成部分。

过去森林有机碳的研究主要集中在森林地面和土壤表层,然而树根可以延伸至深层矿质土壤。深层矿质土壤中有机碳的输入途径主要有根系及根系分泌物、土壤微生物及生物扰动和可溶性有机碳置换。虽然土壤深层固碳量要小于表层,但其对森林生态系统的固碳至关重要,因为通过 ^{14}C 年代研究,深层土壤碳库中稳定性高的组分比例较高,烷基碳含量高,与土壤矿物质结合的有机碳比例高。

2.4.7 土壤无机碳

森林土壤中含有碳酸盐等土壤无机碳,组成了土壤无机碳库。全球森林土壤无机碳含量约为 2100 亿 t,约占全球总土壤无机碳库的 22%。在对大气 CO_2 固定方面,土壤无机碳比有机碳更为被动,效率更低。土壤无机碳主要由成岩无机碳和成土无机碳组成,成岩碳酸盐来自母质,而成土碳酸盐由风化形成。

植物呼吸作用产生的 CO_2 增加了土壤的可溶性无机盐或生成重碳酸盐,并且在碳酸盐沉淀等风化过程中形成了成土碳酸盐。菌根真菌、地衣和土壤生物可促进这种风化，消耗 CO_2。通过微生物活动影响 CO_2、Ca^{2+} 和 Mg^{2+} 等释放，在增加土壤有机碳含量的同时加速了碳酸盐的风化和沉淀。土壤可溶性无机碳来自碳酸盐及其天然化学风化，也可能经上层土壤过滤后沉降到下层，因此，土壤无机碳的含量随着土壤深度的增加而增加。一些土壤可溶性碳酸盐可能被根系吸收后运输到树木中，之后通过光合效应或暗反应回补效应被固定。土壤可溶性无机碳可能仅贡献少量的碳给林木，但是对树干和细根进行碳同化及外生菌根同化 NH_4^+ 很重要。Aubrey 和 Teskey（2009）指出，有大量的碳由根部进入木质部，这可能是树木回补机制的一部分，以补偿呼吸作用产生的 CO_2 流失。

2.5 森林碳储量计量方法

2.5.1 涡度相关法

在近地边界层内，因为地表面摩擦的强烈影响，风向和风速在短时间内呈不规则的变化，这种不规则的气流流动形式被称为湍流（turbulent flow），湍流可以被理解为流体的速度、物理属性等在时间与空间上的脉动现象。地表湍流是近底层大气运动的一个重要物理特征，湍流输送是地面和大气间进行热量、动量和水汽交换的主要方式，它控制了输送给大气的热量和大尺度运动的动能耗散，影响大气的水分收支。可以利用微气象学原理测定植被与大气间热量、动量、水汽和 CO_2 的交换通量。交换通量的主要测定方法包括空气动力学法、热平衡法和涡度相关法。过去的研究中主要是利用基于能量和物质通量与它们的垂直方向梯度成正比的空气动力学法测定群落与大气间能量和物质的交换量，目前，国际上以涡度相关法为主要的通量观测手段。涡度相关法是目前测定地-气 CO_2 交换通量的方法之一，也是世界上 CO_2 和水热通量测定的标准方法，已经越来越被广泛地应用于估算陆地生态系统中物质和能量的交换。

在全球气候变化背景下，生物圈的碳循环机理和全球陆地生态系统碳动态及其对环境的响应已经成为当今世界共同关注的核心问题。涡度相关法已在全球范围内广泛地应用于陆地生态系统的碳吸收与排放动态测定中。CO_2 和 H_2O 通过植被的光合作用和呼吸作用在土壤-植被-大气圈空间层次上时刻进行着交换和循环，涡度相关法是通过测定和计算物理量（如温度、CO_2 和 H_2O 等）的脉动与垂直风速脉动的协方差求算湍流输通量的方法。以涡度相关法为主体对土壤-植被-大气间的 CO_2/H_2O 和能量通量，以及生态系统碳水循环的关键过程进行长期和连续的观测，所获得的观测数据将被用来量化和对比分析研究区域内的生态系统碳收支与水的平衡特征及其对环境变化的响应。涡度相关法在观测和求算通量的过程中几乎没有假设，具有坚实的理论基础，适用范围广，被认为是现今唯一能直接测量生物圈与大气间物质交换通量的标准方法,得到广泛的认可和应用。

一般情况下,在白天因植被吸收固定 CO_2,其冠层内的 CO_2 浓度低,而冠层上部的 CO_2 浓度高,因此,在起源于上部的高浓度 CO_2 的涡与起源于下部的低浓度 CO_2 的涡进行交换时向下传输 CO_2;相反,在夜间植被和土壤的呼吸作用,使得植被冠层内的 CO_2 浓度高,湍流交换使 CO_2 向上输送。当仅考虑物质和能量在垂直方向上的湍流输送时,CO_2 通量可以定义为在单位时间内湍流运动作用通过单位截面积输送的 CO_2 量。CO_2 的垂直湍流通量(Fc)可以简化表示为

$$\mathrm{Fc} = \omega \rho_d c = \overline{\rho_d \omega' c'} + \overline{\rho_d \omega c} \tag{2-7}$$

式中,ρ_d 为干空气密度(g/cm³ 或 μmol/mol);c 为 CO_2 质量混合比;c' 为质量混合比的脉动;ω 为三维风速的垂直分量(m/s);ω' 为三维风速垂直分量的脉动;上划线表示时间平均。

涡度相关法所需的关键设备一般由灵敏度较高的三维超声风速仪、开/闭路式红外 CO_2/H_2O 气体分析仪,以及温、湿度计等精密仪器组成。该方法的优点包括:观测时对下垫面植被及周围环境的干扰较小;能更准确地直接测定生态系统的 CO_2 通量;该方法实现了对被测样地的连续观测,并且能够在短时间内获得大量数据;可实现空间格局的大区域联网观测。但与此同时也存在着一些缺点:该方法所用仪器设备昂贵;对下垫面要求比较高,通常要求下垫面地形平坦;该方法仍然存在着很多不确定性和误差,一般情况下,有效数据量只占数据总量的65%~75%,而夜间数据的有效率更是低于50%,数据处理复杂。

基于遥感手段的 CO_2 气体浓度观测是利用较为成熟的数值模式对卫星遥感观测的 CO_2 柱浓度进行资料同化,获得 CO_2 的源汇分布,具有稳定、连续、大尺度观测的优点,能更好地把握大区域甚至全球尺度 CO_2 气体浓度的空间分布和时间变化规律,提高温室气体源汇观测的准确性,也必然可应用于开展森林 CO_2 通量及其时空分布特征研究,提高森林生态系统碳通量估算的准确性。

2000年前后,许多国家针对温室气体卫星遥感监测的星载热红外高光谱和短波红外高光谱技术开展了大量研究工作,ENVISAT-SCIAMACHE、ENVISAT-AIRS、TERRA-MOPPITT、AQUA-IASI 等许多传感器都具备探测 CO_2 的能力,可实现对多种大气成分的观测。但这些卫星传感器的波谱段设置,其目的多是针对对流层以上的多种大气成分的观测,对森林碳通量所在近地面层的敏感度不高,并不适用于森林生态系统 CO_2 通量监测。

至2017年,全球已有日本、美国和中国发射的温室气体观测卫星(GOSAT)、轨道碳观测台2号卫星(OCO-2)和全球二氧化碳监测科学实验卫星(TanSat,中国碳卫星)搭载专门针对近地面大气 CO_2 观测的传感器,这些卫星利用相同的天底观测、耀斑观测和目标观测3种模式,能提供全球范围内陆表和海洋区域的

CO_2 精确观测数据。近地层是森林生态系统碳通量所在层,利用这 3 颗专用卫星探测器的天底观测模式和目标观测模式可实现大区域尺度和特定目标区域的森林生态系统 CO_2 通量监测。中国碳卫星(TanSat)于 2016 年发射,2017 年 1 月 13 日获取了首批数据。这标志着我国继日本和美国之后,成为全球第 3 个拥有监测全球大气 CO_2 含量专用卫星的国家,初步形成了针对重点地区乃至全球的大气 CO_2 浓度监测能力。

利用微气象法测定的陆地与大气系统间的 CO_2 通量与生态系统的 GPP、NPP、NEP 和净生物群系生产力(NBP)概念是相对应的,在特定条件下,生态系统 CO_2 通量与其中的某一个概念相一致。通常条件下,CO_2 通量相当于 NEP 或 NBP。在不考虑人为因素和动物活动影响的自然陆地生态系统中,决定陆地与大气系统间 CO_2 交换的生理生态学过程的主要是植物的光合作用和生物呼吸作用。通过对 CO_2 通量的长期测定,可准确评价森林生态系统的碳动态。

2.5.2 遥感监测

遥感技术是从远距离感知目标反射或自身辐射的电磁波、可见光、红外线,对目标进行探测和识别的技术。应用遥感技术的基本方法是为了了解森林及树木的相关参数(胸径、树高、冠幅、断面积和生物量等)与光谱表现之间的关系。森林碳库的实地调查需要搜集独立模型中的变量数据,如生物质碳汇、凋落物和有机碳库的动态变化,调查成本较高,遥感技术在大尺度范围内节省了野外样地调查所需要的高额费用。遥感技术是获取森林碳储量和碳通量数据的重要手段,可以提供即时连续的信息数据,在各种尺度上,多源遥感数据已经作为一种替代手段来对森林地上生物量和固碳量进行定量化。卫星遥感观测具有稳定、连续、大尺度观测等优点,能较好地反映大区域尺度森林生态系统碳储量分布及其与大气进行 CO_2 交换的时空分布与变化特征,可以提高森林生态系统 CO_2 动态观测的准确性。

利用遥感手段研究森林生态系统固碳量及 CO_2 通量时空变化特征的主要方法可以分为两类:一是通过森林生物量法间接估算森林固碳量,并通过固碳量变化确定森林生态系统的 CO_2 通量;二是利用气象卫星或专门的 CO_2 温室气体观测卫星监测森林生态系统的 CO_2 通量,然后再基于交换的 CO_2 通量推算森林固碳量的变化。森林碳通量的计算需要森林面积变化及人为干扰、自然干扰引起的碳库变化相关信息,这些信息可以利用遥感技术通过不同空间分辨率和不同光谱分辨率进行获取。

卫星是最常用和最有效的中等分辨率遥感工具,中分辨率成像光谱仪(moderate-resolution imaging spectroradio-meter,MODIS)是监测 GPP 的专业设备,可用于森林土地覆盖数据的监测。与光学卫星传感器相比,合成孔径雷达(SAR)

技术可以对云层覆盖下的森林进行碳评估。目前，研究人员常采用的遥感数据包括光学遥感数据、合成孔径雷达卫星数据和激光雷达数据。光学遥感较为直观，但由于其物理特征使其具有波长范围有限、不能穿透林冠、易与树叶发生相互作用等局限性，影响反演效果。合成孔径雷达以其全天候、全天时、成像不受天气影响的特点，在估测森林生物量方面具有巨大优势。激光雷达是一个发射激光束的主动测距技术，具有高效测量三维结构信息的能力，尤其是在估测林木高度和空间结构方面具有独特优势，目前广泛使用的是机载激光雷达，其最为高效但也较昂贵。

应用遥感数据指标估算森林生物量是一项实用技术，其中数据指标包括归一化植被指数（NDVI）、增强植被指数（EVI）、叶面积指数（LAI）、有效光合辐射（PAR）、叶投影盖度（FPC）、树冠投影覆盖度（CPC）等。把这些指标应用到现场测量中，再与有关环境数据或其他技术相结合，以便更有效地估算森林中的固碳量。大尺度森林生态系统碳储量遥感估算主要是通过建模，结合地面调查样点数据计算森林生物量和固碳量。当前广泛应用的森林生物量遥感估算模型主要包括统计模型、物理模型和过程模型。

统计模型是通过样地调查获取实测生物量数据，利用回归方法建立遥感影像反射光谱和纹理特征或基于影像计算所得的植被指数等参数与生物量之间的拟合关系，然后逐像元推算样点外区域的森林生物量；或利用决策树、人工神经网络等机器学习的非参数智能算法，在实测森林生物量与遥感参数相关性不显著的情况下，建立森林生物量非线性遥感估算模型推算区域生物量。统计模型法简单易用，但其缺点同样突出：一方面树木的生长受光照、温度、水分条件限制，不同季节树干、树枝和树冠之间的统计关系会产生变化；另一方面，大气条件、传感器定标、地表状态在不同区域存在明显差异，与实测数据构建的统计关系常常不稳定。这些因素会导致基于统计关系估算的森林地上生物量存在不确定性。

物理模型通过描述二向性反射与生物量之间的关系，基于遥感手段获取的信息来反演估算森林生物量。常用的森林生物量物理估算模型主要包括辐射传输模型和几何光学模型。辐射传输模型将植被冠层视为水平均匀散射的整体介质，按高度分层并测定每层中的叶面积和光照强度，建立光线辐射传输与植被冠层结构参数之间的联系，输出的光合有效辐射与植被生物量的增长量成正比，因此能够准确描述太阳辐射在森林植被生产力形成过程中的吸收、反射、透射及大气中的传输量，具备估算森林植被生物量的理论基础。已有研究根据植被冠层结构在空间上的异质性建立了一系列复杂的辐射传输模型。辐射传输模型能够详细描述植被反射过程，但该类模型假定植被冠层为水平均匀散射的介质，而森林在遥感像元尺度上多表现为非连续分布，因此限制了其在大尺度上计算森林生物量方面的应用。几何光学模型将传感器测得的辐射亮度定义为由背景光照面产生的亮度、树冠照射面产生的亮度、树冠阴影面产生的亮度和背景阴影面产生的亮度构成，并据此开展了针叶林生物量估算。随后，引入孔隙率模型，并将多次散射引入模型，实现了几何光学模型和辐射传输模型的混合应用。应用几何光学模型估算森林生物量已有很多研究。Mark 等（2008）基于简单几何光学模型，利用 EOS MISR 多角度遥感数据反演森林冠层平均郁闭度和植被高度，然后通过线性变化尺度推算森林地上生物量。Zeng 等（2008，2009）的研究也都证明几何光学模型估算森林地上生物量的精度是可以满足应用要求的。几何光学模型输入参数少，以离散植被为研究对象，更适用于稀疏、冠层形状规则的森林生物量估算。对诸如高郁闭度的原始林和热带雨林等森林结构极为复杂的森林生态系统，应用几何光学模型估算森林生物量存在局限性。

过程模型可在不同时空尺度上模拟植物生长过程中的光合作用、呼吸作用及养分循环等过程，通过估算可反映植被生物量改变及碳固定过程的 NPP，并可累加时间段内的时间序列 NPP 得到森林生物量。过程模型中使用的土地覆盖分类、叶面积指数、光温水条件等驱动变量都可由遥感手段获取。Friend 等（1997）利用遥感数据改进以传统森林生态系统演替为理论基础的森林地上生物量估算模型，拓展了传统模型的运用空间尺度。Mao 等（2014）利用遥感获取的 NDVI 驱动 CASA 模型估算了中国东北区域近 30 年跨度的森林 NPP。遥感驱动数据的加入大幅提高了过程模型的估算精度。遥感驱动的过程模型改进了只应用遥感参数与森林生产力建立简单关系来估算森林生物量的方法，更强调对生态系统内部各种作用过程的描述。利用遥感手段获取森林生理生态特征参数驱动过程模型已成为过程模型研究的热点。

统计模型、物理模型和过程模型在估算森林生态系统碳储量时都存在不确定性，这些不确定性来自两个方面：一是遥感数据本身的不确定性，遥感手段获取的数据受大气辐射传输、传感器本身性能、观测角度等一系列影响会产生误差，地面冠层结构的复杂性也会导致遥感获取的模型驱动参量存在误差；二是各类估算模型本身的不确定性，统计模型形式简单，因此建立的地面实测数据与遥感参量之间的关系在大尺度上稳定性较差。辐射传输模型的前提假设与森林在遥感像元尺度上表现出的非连续分布并不完全符合，因此限制了其在大尺度计算森林生物量方面的应用。几何光学模型以离散植被为研究对象，在对复杂森林类型的生物量估算上也存在限制。过程模型驱动参量较多，这些参量本身在通过遥感手段获取时就存在着很大的不确定性，多种不确定性叠加会降低过程模型估算森林生物量的准确性。此外，上述模型在获取森林生物量的基础之上，还要确定不同森林类型的固碳/释放系数才能计算森林固碳量，但准确估算参数的取值范围及其空间变异性难度大，所以利用这些模型方法估算森林生态系统固碳量存在很大的不确定性。

2.5.3 样地解析法

样地解析法的原理是应用已经测量的树木胸径和高度不同指标参数值,估算一系列样地中树木和非树木生物量的蓄积与质量。样地形状可设置为方形或圆形,根据样地的尺度和植被密度针对乔木、灌木和地表层植被设置不同面积和数量的样地,统计样地内植被名目及树木的高度和胸径等指标,并将其转化为生物量指标,可选用砍伐方法统计灌木和草本植被的生物量。样地解析法操作简单且成本低效率高,适用于长期监测森林地上生物量。地上生物量是森林生态系统中最具有动态的碳库,不同学科的研究人员均广泛关注这一指标,地下生物量由于测算比较困难,通常通过与地上生物量的比值进行换算,或者通过生物异速生长方程进行直接估算。

2.5.3.1 抽样方法

对于森林生态系统,进行全林每木调查可以测量和监测所有树木和非树木植被的地上生物量与固碳量,但是工作量大、成本高且耗时长。在有限的资金和人力投入下,以适宜的抽样方法为基础,进行碳动态计量,即可获得可信的估计值。抽样方法包括简单随机抽样、分层随机抽样和系统抽样(图 2-2)。

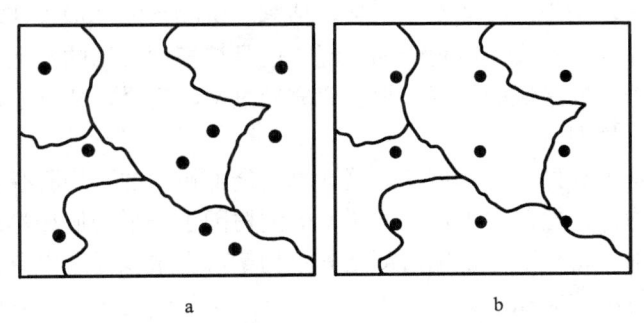

图 2-2 随机抽样和系统抽样的样地点分布
a. 简单随机抽样;b. 系统抽样

简单随机抽样将项目区域划分为许多面积相等的网格,确保调查区域内每一个网格都有成为样地的同等机会,即一个样地的位置对其他样地的位置没有影响。随机抽样能够公正地估算变量值以及样本平均值,但是该方法是以总体同质性为前提的,所以这种方法不适用于总体异质性大的项目区。

分层随机抽样将土地面积按照同类单元进行分类,有利于提高抽样效率和减少标准差。每一层被认为是一个亚总体,实际监测时,森林的立地土壤、地形、退化程度、植被状态、树木密度和大小等主要特点均是分层的基础。每一层被分成面积相等的许多网格，每个网格均可能被随机选中。

在系统抽样中，以森林占地面积为基础，按照固定间隔设置样地，并不是随机地布设样地。系统抽样设置的一个特点是随机选择的第一个样地的位置决定了之后所有样地的位置。这种方法可操作性强，固定间隔和系统设置为现场工作和交通提供了方便。

2.5.3.2 样地固碳量测算方法

进行样地固碳量测算时，需事先确定抽样样地的面积和数量。样地面积直接影响到监测的成本。样地面积越大，两个样地间的变异系数越低。但是样地面积取决于样地间的变化程度与监测成本。通常是以专家对树木大小、森林面积大小和林分密度变化的判断为基础，确定样地的数量。

皆伐法是将样地内的所有林木伐倒后测定其干、枝、叶、根、繁殖器官等生物量，全部相加后得到该样地林木生物量，该方法准确度高，但工作量大，实际操作中难度较大，很少被采用，但由于能够获得可靠的数据，常常被用作检验其他间接测定方法的标准。

单株生物量模型法是选择不同样地内不同径阶的树木，伐倒后测量并建立植株生物量与胸径，或者植株生物量与胸径和树高的关系模型，利用关系模型推算出样地的生物量，结合连续清查的结果，估算出生物量的净增长情况。在众多生物量模型中，异速生长模型应用最为广泛，但是该模型方法的地区或者树种的局限性较大，随着研究区域的扩展，很多研究通过文献整合，建立了适用范围较大的广义异速生长模型。

标准木法是根据样地每木调查数据计算出全部树木的平均胸径、树高或其他测树因子的平均值，然后选出样地中树木的测树因子与平均值相等或接近的几株树木作为标准木，将标准木伐倒后测定其生物量，再乘以样地内单位面积的树木株数，从而获得单位面积上的树木生物量。该方法是较为粗略的方法，根据不同测树因子的平均值选取的标准木可能不同，因而估计的样地和林分生物量也会有所差异。

蓄积量扩展因子法（生物量扩展因子法）是以森林蓄积量数据为基础的估算方法。通过抽样计算不同树种的生物量与蓄积量的比值，即生物量扩展因子（BEF）乘以总蓄积量求出总生物量，BEF值随林龄、胸径、树高变化而变化，呈一定的函数关系。理论上，该方法可以用于从单株到区域尺度的蓄积量扩展，但所用的扩展因子或方程必须是在同一尺度上建立的，所以蓄积量扩展因子法常用于固定的森林清查样地。

2.5.3.3 乔木层生物量测定方法

对标准地的标准木进行乔木生物量的测定，乔木层生物量可以分为干、枝、叶、花、果、皮及根系生物量。对于树干生物量的测定，通常将树干分成若干段（通常 1m 或 2m），并截取圆盘，量出每段中央和最后不足一个区分段的梢头底端直径、厚度及鲜重，将所有圆盘带回实验室烘干称重，再采用中央段面积区分求积式计算树干材积。树干干重测定采用木材密度法，密度即物质的质量和体积的比值，习惯上以单位体积木材的重量表示木材密度。首先计算各圆盘的干重比及木材密度，然后采用平均区分求积式求出各段的体积，再乘以相应区分段圆盘的木材密度，即可得该区分段干重，各区分段干重累加，再加上梢头干重即为全树干干重。

枝、叶生物量采用标准枝进行测定。将树高与枝下高相减后除以 3，将树冠分为上、中、下 3 层，按顺序测定每个枝条带叶的鲜重、基径和长度，并计算各指标的平均值，按平均重量、基径和长度选取 3~5 个生长良好、叶量中等的标准枝。对标准枝摘叶，分别测定枝量和叶量，并在每一层取枝、叶样品。根据每层标准枝推算出各层枝、叶鲜重，烘干后确定干重，逐层枝叶重量相加得出单木的枝重和叶重。

树皮生物量的测定方法，将每个树盘的树皮剥下，称其鲜重并烘干。该区分段长度与树盘厚度的比值乘以树皮干重即为每一区分段树皮的干重，将各个区分段累加即得到整株树的树皮干重。

树根生物量的测定方法，可采用全根收获法，以标准木伐根为中心，将全部树根挖出。在土壤各个深度分别对不同径级的根系进行挖掘和称取鲜重，并取样烘干，得到干重。垂直分层可与土壤分析时分层标准一致，即以 0~10cm、10~20cm、20~40cm、40~60cm、60~80cm 和 80~100cm 分 6 层，根系分级可按直径大小分为粗根（≥10cm）、大根（5~10cm）、中根（2~5cm）、小根（1~2cm）和细根（<1cm）。

标准木各器官生物量乘以该样地树木株数，即可推算出该样地乔木层生物量。也可采用相关曲线法进行计算，即获取样木各器官生物量后，根据各器官生物量与某一测树因子之间的相关关系，如胸径、树高、冠幅或组合因子，利用数理统计方法，制定回归方程，以实测的测树指标推算林分的生物量。

2.5.3.4 林下植被生物量及凋落物现存量测定方法

在每块乔木样地的四角和中心设 5 个 5m×5m 的灌木样方和 1m×1m 的草本及凋落物现存量样方。记录灌木和草本的种类、高度、盖度、多度和生长状况等，以及现存凋落物未分解和半分解厚度。采用样方收获法获取灌木层生物量和草本层生物量,采用收集法获得凋落物现存量。收获的灌木和草本植物装塑料袋称重并取样,实验室烘干至恒重,计算灌木层、草本层和凋落物中的含水率,进而算出灌木层、草本层不同层级的生物量和凋落物现存量。

2.5.3.5 年凋落物量测定方法

年凋落物量的测定方法采用直接收集法,在每个标准地内按上、中、下位置(如果是平地则采用对角线法)各设一个 1m×1m 的固定收集器(离地 20~25cm 水平放置),生长季中每月月底收集凋落物 1 次,其余时间仅收集 1 次,将收集器内的全部凋落物按叶、枝、果、皮、杂物等分组称重,烘干测得含水率,进而测定含碳率,推算单位面积凋落物各器官年碳归还量。

2.5.3.6 木质残体储量测定方法

在样地逐一测量直径≥2.5cm 的粗木质残体(包括枯立木和倒木,不包括根桩),记录其长度或高度、大小头直径、胸径及分解等级等。在研究区域中设置 36 个 5m×5m 样方,随机抽取 20 个样方收集直径≥1cm 的小倒木和大枝,之后在 20 个样方中设置 1m×1m 样方收集小枝,称取收集物的鲜重,混合后分别取每一分解等级的倒木和大枝 10 份样品,小枝则不区分分解等级取 10 份,带回实验室内烘干,称取样品干重,得到干重鲜重比,求得每个样地中的干质量,最后求取单位面积木质残体储量。

在野外取样过程中,能直接称取质量的小倒木则直接称取鲜质量,无法称取质量的大倒木则分径级随机采集每一分解等级倒木样品 10 个。在取样中,对于较大且分解程度较轻的倒木,用锯机截取两头和中间部位 5cm 厚的圆盘,先用排水法求其体积,然后烘干称重;分解程度较严重的倒木则用小刀取部分样品装满已知容积的铝盒中,称取湿重并带回实验室内烘干称重,之后求得该倒木密度。

倒木的材积(V)是根据倒木长度(l)和大小头直径(d_1 和 d_2)采用截顶体的一般求积公式 $V=\pi l(d_1^2+d_2^2)/8$ 来计算的,枯立木可根据胸径,采用 Denzin 略算法求取材积。木质残体生物量即为残体体积与相应分解等级密度的乘积,之后可换算得到单位面积生物量。

2.5.3.7 碳密度及年净碳固定量的计算

森林碳密度包括植被碳密度、凋落物碳密度和土壤碳密度。植被碳密度和凋落物碳密度的计算方式为测定所得各林分层生物量与碳含量相乘,即可得出相应的碳储量,森林单位面积的植被碳储量和凋落物碳储量即其碳密度。

森林年净碳固定量包括植被层年净碳固定量和凋落物年碳归还量,植被层年净碳固定量包括各植被层植物器官年生物量增量与相应含碳率的乘积,凋落物年碳归还量为一年内不同月份各器官凋落物量与相应含碳率乘积的累加。

2.5.4 森林土壤有机碳库的监测

森林土壤调查方法一般结合森林样地清查，取样方法根据不同情况分为土钻法和剖面法。土钻法在固定样地按"S"形取样，一般在固定样地四角点、样地边界中心点和样地中心点共取9个点，按照0~10cm、10~20cm、20~40cm、40~60cm、60~80cm和80~100cm分6层取样。当土壤浅于100cm时则按实际土壤深度取样。用精度为1g的天平称量每层土壤重量。每层土壤混合后采用四分法取样，采用0.1g精度天平称量每层样品1.0g放入布袋，带回实验室内测定含碳率，取20.0g样品放入塑料袋带回实验室内测定含水率。

剖面法是一种传统土壤调查方法，根据土壤实际发生层划分，土壤含碳率和含水率的测定方法与土钻法同。所谓土壤剖面是指从地面向下挖掘所裸露的一段垂直切面，这段垂直切面的深度一般在2m以内，不同土壤类型具有不同的剖面形态，包括颜色、结构、湿度、质地和紧密度等。在土壤形成过程中，由于物质的迁移和转化，土壤分化为一系列组成、性质和形态不尽相同的发生层。发生层的顺序及变化情况反映了土壤形成过程和土壤性质。采集剖面土壤样品并带回实验室内进行含碳率测定。

森林碳汇资源调查的关键环节是对土壤有机碳库的准确测定。林分内部大量的异质性影响了土壤有机碳在景观尺度、流域尺度和区域尺度上的变化的监测。土壤有机碳从小尺度到大尺度的空间外推是可行的。从区域到全球尺度对土壤有机碳库的粗预测常用的一种方法是"测量外推法"（MMA）。另一种方法是"土壤景观模型"（SLM），即土壤的异质性相对于分析环境变量的变化对土壤理化性质变化的影响，输入各种环境因素的变量数据来校准模型，然后对整个研究区域进行预测。由于考虑了环境变量，因此SLM比MMA的误差小。

土壤有机碳密度是指单位面积一定深度的土壤层次中土壤有机碳的储量。由于土壤有机碳密度是以土体体积为基础计算的，消除了土壤面积和土壤深度的影响，因此已成为评价和衡量土壤有机碳储量的一个重要指标。某一土层的有机碳密度计算公式为

$$SOCD_i = C_i \times D_i \times E_i(1-G_i)/100 \tag{2-8}$$

式中，$SOCD_i$为第i层土壤有机碳密度（kg/m^2）；C_i为第i层土壤有机碳含量（g/kg）；D_i为第i层土壤密度（g/cm^3）；E_i为第i层土层厚度（cm）；G_i为第i层直径大于2mm的石砾所占的体积百分比（%）。

2.5.5 森林碳库和碳通量建模

观测森林生态系统 CO_2 通量，主要有地面站点观测和卫星遥感观测两类方法。地面站点观测精度高、易获取，但观测站点较少而且主要以零散的单点探测器为主，成本高、空间分辨率低，不具备统一的、大尺度或全球大范围探测和垂直探测的能力。

森林碳清单中同一时间内不同监测点的碳库计量可以通过森林碳汇模型（FORCARB）等来实现。但必须用清单变化法来对年内变化量进行评估，这需要碳清单和其他方面的数据，如土地利用变化、森林管理活动、自然干扰等数据。森林碳动态模型可以通过一些经验生长方程和一些光合作用模型来建立，经验生长方程如 EFISCEN、FIX 等，光合作用模型如 3-PG、CENTURY 等；直接用于凋落物动态模型建立的生长模型有 CBM-CFS3。

FORCARB 是由美国农业部 Linda S. Heath 开发的森林碳平衡模型，模型以 5 年为一个时间段来评估和预测森林及木质林产品的碳储量与碳变化，包括森林碳库和林产品碳库两个体系。该模型经历了两个版本，分别为 1993 年版和 2010 年版，并于 2008 年修改设计出适用于加拿大安大略省的 FORCARB-ON 模型。FORCARB 模型将 TAMM 和 ATLAS 模型结合（可得出产量、砍伐量等数据），结合林木、地下植被、林地等，将生物量公式与样地直径结合，再乘以碳转换系数，得出森林各部分碳汇值。但是该模型也存在一定的局限性，目前该模型只能用于美国（FORCARB2 模型）和加拿大（FORCARB-ON 模型），并不能与中国林业的实际情况相结合使用。

CO2FIX 模型是由荷兰瓦格宁根大学开发的，用于模拟生态系统中森林、土壤和木质林产品库碳储量与碳流动的碳平衡动态模型。该模型的应用十分广泛，它模拟的部分结果还被 IPCC 1995 气候变化评估引用，模拟结果的权威性毋庸置疑。CO2FIX 模型的发展经历了 3 个阶段，从最初基于 DOS 的 CO2FIX V1.0 到后来面向对象的 CO2FIX V2（包括生物量、土壤和木质林产品 3 个模块），2004 年已发展到 CO2FIX V3.1 版本，具体包括 6 个模块，分别是生物量模块、土壤模块、木质林产品模块、生物质能源模块、碳核算模块及经济模块。CO2FIX 模型是一个动态估计森林经营、农林复合系统及造林项目碳吸存潜力的用户友好型工具。

CENTURY 模型是由美国农业部农业研究服务局（United States Department of Agriculture Agricultural Research Service，USDA-ARS）研发的。CENTURY 模型是以气候、人类活动（如放牧、砍伐、火烧等）、土壤性状、植物生产力，以及凋落物和土壤有机质分解间的相互关系为基础而建立的陆地生态系统生物地球化学循环模型，这目前也是国际上能够代表生物地球化学循环模型的一个重要典型模型。应用该模型模拟火烧对森林碳动态的影响，不仅应设定模型初始化所需要的参数，还要应用到 2 个模块，即 FIRE 模块和 TREM 模块。CENTURY 模型可以应用于森林、草原和农业或其他项目，估算植物产量、商业农产品产量、土壤碳及植物废弃物形式的输入量等，并且模型能用于估算样地、项目和国家层面的碳总量与生物量碳总量。CENTURY 模型作为目前国际上应用广泛的机理性模型，对生态系统碳循环及管理和干扰对碳循环的影响有着较全面的考虑。

CBM-CFS 模型是在 1989 年被开发出来的，该模型当时主要被用于模拟木材的可持续供应，后来该模型被用于估算森林碳通量。目前，CBM-CFS 模型已经经历了 3 代，第一代模型能够估算林分尺度、景观尺度乃至国家尺度的森林自然及人为干扰、生长与分解、林产品部分与大气的净碳交换量，但也存在明显的缺点，因为第一代模型仅仅能模拟 1 年的碳动态。第 2 代模型便突破了模拟时长的局限，能够估算出生物量及死有机质含量的变化，并且能够有效探究几个因素对森林碳储量的影响，如自然干扰、经营管理和生长及分解速率。第 3 代模型 CBM-CFS3 是加拿大国家森林碳监测、计量和报告系统的核心模块，用于估算加拿大经营林每年碳储量的变化及二氧化碳等温室气体的排放量，其评估结果作为国家报告提交给《联合国气候变化框架公约》秘书处。

要提高森林碳动态预测的准确度，必须评估模型结果的精确程度。从 20 世纪 70 年代初模拟分析全球植被潜在生产力分布格局的生态模型到 90 年代的机理模型和过程模型，随着人们对碳循环系统复杂性认识的提高，土地利用变化和碳循环扰动的重要因子被纳入模型中。随着长期生态和环境变化信息的记录、积累和联网观测数据的集成，将数据-模型融合和同化，以及与遥感技术相结合成为碳动态模型集成研究的重要手段。模型数据融合是充分利用各种观测数据信息综合分析包含大量动态参数和非线性响应过程，同时用于提升模型关键参数的反演精度，即通过数学方法利用各种观测信息调整模型的参数或状态变量，使模拟结果与观测数据之间达到一种最佳匹配关系，从而更准确地认识和预测系统状态与变化。

2.5.6 生物标记分析法

对于森林生态系统，把碳稳定地封存是其固碳最重要的一步，这意味着碳吸收会使植物、凋落物和土壤的碳库稳定地增长。对一个碳库的稳定性检测需要考虑周转率和滞留时间等问题。在生态系统中，周转率是指某一组分中的物质在单位时间内输入、输出的量与库存总量的比值，滞留时间是周转率的倒数，碳滞留时间近似于碳库与碳通量的比值。森林生态系统中，并不是所有碳库和碳通量都可以精确测量和计算出来，尤其是地下部分。

利用生物标记分析法可以估算植物、凋落物及土壤中特定化合物的稳定性，并根据有机物的结构来揭示它们的具体来源，如来自植物、微生物、动物、火灾或人为因素。特定化合物的同位素分析既可以示踪它们的分子来源，也可以示踪它们的周转时间或平均滞留时间（MRT）。用 $^{13}CO_2$ 或 ^{13}C 标记物可以研究森林土壤有机质的形成机理和发生速率，也可以研究土壤有机质数十年乃至上百年的周转情况；但对那些周转时间在上千年的有机物来说，则需要估算它们的 ^{14}C 年龄。

碳滞留时间长的有机物，其持续、直接的输入会促进森林生态系统的碳积累。同样，碳滞留时间短的有机物在经过代谢和分解过程后，也能变为碳滞留时间长的化合物。森林生态系统中碳滞留时间长达上千年的物质主要是经生物质燃烧而形成的黑炭。碳在土壤中的稳定性主要取决于碳从产物母体分离组成新的微生物衍生分子的过程。

2.6 森林生态系统碳排放

2.6.1 森林生态系统碳排放的原因

森林生态系统的破坏会造成固定的碳被释放，正是由于森林受到大面积的破坏，以致从全球的角度来看，减少森林的破坏，避免因此向大气中排放 CO_2 成为科学研究的一个热门方向。毁林是导致森林生态系统碳排放的主要原因，毁林是指森林向其他土地利用的转化或林木冠层覆盖度长期或永久降低到一定阈值以下。毁林导致森林完全消失，大部分储存在森林中的碳迅速释放进入大气。

人类干扰改变了当前间冰期森林群落的自然演替。在过去的 8000 多年内，全球近一半的森林被改造成农田、牧场或其他用途的土地。在过去的 200~300 年，全球范围内发生了大面积的森林砍伐。美洲、非洲和亚洲砍伐森林的主要原因均是为人类的生产和生活提供土地，砍伐森林后的土地多用于种植粮食、棉花、甘蔗、茶叶、咖啡等作物。在欧洲中南部地区，新石器时代就开始大规模地火烧森林。在随后的数千年内，森林砍伐范围延伸至北欧地区。20 世纪 70 年代中期以来，工业化带来的强酸和长途运输所产生的 SO_2 使土壤表层酸化，对欧洲地区的针叶林造成了大面积的重大伤害。

森林砍伐和农业发展促使更多的 CO_2 从数百年来形成的陆地生态圈碳库中释放到大气中。为生产木材对原始热带森林进行砍伐，通常会消耗该森林 30%~70% 的碳储量。多种土地利用方式的变化使森林面积减少，同时造成森林生态系统生产力下降、生物量锐减、林分结构和物种多样性发生退化。自工业革命以来，由于土地利用方式的改变使得陆地生物圈产生了 1400 亿 t 左右的碳排放，20 世纪 90 年代的碳排放中 20% 来源于森林砍伐。病虫害入侵、可燃物增加、火源管理模式的变化、气候条件的变化等因素均会使森林生态系统发生退化。

2.6.2 森林生态系统碳排放的预防

对森林采取碳减排管理措施涉及四个方面的内容：①增强森林碳吸收的林业活动；②加强森林可持续管理，即采用一系列的碳管理措施，减少碳排放，增加碳汇，获取最大的固碳收益；③保护和维持森林碳库；④碳替代措施。

增强森林碳吸收的林业活动包括造林、再造林、退化生态系统恢复、建立农林复合系统等。通过造林和再造林增加森林生态系统碳吸收已经得到国际社会的广泛认同。根据计算，在未来 50 年内将全球可用于造林、再造林和农用林的土地全部实施增强森林碳吸收的林业活动，碳汇潜力约为 380 亿 t 碳，如果考虑到社会经济因素，实际可用于这些活动的土地可能为全部可用地的 1/3，则造林、再造林和农用林土地 50 年碳汇量约为 125 亿 t 碳。

加强森林可持续管理可以提高林地生产力，增加植被和土壤碳汇，我国目前人工林森林资源存在"太密、太疏、太纯"的问题，固碳潜力很大，加强森林管理，通过森林抚育、采伐和更新、树种选择、水火管理、土壤和森林病虫害管理等可持续管理措施，提升现有森林质量，能较大程度地增强我国森林的整体固碳收益。

保护和维持森林碳库是指保护现有森林生态系统中储存的碳，减少其向大气中的排放。主要措施包括减少毁林、改进采伐作业措施、提高木材利用效率，以及更有效地控制森林火灾等。减少毁林排放是避免燃烧排放或减少森林活生物量自然降解产生的排放，林地一旦转换成其他土地用途，其固定的碳就会排放。毁林可直接导致森林生态系统固定的碳在短时期内迅速释放，因此相对于造林和再造林而言，降低毁林速率是减缓大气 CO_2 浓度的更加直接的手段。如果全球完全停止毁林，每年可保护 12 亿~22 亿 t 碳，到 2050 年减少热带地区毁林可保护 200 亿 t 碳不被释放。改进采伐作业方式保护森林生态系统固碳的潜力同样是巨大的，传统的采伐作业对林分造成了严重破坏，对保留木的破坏高达 50%，通过降低采伐影响的措施可使保留木的破坏率降低 50%，从而降低由采伐引起的碳排放。此外，保护和维持森林碳库的措施还包括加强林地土壤保护，防止因毁林引起的林地退化，妥善处理林下凋落物富含的有机碳和减少土壤碳排放。

碳替代措施包括以耐用木质林产品替代能源密集型材料及林业生物质能源、采伐剩余物回收利用等。由于水泥、钢材、塑料等属于能源密集型材料，且生产这些材料消耗的能源以化石燃料为主，如果以耐用木质林产品替代这些材料，不但可增加陆地碳储存，还可以减少生产这些材料的过程中化石燃料燃烧的温室气体排放。虽然部分林产品中的碳最终将通过分解作用返回大气，但也只是把树木吸收固定的碳重新释放，相对于树木生长发育之前的水平，并没有增加新的碳，同时由于森林的可再生性，采伐地再生长森林将重新吸收 CO_2，避免了由于化石燃料燃烧引起的净排放。

生物质能源不会向大气中产生净 CO_2 排放，因此用生物质能源替代化石燃料可以降低人类活动的碳排放量，生物质能源在减少温室气体排放上的贡献大小很大程度上取决于木质材料气化和液化等相关技术的发展情况。通过提高木材利用率可以减少木材分解所产生的碳排放量，增加木质林产品寿命，减少废弃木质林产品垃圾填埋，可以减缓其储存的碳向大气排放，其中部分碳甚至可以永久固定。研究表明，木质材料在生产和加工过程中所消耗的能源明显低于常用金属材料，可以抑制化石燃料的消费。当林农生产增加碳储量能得到奖励，当木材及其制品所储存的碳能得到认可，当生物质能源能替代化石能源并获得减排认证，大气中的 CO_2 浓度将会得到控制和降低。

参 考 文 献

曹吉鑫, 田赟, 王小平, 等. 2009. 森林碳汇的估算方法及其发展趋势. 生态环境学报, 18(5): 2001-2005.
陈祥伟, 胡海波. 2005. 林学概论. 北京: 中国林业出版社.
池宏康. 1996. 黄土高原地区提取植被信息方法的研究. 植物学报, 38(1): 40-44.
邓琦, 刘世忠, 刘菊秀, 等. 2007. 南亚热带森林凋落物对土壤呼吸的贡献及其影响因素. 地球科学进展, 22(9): 976-986.
方东明, 周广胜, 蒋延玲, 等. 2012. 基于CENTURY模型模拟火烧对大兴安岭兴安落叶松林碳动态的影响. 应用生态学报, 23(9): 2411-2421.
韩爱惠. 2009. 森林生物量及碳储量遥感监测方法研究. 北京: 北京林业大学博士学位论文.
郝占庆, 吕航. 1989. 木质物残体在森林生态系统中的功能评述. 生态学进展, 6(3): 179-183.
克劳斯洛伦茨, 拉藤拉尔. 2014. 森林生态系统固碳. 罗勇, 刘飞鹏, 等, 译. 北京: 科学出版社.
李怒云, 杨炎朝. 2017. 林业碳汇计量. 北京: 中国林业出版社.
李顺龙. 2006. 森林碳汇问题研究. 哈尔滨: 东北林业大学出版社.
李意德, 吴仲民, 曾庆波, 等. 1998. 尖峰岭热带山地雨林生态系统碳平衡的初步研究. 生态学报, 18(4): 371-378.
刘毅, 吕达人, 陈洪滨, 等. 2011. 卫星遥感大气 CO_2 的技术与方法进展综述. 遥感技术与应用, 26(2): 247-254.
刘志华, 常禹, 胡远满, 等. 2009. 呼中林区与呼中自然保护区森林粗木质残体贮量的比较. 植物生态学报, 33(6): 1075-1083.
骆期邦, 曾伟生, 贺东北, 等. 1999. 立木地上部分生物量模型的建立及其应用研究. 自然资源学报, 14(3): 271-277.
孙玉军, 张俊, 韩爱惠, 等. 2007. 兴安落叶松幼中龄林的生物量与碳汇功能. 生态学报, 27(5): 1756-1762.
王飞, 张秋良. 2015. 兴安落叶松天然林碳密度与碳平衡研究. 北京: 中国林业出版社.
王凤友. 1989. 森林凋落量研究综述. 生态学进展, 6(2): 82-89.

王秀云. 2011. 不同年龄长白落叶松人工林碳贮量分布特征. 北京: 北京林业大学博士学位论文.
王秀云, 孙玉军. 2008. 森林生态系统碳储量估测方法及其研究进展. 世界林业研究, 21(5): 26-29.
王妍, 张旭东, 彭镇华, 等. 2006. 森林生态系统碳通量研究进展. 世界林业研究, 19(3): 12-17.
威利 Z, 查米迪斯 B. 2009. 清洁农作和林作在低碳经济中的作用——如何确立、测量和核证温室气体抵消量. 林而达, 郭李萍, 李迎春, 等, 译. 北京: 科学出版社.
吴金友. 2014. 森林植被碳储量动态仿真模型研究. 北京: 中国林业出版社.
武红敢, 乔彦友, 陈林洪, 等. 1997. 马尾松林叶面积指数动态变化的遥感监测研究. 植物生态学报, 21(5): 485-488.
武小钢. 2013. 山西省典型森林及湿地生态系统土壤碳、氮库研究. 北京: 中国林业出版社.
徐明, 等. 2017. 森林生态系统碳汇计量方法与应用. 北京: 中国林业出版社.
徐希孺. 2005. 遥感物理. 北京: 北京大学出版社.
杨丽韫, 代力民, 张杨健. 2002. 长白山北坡暗针叶林倒木贮量和分解的研究. 应用生态学报, 13(9): 1069-1071.
于贵瑞, 孙晓敏. 2008. 中国陆地生态系统碳通量观测技术及时空变化特征. 北京: 科学出版社.
于贵瑞, 孙晓敏, 等. 2006. 陆地生态系统通量观测的原理与方法. 北京: 高等教育出版社.
张会儒, 唐守正, 王奉瑜. 1999. 与材积兼容的生物量模型的建立及其估计方法研究. 林业科学研究, 12(1): 53-59.
张小全, 徐德应, 赵茂盛. 1999. 林冠结构、辐射传输与冠层光合作用研究综述. 林业科学研究, 12(4): 411-421.
张兴锐. 2010. 燕山北部山地典型植物群落土壤有机碳贮量及其分布特征. 保定: 河北农业大学硕士学位论文.
赵林, 殷鸣放, 陈晓非, 等. 2008. 森林碳汇研究的计量方法及研究现状综述. 西北林学院学报, 23(1): 59-63.
周国模, 姜培坤, 杜华强, 等. 2017. 竹林生态系统碳汇计测与增汇技术. 北京: 科学出版社.
周国模, 施拥军. 2017. 竹林碳汇项目开发与实践. 北京: 中国林业出版社.
邹文涛, 陈绍志, 赵荣. 2017. 森林生态系统碳储量及碳通量遥感监测研究进展. 世界林业研究, 30(5): 1-7.
Aber J D, Melillo J M. 2001. Terrestrial Ecosystems. San Diego: Academic Press.
Amelung W, Brodowski S, Sandhage-Hofmann A, et al. 2008. Combining biomarker with stable isotope analyses for assessing the transformation and turnover of soil organic matter. Advances in Agronomy, 100: 155-250.
Andersson M, Evans T P, Richards K R. 2009. National forest carbon inventories: policy needs and assessment capacity. Climatic Change, 93: 69-101.
Asner G P, Powell G V N, Mascaro J, et al. 2010. High-resolution forest carbon stocks and emissions in the Amazon. Proceedings of the National Academy of Science of the United States of America, 107(38): 16732-16737.

Aubrey D P, Teskey R O. 2009. Root-derived CO$_2$ efflux via xylem stream rivals soil CO$_2$ efflux. New Phytologist, 184(1): 35-40.

Austin A T, Vivanco L. 2006. Plant litter decomposition in a semi-arid ecosystem controlled by photodegradation. Nature, 442: 555-558.

Baker D F, Bösch H, Doneyl S C, et al. 2010. Carbon source/sink information provided by column CO$_2$ measurements from the orbiting carbon observatory. Atmospheric Chemistry and Physics, 10: 4145-4165.

Baldocchi D D. 2003. Assessing the eddy covariance technique for evaluating carbon dioxide exchange rates of ecosystems: past, present and future. Global Change Biology, 9(4): 479-492.

Bardgett R D, Bowman W D, Kaufmann R, et al. 2005. A temporal approach to linking aboveground and belowground ecology. Trends in Ecology & Evolution, 20: 634-641.

Barker T, Bashmakov I, Alharthi A, et al. 2007. Mitigation from a cross-sectoral perspective//Metz B, Davidson O R, Bosch P R, et al. Climate Change 2007: Mitigation. Contribution of Working Group III to the Fourth Assessment Report of the Intergovernmental Panel on Climate Change. Cambrige/New York: Cambridge University Press: 620-690.

Barnes B V, Zak D R, Denton S R, et al. 1998. Forest Ecology. New York: Wiley.

Bazilevich N I. 1974. Energy flow and biogeochemical regularities of the main world ecosystems//Cavé A J. Proceeding of the First International Congress of Ecology. Structure, Functioning and Management of Ecosystems. Wageningen: Pudoc.

Berg J M, Tymoczko J L, Stryer L. 2007. Biochemistry. New York: WH Freeman.

Biedenbender S H, McClaran M P, Quade J, et al. 2004. Landscape patterns of vegetation change indicated by soil carbon isotope composition. Geoderma, 119(1): 69-83.

Biederbeck V O, Janzen H H, Campbell C, et al. 1994. Labile soil organic matter as influenced by cropping practices in an arid environment. Soil Biology and Biochemistry, 26(12): 1647-1656.

Bronick C J, Lal R. 2005. Soil structure and management: a review. Geoderma, 124: 3-22.

Bryant D, Nielsen D, Tangley L. 1997. The Last Frontier Forests: Ecosystems and Economics on the Edge. Washington: World Resources Institute.

Bu X L, Ding J M, Wang L M, et al. 2011. Biodegradation and chemical characteristics of hot water extractable organic matter from soils under four different vegetation types in the Wuyi Mountains, Southeastern China. European Journal of Soil Biology, 47(2): 102-107.

Carey E V, Sala A, Keane R, et al. 2001. Are old forests underestimated as global carbon sinks? Global Change Biology, 7: 339-344.

Chabbi A, Rumpel C. 2009. Organic matter dynamics in agro-ecosystem the knowledge gaps. European Journal of Soil Science, 60: 153-157.

Chang M. 2006. Forest Hydrology: An Introduction To Water and Forests. Boca Raton: Taylor & Francis.

Chapin F S III, Matson P A, Mooney H A. 2002. Principles of Terrestrial Ecosystem Ecology. New York: Springer.

Chapin F S III, Woodwell G M, Randerson J T, et al. 2006. Reconciling carbon-cycle concepts, terminology, and methods. Ecosystems, 9: 1041-1050.

Chevallier F, Bréon F M, Rayner P J. 2007. Contribution of the orbiting carbon observatory to the estimation of CO_2 sources and sinks: the oretical study in a variational data assimilation framework. Journal of Geophysical Research, 112: D09307.

Chiesi M, Maselli F, Bindi M, et al. 2008. Modeling carbon budget of Mediterranean forests using ground and remote sensing measurements. Agricultural and Forest Meteorology, 135(1): 22-34.

Ciais P, Borges A V, Abril G, et al. 2008. The impact of lateral carbon fluxes on the European carbon balance. Biogeosciences, 5: 1259-1271.

Clark D A, Brown S, Kicklighter D W, et al. 2001. Measuring net primary production in forests: concepts and field methods. Ecological Applications, 11: 356-370.

Coleman D C, Reid C P P, Cole C V. 1983. Biological strategies of nutrient cycling in soil systems. Advances in Ecological Research, 13: 1-55.

Conant R T, Smith G R, Paustian K. 2003. Spatial variability of soil carbon in forested and cultivated sites: implications for change detection. Journal of Environmental Quality, 32: 278-286.

Corbin K D, Denning A S, Parazoo N C. 2009. Assessing temporal clear sky errors in assimilation of satellite CO_2 retrievals using a global transport model. Atmospheric Chemistry and Physics, 9: 3043-3048.

Cornwell W K, Cornelissen J H C, Allison S D, et al. 2010. Plant traits and wood fate across the globe-rotted, burned, or consumed? Global Change Biology, 15(10): 2431-2449.

Crow S E, Filley T R, McCornick M, et al. 2009. Earthworms, stand age, and species composition interact to influence particulate organic matter chemistry during forest succession. Biogeochemistry, 92: 61-82.

Dabrnwska-Zielinska K, Gruszczynsk A M, Lewinski S, et al. 2009. Application of remote and *in situ* information to the management of wetlands in Poland. Journal of Environmental Management, 90(2): 2261-2269.

Denman K L, Brasseur G, Chidthaisong A, et al. 2007. Couplings between changes in the climate system and biogeochemistry//Intergovernmental Panel on Climate Change. Climate Change 2007: The Physical Science Basis, Chapter 7. Cambridge: Cambridge University Press.

Dixon R K, Solomon A M, Brown S, et al. 1994. Carbon pools and flux of global forest ecosystems. Science, 263: 185-190.

Elbert W, Weber B, Büdel B, et al., 2009. Microbiotic crusts on soil, rock and plants: neglected major players in the global cycles of carbon and nitrogen? Biogeosciences Discuss, 6: 6983-7015.

Epps K Y, Comerford N B, Reeves III J B, et al. 2007. Chemical diversity-highlighting a species richness and ecosystem function disconnect. Oikos, 116: 1831-1840.

Eswaran H, Reich P F, Kimble J M. 2000. Global carbon stocks//Lal R, Kimble J M, Eswaran H, et al. Global Climate Change and Pedogenic Carbonates. Boca Raton: CRC: 15-25.

Eusterhues K, Rumpel C, Kögel-Knabner I. 2007. Composition and radiocarbon age of HF-resistant soil organic matter in a Podzol and a Cambisol. Organic Geochemistry, 38: 1356-1372.

Fahey T J, Siccama T G, Driscoll C T, et al. 2005. The biogeochemistry of carbon at Hubbard Brook. Biogeochemistry, 75: 109-176.

Falloon P D, Smith P. 2000. Modelling refractory soil organic matter. Biology and Fertility of Soils, 30: 388-398.

Fan S, Gloor M, Mahlman J, et al. 1998. A large terrestrial carbon sink in North America implied by atmospheric and oceanic carbon dioxide data and models. Science, 282(5388): 442-446.

Finer L, Mannerkoski H, Piirainen S. 2003. Carbon and nitrogen pools in an old-growth, Norway spruce mixed forest in eastern Finland and changes associated with clear-cutting. Forest Ecology and Management, 174: 51-63.

Fox O, Vetter S, Ekschmitt K, et al. 2006. Soil fauna modifies the recalcitrance-persistence relationship of soil carbon pools. Soil Biology & Biochemistry, 38: 1353-1363.

Friend A D, Stivensa K, Knox R G, et al. 1997. A process-based, terrestrial biosphere model of ecosystem dynamics (Hybrid V3.0). Ecological Modeling, 95(213): 247-287.

Gastelluetchegorry J, Bruniquelpinel V. 2001. A modeling approach to assess the robustness of spectrometric predictive equationsfor canopy chemistry. Remote Sensing of Environment, 76(1): 1-15.

Gholz H L, Wedin D A, Smitherman S M, et al. 2000. Long-term dynamics of pine and hardwood litter in contrasting environments: toward a global model of decomposition. Global Change Biology, 6: 751-765.

Giardina C P, Coleman M D, Hancock J E, et al. 2005. The response of belowground carbon allocation in forests to global change//Binkley D, Menyailo O. Tree Species Effects on Soils: Implications for Global Change. NATO Science Series. Dordrecht: Kluwer: 119-154.

Grace J. 2005. Role of forest biomes in the global carbon balance//Griffiths H, Jarvis P G. The Carbon Balance of Forest Biomes. Oxon: Taylor & Francis: 19-45.

Heath L S, Birdsey R A. 1993. Carbon trends of productive temperate forests of the coterminous United States. Water Air Soil Pollut, 70: 279-293.

Heldt H W, Heldt F. 2005. Plant Biochemistry. London: Academic Press.

Heredia A. 2003. Biophysical and biochemical characteristics of cutin, a plant barrier biopolymer. Biochimicaet Biophysica Acta, 1620: 1-7.

Högberg P, Högberg M N, Göttlicher S G, et al. 2008. High temporal resolution tracing of photosynthate carbon from the tree canopy to forest soil microorganisms. New Phytologist, 177: 220-228.

Houghton J T, Ding Y, Griggs D J, et al. 2001. Climate Change 2001: The Scientific Basic. Cambridge: Cambridge University Press.

Hunter M D, Adl S, Pringle C M, et al. 2003. Relative effects of macroinvertebrates and habitat on the chemistry of litter during decomposition. Pedobiologia, 47: 101-115.

Huston M A, Wolverton S. 2009. The global distribution of net primary production: resolving the

paradox. Ecological Monographs, 79: 343-377.
IPCC. 2000. Land Use, Land Use Change, and Foresty, Special Report of the Intergovernmental Panel on Climate Change. Cambridge: Cambridge University Press.
IPCC. 2003. Good Practice Guidance for Land Use, Land-use Change and Forestry. Institute for Global Environmental Strategies. Japan: Hayama.
Jacquemoud S, Verhoef W, Baret F, et al. 2009. PROSPECT+SAIL models: a review of use for vegetation characterization. Remote Sensing of Environment, 113(suppl 1): 56-66.
Jarvis P G, Ibrom A, Linder S. 2005. 'Carbon forestry': managing forests to conserve carbon//Griffiths H, Jarvis P G. The Carbon Balance of Forest Biomes. Oxon: Taylor & Francis: 331-349.
Jarvis P G, Saugier B, Schulze E D. 2001. Productivity of boreal forests//Roy J, Saugier B, Mooney H A. Terrestrial Global Productivity. San Diego: Academic Press: 211-244.
Joergensen R G, Wichern F. 2008. Quantiative assessment of the fungal contribution to microbial tissue in soil. Soil Biology & Biochemistry, 40: 2977-2991.
Kasischke E S. 2000. Boreal ecosystems in the global carbon cycle//Kasischke E S, Stocks B J. Fire, Climate Change, and Carbon Cycling in the Boreal Forest. New York: Springer: 19-30.
Kaye J P, Burke I C, Moiser A R, et al. 2004. Methane and nitrous oxide fluxes from urban soils to the atmosphere. Ecological Applications, 14: 975-981.
Killops S, Killops V. 2005. Introduction to Organic Geochemistry. Malden: Blackwell.
Kimble J M, Heath L S, Birdsey R, et al. 2003. The Potential of US Forest Soils to Sequester Carbon and Mitigate the Greenhouse Effect. Boca Raton: CRC Press.
Kimmins J P. 2004. Forest Ecology. Upper Saddle River: Prentice Hall.
Kurz W A, Dymond C C, White T M, et al. 2009. CBM-CFS3: a model of carbondynamics in forestry and land-use change implementing IPCC standards. Ecological Modelling, 220: 480-504.
Kuusk A, Lang M, Nilson T. 2009. Simulation of the reflectance of ground vegetation in sub-boreal forests. Agricultural and Forest Meteorology, 126: 33-46.
Kuzyakov Y, Subbotina I, Chen H, et al. 2009. Black carbon decomposition and incorporation into soil microbial biomass estimated by ^{14}C labeling. Soil Biology & Biochemistry, 41: 210-219.
Lal R. 2004. Soil carbon sequestration to mitigate climate change. Geoderma, 123: 1-22.
Lalonde S, Boles E, Hellmann H, et al. 1999. The dual of sugar carriers: transport and sugar sensing. Plant Cell, 11: 707-726.
Landsberg J J, Gower S T. 1997. Applications of Physiological Ecology to Forest Management. San Diego: Academic.
Landsberg J J, Waring R H. 1997. A generalized model of forest productivity using simplified concepts of radiation-ues efficiency, carbon balance and partitioning. Forest Ecology and Management, 95: 209-228.
Lenton T M, Britton C. 2006. Enhanced carbonate and silicate weathering accelerates recovery from fossil fuel CO_2 perturbations. Global Biogeochemical Cycle, 20(3): GB3009.

Li X, Strahler A H. 1985. Geometric-optical bi-directional reflection modeling of a conifer forest canopy. IEEE Transact on Geosciences Remote Sensing, 23(5): 705-721.

Lorenz K, Lal R. 2005. The depth distribution of soil organic carbon in relation to land use and management and the potential of carbon sequestration in subsoil horizons. Advances in Agronomy, 88: 35-66.

Lukac M, Lagomarsino A, Moscatelli M C, et al. 2009. Forest soil carbon cycle under elevated CO_2-a case of increased throughput? Forestry, 82: 75-86.

Luyssaert S, Inglima I, Jung M, et al. 2007. The CO_2-balance of boreal, temperate and tropical forests derived from a global database. Global Change Biology, 13: 2509-2537.

Luyssaert S, Schulze E-D, Börner A, et al. 2008. Old-growth forests as global carbon sinks. Nature, 455: 213-215.

Madigan M T, Martinko J M. 2006. Brock-Biology of Microorganisms. Upper Saddle River: Prentice Hall.

Maguire D A, Osawa A, Batista J L F. 2005. Primary production, yield and carbon dynamics//Andersson F. Ecosystems of the World 6. Coniferous Forests. Amsterdam: Elsevier: 339-383.

Mao D H, Wang Z M, Wu C S, et al. 2014. Examining forest net primary productivity dynamics and driving forces in northeastern China during 1982—2010. Chinese Geographical Science, 24(6): 631-646.

Mark C, Moisen G G, Sua L, et al. 2008. Large area mapping of south-western forest crown cover, canopy height, and biomass using the NASA multiangle imaging spectro-radiometer. Remote Sensing of Environment, 112(5): 2051-2063.

Masera O R, Garza-Caligaris J F, Kanninen M, et al. 2003. Modelling carbon sequestration in afforestation, agroforestry and forest management projects: the CO_2 FIX. V2 approach. Ecological Modelling, 164: 177-199.

Melillo J M, McGuire A D, Kicklighter D W, et al. 1993. Global climate change and terrestrial net primary production. Nature, 363: 234-240.

Metherall A K, Harding L A, Cole C V, et al. 1993. CENTURY soil organic matter model environment technical documentation, agroecosystem version 4.0, Great Plains System Research Unit, Tech Rep No4, USDA-ARS, Ft. Collins.

Miltner A, Kopinke F-D, Kindler R, et al. 2005. Non-phototrophic CO_2 fixation by soil microorganisms. Plant Soil, 269: 193-203.

Mirco B, Stefano B, Pietro A B. 2007. Assessment of pastureproduction in the Italian Alps using spectrometric and remote sensing information. Agriculture, Ecosystems and Environment, 118(1): 267-272.

Mooney H A. 1972. The carbon balance of plants. Annual Review of Ecology and Systematics, 3: 315-346.

Moorhead D L, Sinsabaugh R L. 2006. A theoretical model of litter decay and microbial interaction.

Ecological Monograpgs, 76: 151-174.

Nabuurs G J, Schelhaas M J, Pussinen A. 2000. Validation of the European Forest Scenario Model(EFISCEN) and a projection of finish forests. Silva Fennica, 34: 167-179.

Nelson R, Ranson K J, Sun G, et al. 2009. Estimating Siberian timbervolume using MODIS and ICESat/GLAS. Remote Sensing of Environment, 113(3): 691-701.

Nierop K G J, Filley T R. 2008. Simultaneous analysis of tannin and lignin signatures in soils by thermally assisted hydrolysis and methylation using ^{13}C-labeled TMAH. Journal of Analytical and Applied Pyrolysis, 83: 227-231.

Pacala S, Socolow R. 2004. Stabilization wedges: solving the climate problem for the next 50 years with current technologies. Science, 305: 968-972.

Palviainen M, Finer L, Kurka A M, et al. 2004. Release of potassium, calcium, iron and aluminium from Norway spruce, Scots pine and silver birch logging residues. Plant and Soil, 259: 123-136.

Parton W J, Schimel D S, Ojima D S. 1987. Analysis of factors controlling soil organic matter levels in Great Plains grasslands. Soil Science Society of America Journal, 51: 1173-1179.

Parton W, Silver W L, Burke I C, et al. 2007. Global-scale similarities in nitrogen release patterns during longterm decomposition. Science, 315: 361-364.

Plomion C, Leprovost G, Stokes A. 2001. Wood formation in trees. Plant Physiology, 127: 1513-1523.

Prentice I C, Farquhar G D, Fasham M J R, et al. 2001. The carbon cycle and atmospheric CO_2//The Third Assessment Report of Intergovernmental Panel on Climate Change(IPCC). Cambridge: Cambridge University Press.

Raich J W, Russel A E, Kitayama K, et al. 2006. Temperature influences carbon accumulation in moist tropical forests. Ecology, 87: 76-87.

Raich J W, Schlesinger W H. 1992. The global carbon dioxide flux in soil respiration and its relationship to vegetation and climate. Tellus, 44(2): 81-99.

Ramanathan V, Feng Y. 2008. On avoiding dangerous anthropogenic interference with the climate system: formidable challenges ahead. Proceeding of the National Academy of Sciences of the United States of America, 105: 14245-14250.

Reich P, Eswaran H. 2006. Global resources//Lal R. Encyclopedia of Soil Science. Boca Raton: Taylor & Francis: 765-768.

Robinson D. 2007. Implications of a large global root biomass for carbon sink estmates and for soil carbon dynamics. Proceedings of the Royal Society B: Biological Science, 274: 2753-2759.

Saugier B, Roy J, Mooney H A. 2001. Estimations of global terrestrial productivity: converging toward a single number//Roy J, Saugier B, Mooney H A. Terrestrial Global Productivity. San Diego: Academic: 543-557.

Schade G W, Hofmann R M, Crutzen P J. 1999. CO emissions from degrading plant matter. Tellus, 51B: 889-908.

Schimel D S, Braswell B H, Holland E A, et al. 1994. Climatic, edaphic, and biotic controls over storage and turnover of carbon in soils. Global Biogeochemical Cycles, 8(3): 279-293.

Schlesinger W H. 1990. Evidence from chronosequence studies for a low carbon-storage potential of soils. Nature, 348: 232-234.

Schlesinger W H. 1997. Biogeochemistry-an Analysis of Global Change. San Diego: Academic.

Schulze E D, Beck E, Mller-Hohenstein K. 2005. Plant Ecology. Berlin: Springer.

Schulze E D. 2006. Biological control of the terrestrial carbon sink. Biogeosciences, 3: 147-166.

Schweitzer J A, Madrith M D, Bailey J K, et al. 2008. From genes to ecosystems: the genetic basis of condensed tannins and their role in nutrient regulation in a *Populus* model system. Ecosystem, 11: 1005-1020.

Shindell D, Faluvegi G. 2009. Climate response to regional radiative forcing during the twentieth century. Nature Geoscience, 2: 294-300.

Smith B, Knorr W, Widlowskij L. 2008. Combining remote sensing data with process modelling to monitor boreal conifer forest carbon balances. Forest Ecology and Management, 255(12): 3985-3994.

Steinmann K, Siegwolf R T W, Saurer M, et al. 2004. Carbon fluxes to the soil in a mature temperate forest assessed by ^{13}C isotope tracing. Oecologia, 141: 489-501.

Stevenson F J. 1994. Humus Chemistry. New York: Wiley.

Suchanek T H, Mooney H A, Franklin J F, et al. 2004. Carbon dynamics of an old-growth forest. Ecosystems, 7:421-426.

Sundquist E T. 1993. The global carbon dioxide budget. Science(New Series), 259(5097): 934-941.

Taiz L, Zeiger E. 2006. Plant Physiology. Sunderland: Sinauer.

Talbot J M, Alliso S D, Treseder K K. 2008. Decomposers in disguise: mycorrhizal fungi as regulators of soil C dynamics in ecosystems under global change. Functional Ecology, 22: 955-963.

Trumbore S. 2006. Carbon respired by terrestrial ecosystems-recent progress and challenges. Global Change Biology, 12: 141-153.

Trumbore S E, Czimczik C I. 2008. An uncertain future for soil carbon. Science, 321: 1455-1456.

Turner D P, Koepper G J, Harmon M E, et al. 1995. A carbon budget for forests of the conterminous United States. Ecological Application, 5(2): 421-436.

Usman S, Singh S P, Rawat Y S. 2000. Fine root decomposition and nitrogen mineralization patterns in *Quercus leucotrichphora* and *Pinus roxburghii* forests in central Himalaya. Forest Ecology and Management, 131: 191-199.

Valladares F. 2008. A mechanistic view of the capacity of forests to cope with climate change//Bravo F, LeMay V, Jandl G, et al. Managing Forest Ecosystems: The Challenge of Climate Change. New York: Springer: 15-40.

Vesterdahl L, Schmidt I K, Callesen I, et al. 2008. Carbon and nitrogen in forest floor and mineral soil under six common European tree species. Forest Ecology and Management, 255: 35-48.

Waddell K L. 2002. Sampling coarse woody debris for multiple affzibutes in extensive resource inventories. Ecology Indicators, 1: 139-153.

Wang K, Dickinson R E, Liang S. 2009. Clear sky visibility has decreased over land globally from 1973 to 2007. Science, 323: 1468-1470.

Wang S, Tian H, Liu J, et al. 2003. Pattern and change of soil organic carbon storage in China: 1960s-1980s. Tellus, Series B. Chemical and Physical Meteorology, 55(2): 416-427.

Wardlaw I F. 1990. The control of carbon partitioning in plants. New Phytologist, 116: 341-381.

Waring R W, Running S W. 2007. Forest Ecosystems-Analysis at Multiple Scales. Elsevier Burlington: Academic.

Webster E A, Tilston E L, Chudek J A, et al. 2008. Decompostion in soil and chemical characteristics of pollen. European Journal of Soil Science, 59: 551-558.

Whitbread A M, Lefroy R D B, Blair G J. 1998. A survey of the impact of cropping on soil physical and chemical properties in northwestern New South Wales. Australian Journal of Soil Research, 36: 669-682.

Wirth C, Schulze E D, Lühker B, et al. 2002. Fire and site type effects on the long-term carbon and nitrogen balance in pristine Siberian Scots pine forests. Plant Soil, 242: 41-63.

Xu X F, Tian H Q, Wan S Q. 2007. Climate warming impacts on carbon cycling in terrestrial ecosystems. Journal of Plant Ecology, 31(2): 175-188.

Yoshida Y, Nobuyuki K, Lsamu M, et al. 2013. Improvement of the retrieval algorithm for GOSAT SWIR XCO_2 and XCH_4 and their validation using TCCON data. Atmospheric Measurement Techniques, 6(6): 1533-1547.

Zamski E, Schnaffer A A. 1996. Photoassimilates, Distribution of Plants and Crops. New York: Decker.

Zeng Y, Schaepman M, Wu B F, et al. 2008. Scaling-based forest structure change detection using an inverted geometric-optical model in the three gorges region of China. Remote Sensing of Environment, 112(12): 4261-4271.

Zeng Y, Schaepman M, Wu B F, et al. 2009. Quantitative forestcanopy structure assessment using an inverted geometric-optical modeland up scaling. International Journal of Remote Sensing, 30(6): 1385-1406.

Zhou C, Zhou Q, Wang S. 2003. Estimating and analyzing the spatial distribution of soil organic carbon in China. AMBIO: A Journal of the Human Environment, 32(1): 6-12.

Zhou T, Luo Y. 2008. Spatial patterns of ecosystem carbon residence time and NPP-driven carbon uptake in the conterminous United States. Global Biogeochemical Cycle, 22(3): GB3032-1-GB3032-15.

Zhu Z L, Sun X M, Wen X, et al. 2006. Study on the progressing method of nighttime CO_2 eddy covariance flux data in ChinaFLUX. Science in China series D: Earth Science, 49(S2): 36-46.

第 3 章 木材及木制品碳素储存

光合作用将树木吸收的 CO_2 以有机物的形式储存于生命体内，固定于树干、树根和树冠中。树根是树木的地下部分，占立木体积的 5%～25%，其中，主根支持树体，侧根和毛根从土壤中吸收水分和矿物质营养；树冠约占立木体积的 5%～25%，包括枝丫、树叶、侧芽和顶芽等，其主要功能是通过光合作用将大气中的 CO_2 转化为碳水化合物，供树木生长；树干约占立木体积的 50%～90%，具有输导、贮存和支撑三项重要功能，也是木材的主要来源，从构成元素分析，木材主要含有 C、O 和 H，其中，C 占 50%，O 占 42.6%，H 占 6.4%，由此可知，木材是一个巨大的碳素储存库，是一种无公害、节能源、可再生、可循环利用的生态型材料（刘一星和赵广杰，2004）。

碳作为木材构成的三大主要元素之一，与木材的构造特性、物理特性、化学特性和缺陷息息相关。本章将针对木材及木制品碳素储量的计量方法、影响木材及木制品碳素储量的主要因素展开论述，从而为碳汇林树种优选、生物能源开发和高碳素储量优质木材培育模式的研究奠定科学基础。

3.1 碳素储量计量方法

3.1.1 木材碳素储量计量方法

目前，木材碳素储量的计量方法主要基于木材构成元素和树木年轮信息。常用的方法有燃烧法、树木解析法、树芯法和生长轮分析法等。

3.1.1.1 燃烧法

燃烧法是将木材置于氧气或惰性气流下，经过高温灼烧和氧化剂的氧化，使碳定量地转变成二氧化碳，将干扰元素去除后，以吸收管吸收生成的二氧化碳，称重，从而计算出试样中碳的百分含量。因此，木材中碳的测定可分为以下三个步骤。

(1) 应用催化剂和适当的灼烧方法使木材燃烧分解。
(2) 除去干扰元素。
(3) 采用容重法、容量法、物理方法或物化方法测定燃烧产物。
相关方法见表 3-1。

表 3-1　木材中碳的测定方法（杭州大学化学系分析化学教研室，1996）

测定方法	催化剂及温度	分解产物的测定	备注
普莱格耳(Pregl)法：试样在氧气中燃烧	CuO-PbCrO$_4$，Pt；650～700℃	CO_2 用烧碱石棉吸收	用 Ag 除去卤素和硫的氧化物，用 PbO_2（或 MnO_2）除去氮的氧化物；如含碱金属或碱土金属但不含 S 或 P 的试样必须加 $K_2Cr_2O_7$；对含 P 的试样必须强烈加热；误差±0.3%
林特尔(Lindner)法：试样在氧气中燃烧		用过量 $Ba(OH)_2$ 吸收 CO_2，然后回滴剩余的 $Ba(OH)_2$	误差±0.3%
柯贝尔(Korbl)改良法：试样在氧气中分解	$AgMnO_4$ 分解产物；450～500℃	同普莱格耳法	催化剂寿命长，且能吸收卤素和 SO_2；此法不适于测定含氟化合物
空管法：试样在有挡板的管的氧气中燃烧	800～900℃	同普莱格耳法	分析需 30min；用 Ag 除去卤素和 S，用 PbO_2 除去氮的氧化物
试样在氧气中燃烧		生成的 CO_2 用二甲酰胺-乙醇胺吸收，用 0.02mol/L 四丁基氢氧化铵的甲苯-甲醇溶液自动滴定，以百里酚酞为指示剂。余量 CO_2 先用 $CaCl_2$ 吸收，再加热释出 CO_2，用 1,1'-羰基二咪唑的二甲基甲酰胺溶液吸收，用上法再滴定释出的 CO_2	
差示热分析法：在空气或氮气流中燃烧试样		将试样放入置于热电偶测温仪上的二氧化硅管中燃烧，另以一空管用相同方法装置和加热，用温度记录器记录放热或吸热峰的改变	
自动分析仪：在燃烧管中分解试样		用电量法测定 CO_2，按法拉第电解定律分子式中碳的比例关系计算 C 的含量	
凡·斯莱克·福尔切(Van Slyke-Folch)法：用含发烟硫酸、CrO_3、H_3PO_4 和 HIO_3 的混合物湿法分解试样	氧化剂混合物的沸点	CO_2 用碱性 N_2H_4 溶液吸收，其他气体排出，再用酸（盐酸、硫酸等）释放 CO_2，在一定体积下测其压力	分析需 20min；其他元素无干扰；误差±0.3%
麦克利特-哈塞特(Mc-Cready-Hassid)改良法：试样氧化法同凡·斯莱克·福尔切(Van Slyke-Folch)法		CO_2 用烧碱石棉吸收	分析需 30min；结果可与普莱格耳法相比
氧瓶燃烧法		CO_2 用 NaOH 溶液吸收，用盐酸标准滴定液回滴剩余的 NaOH，以酚酞为指示剂	含 N、S、B 和碱金属的化合物能获得很好的结果（但某些含 N 和 S 的化合物误差较大）；含卤素的化合物不能得到满意结果。误差±0.3%

3.1.1.2 树木解析法

树木解析法是将树干截成若干段,在每个横断面上可以根据年轮的宽度确定各年龄(或龄阶)的直径生长量。在纵断面上,根据断面高度及相邻两个断面上的年轮数之差可以确定各年龄的树高生长量,从而进一步推算出各龄阶的材积和形数等,进而估算树木的碳储量。

1. 树木年轮的测定

年轮的形成是形成层受外界季节变化产生周期性生长的结果。在温带和寒温带只有一个生长周期,因此一年之中只有一个年轮。但在热带,由于气候变化很小,一年中可能形成几个生长轮。此外,还存在伪年轮、多层轮、断轮及年轮界限不清等问题,因此在进行年轮分析时,可借助着色和显微镜观测等手段来准确识别年轮。

在查数年轮时由髓心向外,多方计数,并采用交叉定年的方法检查是否存在伪年轮、断轮和年轮消失等现象。

2. 各龄阶直径的测量

用直尺或读数显微镜测量每个圆盘东西、南北 2 条直径线上各龄阶的直径,取平均值。

3. 各龄阶树高的确定

树龄与各圆盘的年轮个数之差,即为林木生长到该断面高度所需要的年数,根据断面高度(纵坐标)和生长到该断面高度所需的年数(横坐标)绘制树高生长过程曲线,即可从曲线图上查出各龄阶的树高。

4. 各龄阶材积的计算

各龄阶材积按照伐倒木区分求积法计算,计算公式如式(3-1)所示(孟宪宇,2006):

$$V = l\sum_{i=1}^{n} g_i + \frac{1}{3} g' l' \quad (3-1)$$

式中,V 表示各龄阶材积;g_i 表示第 i 区分段中央断面积;g' 表示梢头底端断面积;l 表示区分段长度;l' 表示梢头长度;n 表示区分段个数。

5. 各龄阶木材碳储量计算

据文献记载，通过光合作用树木每生产 1t 生物质（纤维素等）就要吸收 1.6t 二氧化碳（CO_2），释放出 1.1t 氧气（O_2），可固定约 0.5t 碳（C）。此外，木材构成元素比例也表明木材的碳储量占木材质量的一半，由此得出如下计量公式：

$$M_c = 0.5 V \cdot \rho \tag{3-2}$$

式中，M_c 表示各龄阶木材碳储量；V 表示各龄阶材积；ρ 表示各龄阶木材密度，此处认为各龄阶木材密度相等。

树木解析法计量木材碳储量的工作量较大，不仅破坏树木，且存在以下几个问题。

(1) 年轮界限的确认。根据管孔的排列和分布，木材分为散孔材、半散孔材和环孔材，其中散孔材的年轮界限十分模糊，肉眼很难准确识别，因此对于散孔材不适合采用此方法进行计量。

(2) 各龄阶木材密度的确定。树木在生长过程中受多因素影响，其密度具有较大的波动性，而本方法对木材密度的近似取值增大了数据的误差。

(3) 树木生长曲线的表达。树木生长方程比较复杂，虽然目前有很多经验方程，但很难满足通用性强、准确度高等条件。

3.1.1.3 树芯法

树芯法是在树木解析法的基础上演变而来的，其优势在于避免了对树木的破坏。与树木解析法的计量方法相同，只是在取样上进行了改进。树芯法的采样工具为生长锥，其构造如图 3-1 所示。

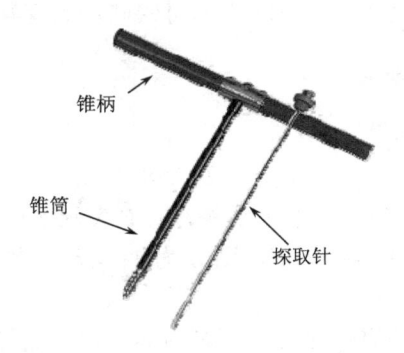

图 3-1 生长锥

取样时，将锥筒置于锥柄上的方孔内，垂直于树干将锥筒前端压入树皮，然后将锥柄顺时针旋转，钻过髓心为止。再用探取针插入锥筒中取出木条，木条上的年轮数，即为钻点上树木的年龄。

3.1.1.4 生长轮分析法

树木经过光合作用将碳转化为糖类，其中吡喃型 D-葡萄糖基以 1→4β 苷键连接形成线形分子链，再由纤维素分子链聚集成束，构成基本纤丝，基本纤丝再组成丝状的微纤丝，继而组成纤丝、粗纤丝、薄层，薄层又形成了细胞壁的初生壁及次生壁 S$_1$ 层、S$_2$ 层和 S$_3$ 层，进而形成木材的管胞、导管和木纤维等重要组成分子。由此可知，细胞壁在木材体积中占有的比例决定了该木材的碳储量。由此推得生长轮分析法，即依据木材横切面微观构造特征，运用木材显微图像处理软件实现对木材碳储量的定量测量和定性分析，具体步骤如下。

1. 木材横切面切片制作

用切片机在试样木材横切面上切取 15～20μm 厚的切片，切片切得尽可能长，同一部位切 3～5 片，放到处理盘中，加水，以免切片卷曲。经番红、乙醇、无水乙醇、无水乙醇与二甲苯混合液、二甲苯顺序处理，然后放在载玻片上，用光学树脂胶固定，盖上盖玻片，置于干燥处。待固定好置于显微镜下观察，并用数码相机拍照，选择合适的放大倍数，将拍摄好的照片调入木材显微图像分析处理系统中进行分析。

2. 胞壁率的测量

调出已储存的照片，对图像进行"二值化处理"，以细胞壁为对象，细胞腔为背景，利用"颗粒计算"得到的"面积百分比"即为胞壁率，胞壁率是对细胞壁的量化，胞壁率值的变化能真实反映出木材碳储量的变异规律。

3. 定量计算木材碳储量

木材碳储量计算公式为

$$M_c = 1/2 \times r \times V \times n \quad (3\text{-}3)$$

式中，M_c 表示木材的碳储量；r 表示胞壁率；V 表示木材材积；n 表示转化系数。若 M_c 的单位为 g，V 的单位为 cm^3，则 n 为 1；若 M_c 的单位为 kg，V 的单位为 m^3，则 n 为 10^3。

根据式（3-3）可以估算任意时间范围内的木材碳储量，最小时间间隔为半年（环孔材）或一年（散孔材和半散孔材），其优点在于对木材密度变异性的定量表征，在研究木材年碳储量及分析高固碳培育模式中具有明显优势。

3.1.1.5 其他方法

树木生长的不确定性、树种间的差异性，以及对测量方法通用性、准确性的追求，使得木材碳储量计量方法不断推陈出新，如超临界水热解氧化法。此外，人们也尝试借助现代分析仪器来提高分析和计量的准确度与精度，如傅里叶变换红外多组分气体分析仪、元素分析仪、气相-质谱联用仪等。

3.1.2 木制品碳素储量计量方法

树木并不是一个稳定的碳素储存库，它会受到立地条件、气候条件和培育措施等因素的影响而产生变化，而采伐后的木材加工制成的木制品中也储存着碳，所以，木制品是木材储存碳素的另外一个阶段。2011年11月在南非德班召开的《联合国气候变化框架公约》第17次缔约方会议（COP17）作出了一个非常重要的决定，就是要对木制品的碳素储存功能进行评价。所以，研究木制品的碳素储存，并通过分析木制品的原料、生产、运输和生命周期，对其加工制造、使用等过程对环境的影响进行评价，可以为评估木制品的碳素储存功能提供理论基础。

木制品碳素储量的主要计量方法包括《1996年IPCC国家温室气体清单指南修订本》中提出的IPCC缺省法（IPCC default approach），以及1998年在塞内加尔达喀尔举行的IPCC专家组会议上增加的碳储量变化法、生产计量法和大气流动测定法（Dias et al., 2007; 原磊磊, 2014）。

3.1.2.1 IPCC缺省法

IPCC缺省法将整个森林生态系统作为估算对象，假定"森林采伐和伐木制品使用过程中的碳排放于采伐当年一次性地释放到大气中"且"多数国家林产品的蓄积量每年增加不明显"，将碳排放计入森林生长国，伐木制品碳储量自采伐后保持恒定不变（IPCC, 1996; Winjum et al., 1998）。IPCC缺省法是最简易的计量方法。对应公式为

森林碳储量变化量=森林生长量-采伐过程排放的碳量-林产品产量

伐木制品碳储量变化量=0

IPCC缺省法假定"森林采伐和伐木制品使用过程中的碳排放于采伐当年一次性地释放到大气中"，忽视了伐木制品储存碳和延迟碳排放对缓解气候变化的积极作用。

3.1.2.2 碳储量变化法

碳储量变化法在国家系统范围内考虑碳的流动，将森林生态系统和伐木制品碳库作为两个相互衔接的研究系统。将采伐、生产、加工阶段森林碳储量和伐木

制品碳储量的变化计入生产国，在进出口阶段，伐木制品的碳储量从出口国扣除，被看作瞬间排放；同时，伐木制品的碳储量计入进口国；在使用、处理、回收和最终腐烂分解阶段，伐木制品碳储量的变化计入消费国。

碳储量变化法（图 3-2）将一个国家的森林看成一个大碳源的地点，研究森林树木砍伐影响碳储量的变化，每年碳储量的变化量（ΔC）为

$$\Delta C = H + M - \mathrm{EX} - E_{\mathrm{use}} \tag{3-4}$$

式中，H 为森林中的碳储量；M 为进口木材的碳储量；EX 为出口木材的碳储量；E_{use} 为国内消耗的碳储量。此方法很好地解决了进出口木材碳储量变化的影响，但是对于企业来说该方法体系过于庞大，计量难度大。

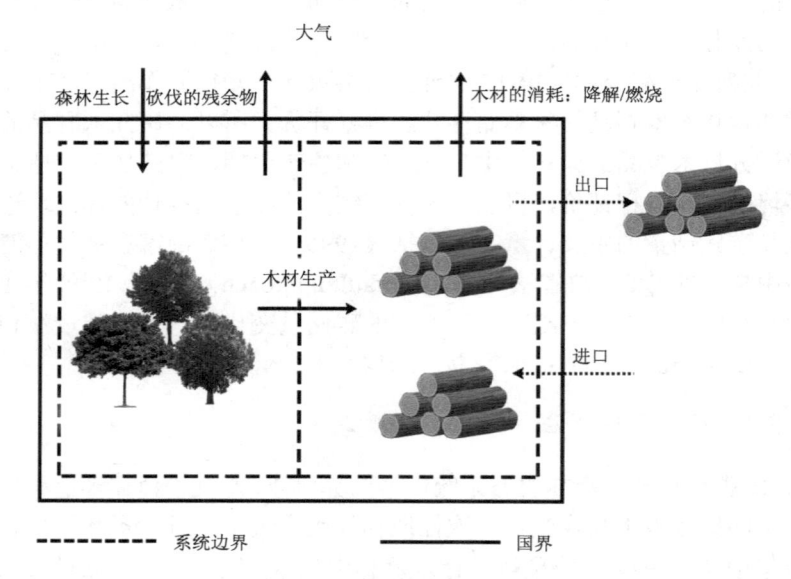

图 3-2 碳储量变化法图解

碳储量变化法对应公式为

森林碳储量变化量＝森林生长量含碳量–砍伐残余物的碳排放量–采伐物的含碳量
伐木制品碳储量变化量＝境内增加的伐木制品含碳量–境内伐木制品降解或燃烧的碳排放量

3.1.2.3 大气流动测定法

大气流动测定法是以森林及木材产品库和大气之间的碳交换为系统边界，计算一国的碳排放和碳清除。侧重往返于森林碳库和大气碳库的碳通量，认为碳的净排放和净清除是在两者之间不断发生变化的过程（图3-3）。因此，该方法下，

需要计算一个国家系统内碳的净排放和净清除及发生时间,而非伐木制品碳储量。

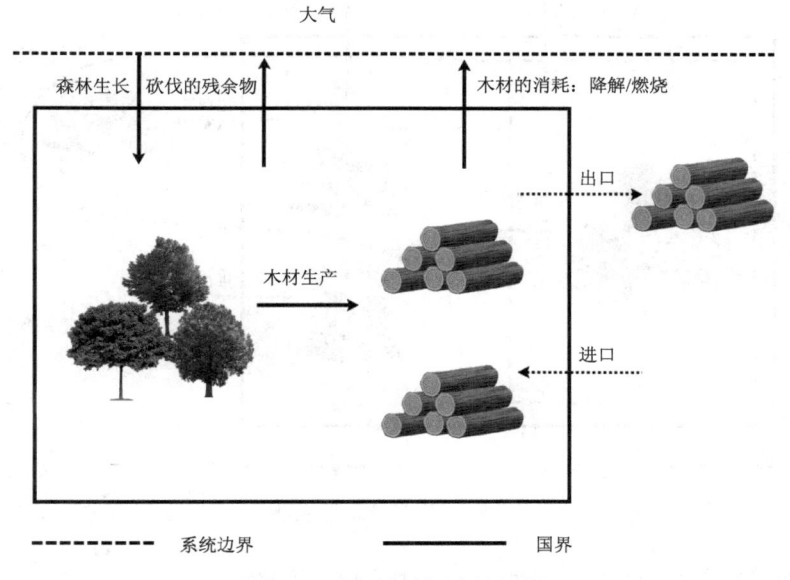

图 3-3 大气流动测定法图解

大气流动测定法关注最终碳量流向何方,研究在什么时间什么地方森林中的碳被树木捕获并氧化成二氧化碳,大气碳流动量(ΔC)等于森林的碳储量(H)扣除木制品降解燃烧产生的碳量(E_{use}),公式为

$$\Delta C = H - E_{use} \tag{3-5}$$

此方法有效地解决了测算碳量的变化量,但是对于企业在测算木制品降解燃烧产生的碳量时,与碳储量变化法一样,成本太高,难以实现。

大气流动测定法对应公式为

大气碳流动量＝森林生长量含碳量–砍伐残余物碳排放量–伐木制品燃烧或降解的碳排放量

3.1.2.4 生产计量法

生产计量法认为一国采伐、加工等森林工业活动改变了全球碳储量和温室气体排放量,森林碳储量和伐木制品碳储量净变化均计入木材生产国(图 3-4)。作为森林生长国,生产国需要追踪并报告其出口到国外的伐木制品的碳储量变化情况,即何时发生碳储量变化。

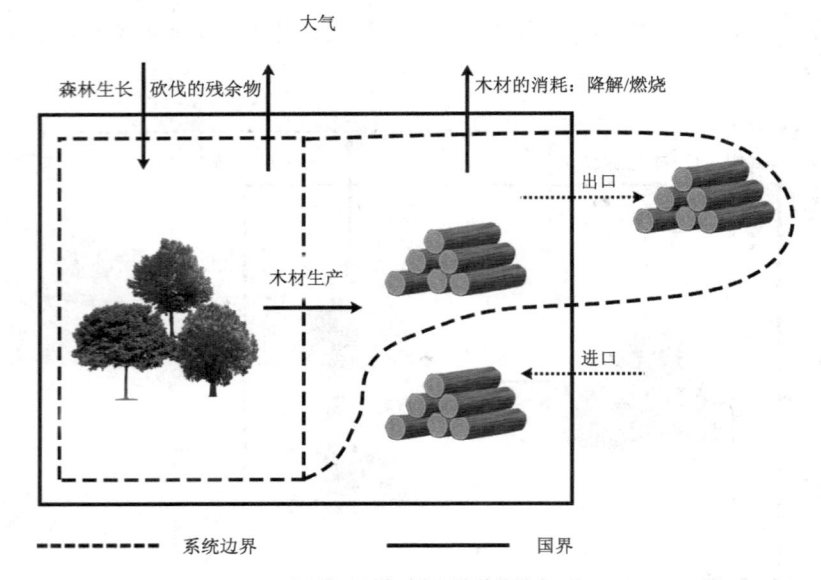

图 3-4　生产计量法图解

瑞士在提交给 IPCC 秘书处的报告中指出，从实际应用和经济成本方面考虑，生产计量法是不可行的。

生产计量法关注生产过程中的木制品中的碳储量，研究不同生产工艺对碳循环的影响。与碳储量变化法考察同一地点的碳储量不同的是，生产计量法考察的是碳储量变化发生的时间，是在关注森林木材生产造成全球碳储量变化的基础上估算碳储量净变化，计算公式为

$$\Delta C = H - (E_{\text{DOM}} + E_{\text{EX-DOM}}) \tag{3-6}$$

式中，E_{DOM} 为在国内砍伐的木材在国内消费的碳储量；$E_{\text{EX-DOM}}$ 为在国内砍伐的木材在国外消费的碳储量。该方法体现了木材在同一时间点的碳储量变化，便于分析一国的碳储量对于全球碳储量变化的影响，对于企业来说对数据的跟踪处理消耗成本过高，且计算复杂，难以实现。

生产计量法对应公式为

森林碳储量变化量＝境内森林生长量含碳量–砍伐残余物的碳排放量–采伐物的含碳量

伐木制品碳储量变化量＝采伐物的含碳量–国内生长木材生产的伐木制品燃烧或降解的碳排放量

3.2 影响木材及木制品碳素储量的主要因素

3.2.1 影响木材碳素储量的主要因素

人工林木材作为当今社会一种重要的生物质材料，具有环境友好和可再生的双重性质，是一种生态环保型材料（李坚，2002）。碳作为木材构成的三大主要元素之一，木材的碳素储量与木材的化学特性、解剖特征、物理特性和木材缺陷等息息相关。

3.2.1.1 化学特性

木材是由无数成熟细胞组成的，其化学特性实际上是成熟细胞化学特性的综合。木材是一种天然生长的有机高分子材料，其主要化学成分包括纤维素、半纤维素、木质素和木材抽提物等。

通过电子显微镜观察纤维素、半纤维素、木质素在细胞壁中的物理形态发现，纤维素以微纤丝的形态存在于细胞壁中，有较高的结晶度，使植物具有较高的强度，称为骨架结构；半纤维素是无定形物质，分布在微纤丝之中，称为填充物质；对于木质素，一般认为是无定形物质，分布在细胞壁的纤维素微纤丝周围的基质中，是纤维与纤维之间形成胞间层的主要物质，称为结壳物质。

3.2.1.2 解剖特征

木材解剖特征。木材解剖特征是从微观角度研究木材碳素储量，是定量测定木材碳素储量的基础，同时也是从树木形成机理来分析探讨木材碳素储量的规律性和变异性，从而为提高木材碳素储量的深入研究奠定科学基础。树木种间和种内的解剖构造均存在一定的差异性，其受到地理位置、立地条件、气象因子等多方面因素的影响。宏观上，木材解剖构造主要从阔叶树材和针叶树材两方面进行划分。阔叶树材的主要解剖构造有导管、木纤维、木射线、薄壁组织、树胶道等，针叶树材的主要解剖构造有管胞、木射线、树脂道等。

导管。导管是由一连串的轴向细胞形成的无一定长度的管状组织，构成导管的单个细胞称为导管分子。在木材横切面上导管的横截面呈孔状，称为管孔。导管约占阔叶树材20%，导管的形状有鼓形、纺锤形、圆柱形和矩形等。导管分子的大小和长度不一，因树种及所在部位而异。一般来讲，环孔材早材导管分子比晚材的短，散孔材的差别则不是十分明显，生长缓慢的树木比生长快的导管分子短。导管内一般含有侵填体和树胶，以侵填体较为常见。侵填体只能产生于导管和薄壁组织相邻之处，在薄壁组织具有活力时，有导管周围的薄壁细胞或射线薄壁细胞经过纹孔口挤入导管内，并在导管内生长、发育，以至部分或全部填塞导管而形成侵填体。侵填体常见于心材，但边材含水率低的地方也可能发现。宏观上，导管由导管壁和导管腔构成，而导管壁主要由纤维素、半纤维素和木质素构成，因此导管固定的碳主要存在于导管壁中，而对于含有侵填体或树胶的导管，侵填体和树胶也固定了一部分碳。

　　管胞。管胞是针叶树材的主要解剖构造之一，是沿树干长轴方向排列的狭长状的厚壁细胞，包括轴向管胞、树脂管胞和索状管胞，其中轴向管胞约占针叶树材的 90%。管胞在横切面上沿径向排列，相邻两列管胞位置前后略有交错，早材管胞呈多角形，常为六角形，晚材管胞呈四边形。早材管胞两端呈钝阔形，细胞腔大壁薄，横断面呈四边形或多边形，晚材管胞两端呈尖削形，细胞腔小壁厚，横断面呈扁平状。晚材管胞比早材管胞长，细胞壁的厚度由早材至晚材逐渐增大，在生长期终结前所形成的几排细胞的细胞壁最厚，细胞腔最小，因此针叶树材的生长轮界限都十分明显，但有急变（如落叶松）和渐变（如冷杉）之分。种间和种内管胞的变异性较大，其受树种、树龄、生长环境和树木部位等因素的影响，且具有一定的规律性，由树基向上，管胞长度逐渐增长，至一定树高达到最大值，而后又减小。针叶树材成熟期有早有晚，管胞达到最大长度的树龄也不同，因此，树木的碳素储量、采伐期和材质也大不相同。

　　木纤维。木纤维是阔叶树材的主要特征之一，约占木材材积的 50%。木纤维细胞两端尖削，呈长纺锤形，腔小壁厚。木纤维类型根据壁上的纹孔类型划分，含有具缘纹孔的木纤维为纤维状管胞，含有单纹孔的木纤维为韧性纤维，这两种纤维可同时存在于同一树种中，也可分别存在。木材中含有的纤维类型、数量和分布与木材的强度、密度等性质密切相关。其中，木纤维的壁是固碳的主要场所，因此木纤维壁的厚度及木纤维的长度对碳素储量具有一定的影响。通常在生长轮明显的树种中，晚材木纤维的长度比早材长，但在生长轮不明显的树种中没有明显的差异。在树干的横切面上沿径向木纤维平均长度的变动为：髓周围最短，向外逐渐增长，达到成熟材后迅速减小，而后趋于稳定。木纤维的长度、直径和壁厚等不仅因树种而异，而且同一树种不同部位的变异也很大，一般木材密度和强度随木纤维细胞腔变小而提高，随细胞壁增厚而增大。而对于纤维板和纸浆等纤维用材，木纤维长度和直径比值越大，产品品质越好。

　　木射线。针叶树材的木射线全部由横卧细胞构成，由形成层射线原始细胞形成，是针叶树材的主要组成分子之一，但含量较少，占木材总体积的 7% 左右。大部分木射线由射线薄壁细胞构成。阔叶树材的木射线比较发达，含量较多，约占木材总体积的 17%。木射线有初生木射线和次生木射线，初生木射线源于初生组织，并借形成层由内向外伸长；次生木射线则向内部延伸到髓。木材中的绝大多数木射线是次生木射线。阔叶树材的木射线比针叶树材要宽很多，且变异性很大。无论是针叶树材还是阔叶树材的木射线，其碳库均为细胞壁，因此，腔小壁厚的木射线是最理想的木射线形态。

薄壁组织。针叶树材轴向薄壁组织是由许多轴向薄壁细胞聚集而成的，是由纺锤形原始细胞分生而来的。轴向薄壁细胞在针叶树材中仅少数科属中具有，含量甚少或无，平均仅占针叶树材总体积的 1.5%。阔叶树材轴向薄壁细胞是由形成层纺锤形原始细胞衍生成 2 个或 2 个以上的具单纹孔的薄壁细胞，纵向串联而成的轴向组织。一般在薄壁组织叠生的木材中，纵向串联的薄壁组织细胞个数较少，为 2～4 个；在非薄壁组织叠生的木材中，纵向串联的薄壁组织细胞数较多，为 5～12 个。阔叶树材的轴向薄壁细胞组织远比针叶树材发达，分布形态也是多种多样。同样，无论是针叶树材还是阔叶树材的轴向薄壁细胞，其碳库均为细胞壁，因此，腔小壁厚的轴向薄壁细胞是最理想的薄壁细胞形态。

树脂道。树脂道是针叶树材构造特征之一，是由薄壁的分泌细胞环绕而成的孔道，是具有分泌树脂功能的一种组织，占木材体积的 0.1%～0.7%，且有正常树脂道和创伤树脂道之分。不是所有的针叶树材都含有正常树脂道。树脂道由泌脂细胞、死细胞、伴生薄壁细胞和管胞所组成。泌脂细胞是分泌树脂的源泉，在泌脂细胞外层，有一层丧失原生质且充满空气和水分的木质化死细胞层，它为泌脂细胞生长提供所需的水分和空气。死细胞层外层即是伴生薄壁细胞层。不同树种的树脂道大小和长度都存在一定的差异性，树脂道长度一般随树干的高度增加而减小。此外，在纺锤形木射线中还含有一种横向树脂道，其直径较小，很难被发现。树脂道的细胞壁和树脂均是储存碳的良好载体，但树脂过多不利于木材的干燥和加工。

树胶道。树胶道是阔叶树材构造特征之一，分为正常树胶道和创伤树胶道。树胶道是不定长度的细胞间隙，储藏着由泌胶细胞分泌的树胶。正常轴向树胶道是龙脑香科和豆科等树木的特征，在横切面上散生；正常横向树胶道存在于木射线中，在弦切面上呈纺锤形射线状。创伤树胶道是树木生长过程中受病虫害或外伤产生的，在横切面上呈切线状。

可见，无论木材中的哪种构造，其均由胞壁和胞腔构成，且胞壁是碳素的主要载体，因此，通过对各构造胞壁进行定量计算，即可得出相应的碳素储量。由木材构造特征与碳素储量的分析可知，木材解剖构造均与碳素储量存在极显著、显著或一般性的相关关系，其变化趋势存在一定的规律性。

木材构造特征与碳素储量关系的研究方法如下。

木材构造特征包括纤维/管胞形态、导管形态和胞壁率。纤维/管胞形态包括纤维/管胞长度、纤维/管胞直径、纤维/管胞壁厚和纤维/管胞壁腔比等；导管形态包括导管长度、导管宽度、导管长宽比、导管直径、导管壁厚和导管壁腔比等。

1. 纤维/管胞和导管长度的测量

在 50mm 厚的圆盘上，向南锯下 15～20mm 厚，通过髓心宽 10mm，长为从髓心到树皮的半径长的试样。红松试样按每个生长轮分早材和晚材劈成片状，大青杨试样按每个生长轮分早材和晚材劈成片状，分别将其编号放入试管中，加入 30%硝酸至浸没木材为止，并放到试管架上常温浸泡一段时间。之后把试管架放入烘箱中加热，根据材种的不同将温度范围控制在 60～80℃，半天后再加入少量氯酸钾，继续加热。待木材变成白色并膨胀时，用玻璃棒试触木材，判断是否已脱去木素。将试管取出，倒出硝酸，用水冲洗试管中的试样 2～3 次，洗去残余的硝酸。再向试管中倒入 5ml 左右的水，用玻璃棒将木片搅成浆。用毛笔挑少量木浆于载玻片上，加上一滴水，盖上盖玻片，置于显微投影仪下测量纤维/管胞和导管的长度，每个试样测量 30 组，求出平均值，即得到红松各年轮中早材和晚材的平均管胞长度，大青杨各年轮中早材的平均纤维长度、平均导管长度和晚材的平均纤维长度、平均导管长度。

2. 其他横切面解剖特征的测量

这部分内容包括纤维/管胞和导管的直径、壁厚和壁腔比的测量，导管的宽度与长宽比的计算等。

在 25mm 厚的圆盘上，取向南方向，从髓心到树皮，通过髓心宽 10mm，在长度方向上依次截取 20mm 长的木块。把木块放入按体积比 1：1 配制的乙醇和甘油的混合液中浸泡数天，待木块充分软化后切片。

用切片机在试样横切面上切取 15～20μm 厚的切片，切片尽可能长，每一个圆盘同一部位切 3～5 片，放到处理盘中，加水以免切片卷曲。经 1%番红染色，脱水（依次经 30%、50%、80%、95%的乙醇），后经无水乙醇、无水乙醇与二甲苯混合液、二甲苯顺序处理，然后放在载玻片上，用光学树脂胶固定，盖上盖玻片，置于干燥处。待切片固定后，置于显微镜下观察，并用数码相机拍照（放大 10 倍、4 倍），将拍摄好的照片调入木材显微图像分析处理系统中进行分析。

胞壁率：胞壁率是指木材结构中除去细胞腔的部分，即组成木材实质部分所占的百分率，胞壁率越大，木材孔隙率越小，木材的实质密度越大。测量方法为，对图像进行"二值化处理"，以细胞壁为对象，细胞腔为背景，利用"颗粒计算"得到的"面积百分比"即为胞壁率。

纤维/管胞和导管的直径、壁厚、宽度与壁腔比：通过拉线测量和二值化处理计算每个生长轮的纤维/管胞和导管的弦/径向中央直径和壁厚，测量取点不低于两处，被测有效纤维和导管数量不低于 50 个，取弦/径向的平均值，同时系统自动计算出纤维和导管的壁腔比（双壁厚/直径）。

导管（管胞）长宽比：导管（管胞）长宽比=导管（管胞）长度/导管（管胞）直径。

3. 数据处理和分析方法

利用数理统计方法，对采样数据进行回归分析，模拟树木生长曲线，从而推算树木各龄阶的材积，最终获得木材的年碳素储量。

关于木材年碳素储量与木材构造特征之间的关系，可以采用多元回归分析方法，建立回归模型而求得。

3.2.1.3 物理特性

木材物理特性的研究内容包括生长轮密度、生长轮宽度、晚材率、生长速率。木材物理特性与碳素储量关系的研究方法如下。

1. 木材生长轮密度的测量

1）测量原理

木材生长轮密度使用直接扫描式 X 射线微密度扫描仪来测量。其基本原理是 X 射线穿过木材后强度的衰减与木材密度有如下关系。

$$I = I_0 e^{-\mu\rho t} \tag{3-7}$$

$$\rho = \frac{1}{\mu t} \ln \frac{I_0}{I} \tag{3-8}$$

式中，I 表示穿过木材后的射线强度；I_0 表示穿过木材前的射线强度；ρ 表示木材密度（g/cm^3）；t 表示试样厚度（cm）；μ 表示质量衰减系数（cm^2/g），其值为与 X 射线波长及物质种类有关的常数。

本实验 μ 的定标方法为，使用红松木材标准样品，先求出其 ρ，然后对标准木材样品进行扫描，将扫描曲线积分求得总射线强度 I，其次在同样条件下进行空白扫描，求得 I_0，代入式（3-7）和式（3-8）求得 μ。

2）测试系统

X 射线原采用铜钯 X 射线管，发出的 X 射线通过准直狭缝（Φ0.15mm）后经单色器滤色，照射到木材样品上，样品置于可平动的样品架上，计算机控制步进电机，将丝杆螺旋转动变为平动。样品在平动过程中保持与 X 射线垂直。接收狭缝的孔径为 0.15mm。测试中 X 射线管压 20kV，电流为 20mA。

3）样品制备

试样为含水率 12%的气干材。

从试样尺寸为宽 2.5cm，厚 5cm，长为从髓心到树皮的半径长的样木上，切取2.5cm宽，3mm厚，长度为半径方向长的薄片，薄片厚度必须均匀，表面光滑。

4）测试

测试时，使扫描路径沿木材径向，扫描速率为1.6cm/min，取样间隔为0.1mm，并用软盘记录其密度分布。

5）密度值计算

利用计算机求出各点的密度值。

2. 木材生长轮宽度测量

依据生长轮宽度与生长轮密度的对应关系和早晚材宽度与早晚材密度的对应关系，利用直接扫描式X射线微密度扫描仪测得生长轮密度连续的实测值，分析密度变异规律，判定年轮界限和年轮内早材、晚材分界线，利用所编的计算机程序，计算各分界线内的点数，已知两点间的距离为0.1mm，由此计算出生长轮宽度、早晚材宽度。

3. 木材晚材率计算

晚材率＝晚材宽度/生长轮宽度×100%

4. 木材生长速率计算

$$R_R = \frac{r_2 - r_1}{r_1} \times 100\% \tag{3-9}$$

式中，R_R表示木材生长速率；r_1表示髓心与生长轮内部界限的距离；r_2表示髓心与生长轮外部界限的距离。

5. 数据处理与分析方法

利用数理统计方法，对采样数据进行回归分析，模拟树木生长曲线，从而推算树木各龄阶的材积及各龄阶早晚材的材积，最终获得木材的年碳储量、早材碳储量和晚材碳储量。

对于木材年碳储量、早材碳储量和晚材碳储量与木材物理特征之间的关系，采用统计分析、方差分析和多元回归分析方法进行分析，建立数学模型。

3.2.1.4 木材缺陷

木材缺陷指出现在木材上的，降低木材质量，影响木材使用的各种缺陷。任何树种的木材均可能存在缺陷，缺陷既存在于非健全树木的木材中，也存在于健全树木的木材中，缺陷部位的材质与非缺陷部位的材质存在差异性。木材中缺陷的种类和数量受到树木的遗传基因、立地条件、生长环境、贮存和加工环境等诸多因素的影响。

木材缺陷的产生对木材储碳具有直接的影响（董恒宇等，2012），木材缺陷依据形成过程，通常分为生长缺陷、生物危害缺陷和加工缺陷三类。

1. 生长缺陷与碳素储量

生长缺陷是指树木生长过程中形成的木材缺陷，是存在于活立木木材中的缺点，它是由树木的遗传基因、立地条件和生长环境等因素造成的。生长缺陷主要包括节子、心材变色腐朽、虫害、裂纹、应力木、树干形状缺陷、木材构造缺陷和损伤等。

1）节子

（1）节子分为活节和死节，活节分布于树干上部，主要在树冠和靠近树冠下部的地方，质地坚硬，构造正常。死节主要分布于树干的中下部，与木材组织部分脱离或完全脱离，质地坚硬。节子是对木材材质影响最大的缺陷。

（2）节子周围的纹理局部紊乱，颜色较深，影响木材外观，在木材使用过程中为了统一木材颜色，通常要采用漂白或染色等技术手段对木材材色进行修补，虽然保证了木材的正常使用，但附加的漂白染色设备、试剂和能源等均增加了碳排放量。

（3）节子硬度大，主轴方向与树干主轴方向呈较大夹角，在切削加工时易造成刀具的损伤，从而减少刀具的使用寿命，增加刀具消耗量，侧面增加了刀具生产的碳排放量。

（4）节子纹理和密度与木材不同，节子干燥时收缩方式与木材不同，使节子附近的木材易产生裂纹，造成节子脱落，节子也是由形成层原始细胞分生得到的，节子枯死后，虽然停止生长，但仍贮存着生长期固定的碳，而节子脱落后，将释放这部分碳，此外，节子的脱落破坏了木材的完整性，增加了木材的损耗量，间接造成碳排放。

（5）节子降低了木材的顺纹拉伸、顺纹压缩和弯曲强度，木材力学强度的降低将缩短木材的使用寿命，使木材固定的碳排放期提前。

2）裂纹

木材纤维和纤维之间的分离形成的裂隙，是木材外部受到胁迫时，木材内部产生的应力破坏了木质部产生的裂纹。裂纹间接造成碳排放的原因：一是降低木材强度，缩短木材使用寿命；二是为微生物侵害木材提供通道，加速木材腐朽。

3）树干形状缺陷

树干形状缺陷是树木在生长过程中，受外界环境影响而形成的，有弯曲、尖削、大兜、凹兜和树瘤等，这些缺陷大大降低了木材的出材率，反之增加了木材损耗量，不利于减排。

4)木材构造缺陷

凡是不正常的木材构造所形成的缺陷均称为木材构造缺陷。木材构造缺陷有斜纹、乱纹、应压木、应拉木、双心、树脂囊、伪心材、水层和内含边材等。这些缺陷不利于碳储存,主要体现在缩短木制品使用寿命和降低木材的出材率。

5)损伤

损伤指树木生长过程中受到机械损伤、火灾、鸟害、兽害而形成的伤痕,包括外伤、夹皮、偏枯、树包、风折木和树脂漏等。具有损伤缺陷的木材不但在加工使用过程中不利于固碳减排,而且在其形成过程中已经减损了树木的碳储量,甚至在损伤形成期是以碳源的形式存在的。火灾对木材的破坏力是极为严重的,可使木材瞬间完成碳汇和碳源角色的转换,Clay 和 Worrall(2011)研究发现,火灾后大约有 14%的碳存于最初的地上生物质中,形成的黑炭的量大约为 $6g\ C/m^2$,占生物质损失量的 4.3%,虽然黑炭缓和了火灾中形成的碳流失,但其比例是微乎其微的。

2. 生物危害缺陷与碳素储量

生物危害缺陷是由微生物、昆虫和海洋钻孔动物等外界生物侵害木材所造成的缺陷,主要有变色、腐朽和虫害三大类。

1)变色

依据变色因素一般将变色归纳为化学变色、初期腐朽变色、霉菌变色和变色菌变色。

(1)化学变色。木材由于化学和生物化学的反应过程而造成的浅棕红色、褐色或橙黄色等非正常材材色。化学变色的颜色一般较均匀,仅分布于表层(深 1~5mm),且干燥后颜色会变浅,对木材的物理力学性质没有明显的影响,只影响木材外观的一致性。在对木材颜色一致性有要求的情况下,对木材漂白或染色即可以达到要求。

(2)初期腐朽变色。初期腐朽最常见的是红斑,在木材横切面上呈现粉红色、浅红色、褐色、紫色、栗色、灰色或黑紫色等不同的颜色,表现为月牙形、环状或块状等,而在纵切面表现为各种颜色的条状。初期腐朽变色的木材物理力学性质变化不大,但耐久性降低,且渗透性提高,因此,此类木材的使用寿命相对缩短。

(3)霉菌变色。霉菌变色指在潮湿的边材表面,由霉菌的菌丝体和孢子体侵染所形成的颜色变化,有白色、黄色、红色、蓝色、绿色、黑色和紫色等。常见于伐倒木、贮存木及木制品。霉菌以木材表面细胞腔内的糖类、淀粉为营养物质进行繁殖,不破坏木材细胞壁的结构,对木材强度没有影响,只限于木材表面,干燥和刨切可以消除。

（4）变色菌变色。木材受到变色菌侵蚀而引起的颜色变化，大多发生在边材，颜色有蓝色、褐色、黄色、绿色和红色等。变色菌以木材细胞腔中贮存的营养物质为养分，不破坏或轻微损害细胞壁的结构。变色菌在木材细胞中的移动以穿过细胞壁上的纹孔为主，因此，被侵染的木材的物理力学性质几乎没什么变化，但严重时，抗冲击强度降低。

综合以上 4 种变色情况可知，变色对木材的物理力学性质几乎无影响，即不会显著缩短木材和木制品的使用寿命，对木制品的储碳期无不利影响。此外，木材的变色过程均与细胞壁物质无关联，因此不会消减木材的碳储量。但是变色破坏了木材颜色的均一性，因此在加工过程中需要通过附加工艺进行修复，而此过程会形成一定的碳排放。

2）腐朽

腐朽指木腐菌侵入木材，逐渐改变木材的颜色和结构，使细胞壁受到破坏，物理力学性质改变，木材变得松软易碎，呈筛孔状或粉末状。依据腐朽性质，将木材腐朽划分为白腐和褐腐，两者对木材储碳的影响主要表现在以下几方面。

（1）化学成分。木腐菌分泌的各种酶可分解木材主成分和抽提物，破坏木材结构。白腐菌能破坏木材中的木质素结构，而对纤维素和半纤维素的影响较小，碳的含量略微减少；褐腐菌则主要破坏木细胞壁中的纤维素和半纤维素，而对木质素几乎无影响，碳的含量大幅度减少。腐朽材单宁的绝对含量大多数不变，或者较健康材有所增加。

（2）物理性质。腐朽初期的木材密度一般不降低，在某些情况下，由于木材内部聚集有色素，密度甚至会提高。随着腐朽程度的加大，腐朽材的密度降低，在腐朽后期木材密度一般为正常材的 2/5～2/3，同时吸水性和渗透性显著提高，更易产生翘曲变形，收缩率增大。可见，木材腐朽是一个木材碳泄漏的过程。

（3）燃烧性能。腐朽材密度的减小使得单位体积的发热量降低，即若将木材作为固体燃料使用，达到同一燃烧热的腐朽材用量要多于正常材，同时也释放更多的大气二氧化碳。

（4）力学性质。木材腐朽初期，除冲击强度和弯曲强度有所减小外，其他力学性质几乎没有变化。随着腐朽程度的增加，由于腐朽材密度的降低使抗压强度和抗弯强度降低。褐腐材在质量减少 10% 的时候，冲击韧性降低 95%，这是因为腐朽材的质量损失虽然还不大，但是木材组织已遭到严重破坏。腐朽材结构的瓦解使木材失去了使用价值，也失去了作为固碳减排材料的意义。

3）虫害

虫害是受各种昆虫危害造成的木材缺陷。常见的害虫有天牛、吉丁虫、象鼻虫、白蚁和树蜂等。各种木材均可能发生虫害，有的只危害树皮及边材表层，虫眼一般深度较浅，对木材强度及使用影响不大，特别是经过锯解和旋切后，虫眼一般随之除掉，危害性较小，对木材固碳也无太大影响。有的虽蛀入木质部部分，但虫眼很浅，加工时可随之去掉，对木材加工和储碳影响不大。有的蛀入木质部深处，对木材破坏很大，间接促进了木材变色和腐朽，从而降低了木材力学性质，进一步危及到木材固碳。

3. 加工缺陷与碳素储量

加工缺陷为木材加工过程中所造成的木材表面损伤，分为干燥缺陷和锯割缺陷。

1）干燥缺陷

干燥缺陷为在木材干燥过程中形成的开裂和变形。

开裂是木材内部形成的应力导致木材薄弱位置裂开，分为端裂、表裂和内裂，端裂和表裂易检测，而内裂不容易被察觉。木材的开裂对木材力学性质具有较大影响，降低了木制品的使用寿命，目前，国内外采用传感器技术、无损检测技术对木材内部缺陷进行自动检测，以剔除缺陷、提高出材率，从而保证木制品质量和使用寿命，避免碳泄漏。

2）锯割缺陷

锯割缺陷是在木材锯割过程中形成的缺陷，包括缺棱、锯口缺陷和人为斜纹等，锯割缺陷因树种和刀具型号而异。缺棱减少了木材的实际尺寸，易使其不满足规格要求，改锯则增加了废材量。锯口缺陷则造成木材厚度不均或材面粗糙，降低了木材利用率。总之，锯割缺陷的产生会增加木材使用量和废材量，间接增加碳排放。

综上所述，各树种的木材均可能存在木材缺陷，在木材缺陷形成的初期，木材的物理化学性质等几乎不受影响，因此木材碳储量也几乎无变化，但随着木材缺陷的扩展，某些缺陷将对木材造成巨大影响，并消减木材碳储量，而火灾对木材碳储量的影响是毁灭性的。木材的大部分缺陷是可以通过人为手段进行控制或避免的。

3.2.2 影响木制品碳素储量的主要因素

3.2.2.1 原料

木材具有独特的自然美感和环境学特性，所以常常用来制作室内家具和日常生活用品，装饰人居空间和建筑房屋，以木材为原料制得的人造板、纸张广泛地应用在人们生产生活的各个方面。木材制品及各种林产品是将林木生长吸存的碳继续固定和储存，须予以科学管护，延长木材及林产品的使用年限及循环利用的周期，减少或避免这些材料所储存的碳，又以其他方式回归到大气中，增加二氧化碳浓度，进而增强"温室效应"。

木制品的原料就是各种实木，包括普通实木和名贵实木，像胡桃木、桦木、橡木、樟木、红木类木材等，这些都是非常珍贵的，也是木制品装饰采用的主要材料。而构成木材的主要元素中，碳约占 50%，所以，不同木材原料制得的木制品，其碳素储量差别不明显。当木材、木质材料和木制品被燃烧和腐朽时，原本被封存在其中的以有机物形式储存的二氧化碳又被释放出来，所以实施木材的阻燃处理和防腐处理是十分必要的。

1. 木制品的分类

研究表明，长期对森林进行合理经营可以将碳素有效地封存在木材内部，而且木材具有良好的物化性质和独特的环境学属性，将木材加工制成木制品，便有助于减少大气中二氧化碳的浓度（Liu and Han，2009）。而对于木制品，通过延长木制品的使用寿命，增加其碳封存的时间，则能有效提高储碳增汇的效率（Côté et al.，2002）。所以，木制品在木质资源的节约循环型社会中占有非常重要的地位。

目前对木质林产品的分类研究，主要是基于联合国粮食及农业组织(Food and Agriculture Organization of the United Nations，FAO)对木质林产品的定义而进行的分类（Hashimoto et al.，2002），这种分类方法的数据比较容易获得，便于计算。本研究在此分类基础上结合产品的用途，对木制品的分类如图 3-5 所示。

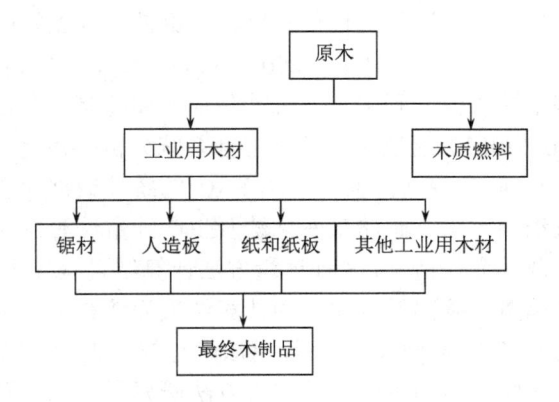

图 3-5 木制品的分类

从木制品的分类可以发现，木材及木制品能够广泛应用于住宅建材、家具及造纸等领域。木制品虽然是木材碳素储存的延伸，但它不可能永远地储存碳。而国家每年报废多少木制品，又如何计算其中的碳排放量，这是相对比较难的技术问题。

2. 木制品的碳素储存

木制品中也储存着碳，具有良好的碳素储存能力和环保特性，通过提高木制品的加工效率、延长木制品的使用寿命等方法，可以让木制品的碳素储存时间延长，从而有效减缓了温室气体的排放（Dias，2005；IPCC，2006；白彦锋，2010）。1998 年于塞内加尔首都达喀尔召开了关于木质林产品碳储量计量方法学的研讨会，会上提出了替代 IPCC 缺省法的另外三种方法，即碳储量变化法、大气流动测定法和生产计量法（Brown et al.，1998）。2011 年在德班召开的 COP17 作出了一个划时代的决定，即提出了评价木制品中碳储量的新规则。根据当时的规则，在第一承诺期（2008~2012 年）按照森林采伐后木材被运出森林时计算排放到大气中的碳，但第二承诺期（2013 年以后）的新规则认为，森林之外的木材及木制品也继续储存着碳，因此决定在木材产品燃烧或报废时计算其碳排放。

森林采伐后，除枝叶等会残留在采伐地外，其余部分以原木和竹材形式被利用，经加工后制成伐木制品（harvested wood product，HWP）（又称木质林产品），因此，森林生态系统固定的一部分碳转移到伐木制品中。《联合国气候变化框架公约》（UNFCCC）将木制品、纸制品、竹藤类产品和能源用木材均作为伐木制品的一部分，这与 FAO 对伐木制品的定义基本一致（FAO，1982；Bai et al.，2009）。除薪材当年燃烧释放碳外，其余伐木制品可储存较长时间的碳，尤其是被填埋的废弃制品。此外，伐木制品还能替代化石燃料、钢铁、水泥等能源密集型产品，可在一定程度上减少碳的释放（Dias，2005；Green et al.，2006）。

国内外学者基于缺省值，利用大气流动测定法和碳储量变化法估算了木制品的碳储量，Pingoud（2003）通过统计数据进行系统分析，确定木制品的全球碳储量年增长量为 40Mt；阮宇等（2006）利用 FAO 的统计数据和我国所发布的统计数据，通过大气流动测定法、碳储量变化法及生产计量法等方法，估计了我国木质林产品的碳储量及其变化情况，3 种计量方法计算结果差异显著，对于 2003 年我国木质林产品碳储量，碳储量变化法的计算结果为 2.35 亿 Mg C，大气流动测定法的计算结果为 0.47 亿 Mg C，生产计量法的计算结果为 1.79 亿 Mg C。

目前，国外一些学者运用生命周期评价方法研究了木制品及木质废弃品对温室效应的潜在影响，其不仅能够评估二氧化碳的排放量，同时能够评估甲烷、氟化氢等温室气体的排放量，不仅可对比分析不同加工方法的碳排量，且能够评估木制品加工过程中对环境的总影响。可见，生命周期评价方法已经得到了全球的普遍认可，是目前研究木制品碳储存的主流方法。因此，可以采用生命周期评价的方法，对木制品碳素储存周期的碳排放进行评价，以全面了解木制品的碳素储存功能。

3.2.2.2 生产

木材有无数用途，比如可以储存碳，这对气候变化至关重要。在砍伐树木生产木材等木制品后，其中一些碳仍会被储存，同样木制品即使在被丢弃后，其中的一些碳仍会被继续储存。

木制品在生产加工过程中需要消耗化石燃料来提供能量，依据《中国农业年鉴》统计的 2007 年木质林产品数据，计算中国木质林产品 200 年内的碳储存和碳排放，从而得出木质林产品的产消特点对温室效应具有重要影响，木质林产品能够储存碳，同时在非科学化的贮存和加工过程中也含有程度不等的碳排放，从而降低木材的碳汇效应，但可以通过增加木质林产品产量、开发洁净能源项目、调整产业结构、延长使用寿命等方法来提高木质林产品的碳汇效应（郭明辉等，2010）。

3.2.2.3 运输

森林采伐和木质林产品生产、运输等改变了森林生态系统和大气之间的自然碳平衡，木制产品是陆地生态系统碳循环的一个重要组成部分，其碳储量变化又是国家温室气体清单报告的一部分，木制产品具有一定的减排潜力。

木制品在运输过程中需要消耗大量的人力、物力和财力，属于释碳的过程，当到达目的地摆放整齐后，木制品即开始储碳的过程。从固定碳汇的角度看，树木被采伐后用于建筑和家具可以把碳汇锁定在建筑和家具中，起到长期固碳的作用；从新增碳汇的角度看，采伐树木后的林地重新种植树木，新增树木的生长会吸收二氧化碳，起到增加碳汇的作用；从减少排放的角度看，以建筑木材替代能源密集型的钢筋水泥材料，可以减少二氧化碳排放，起到减排作用。总之，大力发展木结构建筑、建筑木材及木制品，不仅能长期固定碳汇，还可以减少排放，而且可以带动林木更新，使木材使用和林业增汇形成良性互动，为推进碳中和发挥积极作用。

3.2.2.4 木制品生命周期

对于木制品而言，其生命周期就是从自然中来回到自然中去的全过程，也就是既包括树木在森林中砍伐后经过加工、运输等生产过程变成木制品原材料，还包括由木制品原材料再次加工变成木制品，还包括木制品的储存、运输和使用过程，以及木制品报废或处置等废弃回到自然的过程，这个过程构成了一个完整的产品生命周期。

木制品生命周期评价是评价木制品在生产、加工、运输中的环境负荷的客观过程，它通过识别和量化木制品材料使用和木制品衰减导致的二氧化碳排放，评价木制品使用和二氧化碳排放对环境的影响,并对环境影响和实施环境改善的机会进行评估。木制品生命周期评价涉及木制品的产品、工艺、技术和活动的整个生命周期,包括木制品原材料的加工、运输和分配,使用、再使用和维护,再循环及最终处置。

1. 生命周期评价理论的提出

生命周期评价(life cycle assessment,LCA)理论,是一种用于评估产品在其整个生命周期中,即从原材料的获取、产品的生产直至产品使用后的处置,对环境影响的技术和方法(Hunkeler and Rebitzer,2005)。简言之,LCA 就是对某一个物体从其产生到消亡及消亡后所产生的效应进行全过程的综合评价。

LCA 理论最先出现于 20 世纪 60 年代末左右(Jansen et al.,1997),到 20 世纪 90 年代初期时,其详细方法才由环境毒物学和化学学会(SETAC)和国际标准化组织(ISO)提出。SETAC 认为 LCA 是一种客观的方法。通过鉴定、量化原材料和能源的消耗,以及废物的排放,该方法可以评估出产品的生产过程给环境带来的负担(Kornov et al.,2007)。ISO 认为 LCA 可以汇总、评估产品生产过程的能源消耗,以及由此产生的环境废物排放情况,或对环境存在的潜在影响。而且,这种评价过程涵盖了产品的整个生命周期,包含原材料的获取、加工,产品的生产制造、运输和销售,产品的使用和维护,以及废弃物的循环、处置。

根据 LCA 的定义,可以看出 LCA 特别注重产品在其生产过程中的各种能耗及生产过程中对环境造成的影响,使得人们在生产产品的过程中更加追求高效率、低能耗、低排放、低污染等方面技术的改进,同时也大大推进了清洁生产的步伐。从长远利益来说,将 LCA 运用于我国的工业化大生产中能够大大提高生产的效率,减轻对环境危害的影响,有助于企业的发展以及加快我国经济健康发展的进程。

2. 生命周期评价研究的应用

生命周期这一概念被比较广泛地应用,常出现在经济、政治、环境、社会等领域。对于某个具体产品来说,其生命周期就是从大自然中来,又返回到大自然中去的整个过程;关于生命周期的评价,就是系统地针对某事物从产生到灭亡最终消失后产生的影响的整个过程进行评价(FAO,1997;Gielen,1997)。

与其他材料相比,木制品的生命周期能耗量和碳排放量是最低的,它源于森林资源,具有节能减排的先天优势(Kohlmaier et al.,1998;Perez-Garcia et al.,2005)。而木制品只要没有腐朽,没有燃烧,就存在碳素储存功能,所以,延长木制品的使用生命周期,便可以延长其碳素储存的时间,有助于减少二氧化碳等温室气体排放量(Skog,2008)。可见,通过评价生命周期,就可以评估木制品中二氧化碳的储存与排放（Dwivedi et al., 2012）。

在任何木制品的生命周期中，都存在使用寿命，在寿命终止时便进入碳排放阶段。目前，对木制品的使用寿命还没有一个比较统一的标准，一般认为，薪碳材的使用寿命约为 1 年，纸和纸板类约为 20 年，实体木材类约为 40 年，而且，这只是一个平均值。如果木制品的使用寿命越长，则其生命周期就越长，木材的碳素储存周期也越长；所以，木制品的使用寿命与其碳素储存周期密切相关，较长的使用寿命同样是对碳素储存功能的一种贡献。

3. 木制品的生命周期评价理论

LCA 理论是全球认可的一种生命周期评价法；它主要用于评估和比较不同材料、产品等在整个生命周期中的投入和产出对环境所造成的影响，从资源的提取至运输、加工、使用、退役，直到最后的回收或焚毁处理都包含在这个生命周期中（张智慧等，2010）。

基于 PAS 2050—2011 产品生命周期内温室气体排放量评估规范（Sinden，2009），木制品的碳素储存期动态变化研究涵盖了原料的"投入-加工-产出"全过程，其生命周期评价原理就是通过对原材料、能源消耗及污染物排放量等因素的鉴定与量化来评估一个产品过程或活动对环境所带来的负担，如图 3-6 所示的人工林红松木制品的 LCA 全过程详解。从采伐时起，树木就终止了对自身碳素的固定，成为碳排放源，在这个过程中，碳排放不仅仅指树木自身分解所释放的碳，还包括在采集与运输过程中所产生的碳排放，在产品的加工制造过程、运销过程、使用过程、回收与再利用过程、报废处理过程等都会排放出二氧化碳。

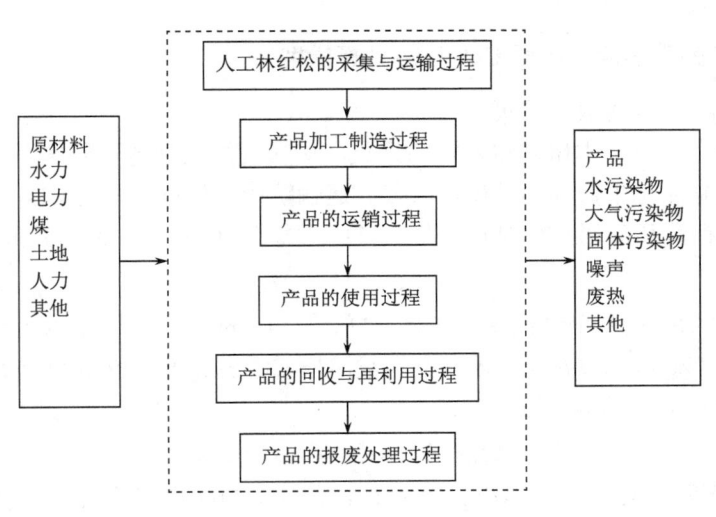

图 3-6 LCA 全过程详解

近十多年以来，针对木材 LCA 的研究表明，木材在碳素储存、加工能耗及循环利用等方面，具有明显的环境友好优势（Glover et al., 2002）；如 1m³ 木材替代同体积的非木质材料，便可减少二氧化碳等温室气体排放量约 1.9t（匿名，2012）；而且，经 LCA 评估显示，从环境的负荷值来看，在原材料的获取、生产加工、使用、废弃的整个过程中，木制品具有不可替代的低环境负荷值。

4. 木制品碳素储存周期的评价

结合图 3-6，从全生命周期角度，木制品的活动包括原材料的采集、运输、加工制造、运销、使用、回收与再利用、报废处理等；在每个过程中都有 CO_2 的排放，从其排放源上进行分类，包括进入一个活动过程的能源消耗和物质消耗的输入流，以及离开一个活动过程的 CO_2 排放的输出流。而且，计算木材全生命周期 CO_2 排放的关键在于收集和整理每个活动过程中 CO_2 的排放数据，包括活动数据和 CO_2 排放因子。

由于木材资源的回收和利用数据很少，针对回收和利用所带来的 CO_2 的清除过程暂不作详细讨论，只研究木制品全生命周期所带来的 CO_2 的排放过程。

根据张涛等（2012）对建材 CO_2 排放量计算方法的比较分析，本研究选用碳排放系数法计算木材 CO_2 的排放量，见式（3-10）。

$$M = Q \times C \tag{3-10}$$

式中，M 表示木制品 CO_2 排放量（kg/m²）；Q 表示活动数据，即材料用量（t/m²）；C 表示排放因子，是正常技术经济与管理的条件之下，加工单位产品所排放出的 CO_2 量的平均值（kg/t）。

5. 木制品碳素储存周期 CO_2 排放计算模型

1) 木制品 CO_2 排放计算模型

为了便于计算，本研究将木材的采集、运输及加工制造过程作为木制品的生产阶段。木制品全生命周期及生产阶段、运输阶段、处置阶段的 CO_2 排放量的计算模型（薛拥军和王珺，2009）见式（3-11）、式（3-12）、式（3-13）和式（3-14）。

$$M = M_1 + M_2 + M_3 \tag{3-11}$$

式中，M 表示木制品全生命周期 CO_2 排放量（kg/m²）；M_1 表示木制品生产阶段 CO_2 排放量（kg/m²）；M_2 表示木制品运输阶段 CO_2 排放量（kg/m²）；M_3 表示木制品处置阶段 CO_2 排放量（kg/m²）。

$$M_1 = Q_M \times (1+\varphi_1) \times C_{M1} \times (1-s) \tag{3-12}$$

式中，Q_M 表示木材的使用量（kg/m²）；C_{M1} 表示木制品生产阶段 CO_2 排放因子；φ_1 表示木制品因工艺损耗等因素造成废弃的废弃系数；s 表示木制品的回收利用系数。

$$M_2 = Q_M \times (1+\varphi_2) \times C_{M2} \qquad (3\text{-}13)$$

式中，C_{M2} 表示木制品运输阶段 CO_2 排放因子；φ_2 表示木制品因运输造成损耗的损耗系数。

$$M_3 = Q_S \times C_{M3} \qquad (3\text{-}14)$$

式中，Q_S 表示木制品处置量（kg/m^2）；C_{M3} 表示木制品处置阶段 CO_2 排放因子。

2) CO_2 排放因子的确定

在生产阶段，选择和确定木制品 CO_2 排放因子的方法时，首先应选取最接近真实状况的排放因子，或可比较的经验排放因子，或国际之间使用的平均排放因子等。

在运输阶段，木制品 CO_2 的排放因子采用推算的方法进行确定，见式（3-15）。

$$C_{M2} = L \times P \times C_P \qquad (3\text{-}15)$$

式中，L 表示木制品从加工工厂运送至销售现场的运输距离（km）；P 表示运输过程中的能耗[kJ/（t·km）]；C_P 表示运输过程中相应燃料的 CO_2 排放因子。

在处置阶段，由于木制品可以回收再利用，则需要考虑到将其回收并运输至工厂及再生产过程中的 CO_2 排放，此阶段的 CO_2 排放因子计算方法见式（3-16）。

$$C_{M3} = L' \times P \times C_P + C'_{M3} \qquad (3\text{-}16)$$

式中，L' 表示木制品从销售现场运送至回收工厂的运输距离(km)；C'_{M3} 表示再生产过程中的 CO_2 排放因子，与 C_{M1} 的值相近。

6. 应用实例

本研究以生产中密度纤维板为例，计算其所用木材在生产、运输、处置阶段整个生命周期内的 CO_2 排放量。

根据相关的工程结算资料（陈志林等，2007），我国南方城市中的某中密度纤维板厂，一般生产及加工 18mm 厚的中纤板所耗用的木材用量为 $1950kg/m^3$，即 $35.1kg/m^2$，$Q_M = 35.1kg/m^2$，此用量已考虑工艺损耗及运输损耗，则 $\varphi_1 = 0$，$\varphi_2 = 0$；而且，加工 $1m^3$ 中纤板的 CO_2 排放量为 1779.66kg，即 $32.0 kg/m^2$；所以，在生产加工阶段，根据实际情况，CO_2 的排放因子 $C_{M1} = 1779.66/1950 = 0.91$。另外，我国木制品的回收再利用系数为 60%左右，即 $s = 0.6$。

在运输阶段，木制品是以公路和山路运输为主，即主要耗用汽油；根据朱嬿和陈莹（2010）对住宅建筑生命周期能耗及环境排放案例的研究，确定了木制品从加工工厂运送至销售现场的运输距离 L 及运输过程中的能耗 P；而木制品从销售现场运送至垃圾处置场的运输距离为 30km；汽油 CO_2 的排放因子 C_P 是来自 IPCC 的缺省值，并乘以 44/12 得到的。由此，可以计算得出木制品在运输阶段和

处置阶段的 CO_2 的排放因子。

$$C_{M2} = L \times P \times C_P$$
$$= 80\text{km} \times 3662\text{kJ}/(\text{t·km}) \times 6.93e^{-5}\text{kg/kJ}$$
$$= 20.3\text{kg/t}$$
$$= 0.0203$$

$$C_{M3} = L' \times P \times C_P + C'_{M3}$$
$$= 30\text{km} \times 3662\text{kJ}/(\text{t·km}) \times 6.93e^{-5}\text{kg/kJ} + 0.91$$
$$= 0.0076 + 0.91$$
$$= 0.9176$$

基于我国木制品的回收再利用率为 60% 左右，便以木材使用量的 60% 作为木制品的处置量，则该企业生产中纤板所用的木材在生产、运输、处置阶段整个生命周期内的 CO_2 排放量为

$$M = M_1 + M_2 + M_3$$
$$= Q_M \times (1+\varphi_1) \times C_{M1} \times (1-s) + Q_M \times (1+\varphi_2) \times C_{M2} + Q_S \times C_{M3}$$
$$= 35.1\text{kg/m}^2 \times 0.91 \times 0.4 + 35.1\text{kg/m}^2 \times 0.0203 + 35.1\text{kg/m}^2 \times 60\% \times 0.9176$$
$$= 12.7764\text{kg/m}^2 + 0.7125\text{kg/m}^2 + 19.3247\text{kg/m}^2$$
$$= 32.8136\text{kg/m}^2$$

7. 木制品碳素储存周期的 CO_2 排放评价

上述实例中的木制品即中纤板在碳素储存周期的生产、运输、处置阶段的 CO_2 排放总量为 32.8135kg/m^2，其中，约 59% 来自于木制品的处置及回收再利用阶段，39% 来自于木制品的生产加工阶段，2% 来自于运输阶段。由此，木材行业的减排工作主要是在生产加工、处置及回收再利用阶段。所以，有几点值得注意，一是应改进木材加工及回收利用的生产工艺，注重开发低碳技术，走低碳化生产路线；二是优化木材保护技术，提高处理材的防腐或阻燃性能，并研发低碳木制品；三是探究环保型胶黏剂及新型胶合技术，以降低木制品等对环境和人类健康的危害；四是探索木材加工的新方法，提高木材的综合利用率，等等；综合考虑，以上 4 点能够在一定程度上减少或避免木材中的碳素以各种形式释放到大气环境中，从而有效降低木材在生产和处置阶段的碳排放量。另外，在运输阶段，应尽量就近选择木材资源，采用低碳的运输方式，以达到减少木材在运输阶段能源消耗量的目的。

此外，在木制品的生产过程中，还应该重视固体废弃物、废水等物质排放对环境所造成的影响，对此，可以采取加强科学配料，优化加工工艺，采用节能设

备或将固体废弃物作为燃料等措施,从而减轻木制品的环境影响负荷,降低二氧化碳的排放量及浓度,以利于缓解温室效应与维护生态平衡(李顺龙,2006)。

综上,木材和木制品是高效廉价的碳封存体。木材属于天然的储碳材料,其主要制品只要处于使用状态,就一直会作为碳储存库而存在。

参 考 文 献

白彦锋. 2010. 中国木质林产品碳储量. 北京: 中国林业科学研究院博士学位论文.
陈志林, 傅峰, 叶克林. 2007. 我国木材资源利用现状和木材回收利用技术措施. 中国人造板, 14(5): 1-3.
董恒宇, 云锦凤, 王国钟. 2012. 碳汇概要. 北京: 科学出版社: 9-15.
郭明辉, 关鑫, 李坚. 2010. 中国木质林产品的碳储存与碳排放. 中国人口·资源与环境, 20(S2): 19-21.
杭州大学化学系分析化学教研室. 1996. 分析化学手册(第二分册: 化学分析). 北京: 化学工业出版社.
李坚. 2002. 木材科学. 北京: 高等教育出版社.
李顺龙. 2006. 森林碳汇问题研究. 哈尔滨: 东北林业大学出版社.
刘一星, 赵广杰. 2004. 木质资源材料学. 北京: 中国林业出版社.
孟宪宇. 2006. 测树学. 3 版. 北京: 中国林业出版社.
匿名. 2012.美国阔叶木外销委员会对木制品生命周期评估研究的初步成果. 木材工业, 26(2): 57-59.
阮宇, 张小全, 杜凡, 等. 2006. 中国木质林产品碳贮量. 生态学报, 26 (12): 4212-4218.
薛拥军, 王珺. 2009. 板式家具产品的生命周期评价. 木材工业, 23 (4): 22-25.
原磊磊. 2014. 国际气候谈判背景下伐木制品议题追踪及其碳计量方法研究. 中国林业科学研究院.
张涛, 吴佳洁, 乐云. 2012. 建筑材料全寿命期 CO_2 排放量计算方法. 工程管理学报, 26(1): 23-26.
张智慧, 尚春静, 钱坤. 2010. 建筑生命周期碳排放评价. 建筑经济, (2): 44-46.
朱嬿, 陈莹. 2010. 住宅建筑生命周期能耗及环境排放案例. 清华大学学报(自然科学版), 50(3): 330-334.
Bai Y F, Jiang C Q, Zhang S G. 2009. Carbon stock and potential of emission reduction of harvested wood products in China. Acta Ecologica Sinica, 29(1): 399-405.
Brown S, Lim B, Schlamadinger B. 1998. Evaluating Approaches for Estimating Net Emissions of Carbon Dioxide from Forest Harvesting and Wood Products-Meeting Report. IPCC / OECD / IEA Programme on National Greenhouse Gas Inventories.
Clay G D, Worrall F. 2011. Charcoal production in a UK moorland wildfire - How important is it? Journal of Environmental Management, 92: 676-682.
Côté W A, Young R J, Risse K B. 2002. A carbon balance method for paper and wood products.

Environmental Pollution, (116): S1-S6.

Dias A C. 2005. The contribution of wood products to carbon sequestration in Portugal. Annals of Forest Science, 62(8): 902-909.

Dias A C, Louro M, Arroja L, et al. 2005. The contribution of wood products to carbon sequestration in Portugal. Annals of Forestry Science, 62(8): 902-909.

Dias A C, Louro M, Arroja L, et al. 2007. Carbon estimation in harvested wood products using a country-specific method: portugal as a case study. Environmental Science & Policy, 10(3): 250-259.

Dwivedi P, Bailis R, Stainback A, et al. 2012. Impact of payments for carbon sequestered in wood products and avoided carbon emissions on the profitability of Nipf landowners in the US South. Ecological Economics,78: 63-69.

FAO. 1982. Classification and Definitions of Forest Products. Rome: FAO: 27-36.

FAO. 1997. State of the World's Forests 1997. Food and Agriculture Organisation of the United Nations.

Gielen D J. 1997. Potential CO_2 emissions in the Netherlands due to carbon storage in materials and products. Ambio, 26 (2): 101-106.

Glover J, White D O, Langrish T A G. 2002. Wood versus concrete and steel in house construction: a life cycle assessment. Journal of Forestry, 100(8): 34-41.

Green C, Avitabile V, Farrell E P, et al. 2006. Reporting harvested wood products in national greenhouse gas inventories: implications for Ireland. Biomass and Bioenergy, 30(2): 105-114.

Hashimoto S, Nose M, Obara T. 2002. Wood products: potential carbon sequestration and impact on net carbon emissions of industrialized countries. Environmental Science and Policy, 5(2): 183-193.

Hunkeler D, Rebitzer G. 2005. The future of life cycle assessment. The International Journal of Life Cycle Assessment, 10(5): 305-308.

IPCC. 1996. Chapter 5: Land-use change & forestry//Revised IPCC Guidelines for National Greenhouse Inventory. Bracknell UK: Meteorological Office.

IPCC. 2006. 2006 IPCC Guidelines for National Greenhouse Gas Inventories. Agriculture, Forestry and Other Land Use.

Jansen A A, Elkington J. 1997. Life Cycle Assessment(LCA): a guide to approaches, experiences and information sources. Report to the European Environment Agency, Copenhagen:13.

Kohlmaier G H, Weber M, Houghton R A. 1998. Carbon dioxide mitigation in forestry and wood industry//Carbon Dioxide Mitigation in Forestry and Wood Industry. Berlin: Springer-Verlag.

Kornov L, Thrane M, Remmen A, et al. 2007. Tool For Sustainable Development. Gylling: Narayana Press.

Liu G L, Han S J. 2009. Long-term forest management and timely transfer of carbon into wood products help reduce atmospheric carbon. Ecological Modelling, (220): 1719-1723.

Perez-Garcia J, Lippke B, Comnick J, et al. 2005. An assessment of carbon pools, storage, and wood products market substitution using life-cycle analysis results. Wood and Fiber Science, (37): 140-148.

Pingoud K. 2003. Harvested Wood Products: Considerations on Issues Related to Estimation,Reporting and Accounting of Greenhouse Gases. Final Report. UNFCCC Secretariat.

Sinden G. 2009. The contribution of PAS 2050 to the evolution of international greenhouse gas emission standards. International Journal of Life Cycle Assessment, 14(3): 195-203.

Skog K E. 2008. Sequestration of carbon in harvested wood products for the United States. Forest Products Journal, 58(6): 56-72.

Winjum J K, Browm S, Schlamadinger B. 1998. Forest harvests and wood products: sources and sinks of atmospheric carbon dioxide. Forest Science, 44(2): 272-284.

第 4 章　人工林固碳增汇与优质木材培育技术

随着人工林蓄积量的不断增长，其逐渐成为陆地生态系统固碳增汇的重要角色之一，单位面积内的木材蓄积量越多，木材的固碳量越多，木材的材质越好，但实际情况中，木材年蓄积量的峰值、木材年固碳量的峰值和木材材质的等级不存在对应性，因此，结合人工林木材用途探索其固碳规律可显著提高木材的效用。截至 2021 年，我国人工林面积已占全球 73%，面积达 8003.1 万 hm^2，稳居全球第一（王大卫和沈文星，2022）。木材的年蓄积量与气象因子、立地条件和培育措施有必然的联系，因此，这些影响因素也牵动着木材年固碳量和木材材质，揭示影响因素与木材固碳量和木材材质的关系将对制定高固碳量优质木材的培育措施具有科学的指导意义。

4.1　中国主要人工林树种木材固碳量

我国人工林树种主要有马尾松、樟子松、杉木、刺槐、白桦、大叶相思、泡桐等，不同树种的固碳量和材质存在较大差异性。树木的固碳量取决于生物量及其含碳率，树木由树枝、树叶、树干和树根构成。一般来说，树干的固碳量占树木总固碳量的 42.88%～66.17%，树根的固碳量占树木总固碳量的 13.75%～27.23%，树枝的固碳量占树木总固碳量的 6.11%～19.67%，树叶的固碳量占树木总固碳量的 1.95%～12.17%。树干的持久稳定性决定了其固定的碳的稳定性，而树枝和树叶等则随其分解将其固定的碳释放到土壤中。

4.1.1　人工林针叶树材

4.1.1.1　人工林落叶松

落叶松为松科落叶松属乔木，天然分布广，属寒温带及温带树种，一般在–50℃的条件下也能正常生长，是针叶树种中最耐寒的树种。落叶松属落叶松组植物在我国天然分布和人工栽培的主要有兴安落叶松（*Larix gmelinii*）、长白落叶松（*Larix olgensis*）、华北落叶松（*Larix gmelinii* var. *principis-rupprechtii*）、日本落叶松（*Larix kaempferi*）、欧洲落叶松（*Larix decidua*）和新疆落叶松（*Larix sibirica*）。落叶松林固碳量的动态变化影响着我国森林在全球碳平衡中的源汇功能。

华北落叶松不同器官碳储量占树木总碳储量的比例为：树干 59.19%

（42.88%～66.17%）、树根 18.86%（13.75%～27.23%）、树枝 14.43%（6.11%～19.67%）、树叶 6.99%（1.95%～12.17%），树干＞树根＞树枝＞树叶（因每部分数据在平均或统计时产生的差异，数据之和不是 100%）。树干是林木最稳定、保存最长久的器官，因此树干所固定的碳是最稳定且最长久的部分。林木蓄积量、林木生物量、林木碳储量三者存在明显的线性关系，但林分碳储量的变化同这三者的关联并不紧密（图 4-1）（杜红梅等，2009）。

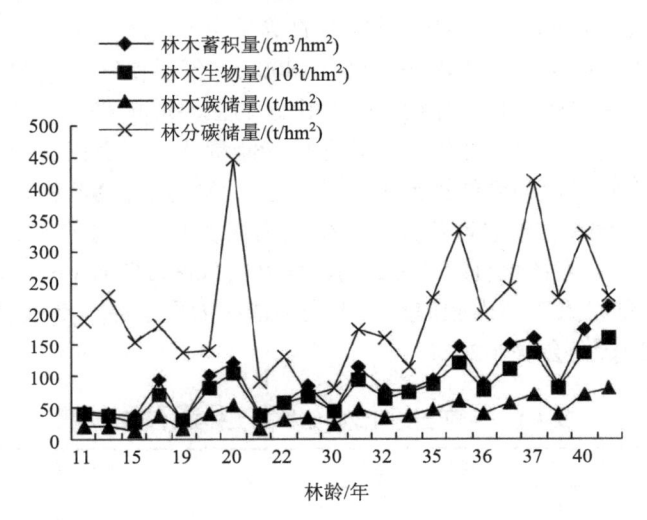

图 4-1　华北落叶松人工林林木蓄积量、林木生物量、林木碳储量与林分碳储量的关系

以甘肃小陇山林区日本落叶松人工林为例，其总碳储量为 3 380 539.3t，平均碳储量 87.5t/hm²，按林龄分，小陇山林区日本落叶松幼龄林、中龄林、近熟林林分碳储量分别为 2 509 492.7t、734 499.6t、136 547.0t，分别占总碳储量的 74.2%、21.7%、4.1%，日本落叶松人工林碳储量以幼龄林为主，后期增长潜力巨大（沈亚洲等，2021）。

4.1.1.2　人工林杉木

杉木（*Cunninghamia lanceolata*）为亚热带树种，是柏科杉木属乔木。杉木是我国南方地区栽培最广的用材树种，其人工林面积已达 768 万 hm²，占中国南方人工林面积的 60%～80%，占全国人工林面积的 26.6%（杨超等，2011）。不同林龄杉木各器官碳含量不同，不同林龄杉木林乔木层碳储量及各器官碳储量均随林龄的增长呈增大趋势，幼龄林、中龄林、近熟林、成熟林和过熟林乔木层碳储量分别为 33.51t/hm²、62.33t/hm²、85.88t/hm²、119.18t/hm²、133.75t/hm²，不同林龄杉木林乔木层各器官中碳储量的分配比例不同。幼龄林、中龄林和过熟林的碳储量在乔木层的分配均以树干最高,占整个碳储量的 62.6%～72.6%,且随着林龄的增长而增加;叶和枝所占比例分别为 4.8%～11.0%和 11.1%～14.2%,随着林龄的增大而减小,在过熟林阶段有所上升;根所占比例为 11.3%～12.3%,随林龄的变化波动较小,比较稳定(兰斯安等,2016)。

4.1.1.3 人工林红松

红松(*Pinus koraiensis*)是松科松属的常绿乔木,产于中国东北长白山区、吉林山区及小兴安岭爱辉以南海拔 150～1800m,气候温寒、湿润的棕色森林土地带。红松为小兴安岭、张广才岭、长白山区的主要造林树种,又为观赏树。在各间伐强度红松人工林内,红松各营养器官碳储量从大到小依次为干、根、枝、叶(表 4-1),不同间伐强度红松人工林乔木层、草本层、凋落物层及土壤层碳储量均存在差异,乔木层碳储量从大到小依次为弱度间伐区(197.52t/hm²)、中度间伐区(197.10t/hm²)、对照区(184.75t/hm²)、强度间伐区(163.61t/hm²)、极强间伐区(142.30t/hm²);红松人工林内碳储量从大到小依次为乔木层、土壤层、凋落物层、草本层(表 4-2)(杨会侠,2017)。

表 4-1 不同强度间伐区红松人工林累计碳储量

样区	碳储量/(t/hm²)				总碳储量/(t/hm²)	年均累计/(t/hm²)
	干	枝	叶	根		
极强间伐区	96.54	16.11	4.35	25.29	142.29	2.19
强度间伐区	110.29	17.37	4.63	31.32	163.61	2.52
中度间伐区	138.03	18.43	4.88	35.76	197.10	3.03
弱度间伐区	141.32	15.78	4.11	36.31	197.52	3.04
对照区	134.53	12.68	3.25	34.30	184.76	2.84

表 4-2 不同间伐区红松人工林碳储量分配格局

样区	碳储量/(t/hm²)				合计/(t/hm²)
	乔木层	草本层	凋落物层	土壤层	
极强间伐区	142.30	1.45	1.52	111.89	257.16
强度间伐区	163.61	0.89	1.54	91.18	257.22
中度间伐区	197.10	0.61	1.78	151.93	351.42
弱度间伐区	197.52	0.56	1.49	79.54	279.11
对照区	184.75	0.23	1.47	147.18	333.63

4.1.1.4 人工林樟子松

樟子松（*Pinus sylvestris* var. *mongolica*）为松科松属常绿乔木，广泛分布在黑龙江省大兴安岭海拔400~900m的山地及海拉尔以西、以南一带的沙丘地区。樟子松生长较快，材质好，适应性强，是华北地区重要的造林树种。樟子松叶片、树枝、树干和根系生物量与碳储量在年度间变化显著，其中，树干生物量和碳储量的年增长量最大，樟子松生物量和碳储量中叶片、树枝的生物量和碳储量所占比例随着生长年限的增加呈下降趋势，而树干的生物量和碳储量所占比例则呈增加趋势（刘红梅等，2013）。10年间樟子松人工林胸径年平均增长4.19%，树高年平均增长1.97%，林木死亡率8.39%；10年间碳储量为50.6t/hm^2，固碳量年平均增长8.57%。樟子松人工林具有较大的固碳潜力，在评估林分生态效益与固碳潜力时，应充分考虑林分的结构特征。例如，不同径级的林木固碳能力有差异，碳储量年均变化率最大的是15~20cm的林木，增长了11.29%,年均变化率最小的是0~5cm径级的林木,下降了3.12 %（图4-2）（邢娟等，2017）。

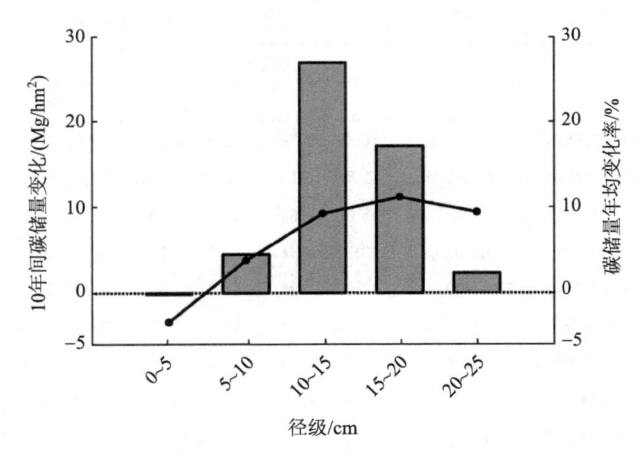

图4-2 10年间不同径级林木碳储量变化和碳储量年均变化率

4.1.1.5 人工林云杉

云杉（*Picea asperata*）别名茂县云杉、茂县杉等，为中国宝贵树种，产于陕西西南部（凤县）、甘肃东部（两当）及白龙江流域、洮河流域、四川岷江流域上游及大小金川流域，稍耐阴，能耐干燥及寒冷的环境条件，生长在海拔2400~3600m地带。云杉树干高大通直，节少，材质略轻柔，纹理直、均匀，结构细致，易加工，具有良好的共鸣性能。可用于建筑、飞机、乐器（钢琴、提琴）、舟车、家具、器具、箱盒、刨制胶合板与薄木及木纤维工业原料等。甘南亚高山不同密度云杉人工林随着林分密度的增加，乔木层、灌木层、枯落物层及林下植被生物量均表现为先增加后减少的变化趋势，而草本层生物量则表现为逐渐减少的趋势，且不同林分密度间差异显著（冯宜明等，2022）。乔木层各器官生物量（表4-3）分配格局在各密度林分均表现为干＞根＞枝＞叶＞皮，树干生物量占据了主导地位，占总生物量的38.58%～43.81%；不同密度云杉人工林乔木层碳含量为487.5～532.5g/kg，中密度（1550株/hm²）碳含量平均值最高，为518.0g/kg；灌木层碳含量为437.49～92.07g/kg，草本层为354.29～427.83g/kg，灌木层、草本层均在低密度（850株/hm²）碳含量最高；土壤层的碳含量为8.25～79.44g/kg，表土层（0～20cm）碳含量在中密度平均值最高，下土层（20～60cm），1350株/hm²显著高于其他林分密度碳含量；云杉人工林生态系统碳含量总体上呈现随林分密度增加先增后减的趋势，密度为1550株/hm²时林分碳含量最高，为381.11t/hm²；碳储量空间分配格局为土壤层（66.51%）＞乔木层（29.57%）＞灌草层和枯落物层（3.92%）。

表4-3 不同密度云杉人工林乔木层的生物量及其分配

林分密度/(株/hm²)	生物量/(t/hm²)					
	干	皮	枝	叶	根	合计
850	64.32±7.18ab	10.15±2.64b	30.49±6.55a	15.90±3.28b	45.85±0.99a	166.72±28.83b
1060	74.29±2.46ab	11.88±0.28ab	32.76±1.21a	17.44±0.82ab	42.76±0.51a	179.12±0.66a
1350	73.55±1.13ab	12.01±0.27ab	33.06±2.16a	18.07±1.30a	45.58±0.49a	182.26±5.35a
1550	86.41±2.40a	13.92±0.38a	33.17±2.03a	17.93±1.1ab	45.78±2.29a	197.23±7.79a
1750	71.63±4.48ab	12.23±0.78ab	33.07±2.72a	19.17±1.66a	42.41±3.51a	178.51±12.49a
2300	61.53±0.78b	10.77±0.10ab	27.66±0.27ab	16.61±0.22b	36.45±0.16b	153.01±0.22bc
3000	55.34±2.07b	9.85±0.37b	20.57±1.58b	12.75±0.96b	28.43±1.86c	126.94±6.78c
850	38.58	6.09	18.29	9.54	27.50	100
1060	41.48	6.63	18.29	9.73	23.87	100
1350	40.35	6.59	18.14	9.91	25.01	100
1550	43.81	7.06	16.82	9.09	23.21	100
1750	40.13	6.85	18.52	10.74	23.76	100
2300	40.21	7.04	18.08	10.85	23.82	100
3000	43.60	7.76	16.21	10.04	22.40	100

注：同列不同小写字母表示不同林分密度间差异显著（$P<0.05$），下同；因数据修约，部分数据之和不为100%。

4.1.2 人工林阔叶树材

4.1.2.1 人工林杨树

杨树人工林为我国利用杨树固碳增汇的主要森林类型,杨树人工林约占全国乔木人工林的 15.9%。杨树人工林碳储量约占全国乔木人工林总碳储量的 3.9%,是我国人工林重要的碳储库。林龄为 20 年的不同密度杨树人工林乔木层碳储量差异较显著,每 667m² 林地内,22 株杨树比 34 株碳储量提高 54.37%;相同立地条件下,杨树与柠条混交比杨树与樟子松混交,生物量提高 18.62%,乔木层碳储量提高 4.87%;杨树人工林不同栽培模式下的总碳储量存在显著差异,其中,杨树人工纯林碳储量为 41.04t/hm²,杨树与樟子松混交林碳储量为 20.607t/hm²,杨树与柠条混交林碳储量为 21.6110t/hm²(鹿行起等,2014)。不同林龄组碳储量为幼龄林>中龄林>成熟林>近熟林>过熟林,分别占总碳储量的 42.0%、23.9%、15.7%、12.2%和 6.3%,其碳密度分别为 18.77t/hm²、29.06t/hm²、30.23t/hm²、28.74t/hm² 和 28.68t/hm²,由此可见,幼、中龄林碳储量占总碳储量的一半以上。各地区杨树林碳储量及碳密度如表 4-4 所示(贾黎明等,2013)。

表 4-4 各地区杨树林碳储量及碳密度

区域	碳储量/Tg 合计	天然林	人工林	碳密度/(t/hm²) 合计	天然林	人工林
总计	261.84	82.62	179.22	25.92	32.65	23.67
内蒙古	71.60	36.15	35.45	24.00	34.60	18.29
河南	24.51	0.00	24.51	26.60	0.00	26.60
山东	22.42	0.00	22.42	25.09	0.00	25.09
黑龙江	38.16	20.28	17.88	31.16	34.53	28.06
江苏	13.22	0.00	13.22	24.86	0.00	24.86
吉林	17.31	6.08	11.23	32.91	46.63	28.39
新疆	16.64	5.53	11.11	36.51	22.59	52.65
河北	9.39	0.03	9.36	21.11	17.06	21.13
辽宁	8.36	0.35	8.01	23.26	36.80	22.89
安徽	7.14	0.00	7.14	20.72	0.00	20.72
甘肃	5.53	1.46	4.07	28.04	28.52	27.87
山西	4.23	0.81	3.42	19.64	18.93	19.81
湖北	3.08	0.00	3.08	15.04	0.00	15.04
北京	1.76	0.22	1.54	25.29	23.85	25.51
陕西	4.94	3.55	1.39	23.75	24.64	21.75

续表

区域	碳储量/Tg 合计	天然林	人工林	碳密度/(t/hm²) 合计	天然林	人工林
青海	1.43	0.36	1.07	34.29	31.06	35.53
贵州	1.11	0.23	0.88	15.74	17.85	15.27
四川	5.98	5.30	0.68	34.25	37.70	20.05
天津	0.68	0.01	0.67	22.99	17.18	23.07
湖南	0.63	0.00	0.63	15.23	0.00	15.23
宁夏	0.65	0.18	0.47	23.64	23.12	23.84
西藏	1.47	1.06	0.41	23.23	21.90	27.59
云南	0.83	0.63	0.20	24.82	22.02	41.63
重庆	0.54	0.39	0.15	21.12	26.97	13.60
上海	0.09	0.00	0.09	18.75	0.00	18.75
浙江	0.07	0.00	0.07	15.14	0.00	15.14

4.1.2.2 人工林桉树

桉树（Eucalyptus spp.）在我国西南部主要分布在两广及云贵川地区，品种有蓝桉（Eucalyptus globulus）、直杆蓝桉（Eucalyptus globulus subsp. maidenii）、柠檬桉（Eucalyptus citriodora）、大叶桉（Eucalyptus robusta）和观叶型铜钱桉5种。速生桉树适应性强，生长迅速；高大挺拔、病虫害少、用途广；主根深扎地下，能大量吸收地下水。桉树是世界人工林的重要组成部分，在木材资源供给和应对气候变化等方面扮演着越来越重要的角色。桉树生长快，且随着桉树生长固碳能力也明显增强，6年生桉树每积累1t干物质，可以固定1.63t CO_2，释放1.19t O_2。

研究发现，桉树高代次纯林连栽存在生态系统生物量、碳储量显著下降的现象，隐藏着巨大的生态环境风险（李朝婷等，2019；Zhou et al.，2020）。桉树纯林（EP）、桉树×红锥混交林（MEC）、桉树×望天树混交林（MEP）生态系统生物量和碳储量分别是 135.78t/hm² 和 154.75t/hm²，155.24t/hm² 和 197.89t/hm²，225.45t/hm² 和 227.37t/hm²。珍贵乡土树种红锥和望天树与桉树混交显著提高了人工林生态系统的生物量和碳储量，混交林生态系统生物量比纯林提高 13.97%～14.33%，而碳储量比纯林提高 13.93%～14.89%。红锥和望天树与桉树混交属于促进（facilitation）或竞争减弱（competitive reduction）的种间相互作用关系，种间竞争小于种内竞争，资源的有效性和利用率提高，因而促进了林分生态系统生物量和碳储量的提高，红锥和望天树与桉树混交可以实现桉树木材生产与其他生态服务的平衡，是一种较好的经营模式（表4-5）（温远光等，2020）。

表 4-5 不同林分生态系统各组分碳储量（平均值±标准差，t/hm²）

林分	乔木层 桉树	乔木层 珍贵树种	灌木层 地上部分	灌木层 地下部分	草本层 地上部分	草本层 地下部分	凋落物层	总生物量	土壤层	生态系统
EP	48.09±11.84a	—	4.28±2.05a	1.61±0.38a	5.21±0.70a	1.26±0.64b	4.04±0.26a	64.50±11.94a	133.39±19.61a	197.89±23.10a
MEC	51.64±9.37a	5.38±1.49**	4.87±2.56a	1.48±0.27a	5.37±0.69ab	0.91±0.53a	3.86±0.42a	73.51±10.22b	151.93±16.10b	225.45±20.44b
MEP	54.90±10.32a	1.24±0.80	4.26±2.36a	1.61±0.37a	5.79±0.55b	1.01±0.16ab	4.60±0.26b	73.41±10.96b	153.96±20.61b	227.37±26.07b

注：不同小写字母表示不同林分同一层次碳储量差异显著（$P<0.05$，$n=18$），**表示珍贵树种碳储量间差异极显著（$P<0.01$，$n=18$），—表示无数据

4.1.2.3 人工林白桦

白桦（*Betula platyphylla*）为落叶乔木，中国大兴安岭、小兴安岭及长白山均有成片纯林，在华北平原和黄土高原山区、西南山地亦为阔叶落叶林及针叶阔叶混交林中的常见树种。如图 4-3 和图 4-4 所示，华北落叶松-白桦混交林混交比例（落桦比）1∶2、1∶3 和 1∶4 时林分土壤碳储量在 6 个轮伐期内呈现上升趋势；混交比例为 2∶1 和 1∶1 时混交林在 6 个轮伐期内土壤碳储量呈下降趋势，且华北落叶松比例越高，土壤退化程度越严重。落桦比为 1∶2 的混交林在 1 个生长周期内碳储量最大，并且这种营林方式也有利于土壤有机碳库的积累。无论是从经济价值的角度还是从改良土壤有机碳库的角度来讲，落桦比为 1∶2 能够积累更多的碳储量（田晓等，2022）。

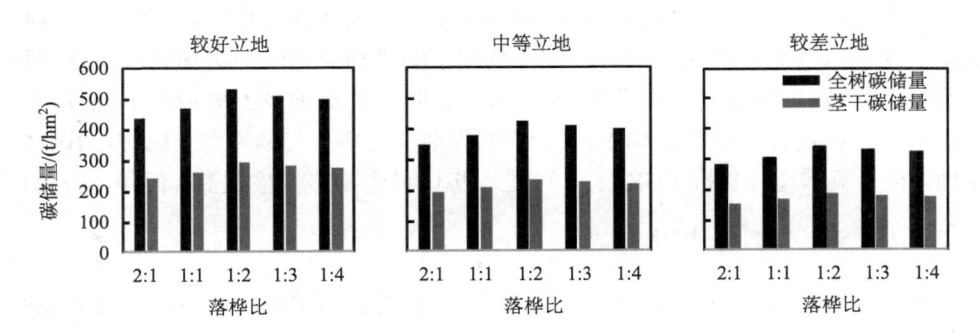

图 4-3 不同立地类型华北落叶松和白桦混交林全树和茎干碳储量

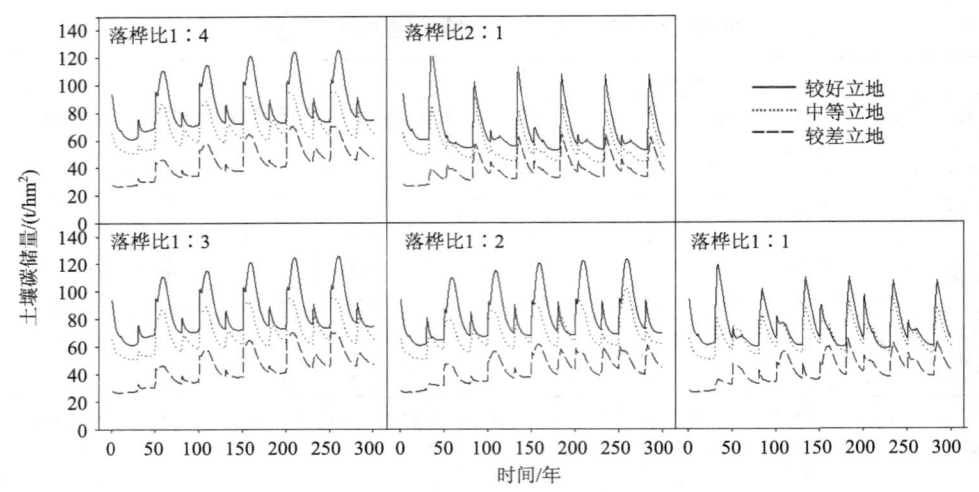

图 4-4 不同立地类型华北落叶松和白桦混交林土壤碳储量 300 年间积累

4.1.2.4 人工林泡桐

泡桐（*Paulownia* spp.）为泡桐科泡桐属树种，属于落叶乔木。在北方地区，兰考泡桐生长最快，其次是楸叶泡桐，毛泡桐生长较慢。泡桐的叶片较大，在温度为 30℃ 的条件下，泡桐叶片的固碳能力较强，可固定 10~12g/m² CO_2，单株泡桐的日固碳程度等级为强，即固碳量大于 500g/d CO_2。泡桐胸径的连年生长量高峰期在造林后的 4~10 年，在生长高峰期进行配方施肥能够实现泡桐人工林的速生丰产，并能够增加叶片对 CO_2 的吸收量，从而增加固碳量（吴立潮等，2010）。白花泡桐在造林 5 年内出现树高连年生长量高峰期，7 年后出现胸径的材积连年生长量高峰期，在造林 4 年或 5 年时适度间伐、改变光照条件、控制林木分化将加速白花泡桐生长，进而增加白花泡桐的连年固碳量（廖万兵等，2005）。目前，英国已经引入杂交泡桐这一树种，并在英国东安格利亚地区的诺福克郡和萨福克郡开展植树造林，杂交泡桐碳汇能力很强，碳吸收量是英国乡土树种的 10 倍左右，在造林项目新造林的植被结构中，约 75% 为杂交泡桐，15% 为乡土树种，10% 为草地，符合英国造林标准（UKFS），可进一步促进生物多样性提高（何璆，2022）。

4.1.2.5 人工林大叶相思

大叶相思（*Acacia auriculiformis*）是豆科相思树属常绿乔木，原产澳大利亚北部及新西兰。中国广东、广西、福建有引种。大叶相思喜温暖潮湿且阳光充足的环境，适宜种植于排水良好的砂质土壤上。由于其速生耐瘠、适应性强、用途广泛，可在丘陵水土流失区和滨海风积沙区大面积推广，成为造林绿化和改良土壤的主要树种之一。大叶相思的固碳量为 108.6t/hm²，研究认为，处于连年生长高峰期的树木的连年固碳量也处于高峰期，具有较高的碳汇价值（贾小容等，2006）。大叶相思等速生树种组成的林分的生产力和固碳能效高于其他处于近熟期的阔叶林（曾曙才等，2003）。大叶相思人工林的土壤碳为 71.49t/hm²，固碳量较少，这是立地条件造成的（李跃林等，2004）。阳坡大叶相思的各项物理力学指标均高于阴坡大叶相思，这是其生活习性所决定的（朱志金，2011）。

4.1.3 人工针阔混交林

混交林是由两个或两个以上树种组成的森林。按照惯例，主要树种以外的其他混交树种，以株数、断面积或材积计，应不少于 20%。混交林可以形成层次多或冠层厚的林分结构，对于提高森林的防护效能和稳定性具有重要作用。

按长白落叶松和水曲柳的栽植行数比选择 4 种不同行状混交比例的林分（类型Ⅰ为 5:3；类型Ⅱ为 6:4；类型Ⅲ为 5:5；类型Ⅳ为 1:1），不同林分类型的乔木层碳储量为 39.86～50.12t/hm²，类型Ⅰ、类型Ⅱ和类型Ⅳ的乔木层碳储量显著高于类型Ⅲ；林下植被层碳储量为 0.10～0.30t/hm²，类型Ⅱ的林下植被层碳储量显著高于其他类型；凋落物层碳储量为 4.43～6.96t/hm²，类型Ⅱ、类型Ⅲ凋落物层碳储量显著高于其他类型；土壤层碳储量为 34.97～54.66t/hm²，类型Ⅱ土壤层碳储量显著高于其他类型。在整个生态系统中，林分类型Ⅰ～Ⅳ的碳储量分别为 90.43t/hm²、108.27t/hm²、85.83t/hm²、89.92t/hm²，类型Ⅱ生态系统碳储量显著高于其他类型。乔木层和土壤层为生态系统主要碳库，分别占生态系统碳储量的 43.3%～55.7%和 38.7%～50.5%，建议在未来的营林造林中，以 6 行长白落叶松和 4 行水曲柳交替种植为宜（闫嘉杰等，2022）。巨尾桉（*Eucalyptus grandis × urophylla*）与大叶栎（*Quercus griffithii*）混交林中的巨尾桉和大叶栎各器官间的生物量、碳含量、单株碳储量均存在极显著差异（$P<0.01$），树干单株生物量和碳储量及树叶碳含量极显著高于其他器官。巨尾桉和大叶栎单株生物量分别为 272.93kg 和 322.61kg，各器官间生物量差异极显著，其中树干单株生物量最大（表4-6）；巨尾桉和大叶栎混交林总生物量为 309.42t/hm²，总生物量主要集中在乔木层，各层次生物量分配格局为乔木层＞半分解凋落物层＞未分解凋落物层＞灌木层＞草本层（表 4-7）。巨尾桉和大叶栎碳储量分别为 463.37～513.59g/kg 和 460.74～504.67g/kg，各器官碳储量排序为树叶＞根桩＞树干＞树枝＞粗根＞树皮＞中根＞细根（表 4-8）。地被层碳含量排序为未分解凋落物层＞灌木层＞草本层＞半分解凋落物层（图 4-5）。巨尾桉和大叶栎的单株碳储量分别为 135.81kg 和 159.68kg，主要集中在树干。混交林植被总碳储量为 153.16t/hm²（表 4-9），其中乔木层、凋落物层、灌木层和草本层碳储量分别为 147.99t/hm²、4.41t/hm²、0.61t/hm² 和 0.14t/hm²，生物量和碳储量主要集中在乔木层（李海奎等，2011），且高于广西桉树（50.08t/hm²）和栎类（98.6t/hm²）成熟林平均碳储量（兰秀等，2019）。

表 4-6 巨尾桉和大叶栎各器官的单株生物量分配特征

层次	器官	单株生物量/kg 巨尾桉	大叶栎	比例/% 巨尾桉	大叶栎
地上部分	树干	198.95±90aA	148.78±10.48aA	72.89	46.12
	树枝	17.53±1.52bB	87.21±5.27bB	6.42	27.03
	树皮	21.70±1.63bB	21.37±2.60cdCD	7.95	6.62
	树叶	6.14±0.74cC	17.95±1.10deCDE	2.25	5.56
	小计	244.32±13.61	275.31±19.45	89.52	85.34
地下部分	根桩	22.28±2.74bB	28.49±2.51cC	8.16	8.83
	粗根	4.28±0.91cC	10.01±0.91eDEF	1.57	3.10
	中根	1.31±0.13cC	7.46±0.46eDEF	0.48	2.31
	细根	0.74±0.10cC	1.34±0.18eDF	0.27	0.42
	小计	28.61±3.88	47.30±4.05	10.48	14.66
合计		272.93±17.48	322.61±23.50	100.00	100.00
F		440.827	276.222		

注：同列不同大、小写字母分别表示处理间差异极显著（$P<0.01$）或显著（$P<0.05$），下同

表 4-7 巨尾桉大叶栎混交林不同层次的生物量分配特征

层次	器官（组分）	生物量/（t/hm²） 巨尾桉	大叶栎	比例/% 巨尾桉	大叶栎
乔木层	树干	142.65±7.10	47.16±3.32	46.10	15.24
	树枝	12.57±1.09	27.65±1.67	4.06	8.93
	树皮	15.56±1.17	6.77±0.72	5.03	2.19
	树叶	4.40±9.76	5.69±0.35	1.42	1.84
	树根	20.51±2.87	14.99±1.29	6.63	4.85
	小计	195.69±12.53	102.27±7.45	63.24	33.05
灌木层		1.34±0.22		0.43	
草本层		0.32±0.07		0.10	
凋落物层	未分解	2.83±0.26		0.91	
	半分解	6.97±0.37		2.25	
	小计	9.80±0.31		3.17	
合计		309.42±20.33		100.00	

表 4-8 巨尾桉大叶栎混交林乔木层碳储量及其分配特征

器官	碳储量/（g/kg） 巨尾桉	大叶栎	单株碳储量 巨尾桉	大叶栎
树干	498.72±0.51bB	497.20±0.36bB	99.22±4.96aA	73.97±5.21aA
树枝	493.82±0.93cC	492.95±0.58cC	8.66±0.75bB	42.99±2.60bB

续表

器官	碳储量/（g/kg）		单株碳储量	
	巨尾桉	大叶栎	巨尾桉	大叶栎
树皮	487.73±1.38eD	485.50±0.93dD	10.58±0.79bB	10.38±1.27cdCD
树叶	513.59±2.00aA	504.67±1.40aA	3.15±0.38cC	9.06±0.55deCDE
根桩	499.80±0.69bB	498.59±0.31bB	11.14±1.36bB	14.21±1.25cC
粗根	490.18±0.72dD	491.09±1.08cC	2.10±0.45cC	4.92±0.45efDEF
中根	476.53±0.42fE	475.01±0.5eE	0.62±0.06cC	3.54±0.22fEF
细根	463.37±0.82gF	460.74±2.00fF	0.34±0.05cC	0.62±0.08fF
平均	497.60±0.74	494.7±0.45	135.81±8.92	159.68±11.76
F	538.179	370.817	640.072	277.090

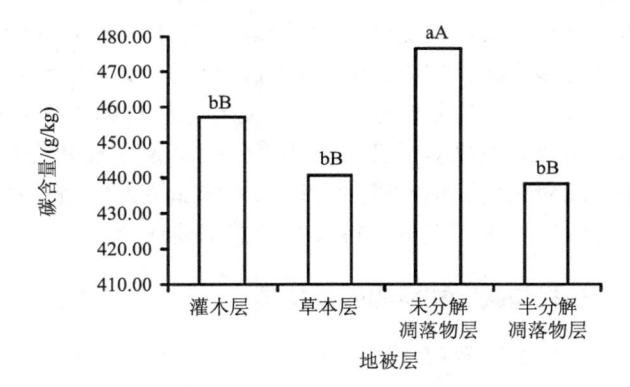

图 4-5　巨尾桉大叶栎混交林地被层碳含量

表 4-9　巨尾桉大叶栎混交林碳储量特征

层次	器官（组分）	碳储量/(t/hm²)		合计/(t/hm²)	比例/%
		巨尾桉	大叶栎		
乔木层	树干	71.14±3.62	23.45±1.67	94.59±5.27	61.76
	树枝	6.21±0.55	13.63±0.84	19.83±1.36	12.95
	树皮	7.59±0.59	3.29±0.39	10.88±0.98	7.10
	树叶	2.26±0.28	2.87±0.18	5.13±0.47	3.35
	树根	10.18±1.39	7.38±0.64	17.56±2.44	11.47
	小计	97.38±6.41	50.62±3.72	147.99±10.12	96.63
灌木层		0.61±0.06			0.40
草木层		0.14±0.12			0.09
凋落物层	未分解	1.35±0.08			0.88
	半分解	3.06±0.19			2.00
合计		153.16±10.00			100.00

混交林年净初级生产力（NPP）为 23.04t/hm²，年净固碳量为 11.50t/hm²，折合成 CO_2 固定量为 46.17t/（hm²·年）。广西西北地区马尾松人工林乔木年净初级生产力 10.83t/hm²、年净固碳量 5.41t/hm²（韦明宝等，2019），而桂西南 3 年巨尾桉年净固碳量 11.92t/hm²（杨卫星等，2017），相比于桉树、栎类纯林，巨尾桉大叶栎混交林碳储量更高。巨尾桉大叶栎混交林具有较高的生物量和碳储量水平，能增加林分生产力水平和碳汇能力，在今后营造碳汇人工林生产实践中宜推广巨尾桉大叶栎混交模式。

杉阔混交林从幼龄林到近熟林乔木层碳储量增加了 64.97t/hm²，土壤碳储量增加了 18.23t/hm²（唐学君等，2019）。在林龄、造林密度、立地条件等相近的情况下，杉阔混交林较杉木纯林的固碳潜力大。杉阔混交林和杉木纯林的林下植被层、凋落物层碳储量差异显著($P<0.05$)，在造林密度相近的情况下，乔木层、林下植被层、凋落物层和土壤层的碳储量均是杉阔混交林高于杉木纯林，杉阔混交林的乔木层碳储量是杉木纯林的 121%～209%；杉阔混交林的土壤碳储量是杉木纯林的 108%～114%；杉阔混交林的总碳储量是杉木纯林的 115%～118%，可见，杉阔混交林在水土保持、生物多样性和土壤养分积累等方面更具优势。通过选择合适的混交树种、混交比例和造林密度可以明显增加植被碳储量和土壤碳储量，杉阔混交林经营是实现杉木人工林可持续经营的重要途径。

4.1.4 人工林针叶树材与阔叶树材固碳量差异

一般来说，人工林阔叶树材的固碳量高于人工林针叶树材，其原因主要有以下几个方面。

1. 叶片

阔叶树一般是双子叶植物，叶片扁平、较宽阔，而针叶树的叶片细长如针，此外，针叶树的叶片外包裹着油脂层，其弱化了水分的蒸腾和有机物的运输转化，因此，阔叶树叶片光合作用和有效率大于针叶树叶片，故 CO_2 的转化率高，即阔叶树的固碳量高于针叶树。此外，阔叶树除部分常绿外，大多数阔叶树的叶片在秋冬会从树枝上脱落，叶片落入林中，经过微生物的分解将碳固定在土壤中；而针叶树大多为常绿树，叶片凋落的生物量明显少于阔叶树，因此，阔叶林的土壤碳含量一般高于针叶林，但也有例外，如大叶相思林等。

2. 密度和材积

木材密度和材积的乘积决定着木材固碳量的多少，通常来讲，人工林阔叶树材的材积大于针叶树材的材积，然而木材密度的差异性明显小于材积的差异性，因此，大多数阔叶树材的固碳量要高于针叶树材的固碳量。

3. 微观构造

水分和养分的运输对树木的生长起着至关重要的作用，针叶树材中水分和养分的运输路径主要是由管胞内腔的具缘纹孔对组成的毛细管体系，另外，纤维方向上的垂直树脂道，木射线方向上的射线管胞的内腔和水平树脂道也是输送路径，人工林针叶树种如落叶松、杉木、云杉等树脂道很少或没有，因此主要的输送路径就是管胞内腔和具缘纹孔对之间的纹孔膜，而纹孔膜的大小、开放程度和有无覆盖物对水分和养分的输送具有重要影响，一般边材的纹孔膜是完全开放的，而心材的纹孔膜通常会有覆盖物，从而影响水分和养分的输送。阔叶树材中水分和养分的输送路径主要是导管，此外还有管胞、导管状管胞等。阔叶树材的导管上有纹孔，所以在纤维方向上水分可以通过纹孔从一个导管进入纵向邻接的另一个导管。横向上，水分可以通过导管壁上的纹孔移动，而导管中的侵填体和纹孔膜上的抽提物是影响水分输送的主要因素，但是人工林阔叶树种如杨树、大叶相思等的侵填体极少，因此水分和养分的输送比较通畅。比较针叶树和阔叶树输送路径的尺寸，阔叶树的输送效率要高于针叶树，因此阔叶树的生长速率一般高于针叶树，所以在相同条件下，阔叶树的生长量要高于针叶树，固碳量也高于针叶树。

4.2 各因素对木材固碳量的影响

4.2.1 气象因子

木材来自于树干，气象因子对固碳量的影响主要是指其对树干生物量的影响。气象因子包括温度、湿度、地温、风向、风速、降水、日照、气压等，其中温度、日照、降水和湿度是主导因子。气象因子对树种传播、萌发、生长、开花和结果，以及森林的组成、演替、分布都有重要影响，同时，森林通过与周围环境的物质能量交换影响并改变森林和周围地区的气象要素结构。

1. 温度

温度是影响树木生长过程的主要气象因子，决定着树木生长的季节性变化，生长季节内某一时期的最高温度、最低温度和平均温度对树木的生长速度、固碳量和生长质量有直接作用。有研究指出，温度对森林植被固碳量的影响大于降水（赵敏和周广胜，2004）。火炬松的平均晚材率与原产地的年均温有着显著的负相关关系，随着年均温的升高，火炬松平均晚材率减小，单位材积的固碳量降低（宋云民和黄永利，1995）。全球性增温环境下，温带红松生长轮宽度的变化与气温指标的年际变化之间很难找出一一对应的关系，夜间增温可能会加快生长轮生长，而生长轮的快速生长将降低木材的密度，若生长轮的增加量大于密度的减小值，则木材的连年固碳量将呈增加趋势（王淼等，1995）。温度与红松管胞径向直径、管胞弦壁厚度和微纤丝倾角呈负相关；与管胞径壁厚度、胞壁率、晚材率和密度呈正相关，说明高温抑制木材材积增加，但能够增加木材的密度，即单位材积的红松固碳量增加，但分析红松连年固碳量的增减还要比较密度增加幅度和材积减小幅度（郭明辉等，2000）。夜晚的温度比白天的温度在控制加拿大香脂冷杉树干径向生长方面更重要（Deslauriers et al.，2003）。挪威云杉总的生长轮宽度和最大密度与某些月份的平均温度呈正相关，生长季节寒冷且时间较短会形成狭窄、低密度的生长轮，而有利的、温暖的条件将会产生较宽的生长轮，并有较高的晚材密度，固碳量也有增加趋势（Gindl et al.，2000）。巴塔哥尼亚南部山毛榉内窄生长轮的形成似乎是对反常的干热春季及随后湿热的夏季后期的响应，是生长季节里不利的温度状况对木材生长滞后影响的反应（Masiokas and Villalba，2004）。温度是影响落叶松和欧洲赤松木质部初步形成、径向细胞扩展及生物量积累的主要因素，然而这种影响的程度在细胞生成的各个阶段是不相同的，尤其是夜间温度通过影响形成层和细胞壁生长对木质部细胞形成的影响（Antonova and Stasova，2004）。阿尔泰山落叶松林的碳密度与气温呈正相关（罗磊等，2019）；秦岭油松和华山松、北京油松天然林乔木层生物量增量与生长季温度呈正相关（杨凤萍等，2014；成泽虎等，2016）。也有研究发现，木材碳密度年增量与生长季温度呈负相关，如樟子松人工林碳密度年增量与5~10月的月均气温、月均最低温和月均最高温均呈负相关（曹恭祥等，2020）。

2. 日照

日照为树木的光合作用提供条件，提供其同化力所需的能量，活化参与光合作用的关键酶，通过形态建成、控制植物的生长发育，一般认为日照的增加可以促进光合作用，有利于生物量积累，但日照强度过高会导致生物量积累下降。树木对日照的需求因其生态习性的差异而有所不同，喜光树种在强日照下光合速率较高，生长健壮，根系发达，固碳量也较高；而耐阴树种则在适度的遮阴下生长较快，光合速率较高，固碳量较高，反之则偏低（迟伟等，2001）。遮阴在一定程度上会抑制旱柳根系的生长，从而降低生物量的积累，减少固碳量。Kubo（1993）在研究日本柳杉时发现，低光强会明显抑制管胞径向生长及管胞长度的增加，从而降低其连年固碳量。郭明辉（1996）在红松材性与气象因子的关系研究中得出，红松径向直径与日照呈显著正相关；胞壁率与日照呈负相关；微纤丝角与日照时数、日照百分率呈正相关；生长速率和生长轮宽度的主要促进因子包括日照时数。

邹桂霞（2000）等研究了三北地区杨树速生林材积生长量与气象因子间的关系，认为光照对杨树速生林材积生长量的影响仅次于水分因子。Lamlom 和 Savidge（2006）研究发现，黑杉和美国白松在光照充足的生长环境下木材固碳量和含碳率均比光照少的生长环境中的高。孙谷畴等（2001）研究了不同日照强度下生长的厚叶木莲，发现在中等强度的日照下，叶片的光能转换效率较高，即中等强度的日照最适宜厚叶木莲的培育。孙祥文等（2005）研究发现，小于 10 年生的红松在相对照度 51%~90%的条件下，树高年生长量最大，更新后 15 年内，树高、胸径和单株生物量变化趋势基本相同，都随着相对照度的增加而增大，说明保障日照强度的适当间伐将有利于红松的固碳。

3. 降水

降水也是影响树木生长过程重要的气象因子，一般来说，干旱地区，增加降水会促进树木生长；非干旱地区，过度降水会抑制树木生长（费本华和阮锡根，2001）。宋云民和黄永利（1995）对火炬松种源基本密度与原产地气候进行的相关分析表明，年降水量显著影响着木材基本密度，随着年降水量的增大，火炬松种源基本密度有着明显的增大趋势，即单位材积的固碳量有增加趋势。Oberhuber 等（1998）研究了处在干旱土壤中的欧洲松的生长与气候的关系，得出生长轮宽度与一些月份的强降水显著相关。Wang 等（2019）研究了华南地区森林固碳量在气象因子影响下的变化情况，发现固碳速率与年降水量呈正相关。费本华和阮锡根（2001）对北京地区银杏进行的研究得出，降低 4 月降水量，并增加 8 月的降水量将显著提高北京银杏的固碳量。可见，降水因子在不同生长期内对树木固碳量的影响效果不同，降水可以促进树木生长增加固碳量，但过量降水又会对生长起到抑制作用，从而降低固碳量。

4. 湿度

不同的树种对湿度的适应性不一样，但是自然条件下湿度很难准确控制。郭明辉（1996）在对红松的研究中得出，相对湿度与管胞长度、管胞壁厚度呈微弱的负相关，与胞壁率、晚材率呈负相关，与管胞径向直径、管胞弦壁厚度呈显著正相关；相对湿度是管胞弦壁厚度、生长速率、生长轮宽度的主要促进因子，是胞壁率的主要限制因子，说明湿度越大红松单位材积的固碳量越少，但材积的增大预示单株红松的连年固碳量可能增加。刘淑明等（1998）在干旱条件下灌水对树木生长的影响的研究中得出，干旱条件下，灌水可以促进树木直径和高度增长。通过灌水使树木叶面积增大，制造更多的有机物，增加生物量的累积，从而提高固碳量。杨建民等（1992）对江娅水库淹没区古大树内部构造及生长状况的研究得出，生长条件好，水分充沛，气候适宜，其生长期较长，年轮较宽，其中，柏木早晚材之比达 8∶1，而当地的枫杨等速生树，早晚材之比达 10∶1 以上，柏木、马尾松、栗等树的年轮宽度也均比武汉同种树年轮稍宽，这充分证明当地（淹没区）自然环境十分有利于这些树种的生长。所以，湿度是树木生长的促进因子，湿度越大，生长轮宽度越大，胞壁率、晚材率越小，若生物量累积增加量的比率高于胞壁率的减小比率，则固碳量呈增加趋势。

4.2.1.1 气象因子对木材固碳量的影响

表 4-10 和表 4-11 分别为红松及大青杨的取样条件。方正林区地处中纬度，属于温带大陆性气候，地形复杂，小气候明显，春季风大雨小，夏季高温多雨，秋季冷霜较早，冬季低温干燥。凉水林区为典型的低山丘陵地貌，地处欧亚大陆东缘，具有明显的温带大陆性季风气候特征，春天来得较晚，降水少且风大；夏季短暂，气温较高，降雨集中；秋季降温急剧，常出现早霜；冬季漫长，干燥多风雪，年平均气温–0.3℃，年平均降水量 676.0mm，年平均相对湿度 78%，无霜期 100～120d。老山林区的气候特征与凉水相似，其年平均气温 2.4℃，最高气温 34℃，最低气温–40℃，无霜期 125d 左右，年平均降水量 700mm。

表 4-10 不同取样地点红松取样条件

取样地点	株数/株	树龄/年	平均树高/m	平均胸径/cm	枝下高/m	坡向	坡位	株行距/m	土壤
老山	3	27	11.6	25.16	4.4	阳坡	坡中	2.0×2.0	白浆化暗土壤
凉水	3	33	14.37	19.8	6.8	半阳坡	坡中下	1.5×1.5	白浆化暗土壤
方正	3	21	9.6	17.83	4.0	半阳坡	平坡	1.5×2.0	白浆化暗土壤

表 4-11 大青杨取样条件

编号	株数/株	平均树高/m	平均胸径/cm	枝下高/m	坡向	坡位	株行距/m	土壤
D1	3	22.80	34.1	13.42	阳坡	坡上	4.0×4.0	白浆土
D2	3	22.15	21.0	19.7	阳坡	坡上	3.0×3.0	白浆土

4.2.1.2 日照时数与人工林木材固碳量的关系

方正林区人工林红松木材的晚材连年固碳量与 1 月的日照时数呈显著正相关关系，而与 6 月、7 月和 10 月的日照时数呈显著负相关关系。此外，9 月和 12 月的日照时数对晚材连年固碳量也有一定的影响。凉水林区人工林红松木材早材连年固碳量与日照时数无明显相关关系，3月和10月的日照时数对晚材连年固碳量有一定的影响，但不显著，连年固碳量与日照时数也无明显相关关系。老山林区，12月的日照时数对早材连年固碳量有一定的影响，4月日照时数对晚材连年固碳量有一定的影响，但均不显著；而连年固碳量则与日照时数无相关性。因此，若想提高方正林区人工林红松固碳量，应延长1月的日照时数，并在6月、7月和10月采取适当的遮阴措施，从而对人工林红松起到保护的作用。

大青杨连年固碳量随林龄的增加而增大，成材后固碳量趋于稳定，根据研究结果可知，D1的连年固碳量与日照时数无显著相关关系，但是1月的日照时数对其具有显著性影响，1月处于冬季末期，大青杨仍处于休眠期，日照时数的增加不利于碳的固定。D2的连年固碳量与日照时数具有显著相关关系，且1月的日照时数与固碳量具有显著负相关关系。

4.2.1.3　平均气温与人工林木材固碳量的关系

方正林区的人工林红松木材的固碳量与月平均气温无显著相关关系。凉水林区的人工林红松木材的晚材连年固碳量与1月和5月的平均气温具有显著正相关关系，说明在1月和5月适当提高环境温度有利于人工林红松晚材固碳量的增加，此外，7月的平均气温对早材连年固碳量有一定的影响，但是不显著。老山林区人工林红松木材早材连年固碳量与7月平均气温具有显著正相关关系，而与12月平均气温具有显著负相关关系，同样，连年固碳量也与7月平均气温具有显著正相关关系，而与12月平均气温具有显著负相关关系，此外，6月和12月的平均气温对晚材连年固碳量有一定的影响，但是影响不显著。

大青杨D1的连年固碳量与7月平均气温具有极显著相关关系，3月和5月的平均气温对连年固碳量也具有一定的影响，但是影响不显著；D2的连年固碳量与9月平均气温具有显著正相关关系，同时1月的平均气温对其也有一定的影响，只是影响不显著。

4.2.1.4　平均地温与人工林木材固碳量的关系

方正林区人工林红松早材连年固碳量与平均地温无显著相关关系，晚材连年固碳量仅与6月的平均地温具有显著负相关关系。凉水林区的早材连年固碳量和连年固碳量与7月平均地温具有显著负相关关系，而晚材连年固碳量与平均地温无显著相关关系。老山林区的人工林红松早材连年固碳量与7月平均地温具有显著正相关关系，与11月和12月平均地温具有显著负相关关系，晚材连年固碳量与月平均地温无显著相关关系，连年固碳量与7月平均地温呈显著正相关关系，而与12月平均地温呈极显著负相关关系。

大青杨D1和D2的连年固碳量与月平均地温均无显著相关关系，但是5月、

6月和7月平均地温对D1的连年固碳量有一定的影响,而3月平均地温对D2的连年固碳量有一定的影响。

4.2.1.5 相对湿度与人工林木材固碳量的关系

方正林区人工林红松早材连年固碳量和连年固碳量与相对湿度均具有显著相关关系,而晚材连年固碳量与其无显著相关关系,1月、6月和11月的相对湿度与早材连年固碳量具有极显著相关关系,4月、5月和9月的相对湿度与早材连年固碳量具有显著相关关系,同时,2月相对湿度对早材连年固碳量也具有一定的影响;10月相对湿度与晚材连年固碳量具有显著相关关系,且7月相对湿度对晚材连年固碳量也具有一定的影响;1月和11月相对湿度与连年固碳量具有极显著相关关系,2月、6月和9月相对湿度与连年固碳量具有显著相关关系,且4月和5月相对湿度对连年固碳量也具有一定的影响,但是没有达到显著性。凉水林区人工林红松早材连年固碳量、晚材连年固碳量和连年固碳量与相对湿度均无显著相关关系,但12月相对湿度对晚材连年固碳量具有一定的影响。老山林区人工林红松早材连年固碳量和连年固碳量与相对湿度均无显著相关关系,而晚材连年固碳量与其有显著相关关系,2月和4月相对湿度与晚材连年固碳量具有极显著相关关系,3月相对湿度与晚材连年固碳量具有显著相关关系。

大青杨D1的连年固碳量与相对湿度无显著相关关系,但8月相对湿度对连年固碳量具有一定的影响。D2的连年固碳量与相对湿度具有显著相关性,其中,2月相对湿度与连年固碳量具有显著相关关系,而3月、4月、8月和11月的相对湿度也对连年固碳量具有一定的影响。

4.2.1.6 降水量与人工林木材固碳量的关系

方正林区人工林红松固碳量与降水量均无显著相关关系,但10月降水量与晚材连年固碳量具有显著相关关系。凉水林区人工林红松早材连年固碳量和连年固碳量均与降水量具有显著相关关系,而晚材连年固碳量与其无显著相关关系,1月和4月降水量与早材连年固碳量有显著相关关系,且3月降水量对早材连年固碳量有一定的影响,而1月、3月和4月的降水量对连年固碳量具有一定的影响,但是影响不显著。老山林区人工林红松固碳量与降水量均无显著相关关系,但1月降水量对早材连年固碳量和连年固碳量具有一定的影响。

除1月外,人工林大青杨D1的连年固碳量与降水量无显著相关关系,D2的连年固碳量与降水量没有显著相关关系,其中2月降水量对连年固碳量有一定的影响,但是影响不显著。

4.2.1.7 气象因子交互作用与人工林红松木材固碳量的关系

1）方正林区

1月降水量对早材连年固碳量和连年固碳量具有显著性影响，而日照时数、平均气温和地面温度与晚材连年固碳量具有显著相关关系；2月和3月的气象因子对固碳量均无显著影响；4月降水量与晚材连年固碳量具有显著相关关系，地面温度对早材连年固碳量和连年固碳量具有极显著性影响；5月、6月、7月、8月和9月的气象因子均与固碳量无显著相关关系；10月的平均气温对连年固碳量具有显著影响，对早材连年固碳量具有一定的影响，地面温度对连年固碳量有一定的影响，同时，相对湿度对早材连年固碳量和连年固碳量也具有一定的影响；11月的降水量对晚材连年固碳量具有显著影响，相对湿度对其也有一定的影响；12月的日照时数与早材连年固碳量和连年固碳量具有显著相关关系，相对湿度与晚材连年固碳量具有极显著相关关系，且地面温度和平均气温对晚材连年固碳量也具有一定的影响。

2）凉水林区

1月平均气温与晚材连年固碳量具有显著相关关系，且地面温度对晚材连年固碳量也具有一定的影响；2月日照时数和相对湿度与早材连年固碳量和连年固碳量均有显著相关关系，而晚材连年固碳量与气象因子无显著相关关系；3月和4月的气象因子与固碳量均无显著相关关系，5月的气象因子虽与固碳量也无显著相关关系，但降水量对连年固碳量具有一定的影响；6月日照时数与晚材连年固碳量具有显著相关关系，地面温度与晚材连年固碳量具有极显著相关关系，且降水量也对晚材连年固碳量有一定的影响；7月气象因子对固碳量均无显著影响；8月日照时数与早材连年固碳量和连年固碳量具有显著相关关系，相对湿度与早材连年固碳量和连年固碳量具有极显著相关关系；9月的相对湿度与早材连年固碳量和连年固碳量具有显著相关关系；10月相对湿度和降水量均与早材连年固碳量有极显著相关关系，且连年固碳量与相对湿度极显著相关，与降水量显著相关；11月和12月的气象因子均与固碳量无显著相关性。

3）老山林区

1月降水量与早材连年固碳量和连年固碳量具有显著相关关系；2月日照时数与早材连年固碳量和连年固碳量具有显著相关关系，同时相对湿度对连年固碳量也有一定的影响；3月、4月和5月的气象因子均与固碳量无显著相关性；6月气象因子也与固碳量无显著相关性，但降水量对早材连年固碳量和连年固碳量具有一定的影响；7月和8月的气象因子也与固碳量无显著相关性；9月相对湿度与连年固碳量具有显著相关关系；10月地面温度与早材连年固碳量具有显著相关关系，平均气温与晚材连年固碳量具有显著相关关系，且平均气温、地面温度、相对湿度和降水量均与连年固碳量具有显著相关性。11月降水量与早材连年固碳量具有显著相关关系，且对连年固碳量具有一定的影响；12月气象因子与固碳量无显著相关性。

4.2.1.8　气象因子交互作用与人工林大青杨木材固碳量的关系

1）D1

1月降水量对连年固碳量有显著影响，且日照时数和地面温度对其也有一定的影响；2月仅降水量与连年固碳量具有显著相关性；3月、4月、5月和6月气象因子对连年固碳量均无显著性影响；7月连年固碳量与平均气温具有显著相关性；8月和9月气象因子与连年固碳量也均无显著相关性；10月连年固碳量则在一定程度上受到相对湿度的影响，但是没有达到显著性；11月地面温度与连年固碳量有显著相关性，且受到平均气温的影响；12月的连年固碳量仅受到降水量的一定影响，但影响不显著。

2）D2

1月日照时数与连年固碳量具有极显著相关性，降水量与其也有显著相关性；2月降水量与连年固碳量具极显著相关性，地面温度和相对湿度对其有一定的影响；3月地面温度与连年固碳量具有极显著相关性，平均气温对其有一定的影响；4月地面温度与连年固碳量具有显著相关关系，日照时数对其有一定的影响；5月平均气温和相对湿度与连年固碳量具有极显著性相关关系，日照时数与其则具有显著相关关系；6月相对湿度与连年固碳量有极显著相关性；7月气象因子与连年固碳量无显著相关性；8月和9月平均气温与连年固碳量有极显著相关性；10月平均气温和相对湿度与连年固碳量有高度相关性，地面温度与其有显著相关性，日照时数对其有一定的影响；11月仅相对湿度对连年固碳量有一定的影响；12月的地面温度与连年固碳量高度相关。

4.2.2　立地条件

立地条件影响着树木的生长发育、形态和生理活动，其包括地貌、气候、土壤、水文和生物等各种外部条件，较好的立地条件将有助于提高森林生产力。目前，世界各国都已将立地条件放在森林培育的重要位置，其中，地理位置、地形因子、土壤条件、林分类型对树木的影响较大，本节主要分析这几项立地条件对木材固碳量的影响。

4.2.2.1　地理位置

不同地理位置生长的树木在物理化学特征等方面均存在较大差异，从全球森林生态系统碳储量分布特征来看，森林植被的碳密度随纬度的升高而降低，全球低纬度热带森林植被的碳储量最高,达 202~461Gt C,占全球森林地上部分碳储量的 44%~60%,其次是高纬度地区的北方森林,达 88~108Gt C,占全球森林地上部分碳储量的 21%~28%,中纬度地区的温带森林植被碳储量达 59~174Gt C,占全球森林地上部分碳储量的 14%~22%(German Advisory Council on Global Change, 1998)。全球森林生态系统碳储量及固碳能力的估算方法有很多,不同的估算方法和不同的空间尺度对结果会产生一定的影响,因此在评述森林碳储量及固碳能力时必须明确(刘魏魏等,2015)。对孟加拉国吉大港林区树木有机碳储量和不同地理位置的森林有机碳流量的研究表明,在 22°N 和 92°E 地区,树木有机碳储量最高($142.7t/hm^2$);而在 21°50′N 和 92°2.5′E 地区,树木有机碳储量最低(Alamgir and Al-Amin, 2007)。我国森林生态系统碳储量与北半球其他国家和地区相比,森林碳汇作用较低,总碳库为 28.12Gt C,其中,土壤碳库为 21.02Gt C,占总量的 74.8%,植被碳库为 6.20Gt C,占总量的 22.0%,凋落物层碳库为 0.892 Gt C,占总量的 3.2%,平均碳密度为 $258.83Mg C/hm^2$(刘华和雷瑞德,2005;蒋有绪,1995)。中国森林植被碳库主要集中在东北和西南地区,占全国森林植被碳库总量的一半以上,而人口密度较大的华东、中南、西北和华北地区森林植被碳库相对较小,其原因在于东北和西南地区森林大多是生物量碳密度较高的亚高山针叶林,而其他地区受人类活动影响以碳密度较低的人工林为主要碳库(徐新良等,2007)。除此之外,在 1999~2050 年,中国各地区退耕还林工程的固碳量由于地理位置的不同而有所区别(图 4-6)(吴普侠等,2022)。

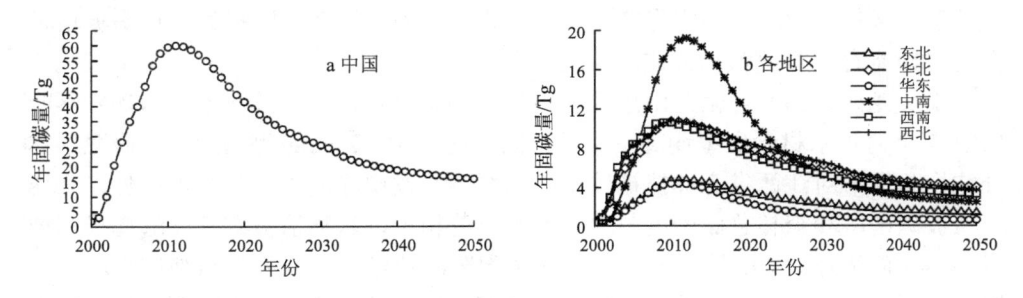

图 4-6 中国及各地区退耕还林工程年固碳量

以人工林红松为例,分析地理位置与木材固碳量之间的关系,红松取样条件如表 4-10 所示。对比不同地理位置的早材连年固碳量,方正林区的平均值近乎为凉水林区的 2 倍多,而凉水林区的早材连年固碳量稍高于老山林区,固碳量的多少取决于地理位置、立地条件、气象因子、培育措施等综合条件,方正林区的早材固碳量逐年增加,增加趋势明显,凉水林区的早材固碳量有逐渐递减的趋势,老山林区的早材固碳量则呈现缓慢增长的态势,但从早材固碳量分析,方正地区更适宜人工林红松的生长培育。对比不同地理位置的晚材连年固碳量,各林区晚材连年固碳量的平均值均小于早材连年固碳量，总体来看，老山林区和凉水林区的晚材连年固碳量均较低（<1），且最大值也均不超过 2。不同地理位置的连年固碳量为方正林区＞凉水林区＞老山林区，方正林区和老山林区的连年固碳量呈逐渐递增的趋势，而凉水林区的连年固碳量在 11 年后出现缓慢递减的趋势。在 15 年后，老山林区的连年固碳量高于凉水林区的连年固碳量，如若以此发展来看，方正林区最适宜人工林红松的培育，其次为老山林区，最后为凉水林区。

4.2.2.2 地形因子

地形对于森林是一个间接生态因子，可通过改变气候、光照等外界条件而影响森林植被的生长，我国现有森林植被大多分布在地形起伏变化较大的高山地带，因此，研究地形变化与森林植被固碳量的关系显得非常重要。地形可不同程度地影响大气环流和气团的进退，使热量、水分、风等主要气象因子根据地形结构重新分配，以至于对植被生长和农林产业结构产生巨大影响。我国地处季风气候区，东西走向的山脉能阻止暖气团北上和冷气团南侵，在阴坡，冷气团受阻而聚积，在阳坡，暖气团被抬升冷却致雨，从而形成阴坡干冷阳坡湿热的不同气候，这种差异性影响则在植被特征中得以体现。俞艳霞等（2008）研究发现，上坡的水热条件较优，且受到的人为活动影响最小，因此森林碳密度最高，其次是下坡、中坡和山谷，而碳密度最低的是山脊，主要是土壤贫瘠、水热条件差和昼夜温差较大所致；坡向碳密度分布研究结果则显示阴坡＞半阴坡＞半阳坡＞阳坡＞无坡向，这是研究区优势树种的半阴生特性所致，说明在阳坡培育喜阳树种，在阴坡培育喜阴树种能有效发挥森林植被的碳汇能力。

于文龙（2013）对帽儿山地区的主要树种研究发现，生长在阳坡的兴安落叶松等 4 个树种木材含碳率均高于生长在阴坡的树种。Zhang 等（2021）研究了林分结构和地形对江西省森林植被碳密度的影响，发现除灌木层和草本层外，其他层植被碳密度和森林总碳密度与地形因子显著相关，森林植被碳密度随海拔和坡度的增加而增加。Wu 等（2013）研究了鄱阳湖流域主要森林的植被碳密度，也发现不同坡向和海拔的植被碳密度差异显著，且随坡度和海拔升高而增加。李娜和黄从德（2008）研究发现，针叶林和阔叶林的碳储量主要分布在陡坡与急坡上，并以针叶林为主体。森林植被碳储量大小随坡度变化为陡坡＞急坡＞斜坡＞缓坡＞险坡＞平坡，其原因在于不同坡度接收的单位面积太阳能辐射量不同、土壤和水分流失量不同、人为活动干扰程度不同等。森林植被碳储量因坡向变化的程度没有因海拔和坡度变化的程度显著，不同坡向森林植被碳储量的差异性与植被面积、日照时数和平均气温有关（李娜和黄从德，2008）。

本节以人工林红松为例，分析坡向和坡位对固碳量的影响，红松取样条件如表 4-12 所示。对比不同坡向的红松早材连年固碳量发现，阳坡的变化规律明显，阳坡和阴坡的红松早材连年固碳量差异性较大。对比不同坡向的红松晚材连年固碳量发现，红松晚材连年固碳量的变异性受坡向影响不显著。对比不同坡向的红松连年固碳量发现，红松连年固碳量的变异性受坡向影响显著。阳坡红松短期内（<10 年）固定的碳稍大于阴坡在短期内的固碳量，因此阳坡适宜经营红松能源林，即短期轮伐林，以达到短期高固碳高利用的经营目的，而阴坡适宜经营碳汇林，即长期轮伐林，以达到固碳目的。

表 4-12　不同坡向和坡位的红松取样条件

地形因子	株数/株	树龄/年	平均树高/m	平均胸径/cm	枝下高/m	坡向	坡位	株行距/m	土壤
坡向	3	28	11.4	21.33	6.8	阳坡	坡中下	1.5×1.5	白浆化暗棕土
	3	35	12.4	20.08	4.4	阴坡	坡下	1.5×2.0	白浆土
坡位	3	33	13.3	21.97	7.3	阳坡	坡上	1.5×1.5	白浆化暗棕土
	3	34	11.4	15.92	8.2	阳坡	坡下	1.5×1.5	白浆土

分析不同坡位红松早材连年固碳量发现，坡上早材连年固碳量的平均值、最大值和最小值均高于坡下，坡位对早材连年固碳量的变异性具有一定的影响，但不显著。分析不同坡位红松晚材连年固碳量，同样发现，坡上晚材连年固碳量的平均值、最大值和最小值也均高于坡下，坡位对红松晚材连年固碳量的变异性影响不显著。分析不同坡位的红松连年固碳量发现，坡上连年固碳量的平均值、最大值和最小值也均高于坡下，但坡位对红松连年固碳量的变异性无显著性影响。总体来看，坡上的红松早材连年固碳量、晚材连年固碳量和连年固碳量均高于坡下，这主要是因为坡上受到的人为活动影响小于坡下。因此，结合坡向的分析结果，人工林红松轮伐期的长短应为阳坡坡上＞阳坡坡下＞阴坡坡上＞阴坡坡下，阴坡坡下的轮伐期虽然最短，但考虑到林木采伐时的碳流失情况，其轮伐期不应小于 10 年，否则，阴坡坡下的人工林红松易由碳汇变为碳源，至少要保证短期轮伐林的碳收支平衡，争取少量固碳，应绝对避免连续累积流失碳，其不仅包括植被中固定的碳，还包括土壤碳。

4.2.2.3　土壤条件

不同的树种对土壤养分的需求存在差异性，土壤与树木是相互依存的关系，树木通过改变群落的光热环境来影响土壤的发育，同时树木的根系和枯枝落叶回归土壤参与成土过程，而土壤为树木提供生长所必需的矿物质和水分等，土壤的肥瘦程度对树木材质的影响极为重大。有研究表明，植被凋落物与土壤有机质含量的变化相一致，也就是说，植被凋落物越多，土壤的养分越充足，而植被的凋落物以树叶为主体，凋落物越多，说明树叶越多，则光合作用越充分，累积的固碳量越多，从而形成良性循环，因此，阔叶树材受土壤条件的影响较大。土壤中养分元素的循环利用是森林生态系统的主要生产过程之一，养分元素循环与平衡直接影响着森林生产力的高低，并关系到森林生态系统的稳定和持续。土壤与植被固碳量关系的研究对指导森林培育、调节和改善限制因素、提高森林植被生产力具有重大意义。英国学者认为，高大乔木在长期的生存竞争机制下，确立了它们在贫瘠土地及农业环境中的生存地位，它们以独特的体内养分再分配和储备机制，形成了完善的养分循环利用方式。一般来说，在一个轮伐周期内，林木通过根系吸收的养分，只是其一生中累计利用养分总量的五分之一，并在树冠郁闭之后，根系对养分的吸收量迅速下降。

此外，木材中氮、磷等元素的浓度远低于树叶中的浓度，即表明木材蓄积量的增长并非需要消耗等比例数量的氮和磷。适宜的施肥量可以提高杉木人工林土壤有机碳储量，过量会造成土壤"氮饱和"，氮磷肥同施对提高杉木人工林的碳固存有显著作用。树木的养分循环包括内循环和外循环，内循环的一部分养分可再度被根系吸收而返回树木，而对于冬季落叶林木而言，落叶带走的养分占外循环的绝大比重，这部分养分的再利用率则取决于元素种类、环境条件、凋落物性质和生态系统的复杂程度等（沈善敏等，1992；沈善敏等，1993；Bhattacharyya et al.，1998；Binkley and Resh，1999；李明华等，2019）。本节以人工林红松和大青杨为例，分析不同土壤条件下固碳量的变化情况，表 4-13 为人工林红松和大青杨的取样条件。

表 4-13　人工林红松和大青杨的取样条件

树种	株数/株	树龄/年	平均树高/m	平均胸径/cm	枝下高/m	坡向	坡位	株行距/m	土壤
红松	3	32	11.4	19.11	4.3	半阳坡	坡下	1.5×2.0	白浆化暗棕土
	3	35	12.4	20.08	4.4	阴坡	坡下	1.5×2.0	白浆土
大青杨	3	45	20.5	26.10	14.9	阳坡	平坡	3.0×3.0	草甸白浆土
	3	46	21.2	21.00	19.7	阳坡	坡上	3.0×3.0	白浆土

对比分析不同土壤条件下红松早材连年固碳量发现，土壤条件对早材连年固碳量的变异性不具有显著影响。对比分析不同土壤条件下的晚材连年固碳量发现，土壤条件对晚材连年固碳量的变异性无显著影响。对比不同土壤条件下的连年固碳量发现，土壤条件对连年固碳量的变异性具有显著影响。总体评价，白浆土和白浆化暗棕土均可满足红松生长的养分需求，两者对红松早材连年固碳量、晚材连年固碳量和连年固碳量均无显著影响，但对于特殊情况需特殊对待，如发生人

为活动干扰、自然灾害和火灾等对森林植被具有破坏性影响的情况。

土壤条件对人工林大青杨木材固碳量的变化趋势无显著影响，但对固碳量的多少有一定的影响。草甸白浆土更利于大青杨发挥固碳增汇的作用，根据固碳量的变异情况，建议轮伐期设定在 20~30 年。

4.2.2.4 林分类型

林分类型对林木的生长具有重要的影响，一般来说，纯林的郁闭度大，透光系数小，易导致林下灌木层和草本层稀少，多为单层结构，增强了林木间的生长竞争，降低了林木生产力；而混交林的林层结构复杂，透光系数相对较大，从而利于提高林木生产力，但其同样存在竞争生长问题，可通过间伐等有效手段来调整。研究发现，亚寒带的白杨和针叶树混交林比纯白杨林分具有更高的固碳率（Reinikainen et al., 2014）。42 年生的生态系统林分碳密度比 20 年生的生态系统林分碳密度大一半多，这表明越是成熟稳定的林分，碳密度越大，在 42 年生红松人工林生态系统类型中，白桦红松林、蒙古栎红松混交林的碳密度均高于红松人工纯林，其中，蒙古栎红松混交林碳密度最高。20 年生红松林中，混交林碳密度均大于红松人工纯林，同样，蒙古栎红松混交林的碳密度最高，这是因为混交林是多层结构群落，透光系数大，林地生物量相对较高，所以碳密度相对较高。

本节以人工林红松为例，分析红松纯林、红松白桦混交林和三株一丛红松林的固碳量变异情况，从而为森林培育提供技术参考，表 4-14 为人工林红松取样条件。

表 4-14 不同林分类型的红松人工林取样条件

林分类型	株数/株	树龄/年	平均树高/m	平均胸径/cm	枝下高/m	坡向	坡位	株行距/m	土壤
红松纯林	3	28	11.4	21.33	6.8	阳坡	坡中	1.5×1.5	白浆化暗棕土
红松白桦混交林	3	33	13.3	23.57	5.5	阳坡	坡上	3×2	白浆土
三株一丛红松林	3	25	12.1	19.43	3.8	阳坡	坡中		白浆化暗棕土

注：三株一丛指分出主客，较前的一株是主树，较后的两株是客树，主树若斜时客树应直，但主树直时客树却不可斜

根据不同林分类型人工林红松木材固碳量测定结果，不同林分类型早材连年固碳量，红松纯林和三株一丛红松林的变异趋势较相似，红松纯林和红松白桦混交林与早材连年固碳量均无显著相关性，而三株一丛红松林与其具有一定的相关

性。对比不同林分类型的晚材连年固碳量发现，红松白桦混交林的晚材连年固碳量显著增加，这主要是由林木蓄积量的增加造成的。红松纯林和三株一丛红松林与晚材连年固碳量无显著相关关系，而红松白桦混交林与晚材连年固碳量具有极显著相关性。对比不同林分类型的连年固碳量发现，红松纯林和三株一丛红松林与连年固碳量无显著相关性，红松白桦混交林与连年固碳量具有极显著相关性。对于经营培育短期轮伐经济林应优先考虑红松纯林，其轮伐期可设计为 12～16 年，而红松白桦混交林则适宜培育长期轮伐碳汇林，但需要注意的是在 20 年时需对林木结构进行科学的调整，以防止因竞争生长降低林木生产力，对于三株一丛红松林，可根据林地情况选择性培育，但仅适合培育短期轮伐经济林，且轮伐期应在 11～14 年。

4.2.3 培育措施

森林培育措施包括初植密度、抚育间伐和修枝等，也是影响木材碳汇的重要因子，了解不同培育措施与木材固碳量的相关关系，有利于提升木材碳汇能力。本节以人工林红松和人工林大青杨为例，主要分析培育措施对木材固碳量的影响及其相关性，为提升人工林木材固碳能力提供参考，表 4-15 和表 4-16 分别列出了人工林红松和人工林大青杨的取样条件。

表 4-15 不同培育措施的红松人工林取样条件

培育措施	株数/株	树龄/年	平均树高/m	平均胸径/cm	枝下高/m	坡向	坡位	株行距/m	土壤
初植密度	3	29	12.4	21.65	7.25	阳坡	坡中	1.0×1.5	白浆化暗棕土
	3	28	11.4	21.33	6.8	阳坡	坡下	1.5×1.5	白浆化暗棕土
	3	31	12.8	21.02	4.4	半阳坡	坡下	1.5×2.0	白浆化暗棕土
	3	27	11.4	20.83	7.2	阳坡	坡中	2.0×2.0	白浆化暗棕土
抚育间伐	3	27	11.6	25.16	4.4	阳坡	坡中下	1.5×2.0	白浆化暗棕土
未间伐	3	32	11.4	19.11	4.3	半阳坡	坡下	1.5×2.0	白浆化暗棕土
修枝	3	34	12.6	20.06	5.5	阳坡	坡下	1.0×1.5	白浆化暗棕土
未修枝	3	32	11.4	19.11	4.3	半阳坡	坡中下	1.5×2.0	白浆化暗棕土

表 4-16 大青杨人工林取样条件

培育措施	株数/株	树龄/年	平均树高/m	平均胸径/cm	枝下高/m	坡向	坡位	株行距/m	土壤
初植密度	3	45	20.3	20.20	17.40	阳坡	坡上	2.0×2.0	白浆土
	3	45	21.15	21.00	19.70	阳坡	坡上	3.0×3.0	白浆土
	3	44	22.8	34.10	13.42	阳坡	坡上	4.0×4.0	白浆土
间伐	3	46	22.7	32.20	20.50		平坡	4.0×4.0	草甸白浆土
未间伐	3	43	20.5	26.10	14.95		平坡	4.0×4.0	草甸白浆土

4.2.3.1 初植密度

初植密度通过影响单株林木的生长空间,从而对林分的个体生长、群体生长、林木形态、生物量分配和生物量累积产生影响。一般认为,初植密度较大时,林木单株生物量下降,但单位面积内的总生物量增加,达到一定阶段时,不同初植密度林分的生物量差异性趋于一致。林分初植密度影响林木和林分生长及根系的生长发育,因此,采取适当的初植密度,通过对生物量分配和根系发育的调控,可以促进林木生长,提高林木生产力,缩短轮伐期。

不同初植密度的人工林红松早材连年固碳量的平均值、晚材连年固碳量的平均值和连年固碳量的平均值的大小顺序均为 1.5m×2.0m＞1.0m×1.5m＞1.5m×1.5m＞2.0m×2.0m。早材连年固碳量与初植密度具有显著相关关系,晚材连年固碳量与初植密度具有极显著相关关系,且 2.0m×2.0m 的初植密度对晚材连年固碳量具有极显著影响,连年固碳量与初植密度无显著相关关系。对于此 4 种初植密度,2.0m×2.0m 的固碳量最少,最不利于固碳量的累积,对于培育短轮伐期经济林而言,1.0m×1.5m、1.5m×1.5m 和 1.5m×2.0m 均可,无较大差异,而对于培育长轮伐期固碳林而言,1.5m×2.0m 则是较为科学合理的栽植方案。

人工林大青杨不同初植密度的连年固碳量大小顺序为 4.0m×4.0m＞2.0m×2.0m＞3.0m×3.0m,且连年固碳量与初植密度具有极显著相关关系,其中 2.0m×2.0m 的初植密度对连年固碳量具有极显著影响。总体来看,初植密度对固碳量的影响差异性显著,对于单株大青杨而言,4.0m×4.0m 的初植密度将获得最多的固碳量,而对于森林总体固碳量而言则为 2.0m×2.0m＞4.0m×4.0m＞3.0m×3.0m,因此,2.0m×2.0m 的初植密度应是科学合理的选择方案,但同时应该采取其他培育措施来增加大青杨的固碳量,既提高单株树木的固碳量,也提高森林总体的固碳量。

4.2.3.2 抚育间伐

抚育间伐在森林经营管理中起着十分重要的作用,其影响森林的生长收获、病虫害与自然灾害的发生、森林更新、物质循环等许多方面。抚育间伐对林木生长动态的影响主要集中在树高、胸径、断面积和蓄积等,此外也影响林分内生态系统的养分动态、幼龄木生长等。不同的研究者在树种、立地条件、林分条件、间伐体制、轮伐期、调查计算方法及经营目的等方面的选择存在差异,因此得到的结论也各不相同。吴际友等(1995)研究认为,间伐会提高林分的生产力,同时也有部分学者认为间伐对林分生产力基本无影响。Baldwin 和 Peterson(2000)研究认为,间伐能增加火炬松树干、树叶、树枝和树冠的生物量,且间伐强度越大,增加量越多。傅校平(2000)认为,中度和强度间伐能提高人工林杉木林分平均单株生物量，与未间伐林分相比达到显著性水平，不同间伐强度虽能提高单株生物量，但因单位面积株数的减少，单位面积的生物量反而随间伐强度的增加而减少。间伐强度对根和叶生物量的分配比例影响较小，林下植被生物量随间伐强度的增加而增加，因此，中高强度的间伐能促进人工林林下植被生物量的增长。

齐麟等（2013）以露水河地区的阔叶红松林为研究对象，分析了采伐对木材固碳的影响，发现30%的采伐强度可以减少森林固碳量的损失，而且相同伐期内所得的木材生物量和固碳量与40%采伐强度所得的相当，有利于木材和森林固碳量的保持和增加。牟长城等（2013）以大兴安岭落叶松-薹草沼泽植被群落为研究对象，分析了采伐强度和采伐方式对森林及木材固碳量的影响，发现人工择伐能明显降低兴安落叶松和白桦的木材含碳率，且降低了整个群落的固碳量。这主要是因为择伐降低了群落中树木的生物量和固碳量，并调整了林分的结构。总的来说，对抚育间伐的研究结果可以总结为以下几点，人工林和天然林的单株直径生长随间伐强度的增加而增加，蓄积量也随间伐强度的增加而增加，但间伐对树高的生长几乎无影响，间伐强度增大可增加大径阶立木株数，但总收获量有所降低。

以人工林红松和大青杨为例，间伐林和未间伐林红松的早材连年固碳量平均值相等，间伐林的晚材连年固碳量稍大于未间伐林，间伐林的连年固碳量平均值和变异系数均高于未间伐林。间伐林与未间伐林的早材连年固碳量具有极显著相关性，说明两者差异性明显，即早材连年固碳量受到间伐抚育的极显著性影响。间伐林与未间伐林的连年固碳量具有显著相关性，说明两者具有一定的差异性，即连年固碳量受到间伐抚育的显著影响，且间伐能有效提高红松的连年固碳量。人工林大青杨间伐林与未间伐林的连年固碳量具有极显著相关关系，即说明大青杨连年固碳量受到间伐抚育的极显著影响。间伐抚育措施对大青杨固碳量的影响主要体现在16~28年，对其他生理阶段的影响较微弱。

4.2.3.3 修枝

修枝主要针对的是侧枝，侧枝上生长的叶片一般主要集中在末级侧枝的前部，其通过光合作用产生的营养物质在供给自身生长的同时，还要供给主干生长，当下部侧枝光合作用的产物数量少于自身生长所消耗的数量时，这类枝条就成为净消耗性枝条，从而影响整个树木的生长。在森林中，由于树木之间存在相互竞争，下部的净消耗性枝条会逐步自然枯死，若不对其进行及时修剪，其一方面会与主干争夺营养，降低主干生长量，另一方面会在主干上形成许多死节，进而降低木材的质量。而对于孤立木和窄带状林而言，由于林缘效应，枝条具有较大的生长空间，下部的主枝一般会比较粗大，逐渐形成"卡脖子"大枝，从而影响其上部主干的加粗生长，增加了主干的尖削度，降低了木材的质量和出材率。对树木进行合理的修枝，可以去除下部净消耗性枝条，防止"卡脖子"大枝的出现，防止主干产生过多的死节,形成合理的枝条结构和冠高比,合理调节树体营养的再分配,提高主干的生长量、圆满度、质量和出材率,产出更多的高干、无死节、大径级良材。

修枝与未修枝人工林红松木材固碳量测定结果显示,修枝与未修枝对早材连年固碳量没有显著影响,但 12 年之后,修枝的红松晚材连年固碳量逐渐增加,而未修枝的红松晚材连年固碳量则逐渐减少。修枝不能使连年固碳量长期增加,表明修枝对连年固碳量不具有显著影响,说明修枝可在一定阶段增加连年固碳量,但作用不显著,而从木材材质的角度考虑,由于修枝减少了死节的数量,可在很大程度上提高红松木材的材质,优良的材质对于木制品固碳期的延长具有决定性的作用。

4.3 高固碳量的优质人工林培育技术

以树木的固碳增汇为前提,培育模式可分为两个方向,一是培育经济用材林,二是培育固碳增汇林,两者的区别在于经济用材林的采伐期短,固碳增汇林的采伐期长,此外,对于经济用材林,针对不同的用途,对木材的密度、径级、力学强度等都有不一样的偏重。本节根据人工林红松和大青杨固碳量、解剖构造特征、物理特征和力学特征的统计与相关分析,探讨了较理想的高固碳量的优质人工林培育模式。

4.3.1 木材解剖特征与固碳量的关系

木材解剖特征是定量测定木材固碳量的基础,同时也是从树木形成机理来分析探讨木材固碳量的规律性和变异性,从而为提高木材固碳量的深入研究奠定科学基础。树木种间和种内的解剖构造均存在一定的差异性,其受到地理位置、立地条件、气象因子等多方面因素的影响。宏观上,木材解剖构造主要从阔叶树材和针叶树材两方面进行划分。阔叶树材的主要解剖构造特征有导管、木纤维、木射线、薄壁组织、树胶道等,针叶树材的主要解剖构造有管胞、木射线、树脂道等。

4.3.1.1 不同气象因子下人工林木材解剖特征与固碳量的关系

1. 人工林红松木材解剖特征与固碳量的关系

1) 管胞长度

1 月的降水量,4 月的平均气温和平均地温,10 月的平均地温均对管胞长度、早材连年固碳量和连年固碳量具有显著性影响。减少 1 月的降水量,增加 4 月的平均气温和平均地温，降低10月的平均地温可以得到相对高质量高固碳量的人工林红松木材。

2）管胞直径

9月的相对湿度和10月的平均地温均对管胞直径和固碳量具有显著影响，即较低的9月相对湿度和5℃左右的10月平均地温有利于管胞直径的增大，以及早材连年固碳量和连年固碳量的增加。

3）管胞壁腔比

1月降水量和4月平均地温均对管胞壁腔比和固碳量具有显著影响，1月平均降水量小于60mm，4月平均地温在5～6℃有助于增大管胞壁腔比和固碳量。

4）微纤丝角

1月降水量、4月平均地温、10月平均地温均对微纤丝角和固碳量具有显著影响，即1月平均降水量小于70mm，4月平均地温为5～7℃，10月平均地温低于4℃有助于培育具有较小微纤丝角，且高固碳量的人工林红松。

5）胞壁率

1月降水量、7月平均地温和平均气温、8月和9月相对湿度、10月平均地温均对胞壁率和固碳量具有显著影响，即1月平均降水量小于70mm，提高7月平均气温，控制7月平均地温在26℃左右，降低8月和9月相对湿度，降低10月平均地温将有助于培育出具有高胞壁率和高固碳量的人工林红松。

综合气象因子对各个红松微观构造特征的影响结果，调控1月平均降水量低于60mm，将4月平均地温控制在6～7℃，调控7月平均地温在26℃左右，适当提高7月平均气温，降低8月和9月平均相对湿度，调控10月平均地温小于4℃将有助于培育优质高固碳量人工林红松。

2. 人工林大青杨木材解剖特征与固碳量的关系

1）木纤维长度

提高平均气温和平均地温，降低相对湿度和降水量将有助于木纤维的增长，提高人工林大青杨木材的材质。连年固碳量仅与1月和2月的降水量有显著相关性，且降水量越少，固碳量越多。

2）木纤维直径

4月、5月、7月、9月、10月和12月的气象因子与木纤维直径和连年固碳量均无显著相关性。综上可知，调低1月、2月、3月、6月和8月的降水量，缩减11月的日照时数，将有助于提高木纤维直径和增加连年固碳量。

3）木纤维壁厚

适当调低1月、2月和9月的降水量，提高5月平均气温和平均地温将有助于增加木纤维壁厚，且增加固碳量。

4）木纤维壁腔比

提高 5 月平均气温和 8 月日照时数，且适当减少降水量将有助于提高木纤维壁腔比，壁腔比的值越大，说明细胞壁越厚或细胞腔直径越小，越有利于培育优质高固碳量人工林大青杨木材。

5）导管长度

提高平均气温和平均地温、减少降水量、增加日照时数将有助于增加导管长度，培育优质高固碳量人工大青杨木材。

6）导管宽度

仅 2 月的降水量同时对导管宽度和连年固碳量具有显著影响，降水量在 9mm 左右时，具有相对较高的固碳量和较小的导管宽度，此时的导管宽度不是最小值，因为导管宽度过小，则导管腔相对较小，影响水分和养分的输送，反而抑制树木的生长。

7）导管长宽比

2 月的降水量同时对导管长宽比和连年固碳量具有显著影响，降水量在 8mm 左右时，具有相对较高的连年固碳量和相对较小的导管长宽比，长宽比较小利于树木横向生长量的累积，从而利于培育出大径级的优质高固碳量人工林大青杨木材。

8）导管壁厚

2 月的降水量同时对导管壁厚和连年固碳量具有显著影响，降水量在 5mm 左右时，导管壁厚相对较大，且具有相对较高的固碳量，导管壁越厚，累积的碳素越多，即固碳量增加。

9）导管壁腔比

任何月份的气象因子对导管壁腔比和连年固碳量均无同时显著影响。导管壁腔比越大，说明导管壁越厚，在相同导管组织比量的条件下，理论上导管壁腔比越大，则固定的碳素越多，但结论并非如此，这是由于导管细胞壁厚度远小于细胞腔直径，其对碳素储存的影响甚微，因此虽然气象因子对壁腔比具有显著性影响，但壁腔比的变化对固碳量并无显著影响。

10）导管组织比量

1 月的降水量同时对导管组织比量和连年固碳量具有显著影响，因为导管壁腔比较小，因此若导管组织比量过大，则木材密度降低，反之则不利于树木水分和养分的输送，根据分析结果可知，降水量在 3mm 左右时，连年固碳量相对较高，导管组织比量稍低于平均值，因而在此条件下利于培育优质高固碳量人工林大青杨木材。

11）木纤维组织比量

根据研究结果可知，无气象因子同时对木纤维组织比量和连年固碳量具有显著性影响，增加 2 月和 3 月的日照时数，减少 3 月的降水量，减少 10 月的日照时数有利于提高人工林大青杨材质，但对连年固碳量无显著影响。

12）木射线组织比量

仅 2 月的降水量同时对木射线组织比量和连年固碳量具有显著影响，降水量为 7mm 左右时，具有相对较高的固碳量和相对较大的木射线组织比量，利于培育优质高固碳量人工林大青杨木材。

综合气象因子对各个大青杨微观构造特征影响的分析结果，减少 1 月和 2 月的降水量，提高 5 月的平均气温，减少 10 月和 11 月的日照时数将有利于培育优质高固碳量人工林大青杨木材。

4.3.1.2　不同立地条件下人工林木材解剖特征与固碳量的关系

1. 不同地理位置人工林红松木材解剖特征与固碳量的关系

凉水林区、老山林区和方正林区的晚材连年固碳量与人工林红松解剖构造特征均无显著相关性。不同地理位置人工林红松木材解剖构造存在一定的差异，凉水林区短小且壁薄的管胞利于固碳量的累积，但影响木材材质；老山林区长而大的管胞及较小的微纤丝角利于固碳量的累积，同时能提高木材材质；方正林区与老山林区的情况相同。

2. 不同坡向人工林红松解剖特征与固碳量的关系

阳坡早材连年固碳量与早材微纤丝角、早材胞壁率和晚材胞壁率具有显著相关性。阳坡生长的人工林红松解剖构造特征与固碳量的相关关系十分密切，可通过增大管胞直径、减小微纤丝角和增加胞壁率培育优质高固碳量红松木材，这与阳坡高效的光合作用密不可分。

3. 不同坡位人工林红松木材解剖特征与固碳量的关系

坡上生长的人工林红松解剖构造特征与固碳量的相关关系更为密切，可通过增长管胞、增加管胞壁厚、减小微纤丝角和增加胞壁率获得优质高固碳量红松木材。坡上和坡下的差异性主要与人为活动干扰程度有关。

4. 不同土壤条件人工林红松木材解剖特征与固碳量的关系

白浆化暗棕土的早材连年固碳量与早材胞壁率具有显著正相关性，白浆土的早材连年固碳量与早材胞壁率具有显著正相关性。综上可知，白浆化暗棕土和白浆土培育的人工林红松解剖构造特征虽存在一定的差异性，但与早晚材连年固碳量的相关性并不显著，仅早材胞壁率对早材连年固碳量具有显著影响，即仅增加早材胞壁率就能增加早材连年固碳量。

5. 不同林分类型人工林红松木材解剖特征与固碳量的关系

混交林的人工林红松解剖构造特征与固碳量的相关关系更为密切,管胞越长、管胞壁越厚、微纤丝角越小,则越利于培育优质高固碳量红松木材。这是因为混交林的多层次结构相比纯林具有较高的透光系数,利于树木进行光合作用,从而累积更多的碳素。

4.3.1.3 不同人工林木材在不同培育措施下解剖特征与固碳量的关系

1. 人工林红松木材解剖特征与固碳量的关系

1)间伐

相比于未间伐,间伐的人工林红松解剖构造特征与固碳量的相关关系更为密切,管胞较长,管胞直径较大,微纤丝角较小,胞壁率较大的人工林红松木材固碳量较高,且木材材质较优,这主要是生长竞争机制导致的。

2)初植密度

1.5m×2.0m 初植密度的人工林红松解剖构造特征与固碳量的相关关系最为密切,其次是 1.5m×1.5m 初植密度,2.0m×2.0m 初植密度和 1.0m×1.5m 初植密度。1.5m×2.0m 初植密度条件下,管胞越长、管胞直径越大、管胞壁腔比越大、微纤丝角越小、胞壁率越大则红松木材的固碳量越高,且木材材质较优良。

3)不同修枝措施

相比于未修枝,修枝的人工林红松解剖构造特征与固碳量的相关关系更为密切,管胞越长、胞壁越厚、微纤丝角越小、胞壁率越大的红松木材固定的碳素越多,且材质较优异。

2. 人工林大青杨木材解剖特征与固碳量的关系

1)间伐

间伐连年固碳量与人工林大青杨解剖构造特征的相关性更为密切,导管长度越小、导管长宽比越大、导管壁厚度小于 5μm、导管壁腔比越大、木纤维长度在 1100μm 左右、木纤维长宽比越大、导管组织比量小于 40%、木纤维组织比量大于 60%、木射线组织比量大于 3%,则人工林大青杨木材的固碳量相对较多,且材质较优。

2）初植密度

不同初植密度对连年固碳量与人工林大青杨多数解剖构造特征具有显著影响。不同初植密度连年固碳量与人工林大青杨解剖构造特征的相关关系存在明显的差异性。初植密度 2.0m×2.0m 的人工林大青杨，短小且较少的导管和腔小壁厚且较多的木纤维有利于固碳量的累积；初植密度 3.0m×3.0m 的人工林大青杨固碳的优势解剖构造特征同初植密度 2.0m×2.0m 的人工林大青杨；初植密度 4.0m×4.0m 的人工林大青杨，大而长且相对较多的导管和大而长且相对较少的木纤维有利于固碳量的累积，这是由于较多而大的导管利于水分和养分的运输，从而有利于促进树木的加速生长。且从木材材质分析，4.0m×4.0m 的初植密度更易获得优良材质的人工林大青杨木材。

4.3.2 木材物理性质与固碳量的关系

随着 X 射线在生长轮宽度和生长轮密度测量中的广泛应用，从木材的物理特征着手研究气候因素对木材形成的影响，正在逐渐展开。Oberhuber 等（1998）研究了处在土壤干旱中的欧洲松的生长与气候的关系，得出生长轮宽度与一些月份的强降水显著相关。Gindl 等（2000）证明，挪威云杉总的生长轮宽度和最大密度与某些月的平均温度呈正相关，生长季寒冷且时间较短会形成狭窄、低密度的生长轮，而有利的、温暖的条件将会产生较宽的生长轮，并有较高的晚材密度。Bouriaud 等（2004）研究了气候对山毛榉年轮宽度和密度的影响，得出木材密度对 8 月降水量和生长季后期的温度特征较为敏感；随着温度的升高，年轮宽度也跟着增加。宋云民和黄永利（1995）在对火炬松材性变异规律的研究中发现，火炬松种源平均晚材率与原产地的年均温有着显著的负相关关系。王淼等（1995）研究了全球性增温对温带红松的影响，结果表明，生长轮宽度的变化与气温指标的年际变化之间很难找出一一对应的关系。本节以人工林大青杨和红松为例，分析了晚材率、生长轮宽度和生长轮密度与固碳量的相关性。

4.3.2.1 晚材率

1. 不同人工林木材在不同气象因子下晚材率与固碳量的关系

1）人工林红松木材

1 月和 2 月的平均气温同时对晚材连年固碳量和晚材率具有显著影响，气温越低，晚材率和晚材连年固碳量越大。进一步分析晚材率与早晚材连年固碳量的相关性可知，早材连年固碳量与晚材率无显著相关性，而晚材连年固碳量与晚材率具有极显著相关性，晚材率越大，晚材连年固碳量越多，此结论与前面的分析结果一致。

2）人工林大青杨木材

8月的日照时数与连年固碳量具有显著负相关关系,8月的平均气温与连年固碳量具有显著正相关关系。10月的平均气温与晚材率具有显著正相关关系。3月的平均地温与晚材率具有显著正相关关系。1月的相对湿度与晚材率具有显著负相关关系。6月的相对湿度与连年固碳量和晚材率均具有显著负相关关系。降水量与连年固碳量和晚材率均无显著相关性。由连年固碳量与晚材率的相关分析可知,两者无显著相关性。

2. 不同人工林木材在不同立地条件下晚材率与固碳量的关系

晚材率增加时,老山林区红松的固碳量＞凉水林区红松的固碳量≈方正林区红松的固碳量；阴坡红松的固碳量＞阳坡红松的固碳量；坡上生长轮宽度大于坡下生长轮宽度,坡上红松树干生物量累计大于坡下,同时固碳量也相对较大,因此坡上更易培育优质高固碳量人工林红松木材；混交林的固碳量＞三株一丛的固碳量＞纯林的固碳量；白浆化暗棕土培育的红松晚材率与早晚材连年固碳量均无显著相关性,白浆土培育的红松晚材率与早材连年固碳量具有显著负相关性,与晚材连年固碳量具有显著正相关性,但仅此不能判断出哪种土壤更利于红松固碳和生物量积累,还要结合其他数据分析。

1）人工林红松木材

晚材率增加时,间伐林的红松固碳量高于未间伐林,即间伐林更易培育优质高固碳量人工林红松木材；2.0m×2.0m 初植密度的红松固碳量≈1.5m×2.0m 初植密度的红松固碳量≈1.0m×1.5m 初植密度的红松固碳量＞1.5m×1.5m 初植密度的红松固碳量；修枝的红松固碳量＞未修枝的红松固碳量,即修枝更利于红松固碳量的累积。

2）人工林大青杨木材

不同培育措施下,晚材率与连年固碳量均无显著相关性,即对于间伐林和未间伐林,晚材率的增减对连年固碳量的累积无显著影响；同样,不同初植密度的红松晚材率的增加对连年固碳量的累积也无显著影响。

4.3.2.2 生长轮宽度

1. 不同人工林木材在不同气象因子下生长轮宽度与固碳量的关系

1）人工林红松木材

生长轮宽度与早材连年固碳量和晚材连年固碳量均无显著相关关系,即不能通过调节气象因子而同时调控早晚材固碳量和生长轮宽度。

2）人工林大青杨木材

3月日照时数与生长轮宽度具有显著正相关关系，8月日照时数与连年固碳量具有极显著负相关关系，12月日照时数与生长轮宽度具有显著正相关关系。8月的平均气温与连年固碳量具有显著正相关关系。3月和4月的平均地温与生长轮宽度具有显著负相关关系。2月相对湿度与生长轮宽度具有显著负相关关系，4月相对湿度与生长轮宽度具有显著正相关关系，6月相对湿度与连年固碳量具有显著负相关关系。3月、8月和11月的降水量均与生长轮宽度具有显著负相关关系。且由生长轮宽度与连年固碳量的相关性分析可知，两者具有显著相关性。

2. 不同立地条件下生长轮宽度与固碳量的关系

生长轮宽度增加时，凉水林区红松固碳量＞老山林区红松固碳量≈方正林区红松固碳量；阳坡红松固碳量高于阴坡红松固碳量；坡上和坡下固碳量都较小，但无法比较两者的大小，还需要辅助其他数据进行分析；白浆化暗棕土红松的固碳量高于白浆土红松的固碳量；三株一丛红松固碳量＞红松纯林固碳量＞混交林红松固碳量。生长轮宽度在实际生长过程中，在造林后13年之前逐年增加，而后逐年减小，因此，培育短期经济用材林可选择在阳坡经营三株一丛或纯林的林分类型，在尽可能累积碳素的同时获得大径级人工林红松木材，而对于培育长期固碳增汇林则应选择在阴坡经营混交林的林分类型。

3. 不同人工林木材在不同培育措施下生长轮宽度与固碳量的关系

1）人工林红松木材

生长轮宽度的变化对间伐林和未间伐林红松固碳量均无显著影响。生长轮宽度增加时，1.5m×2.0m 初植密度红松固碳量＞1.5m×1.5m 初植密度红松固碳量＞2.0 m×2.0m 初植密度红松固碳量≈1.0m×1.5m 初植密度红松固碳量；修枝红松固碳量小于未修枝红松固碳量。生长轮宽度在实际生长过程中，在造林后13年之前逐年增加，而后逐年减小，因此，培育短期经济用材林的初植密度宜选择 1.5m×2.0m，不需要修枝和间伐；而培育长期固碳增汇林的初植密度理论上宜选择 2.0m×2.0m，并适时修枝和间伐，但结合其他数据分析，较佳的初植密度仍为 1.5m×2.0m。

2）人工林大青杨木材

生长轮宽度增加时，间伐林大青杨固碳量大于未间伐林；不同初植密度的大青杨固碳量有所差异，2.0m×2.0m 初植密度和 3.0m×3.0m 初植密度的大青杨固碳量高于 4.0m×4.0m 初植密度的大青杨固碳量。生长轮宽度的实际变化情况为先增长，而后趋于稳定，因此，欲培育大径级高固碳量人工林大青杨木材，初植密度宜选择 2.0m×2.0m 或 3.0m×3.0m，并适当间伐。

4.3.2.3 生长轮密度

1. 不同人工林木材在不同气象因子下生长轮密度与固碳量的关系

1）人工林红松木材

仅早材连年固碳量与早材生长轮密度具有显著负相关关系，因此，欲培育大径级高固碳量人工林红松木材可适当提高 11 月平均气温、提高 4 月平均地温、降低 8 月相对湿度和减少 1 月降水量。但调节幅度不宜过大，因为固碳量的增加会导致木材密度的减小，降低人工林红松木材的材质。

2）人工林大青杨木材

培育大径级高固碳量人工林大青杨木材可提高 8 月平均气温，此时，生长轮密度会减小，为了不降低木材材质，可减少 3 月、4 月、9 月和 11 月降水量，增加 1 月和 2 月日照时数，降低 2 月和 12 月的平均地温。

2. 不同立地条件下生长轮密度与固碳量的关系

方正林区易培育优质高固碳量人工林红松木材，而老山林区易培育大径级高固碳量人工林红松木材，但材质相应有所下降；阳坡相对于阴坡更易培育优质高固碳量人工林红松木材；坡上易培育优质高固碳量人工林红松木材，而坡下易培育大径级高固碳量人工林红松木材，因此，坡下红松林易作为短轮伐期经济用材林，而坡上红松林易作为长期固碳增汇林。白浆化暗棕土和白浆土培育的红松早晚材生长轮密度与早晚材连年固碳量均无显著相关性。混交林更易培育优质高固碳量人工林红松木材，其次是纯林，再次是三株一丛红松林。

3. 不同人工林木材在不同培育措施下生长轮密度与固碳量的关系

1）人工林红松木材

间伐林易培育大径级高固碳量人工林红松木材；1.5m×1.5m 初植密度和 1.5m×2.0m 初植密度易培育优质高固碳量人工林红松木材，而 2.0m×2.0m 初植密度易培育大径级高固碳量人工林红松木材，若 2.0m×2.0m 初植密度的红松材积较小，则其固碳量也相对较少；修枝措施易培育优质高固碳量人工林红松木材。

2）人工林大青杨木材

间伐和未间伐两种措施均可培育优质高固碳量人工林大青杨木材，但结合其他数据可知，间伐大青杨的连年固碳量高于未间伐大青杨；2.0m×2.0m 初植密度和 3.0m×3.0m 初植密度易培育优质高固碳量人工林大青杨木材，而 4.0m×4.0m 初植密度易培育大径级高固碳量人工林大青杨木材。

4.3.3 木材力学性质与固碳量的关系

木材是一种非均质的各向异性天然高分子材料,木材的力学性质是度量木材抵抗外力的能力,研究木材固碳量与木材力学性质的关系对培育优质高固碳量人工林木材具有重要作用。木材力学性质包括应力与应变、弹性、黏弹性、强度、硬度、抗劈力以及耐磨耗性等,本节以人工林红松为例,研究分析了强度、硬度和抗劈力与红松木材固碳量的关系,其中,强度包括冲击韧性、顺纹抗剪强度、抗弯强度、顺纹抗拉强度和顺纹抗压强度等,实验遵照国家标准《木材顺纹抗压强度试验方法》(GB/T 1935—2009)。并分析了不同立地条件和不同培育措施条件下,木材力学特性与固碳量的关系。力学特性无法依据年轮逐年测定,因此仅定性分析固碳量平均值与力学特性平均值的相关性,每组实验平行测定 20 次以减小误差。

4.3.3.1 冲击韧性

木材的韧性是指木材在不致破坏的情况下所能抵御的瞬时最大冲击能量值,韧性越大,相应扩展出一个裂隙乃至破坏需要的能量就越高。一般采用冲击韧性来评价木材的韧性或脆性,冲击韧性指木材在非常短的时间内受冲击载荷作用产生破坏时,木材单位面积吸收的能量,通常木梁、枕木、坑木、木梭和船桨等需要有较好的冲击韧性。冲击韧性与生长轮宽度有一定的相关性,生长轮宽的木材,因密度低,冲击韧性低。此外,管胞壁较薄、微纤丝角较大都会降低木材的韧性。

1. 立地条件与冲击韧性的关系

冲击韧性与相关解剖构造特征和物理特征无明确相关性,但立地条件为坡上、混交林和白浆化暗棕土时,不仅可提高人工林红松的固碳量,也能够提高木材的冲击韧性。

2. 培育措施与冲击韧性的关系

不同培育措施下,冲击韧性与相关解剖构造特征和物理特征无明确相关性,但与固碳量具有一定的相关性,即 1.5m×2.0m 初植密度、间伐和修枝在提高人工林红松固碳量的同时,也能够提高木材的冲击韧性。

4.3.3.2 顺纹抗剪强度

顺纹抗剪强度指剪力方向和剪切平面均与木材纤维方向平行时的抗剪强度。木材用作结构件时,一般需承受一定程度的剪切力,如木梁的水平剪应力、木材接榫处的剪应力、胶合板和层积材的胶结层剪应力等。木材顺纹抗剪强度是剪切强度中最小的，一般是顺纹抗压强度的 10%～30%，且常见的木材剪应力破坏是顺纹抗剪强度。

1. 立地条件与顺纹抗剪强度的关系

立地条件对微观构造特征和物理特征的影响同冲击韧性，与顺纹抗剪强度无明确相关关系，但混交林和白浆化暗棕土的立地条件在提高人工林红松固碳量的同时，可增大木材顺纹抗剪强度。

2. 培育措施与顺纹抗剪强度的关系

培育措施对微观构造特征和物理特征的影响同冲击韧性，与顺纹抗剪强度无明确相关关系，而间伐和修枝的培育措施在提高人工林红松固碳量的同时，可提高木材的顺纹抗剪强度。

4.3.3.3 抗劈力

抗劈力是木材抵抗尖楔作用下顺纹劈开的能力，表征木材的开裂性。有研究表明，木射线与抗劈力具有一定的相关性。

1. 立地条件与抗劈力的关系

立地条件对微观构造特征和物理特征的影响同冲击韧性，与抗劈力无明确相关关系，阴坡的立地条件可提高固碳量和抗劈力，但是与阳坡的差异性不大。

2. 培育措施与抗劈力的关系

培育措施对微观构造特征和物理特征的影响同冲击韧性，与抗劈力无明确相关关系，间伐措施在提高人工林红松固碳量的同时可提高木材的抗劈力。

4.3.3.4 抗弯强度

木材抗弯强度是木材重要的力学指标，一般用来推测木材的容许应力，表征木材承受横向载荷的能力。木材抗弯强度介于顺纹抗拉强度和顺纹抗压强度之间，各树种的平均值约为 90MPa。

1. 立地条件与抗弯强度的关系

立地条件对微观构造特征和物理特征的影响同冲击韧性，与抗弯强度无明确相关关系，阴坡和白浆化暗棕土的立地条件既能够增加人工林红松固碳量，同时能提高木材的抗弯强度。

2. 培育措施与抗弯强度的关系

培育措施对微观构造特征和物理特征的影响同冲击韧性,与抗弯强度无明确相关关系,间伐和修枝措施能够提高木材的固碳量,但同时降低了木材的抗弯强度。

4.3.3.5　顺纹抗拉强度

木材的顺纹抗拉强度是木材的最大强度,取决于木材纤维或管胞的强度、长度和方向。一般来说,纤维或管胞越长,微纤丝角越小,则顺纹抗拉强度越大,此外,密度大者,顺纹抗拉强度也大。

1. 立地条件与顺纹抗拉强度的关系

立地条件对微观构造特征和物理特征的影响同冲击韧性,与顺纹抗拉强度无明确相关关系,但坡上、混交林和白浆化暗棕土的立地条件既能够提高木材的固碳量,同时能提高木材的顺纹抗拉强度。

2. 培育措施与顺纹抗拉强度的关系

培育措施对微观构造特征和物理特征的影响同冲击韧性,与顺纹抗拉强度无明确相关关系,间伐和修枝措施既可以增加人工林红松的固碳量,同时可提高木材的顺纹抗拉强度。

4.3.3.6　顺纹抗压强度

顺纹抗压强度是指平行于木材纤维方向,对试件全部加压面以均匀速度施加压力而引起破坏时的强度。我国木材的顺纹抗压强度平均值为45MPa。

1. 立地条件与顺纹抗压强度的关系

立地条件对微观构造特征和物理特征的影响同冲击韧性,与顺纹抗压强度无明确相关关系,但阴坡、坡上和混交林的立地条件能够同时提高人工林红松的固碳量和顺纹抗压强度。

2. 培育措施与顺纹抗压强度的关系

培育措施对微观构造特征和物理特征的影响同冲击韧性,与顺纹抗压强度无明确相关关系,但间伐和修枝措施能够同时提高人工林红松的固碳量和顺纹抗压强度。

4.3.3.7 硬度

木材硬度可表征木材抵抗其他刚体压入木材的能力，是选择建筑、车辆、造船、运动器械、雕刻和模型等用材的依据。木材硬度分为弦面硬度、径面硬度和断面硬度三种，断面硬度高于弦面硬度和径面硬度，大多数树种的弦面硬度和径面硬度相近，木材密度对硬度的影响甚大，密度越大，硬度则越大。

1. 立地条件与木材硬度的关系

根据研究结果可知，立地条件对微观构造特征和物理特征的影响同冲击韧性，与硬度无明确相关关系，但坡上、混交林和白浆化暗棕土的立地条件能同时增加人工林红松固碳量和提高木材硬度。

2. 培育措施与木材硬度的关系

根据研究结果可知，培育措施对微观构造特征和物理特征的影响同冲击韧性，与硬度无明确相关关系，但间伐和修枝措施可同时提高人工林红松的固碳量和木材三切面硬度。

4.3.4 高固碳量优质人工林木材的培育措施

在林区的气候和立地条件已定的情况下，培育措施是人类调控森林的主导因素。根据不同使用目的，人工林红松的培育模式如下。

（1）固碳增汇林：立地条件选择阳坡和/或半阳坡，坡上，初植密度为1.5m×2.0m，土壤差异不显著，但首选白浆化暗棕土，林分类型为混交林，造林后5~6年修枝，7~8年轮伐，修枝和轮伐得到的红松木材可作为纸浆或压缩燃料的原料。

（2）大径级用材林：有两种培育模式，一是立地条件选择阳坡，坡下，初植密度为1.5m×2.0m，土壤差异不显著，但首选白浆化暗棕土，林分类型为纯林，造林后5~6年修枝，不轮伐；二是立地条件为阴坡，坡上，初植密度为1.5m×1.5 m，土壤差异不显著，但首选白浆化暗棕土，林分类型为纯林，造林后5~6年修枝，不轮伐；轮伐得到的红松木材可作为纸浆或压缩燃料的原料。两者的区别在于，阴坡木材的抗劈力、抗弯强度和顺纹抗压强度相比优于阳坡。

（3）小径级用材林：立地条件选择阴坡，坡下，初植密度为1.5m×1.5m，土壤差异不显著，但首选白浆化暗棕土，林分类型为纯林，不修枝，不轮伐。

人工林大青杨培育模式如下。

（1）固碳增汇林：立地条件为阳坡、坡上，初植密度为4.0m×4.0m，土壤为草甸白浆土，林分类型为混交林，造林后12~14年轮伐，轮伐得到的大青杨木材可作为纸浆或压缩燃料的原料。

（2）大径级用材林：立地条件为阳坡、坡上，初植密度为 4.0m×4.0m，土壤为草甸白浆土，林分类型为混交林，采伐期为 16~17 年。

（3）小径级用材林：立地条件为阳坡、坡上，初植密度为 2.0m×2.0m，土壤为草甸白浆土，林分类型为混交林，采伐期为 8~10 年。

参 考 文 献

曹恭祥, 郭中, 王云霓, 等. 2020. 呼伦贝尔沙地樟子松人工林乔木层固碳速率及其对气象因子的响应. 生态学杂志, 39(4): 1082-1090.

成泽虎, 丁坤元, 刘艳红. 2016. 北京油松天然林和人工林乔木层生产力与气候因子的关系. 南京林业大学学报(自然科学版), 40(5): 177-183.

迟伟, 王荣富, 张成林. 2001. 遮阴条件下草莓的光和特性变化. 应用生态学报, 4: 566-568.

杜红梅, 王超, 高红真. 2009. 华北落叶松人工林碳汇功能的研究. 中国生态农业学报, 17(4): 756-759.

费本华, 阮锡根. 2001. 北京地区气温和降水对银杏木材年轮和密度的影响. 林业科学研究, 14(2): 176-180.

冯宜明, 王零, 赵维俊, 等. 2022. 不同林分密度云杉人工林碳储量及其分配格局. 中南林业科技大学学报, 42(12): 112-121, 174.

傅校平. 2000. 杉木人工林不同间伐强度对林分生物量的影响. 福建林业科技, 27(2): 41-43.

郭明辉. 1996. 红松人工林培育措施与木材品质的关系. 哈尔滨: 东北林业大学博士学位论文.

郭明辉, 陈广胜, 王金满, 等. 2000. 红松人工林木材解剖特征与气象因子的关系. 东北林业大学学报, 28(4): 30-35.

何璆. 2022. 英国首次引进杂交泡桐开展碳汇造林. 中国林业产业, 218(4): 58.

贾黎明, 刘诗琦, 祝令辉, 等. 2013. 我国杨树林的碳储量和碳密度. 南京林业大学学报(自然科学版), 37(2): 1-7.

贾小容, 曾曙才, 苏志尧. 2006. 广州白云山 9 种林分光合固碳放氧价值核算. 广东林业科技, (2): 19-21, 26.

蒋有绪. 1995. 世界森林生态系统结构与功能的研究综述. 林业科学研究, 8(3): 314-321.

兰斯安, 杜虎, 曾馥平, 等. 2016. 不同林龄杉木人工林碳储量及其分配格局. 应用生态学报, 27(4): 1125-1134.

兰秀, 杜虎, 宋同清, 等. 2019. 广西主要森林植被碳储量及其影响因素. 生态学报, 39(6): 2043-2053.

李朝婷, 周晓果, 温远光, 等. 2019. 桉树高代次连栽对林下植物、土壤肥力和酶活性的影响. 广西科学, 26(2): 176-187.

李海奎, 雷渊才, 曾伟生. 2011. 基于森林清查资料的中国森林植被碳储量. 林业科学, 47(7): 7-12.

李明华, 唐学君, 肖舜祯. 2019. 不同施肥强度和更新方式对杉木人工林碳固存的影响. 江西科学, 37(1): 44-48.

李娜, 黄从德. 2008. 川西亚高山针叶林生物量遥感估算模型研究. 林业资源管理, (3): 100-104.

李跃林, 胡成志, 张云, 等. 2004. 几种人工林土壤碳储量研究. 福建林业科技, (4): 4-7.

廖万兵, 杨松, 远香美, 等. 2005. 泡桐山地速生丰产林营建技术. 贵州林业科技, (3): 40-45.

刘红梅, 吕世杰, 刘清泉, 等. 2013. 多伦县樟子松人工林生物量及碳储量研究. 内蒙古农业大学学报(自然科学版), 34(3): 49-53.

刘华, 雷瑞德. 2005. 我国森林生态系统碳贮量和碳平衡的研究方法及进展. 西北植物学报, (4): 835-843.

刘淑明, 孙长忠, 孙丙寅. 1998. 干旱条件下灌水对树木生长的影响. 陕西林业科技, 4: 15-17.

刘魏魏, 王效科, 逯非, 等. 2015. 全球森林生态系统碳储量、固碳能力估算及其区域特征. 应用生态学报, 26(9): 2881-2890.

鹿行起, 白玉茹, 于海蛟, 等. 2014. 杨树人工林不同栽培模式碳储量研究. 内蒙古林业科技, 40(4): 40-42.

罗磊, 王蕾, 刘平, 等. 2019. 阿尔泰山落叶松林碳储量与生产力时空特征及其气候成因分析. 生态学报, 39(22): 8575-8584.

牟长城, 卢慧翠, 包旭, 等. 2013. 采伐干扰对大兴安岭苔草沼泽植被碳储量的影响. 生态学报, 33(17): 5286-5298.

齐麟, 于大炮, 周旺明, 等. 2013. 采伐对长白山阔叶红松林生态系统碳密度的影响. 生态学报, 33(10): 3065-3073.

沈善敏, 宇万太, 张璐, 等. 1992. 杨树主要元素内循环及外循环研究Ⅰ: 落叶前后各部位养分浓度及养分储量变化. 应用生态学报, 3(4): 296-361.

沈善敏, 宇万太, 张璐, 等. 1993. 杨树主要元素内循环及外循环研究Ⅱ: 落叶前后各部位养分浓度及养分储量变化. 应用生态学报, 4(1): 27-310.

沈亚洲, 刘文桢, 李春兰, 等. 2021. 小陇山林区日本落叶松人工林碳汇研究. 陕西林业科技, 49(4): 21-26, 32.

宋云民, 黄永利. 1995. 火炬松材性变异规律的初步研究. 林业科学, 31(4): 346-352.

孙谷畴, 赵平, 曾小平, 等. 2001. 不同光强下生长的厚叶木莲. 应用与环境生物学报, 7(3): 213-218.

孙祥文, 刘贵峰, 赵月田, 等. 2005. 红松在不同光环境下的生长及结构的变化. 吉林林业科技, 34(4): 29-33.

唐学君, 肖舜祯, 王伟峰, 等. 2019. 中亚热带典型杉阔混交林碳储量分配特征. 地域研究与开发, 38(4): 111-114, 121.

田晓, 胡靖宇, 刘苑秋, 等. 2022. 不同混交比例华北落叶松和白桦混交林碳储量. 林业科技通讯, (10): 45-48.

王大卫, 沈文星. 2022. 中国主要树种人工乔木林碳储量测算及固碳潜力分析. 南京林业大学学报(自然科学版), 46(5): 11-19.

王家妍, 韦铄星, 魏国余, 等. 2020. 巨尾桉大叶栎混交林生物量和碳储量的分布特征. 南方农业学报, 51(9): 2205-2212.

王淼, 白淑菊, 陶大立, 等. 1995. 大气增温对长白山林木直径生长的影响. 应用生态学报, 6(2): 128-132.
韦明宝, 王朝健, 杨正文, 等. 2019. 桂西北马尾松人工林生态系统碳贮量与分布. 亚热带农业研究, 15(3): 152-156.
温远光, 张祖峰, 周晓果, 等. 2020. 珍贵乡土树种与桉树混交对生态系统生物量和碳储量的影响. 广西科学, 27(2): 111-119.
吴际友, 龙应忠, 董云平. 1995. 湿地松人工林间伐效果初步研究. 林业科学研究, 8(6): 630-633.
吴立潮, 吴晓芙, 王保平, 等. 2010. 泡桐速生丰产施肥技术研究进展. 中南林业科技大学学报, 30(2): 29-35.
吴普侠, 汪晓珍, 吴建召, 等. 2022. 中国退耕还林工程固碳现状及固碳潜力估算. 水土保持学报, 36(4): 342-349.
邢娟, 郑成洋, 冯婵莹, 等. 2017. 河北塞罕坝樟子松人工林生长及碳储量的变化. 植物生态学报, 41(8): 840-849.
徐新良, 曹明奎, 李克让. 2007. 中国森林生态系统植被碳储量时空动态变化研究. 地理科学进展, (6): 1-10.
闫嘉杰, 李凤日, 谢龙飞, 等. 2022. 混交比例对长白落叶松和水曲柳混交林碳储量及其分配格局的影响. 应用生态学报, 33(5): 1175-1182.
杨超, 田大伦, 康文星, 等. 2011. 连栽14年生杉木林生态系统生物量的结构特征. 中南林业科技大学学报, 31(5): 1-6.
杨凤萍, 胡兆永, 侯琳, 等. 2014. 秦岭火地塘林区油松和华山松林乔木层净生产力与气候因子的关系. 生态学报, 34(22): 6489-6500.
杨会侠. 2017. 密度调控对红松人工林碳贮量及其空间格局的影响. 安徽农业科学, 45(7): 145-149.
杨建民, 吴文华, 印士勇. 1992. 江娅水库淹没区古大树内部构造及生长状况. 湖北大学学报(自然科学版), 21(3): 297-300.
杨卫星, 李春宁, 付军, 等. 2017. 桂西南连续年龄序列尾巨桉人工林碳储量及其分布特征. 农业研究与应用, (3): 24-30.
于文龙. 2013. 木材含碳率的测定与碳素储存数据库研究. 哈尔滨: 东北林业大学博士学位论文.
俞艳霞, 张建军, 王孟本. 2008. 山西省森林植被碳储量及其动态变化研究. 林业资源管理, 6: 35-39.
曾曙才, 苏志尧, 古炎坤, 等. 2003. 广州白云山风景名胜区主要林分类型凋落物的研究. 应用生态学报, (1): 154-156.
赵敏, 周广胜. 2004. 中国森林生态系统的植物碳贮量及其影响因子分析. 地理科学, 24(1): 50-54.
朱志金. 2011. 坡向对大叶相思人工林生长和材质的影响. 贵州林业科技, 39(2): 10-13.
邹桂霞, 刘瑞秋, 何俊龙. 2000. 三北地区杨树速生林材积生长量与气候因子关系分析. 防护林科技, 49(4): 20-22.

Alamgir M, Al-Amin M. 2007. Organic carbon storage in trees within different geopositions of Chittagong (south) forest division, Bangladesh. Journal of Forestry Research, 18(3): 174-180.

Antonova G F, Stasova V V. 1997. Effects of environmental factors on wood formation in larch stems. Trees, 11(8): 462-468.

Baldwin V C, Peterson K D. 2000. The effect of spacing and thinning on stand and tree characteristic of 38 years old loblolly pine. Forest Ecology and Management, 137(3): 91-102.

Bhattacharyya T, Mukhopadhyay S, Baruah U, et al. 1998. Need for soil study to determine degradation and landscape stability. Current Science, 74(1): 42-47.

Binkley D, Resh S C. 1999. Rapid changes in soils following *Eucalyptus* afforestation in Hawaii. Soil Science Society of America Journal, 63(1): 222-225.

Bouriaud O, Breda N, Moguedec G L, et al. 2004. Modelling variability of wood density in beech as affected by ring age, radial growth and climate. Trees, 18(3): 264-276.

Deslauriers A, Morin H, Urbinati C, et al. 2003. Daily weather response of balsam fir stem radius increment from dendrometer analysis in the boreal forests of Quebec. Trees, 17(6): 477-484.

German Advisory Council on Global Change. 1998. The accounting of biological sinks and sources under the Kyoto Protocol Special Report-A step forwards or backwards for global environmental protection. Bre-merhaven, Germany.

Gindl W, Grabner M, Wimmer R. 2000. The influence of temperature on latewood lignin content in treeline Norway spruce compared with maximum density and ring width. Trees, 14(7): 409-414.

Knoebel B C, Burkhart H E, Beck D E. 1986. A growth and yield model for thinned stands of yellow-poplar. Forest Science, 32(2): 27.

Kubo T. 1993. Maturationn rate of tracheid lengthening in slow-grown young sugi. (*Cryptomeria laponica*) trees. IAWA Journal, 14(3): 267-272.

Lamlom S H, Savidge R A. 2006. Carbon content variation in boles of mature sugar maple and giant sequoia. Tree Physiology, 26(4): 459-468.

Masiokas M, Villalba R. 2004. Climatic significance of intra-annual bands in the wood of *Nothofagus pumilio* in southern Patagonia. Trees, 18(6): 696-704.

Oberhuber W, Stumbock M, Kofler W. 1998. Climate-tree-growth relationships of *Scots pine* stands ex-posed to soil dryness. Trees, 13(1): 19-27.

Reinikainen M, D'Amato A W, Bradford J B, et al. 2014. Influence of stocking, site quality, stand age, low-severity canopy disturbance, and forest composition on sub-boreal aspen mixedwood carbon stocks. Canadian Journal of Forest Research, 44: 3.

Wang G, Guan D, Xiao L, et al. 2019. Forest biomass-carbon variation affected by the climatic and topographic factors in Pearl River Delta, South China. Journal of Environmental Management, 232: 781-788.

Wu D, Shao Q, Li J. 2013. Effects of afforestation on carbon storage in Boyang Lake Basin, China. Chinese Geographical Science, 23: 647-654.

Zhang C, Deng Q, Liu A, et al. 2021. Effects of stand structure and topography on forest vegetation carbon density in Jiangxi Province. Forests, 12(11): 1438.

Zhou X, Zhu H, Wen Y, et al. 2020. Intensive management and declines in soil nutrients lead to serious exotic plant invasion in Eucalyptus plantations under successive short-rotation regimes. Land Degrad Dev, 31: 297-310.

第 5 章 木材碳储能与木质能源

自地球上诞生生命以来，由于营养方式的不同，一部分原始生命进化成具有叶绿素的原始藻类，再逐渐进化为适应陆地生活的原始苔藓植物和蕨类植物，而后，一部分蕨类植物进化为原始的裸子植物和被子植物，最终进化为针叶树和阔叶树。

5.1 木材碳储能

5.1.1 木材能量系统的形成

树木通过光合作用，把二氧化碳和水合成为储存能量的有机物，同时释放出氧气，过程如图 5-1a 所示。光合作用的实质过程分为两个阶段（图 5-1b）。一个是光反应阶段，在叶绿体内基粒的囊状结构上进行，首先将水分子分解为 O 和 H，释放出氧气。然后通过太阳能将二磷酸腺苷（ADP）和无机磷合成为游离核苷酸（ATP），磷酸之间通过磷酸酐键连接，糖、脂类和蛋白质等物质氧化分解中释放的能量，相当大的一部分使 ADP 磷酸化为 ATP，从而把能量保存在 ATP 分子内。一般磷酸酯水解时（磷酸酯键断裂）的自由能变化为 8～12kJ/mol，而 ATP 水解时（磷酸酐键断裂）的自由能变化为 30.5kJ/mol，因此称其为高能磷酸化合物，

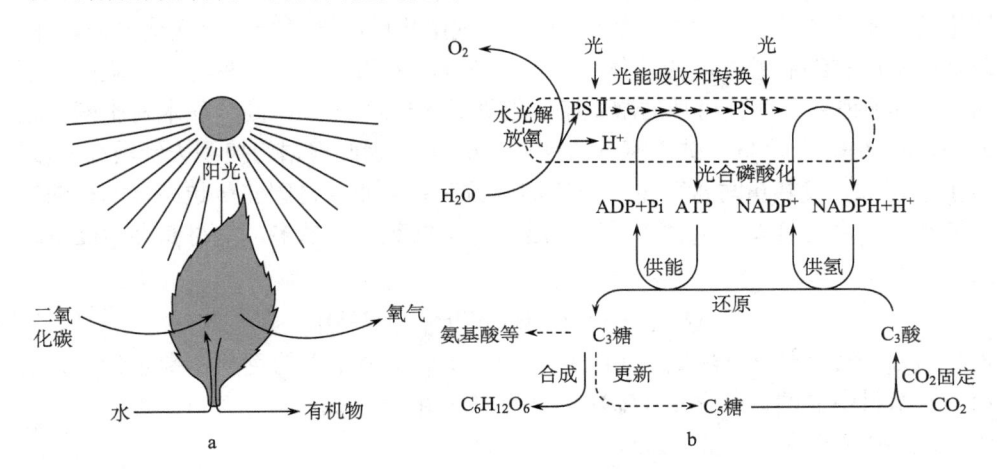

图 5-1 树木光合作用的过程和实质

磷酸酐键称为高能磷酸键，光能转变成的活泼化学能即储存在 ATP 的高能磷酸键中。另一个是暗反应阶段，在叶绿体内的基质中进行，首先二氧化碳与五碳化合物结合，形成三碳化合物，其中一些三碳化合物接受 ATP 释放的能量，被氢还原，再经过一系列变化形成糖类，ATP 中的活泼化学能转变为糖类等有机物中的稳定化学能。

5.1.2 木材能量系统的基本特征

木材来源于树干，是树木的主体，从其形成过程的微观角度可知，树木经过光合作用将碳转化为糖类，其中吡喃型 D-葡萄糖基以 1→4β 苷键连接形成线形分子链，再由纤维素分子链聚集成束，构成基本纤丝，基本纤丝再组成丝状的微纤丝，继而组成纤丝、粗纤丝、薄层，薄层又形成了细胞壁的初生壁及次生壁 S_1 层、S_2 层和 S_3 层，进而形成木材的管胞、导管、木射线和木纤维等重要组成分子。由此可知，碳主要储存在木材各细胞组织结构的细胞壁中，即细胞壁在木材体积中占有的比例决定着该木材的碳储量。从化学组成元素分析，细胞壁主要构成元素是碳（50%）、氢（6%）和氧（43%），余下的 1%为氮和灰分，而木材中几乎不含硫，也就是说细胞壁重量的一半就是碳元素（李学恒等，1990）。

木材是多孔性材料，按构成可分为主要成分（细胞壁）、次要成分（抽提物和灰分）、空隙（细胞腔、纹孔等）和水分（自由水和结合水），其中，次要成分化学组成复杂，主要分为脂肪族化合物、萜烯及萜烯类化合物和芳香族化合物三大类，除一些树种外，一般占绝干木材的 2%～5%。由于次要成分在木材中的占有量较小，且在加工过程中易随溶剂、水蒸气或水分移动到木材表面而挥发或流失，所以在计算木质能量时一般忽略不计，主要考虑主要成分，即细胞壁物质的含量。细胞壁物质的含量即为木材的实质密度,细胞壁物质的含量一般用胞壁率来表征，即木材中所有细胞壁物质的总体积与木材总体积的百分比，树种不同，胞壁率不同，表 5-1 列举了部分树种的胞壁率。根据式（5-1）可知，同体积木材胞壁率越大，碳储量越多。木材中碳∶氢∶氧≈50∶6∶43，因此根据门捷列夫经验公式[式（5-1）]可知，发热量与含碳量呈正比例函数关系，即木材碳储量越高，木材的发热量越大。由此可知，木材实质密度越大，木材碳储量越多，木材储存的能量越大。

$$Q_{gr,ar}=4.18\times[81C+300H-26(O-S)] \quad (5-1)$$

式中，$Q_{gr,ar}$ 表示高位发热量（kJ/kg）；C 表示 1kg 木材中碳的百分含量（%）；H 表示 1kg 木材中氢的百分含量（%）；O 表示 1kg 木材中氧的百分含量（%）；S 表示 1kg 木材中硫的百分含量（%）。

表 5-1 部分树种的胞壁率（%）

阔叶树材	胞壁率	针叶树材	胞壁率
枫香	49.794	落叶松	58.312
紫椴	38.257	臭冷杉	42.844
水曲柳	52.692	红松	61.282

5.1.3 木材碳储能的利用

光合作用将太阳能转化为化学能储存在有机物中，光合作用形成的有机物是树木赖以生存的主要物质来源和全部能量来源，也是其他直接或间接依靠树木生存的生物的物质能量来源，地层中的煤炭、石油和天然气等也是古代植物光合作用形成的有机物演变而来的，总的来说，光合作用是地球生命活动中最基本的能量代谢。太阳能转化为木质能量的效率不高，但优点在于能量转化的成本低。

木质能量的转化利用途径主要包括燃烧、热化学法、生化法、化学法和物理化学法等，其可转化为二次能源，如热、电、固体燃料（木炭或颗粒燃料）、液体燃料（生物柴油、甲醇、乙醇等）和气体燃料（燃气和沼气等）。表 5-2 列出了部分燃料的平均发热量，草的平均发热量最低，石油的平均发热量最高。同重量的木材，含水率越高，平均发热量越低。木炭的平均发热量高于煤炭，煤炭的平均发热量约为绝干木材的 1.6 倍，石油的平均发热量约为绝干木材的 2.3 倍，图 5-2 为木材能源的转化利用途径。

表 5-2 部分燃料的平均发热量

燃料	平均发热量 GJ/t	平均发热量 GJ/m³	燃料	平均发热量 GJ/t	平均发热量 GJ/m³
木材（60%含水率）	6	7	麦秆	15	1.5
木材（20%含水率）	15	9	甘蔗渣	17	10
绝干木材	18	9	城市垃圾	9	1.5
木炭	30		工业废弃物	16	
纸	17	9	石油	42	34
草	4	3	煤炭	28	50

注：木材密度取平均值 0.5g/cm³

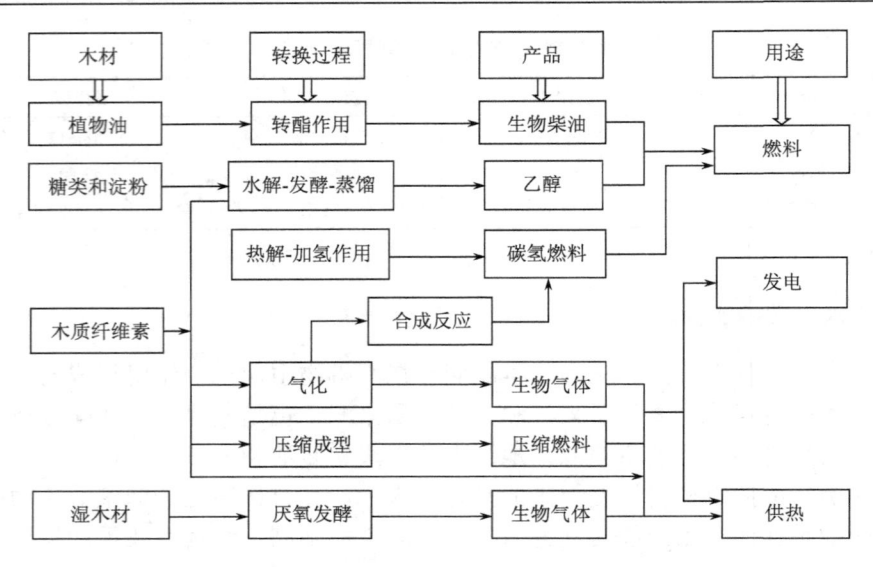

图 5-2　木材能源的转化利用途径

5.1.4　木材碳储能的影响因素

木材能源作为一种可再生能源，发热量决定着其在能源系统中所占有的地位，木材的特性对其发热量具有重大影响。

5.1.4.1　化学成分对发热量的影响

木材的化学成分有纤维素、半纤维素、木质素、抽提物和灰分，纤维素和半纤维素的发热量约为 17 328kJ/kg，木质素的发热量约为 25 498kJ/kg，抽提物的发热量为 35 530～38 038kJ/kg。灰分是木材燃烧的剩余产物，主要是金属和非金属的氧化物，其含量越少越利于木材的燃烧。因此，木材的纤维素、半纤维素和灰分的含量越少，木质素和抽提物的含量越多，则木材的发热量越高。

木材的化学成分因树种、产地和木材部位等因素而存在较大的差异性。

1. 树种和产地

针叶树材和阔叶树材的化学成分存在较明显的差异性，如表 5-3 所示，一般针叶树材的纤维素和半纤维素含量低于阔叶树材的含量，而木质素含量则高于阔叶树材的含量。针叶树种之间、阔叶树种之间的化学组成也存在一定的差异，如云杉树干的纤维素含量在 58.8%～59.3%，木质素含量约 28%，而松树干的纤维素含量在 56.6%～57.6%，木质素含量约 27%。此外，同一树种，产地和生长环境不同，其化学成分也不相同（刘一星和赵广杰，2004）。

表 5-3　木材化学成分的平均含量（%）

化学成分	针叶树材	阔叶树材
纤维素	42±2	45±2
半纤维素	27±2	30±5
木质素	28±3	20±4

王立海和孙墨珑对小兴安岭林区的15个树种进行了研究，得出其平均去灰分热值从高到低依次为落叶松、红松、紫杉、鱼鳞云杉、胡桃楸、臭冷杉、山杨、五角枫、白桦、黄檗、水曲柳、紫椴、柞树、枫桦、春榆，且针叶树种平均去灰分热值普遍高于阔叶树种（王立海和孙墨珑，2009）。此研究结果进一步验证了木材化学成分含量和发热量的关系。

2. 边材和心材

在针叶树材中，心材比边材含有较多的有机溶剂抽提物、较少的木质素与纤维素。在阔叶树材中，心材与边材差异较小。且针叶树和阔叶树边材中乙酰基的含量均高于心材。

3. 早材和晚材

晚材的细胞壁厚度大于早材的细胞壁厚度，且晚材胞间层的占有率较小，根据木质素分布情况可知，相比于早材，晚材含有较高的纤维素和较低的木质素，由此可知，单位质量的晚材发热量低于早材发热量。

4. 树木组成器官

树木的地上组成器官为树干、树枝、树皮和树叶，相比于树干，树枝的纤维素含量较少，木质素含量较多，聚戊糖、聚甘露糖含量较少，热水抽提物含量较多。树皮的灰分含量多，热水抽提物含量高，纤维素与聚戊糖含量较少，有些树种的树皮含有较多的脂肪和果胶质。树叶则含有较多的蛋白质、脂肪等高能化合物。王立海和孙墨珑研究表明，不同器官的去灰分热值从高到低基本依次为树叶、树枝、树干、树皮，其中树皮虽然具有较多的热水抽提物，但其含有的大量灰分是降低其发热量的主要原因（王立海和孙墨珑，2009）。

5.1.4.2　含水率对发热量的影响

木材中存在的水分分为自由水和吸着水，纤维素无定形区吸着的水分与纤维素的羟基键合，形成氢键，使纤维素发生润胀。半纤维素是无定形物，主链和侧链上含有较多羟基和羧基等亲水性基团，在纤维饱和点以下时，随着含水率的增加，木纤维的吸湿性增强，发生润胀。木质素中也含有大量的醇羟基和酚羟基，其可与纤维素和半纤维素形成醚键、酯键、糖苷键、醛键和氢键等，在纤维饱和点以下时，随着含水率的增加，氢键断裂，纤维润胀。氢键断裂释放能量，即干纤维吸湿的过程具有放热现象，解吸过程具有吸热现象，因此，纤维素绝干时的发热量最大，随着吸着水的增加而减小。而自由水存在于大毛细管系统中，不使纤维发生润胀，因此无热效应。但含水率的增加，会减少木材中的抽提物含量，从而减低木材的发热量。总的来说，木材含水率越低，木材的发热量越高。

5.1.4.3 密度对发热量的影响

密度对发热量的影响体现在两个方面，一是木材的相对密度，相对密度越高，说明木材的含水率越低且（或）木材绝干质量越高，则木材的发热量越高，反之亦然。二是木材的堆积密度，1kg 绝干木材的去灰分热值基本一致，为 18 000~21 000kJ/kg，而单位容积的发热量（kJ/m^3）却因其堆积密度（kg/m^3）有显著的不同。堆积密度越小，容积发热量就越低，这给储藏和运输带来了较大困难（李学恒等，1990）。

5.1.4.4 木材缺陷对发热量的影响

木材缺陷包括生长缺陷、生物危害缺陷和加工缺陷，其均可造成木材质量的缺失，从而降低木材的发热量。有研究表明，受生物危害影响，新柏树木屑在室内放置 1 年发热量降低 8.8%，室外放置 1 年降低 17%，室外放置 2 年降低 42.4%，室外放置 5 年降低 59%。可见，木材缺陷对发热量具有重大影响，需采取科学手段尽可能避免产生木材缺陷。

5.2 木质能源

随着科技和经济的高速发展，面对全球性温室气体的巨大威胁，世界能源已逐渐形成以化石燃料为主和新能源、可再生能源并存的格局。根据国际能源署数据，2004 年全世界一次能源供应中，煤炭、石油、天然气、核电、水电、可燃可再生能源和废弃物、其他能源（太阳能、风能、热能等）所占的比例分别为 25.1%、34.3%、20.9%、6.5%、2.2%、10.6%和 0.4%；2004 年全世界终端能源消费中，煤炭、石油、天然气、可燃可再生能源、电能和其他能源所占的比例分别为 8.4%、42.3%、16.0%、13.7%、16.2%和 3.4%（IEA，2006）。当前，化石能源仍是主导能源，非化石能源和可再生能源所占比例较低，但发展迅速。

可再生能源包括太阳能、水能、生物质能、氢能、风能、波浪能以及海洋表面与深层之间的热循环等。其中，生物质能来源于木材、秸秆、动物粪便等生物质，生物质可以通过直接燃烧产生能量，也可以转化为生物质燃料，如生物乙醇、生物柴油等。生物质能是太阳能的一种表现形式，尽管到达地球的太阳能只有0.3%被固定在陆地有机物中，但这些能量已超过全世界每年耗能的 7 倍多（费雷德·克鲁普和米丽娅姆·霍恩，2010）。表 5-4 列出了生物质能的相关数据（近似值）（左然等，2007）。木质能源是生物质能的一种，是树木通过直接或间接的光合作用将太阳能以化学能的形式储存在生命体内，并可转化为常规的固态、液态和气态燃料，是一种取之不尽、用之不竭的可再生能源。

表 5-4 生物质能的相关数据

世界总量	世界能量对比
世界所有生物质的质量=2000Mt	陆地生物质储存的能量=25 000EJ
所有陆地植物的质量=1800Mt	陆地生物质储存能量的速率=3000EJ/年
年陆地生物质净产量=400Mt	年粮食能量消耗=16EJ
世界人口（2002 年）=62 亿	年生物质能消耗=56EJ
人均陆地植物生物量=300t	总的一次能量消耗（2002 年）=451EJ/年

5.2.1 木质能源的特征

木质能源作为一种替代化石能源的新型能源，具有如下特征。

1. 无限性

在符合树木生长条件的情况下，树木的生长不受时间和地域的限制。但受到时间和地域的影响，地理位置、气象因子和生长环境的差异决定了树种间和树种内的差异，一般来说，一棵树一年吸收的碳量为 4～18kg，含有的能量为 0.04～0.27GJ。

2. 可再生性

树木以二氧化碳和水为反应物将太阳能转化为化学能，进一步转化为木质能源，而木质能源消耗时的产物又为二氧化碳和水。木质能源的可再生性说明温室气体零排放的可行性。但目前，木质能源生产过程所需能量仍需要化石能源来提供，因此现阶段只能起到减少二氧化碳排放的作用。

3. 洁净性

一般，木材中的含氮量小于 1%，且几乎不含硫，因此木质能源的使用将有效减少二氧化硫和氮氧化物等污染物的排放。

4. 分散性

除集中培育的能源作物和大型工厂等的废弃木质材料外,木材的分布极为分散,从而增加了木质能源的转化成本,增加了木质能源使用的局限性,阻碍了其成为能源系统的主流能源。木材和木质材料的集中处理大大提高了运输强度,间接增加了二氧化碳排放量,降低了木质能源减少温室气体排放的效率。

5. 低能源密度

木材中的含氧量较高,可燃性元素碳和氢的比例远低于化石能源,能源密度偏低。同时,新采伐的木材含水率较高,湿存法保存的原木含水率高达 100% 以上,因此,在加工为木质能源的过程中需要进行干燥处理,从而增加了实际成本,且间接增加了温室气体排放量。

木质能源实现温室气体零排放的目标受到木材培育、运输、加工等过程中的化石能源消耗的制约,但其具有的无限性、可再生性和洁净性使其具备了开发利用的巨大潜力。

5.2.2 木质能源转化技术

木质能源属于生物质能源的一部分,是一次能源,而在实际生活中使用的多为二次能源,如电能(过程性能源)、柴油和汽油(含能体能源)等,因此在开发利用木质能源的过程中,核心是实现二次能源转化的高效率和低成本目标。

木质能源的转化分为物理化学转化和生物转化,物理化学转化是在化石能源转化技术的基础上改进的,生物转化是利用生物催化剂进行的生化反应过程。物理化学转化和生物转化的结合提供了人类可持续发展所需的必要能源,而能源又在物理化学转化和生物转化过程中发挥着重大作用,此即可持续的良性循环过程。

5.2.2.1 热能

1. 固体燃料

木质能源的原始状态为固体,早期的木质能源利用主要是通过直接燃烧的方式来实现的。现阶段,常采用 3 种方法来提高木质固体燃料的利用效率,一种是利用燃用生物质锅炉燃烧,一种是通过高温热解制备木炭,一种是利用压缩成型技术将木质材料转化为固体燃料,再采用传统的燃煤设备进行燃烧。木质固体燃料与煤炭相比,含碳量较少,一般不超过 50%,燃烧时间短,能量密度低;其次,木质固体燃料中的碳大多和氢结合生成低分子量碳氢化合物,热解时挥发,这些挥发物含有的能量占全部能量的一半以上,十分可观,需充分利用;再次,木质固体燃料的含氧量较高，因此相比于煤炭更容易燃烧，且需要的氧气较少；此外，木质固体燃料的密度小，残留的碳量少，但不利于运输。针对木质固体燃料存在的以上特点，下面对不同的木质固体燃料加工方法进行探讨。

1）燃用生物质锅炉

燃用生物质锅炉按用途可分为两类：生物质热能锅炉和生物质电能锅炉。其与燃煤锅炉没有本质差别，但根据生物质燃料热值小、密度低、挥发成分多等特点，对燃烧系统、吹灰系统和烟风系统进行了调整，从而提高了锅炉燃烧性能。

A. 国外燃用生物质锅炉

奥地利、巴西、美国、丹麦、英国等国家已经利用生物质实现集中供热、供电，北欧的一些国家利用生物质发电已经有 10 余年的历史。下面列举几个著名的范例。

Ⅰ.奥地利 Arbesthal 集中供热系统

奥地利 Arbesthal 生物质锅炉装机容量为 1.5MW，以农林剩余物为原料，在锅炉内直接燃烧生产低温热水以供居民日常生活。该供热系统于 1993 年建成，有两台热水锅炉，500kW 的锅炉为人工进料，1000kW 的锅炉为自动进料，烟气采用静电过滤，生产的热水可供 110~150 户居民使用，供热管道长度为 4.5km。整个供热体系为自动控制系统。500kW 的锅炉主要用于燃烧林业剩余物，1000kW 的锅炉主要用于燃烧农业剩余物，林业剩余物的年需求量为 550t，农业剩余物的年需求量为 350t，热水产能为 1700~2000MW·h/a。以废弃木材为原料的生物质供热系统在奥地利和北欧国家应用较多，仅奥地利就有近百个以地区为单元的生物质能供热系统。

Ⅱ.巴西燃用生物质锅炉发电系统

巴西是生物质能开发利用比较先进的国家之一，其主要以甘蔗残渣利用为主，近年来，巴西在其东北部地区培育了大面积的能源林用于发电，其发展前景不亚于甘蔗残渣发电。巴西采用的是凝汽式汽轮发电机组，这项技术以其可靠通用的特性而应用了近百年。生物质在锅炉中燃烧，产出高压过热蒸汽，通过汽轮机的透平膨胀做功，驱动发电机发电。透平排出的蒸汽在凝汽器中凝结成水，由泵输给锅炉，在经过水预热器时，锅炉排出的高温烟气将其加热，此外，由鼓风机输送给锅炉的空气，在空气预热器中被烟气加热。巴西燃用生物质锅炉发电系统的缺点在于高投资低回报。

Ⅲ.美国宾夕法尼亚州 Viking 木材发电厂

美国在生物质发电领域处于世界领先地位，在 20 世纪 90 年代初，就已经建有约 1000 座燃木发电厂。宾夕法尼亚州 Viking 木材发电厂的装机容量为 18.2 MW，燃料为伐木场废弃木材和农场动物垫料等，日耗燃料量为 600t。锅炉采用的是背压式汽轮机，其发电系统除了发出约 16MW 的电力并入电网外，每小时还向食品厂供应 10t 蒸汽以提高系统的热效率，估计在 6～9 年可收回投资成本。

Ⅳ.丹麦 BWE 生物质发电厂

20 世纪 70 年代爆发世界第一次石油危机后，能源一直依赖进口的丹麦，在大力推广节能措施的同时，积极开发生物质能等清洁可再生能源，现在以秸秆发电为主的可再生能源已占丹麦能源消费量的 24%以上。丹麦 BWE 公司是享誉世界的发电设备研发、制造企业之一，长期以来在热电、生物发电锅炉领域处于全球领先地位。丹麦 BWE 公司率先研发的秸秆生物燃烧发电技术，迄今在这一领域仍是世界最高水平的保持者。

在这家欧洲著名能源研发企业的技术支撑下，1988 年丹麦诞生了世界上第一座秸秆生物燃烧发电厂，单机容量为 5MW。2008 年，丹麦已建立了 13 家秸秆发电厂，还有一部分烧木屑或垃圾的发电厂也能兼烧秸秆。BWE 公司的秸秆发电技术已走向世界。瑞典、芬兰、西班牙等国也已由 BWE 公司提供技术设备建成了秸秆发电厂，其中，位于英国坎贝斯的 Elyan 生物质能发电厂是目前世界上最大的秸秆发电厂，装机容量为 38MW。

Ⅴ.美国 Longview 生物质发电厂

美国华盛顿州 Longview 纤维造纸及包装公司于 2010 年 1 月宣布建设 65 万磅[①]/h 蒸汽产量的生物质锅炉和 65 MW 涡轮机，采用流化床工艺，每年可消耗 3.8 万 t 农林废弃物，包括木屑、锯屑和混合木料等。

燃用生物质锅炉技术已经逐渐应用于生产加工行业，这将改变加工业的能源结构，从根本上减少温室气体排放量。

B. 国内燃用生物质锅炉

目前国内的生物质锅炉生产厂家主要有：无锡华光环保能源集团股份有限公司、杭州锅炉集团有限公司、上海四方锅炉厂等。无锡华光环保能源集团股份有限公司生产的锅炉为单锅筒、集中下降管、自然循环、四回程布置燃秸秆炉。炉膛采用膜式水冷壁，炉底布置为水冷振动炉排。在冷却室和过热器室分别布置了高温过热器、中温过热器和低温过热器。尾部采用光管式省煤器及管式空气预热器。炉膛、冷却室和过热器室四周全为膜式水冷壁，为悬吊结构。锅炉的具体参数可参见无锡华光环保能源集团股份有限公司的说明书。杭州锅炉集团有限公司的产品与无锡华光环保能源集团股份有限公司的产品相似，其主要特点是炉前进料系统相对要简单一些，减少了设备故障率，同时也可以节省部分造价和运行电耗。上海四方锅炉厂生产的锅炉本体为自然循环，采用角管式锅炉的自承重结构，尾部采用框架支撑结构，炉膛和通道四周为全膜式水冷壁，通道内布置高温过热器、低温过热器，中间设喷水减温器，在通道的进出口布置了二级对流受热面，

---

① 1 磅=453.592g

尾部设两段式省煤器和空气预热器。燃烧方式为室燃和层燃,炉排为鳞片式链条炉排,运行时左右两条炉排同步运行。锅炉的具体参数可参见上海四方锅炉厂的说明书（李双祥和李坚,2010）。

2）木炭

木炭是木材热解的固体产物,主要成分是碳,热值为 27.21~33.49MJ/kg,灰分含量在 6%以内,孔隙占木炭体积的 7%以上,比重一般为 1.3~1.4。其广泛用作生活、冶金工业燃料和二硫化碳、渗碳剂、活性炭等工业原料。

A. 木炭的产品分类

木炭主要分为白炭、黑炭、活性炭和机制炭四大类。白炭主要以硬阔叶材中的壳斗科、榆科树木为原料,根据树种差异可分为乌冈白炭、青冈白炭和白炭,其燃烧时间长,不冒烟,无污染,比重大,但受潮时易发爆,且价格昂贵。黑炭主要以软阔叶薪炭材为主,根据树种差异可分为茶道炭、枝炭、竹炭和民用黑炭,其虽容易燃烧,但容易发爆,且不耐烧,燃烧时还有烟气。活性炭是木炭的深加工,是把木炭利用氯化锌、磷酸和硫化钾等化学品活化、漂洗、干燥、粉碎加工而成的,其生产过程严重污染水源。活性炭种类较多,按原料可分为植物炭、煤质炭、石油质炭、骨炭、血炭等；按制造方法可分为物理活化法炭,化学活化法炭（即化学药品活化法炭）、物化法活性炭；按外观形状可分为粉状活性炭、不定形颗粒活性炭、定形颗粒活性炭、球形炭、纤维状炭、织物状炭等；按用途可分为气相吸附炭、液相吸附炭、糖用炭、工业用、催化剂和催化剂载体炭等。不同的活性炭选择吸附性不同,各有一定的适用范围。活性炭目前已应用于葡萄糖生产、医药、味精生产、环境保护、催化剂和催化剂载体等。机制炭以木屑为原料,经机器高温、高压成型后,再送入炭化炉内炭化即成。整个生产过程中无须添加任何添加剂,是环保产品。机制炭作为传统木炭的替代产品,具有燃烧时间长、热值高、不冒烟、不易发爆、环保等多种优点。

B. 木炭的基本特性

Ⅰ.反应性强

木炭的多孔性决定了其强反应性,黑炭的反应性为 67.6%,白炭的反应性为 55.9%,木炭的反应性约为焦炭（6%~7%）的 10 倍。木炭的孔隙度越大,反应性越强。此外,木炭中的碱金属和其他无机成分对木炭的反应性具有催化作用。

Ⅱ.吸附性大

木炭的比表面积决定其吸附性,比表面积越大,吸附性越强。黑炭的比表面积为 390m^2/g,白炭的比表面积为 230m^2/g,活性炭的比表面积为 500~1500m^2/g。此外,木炭的吸附性还与炭化温度有关,炭化温度低于 600℃炭化的木炭,吸附碱的性能较强,称为酸性炭；而炭化温度在 700℃以上炭化的木炭,吸附酸的性能较强,称为碱性炭,在 600~700℃下炭化的木炭为中性炭。

Ⅲ.杂质少

木炭中的杂质主要是灰分，含量小于 6%，其含量大小与木材树种有关。阔叶树材树干的灰分含量比针叶树材的树干灰分含量高，针叶树材的树枝灰分含量比阔叶树材的树枝灰分含量高，但总的来看，树枝的灰分含量比树干的灰分含量高（表 5-5）。木炭灰分的主要成分是各种无机盐类，在可溶性盐类中钾盐含量最多，主要是碳酸钾，以及钾和钠的硫酸盐和氯化物。在不溶性盐类中主要是硅酸盐，而磷酸盐很少。此外，还含有铁、铝、钙、镁、锰等元素。

表 5-5　几种树种的灰分含量（%）

化学组成	云杉		红松		大青杨	
	树干	树枝	树干	树枝	树干	树枝
灰分含量	0.2	0.35	0.2	0.37	0.26	0.33

Ⅳ.发热量

表 5-6 为不同炭化温度下木炭的主要特性，随碳化温度的升高，木炭中的碳含量增加，最高发热量也增加，但 1kg 木材烧制的木炭发热量随之减少，这是由于木炭产量的减少造成的。

表 5-6　不同炭化温度下木炭的主要特性

碳化温度/℃	全干木炭产量占全干木材质量的百分比/%	全干除灰分木炭的组成/%			最高发热量/(kJ/kg)	1kg 木材烧制的木炭发热量/kJ
		C	H	O		
100	100.00	47.41	6.54	46.05	19 807.5	19 807.5
200	92.60	59.40	6.12	34.48	20 787.5	19 248.7
300	53.60	72.36	5.38	22.26	26 646.3	15 399.8
350	46.80	73.90	5.11	20.99	31 066.5	14 540.8
400	39.20	76.10	4.90	19.00	32 609.4	12 781.1
450	35.00	82.25	4.15	13.60	32 984.7	11 742.7
500	33.20	87.70	3.90	8.40	34 077.2	11 313.2
550	29.50	90.10	3.20	6.70	34 277.4	10 112.3
600	28.60	93.80	2.65	3.55	34 360.8	9 828.7
650	28.10	94.90	2.30	2.80	34 569.3	9 711.9
700	27.20	95.15	2.15	2.70	34 736.0	9 449.2

C. 木炭的加工方法

木炭的加工方法有炭化法和干馏法两种。

Ⅰ.炭化法

炭化法是指将薪材等原料置于热解设备中,隔绝空气或适量通入空气进行加热,以制取木炭为主产品的热解方法。所用原料有薪材、木材加工剩余物或果壳、果核等。除了传统的烧炭方法外,还有随活性炭生产而开发的木屑炭化炉和果壳炭化炉等。木屑炭化炉是将木质废弃物在炭化槽中炭化,从而制得木炭,其又可通过气体活化法、药品活化法和水蒸气活化法等进一步制成粉状活性炭;果壳炭化炉是以果壳或果核为原料,在炉内经预热段、炭化段、冷却段后经卸料器卸出,炉内通入适量空气,炭化 4~5h,从而制得果壳炭,其还可通过气体活化法、药品活化法和水蒸气活化法等进一步制成不定形颗粒活性炭。国外常用的还有螺旋炉、流态化炉和多层炉等。

Ⅱ.干馏法

干馏法是将木质废弃物置于干馏釜中,并隔绝空气,通过加热分解制得木炭。其大体上可以分为 4 个阶段:①干燥阶段,温度为 120~150℃,主要使木材中的水分蒸发;②预炭化阶段,温度为 150~275℃,使木材组分中相对不稳定的半纤维素首先分解成 CO_2、CO、CH_3COOH 等;③炭化阶段,温度为 275~450℃,木材此时急剧热解,生成大量液体产物,放出大量反应热;④煅烧阶段,温度为 400~500℃,依靠外部加热进行木材煅烧,排除残留的挥发分,提高木炭的含碳量。此加工方法伴随有副产物产生,主要是粗木醋液,其进一步加工可制得醋酸或醋酸盐、甲醇、木焦油抗聚剂、药用木馏油和杂酚油等产品。

木炭的炭化温度决定着木炭的种类,在 400~500℃制得的木炭为干馏炭和平炉炭;在 600~700℃制得的木炭为黑炭和竹炭;在 1000℃左右制得的木炭为白炭。

3)压缩成型技术

燃料成型最早是英国一家机械工程研究所以泥煤为原料研制成的,二战期间出现有机材料压缩产品。20 世纪 30 年代在瑞典、德国得到推广,同时以锯末为原料的压缩燃料在市场上占有一席之地。20 世纪 50 年代日本精制出螺旋式生物质成型机,并推广到中国台湾、泰国、欧洲和美国等。此后,生物质压缩成型设备不断推陈出新。木质压缩燃料主要用于家庭取暖炉、小型热水锅炉、热风炉、小型发电厂等。

A. 木质压缩燃料成型原理

从化学角度分析,木材中的木质素是一种热塑性高分子化合物,具有玻璃态转化温度或转化点,当温度到达玻璃态转化温度时(70~110℃),分子链段加速运动,形变迅速,当温度高于黏流态转化温度时(200~300℃),木质素像黏流体一样产生黏性流动,此时加以一定的压力即可使木质材料各部分黏结在模具内成型。木质素种类不同,玻璃态转化温度和黏流态转化温度不同,一般来说,含水率越高,转化温度越低。此外,加热成型也有利于减小挤压力,从而减少能源消耗。木质压缩燃料可根据用户需要，使用不同规格的模具，制造多种规格的成型产品，一般对于规格较大的产品，通常在模具的末端用电阻丝加热，以达到降低成型阻力的目的。

从木材结构分析，木材是多孔性材料，结构相对疏松，密度相对偏小，当其受到外部压力后，木质原料颗粒的排列方式将发生变化，并产生机械变形和塑性流变，体积大幅度减小，密度明显增加。由于非弹性或黏弹性的纤维分子间的相互缠绕和绞合，外部压力去除后也不能恢复原来的结构形状。受树种影响，木质素的含量存在差异性，对于木质素含量较高的原料，当成型温度达到玻璃态转化温度时，木质素发生塑性变形，使木质原料紧密地黏结在一起，并维持既定的形状，成型燃料块降温冷却后，强度增大，得到燃烧性能类似于木材的木质压缩燃料；对于木质素含量较低的原料，在压缩成型过程中，加入少量的黏结剂（黏土、淀粉等）可以增加成型燃料结构的密度和稳定性，其机理在于黏结剂使木质原料表面形成一层吸附层，使原料之间产生范德瓦耳斯力（范德华力）和静电引力，从而使原料间形成连锁结构。此外，将木质原料粉碎将大大降低成型压力。

B. 木质压缩燃料成型工艺

木质压缩燃料成型工艺一般分为7个步骤：原料收集、粉碎、含水率调控、预压、压缩、添加黏结剂、保型。

Ⅰ.原料收集

木质原料一般为森林经营剩余物、薪炭材、木质废弃物等。来源不同，原料质量也参差不一，主要指含水率、腐朽度等，还要特别注意材料中夹带的泥土，尽量避免存在泥土以防止燃料在燃烧时结渣。现阶段原料收集常采用的是机械化收集方法。

Ⅱ.粉碎

一般高压设备（1.0亿～1.5亿Pa）的颗粒可以适当大一些，颗粒直径10mm左右较好。对于中压设备和低压设备，颗粒应再小些，但是螺旋式设备颗粒直径不能小于2mm，不然会影响木质压缩燃料的密度和生产率。

Ⅲ.含水率调控

原料的含水率对木质压缩燃料的加工生产具有重要影响，含水率超过上限值时，温度升高，体积膨胀，易产生爆炸；含水率低于下限值时，原料分子间的范德瓦耳斯力降低，使成型困难。因此，木质原料粉碎后，一般要进行含水率测定和调控，将最佳含水率控制在10%～15%。考虑活塞式成型机的间断式加工过程，含水率可适当调高，一般在16%～20%。

Ⅳ.预压

预压阶段是通过原料分子间的范德瓦耳斯力和静电引力作用使原料预成型，从而提高生产率。一般采用螺旋推进器、液压推进器，也有手工预压的，不同的预压方式对应不同的产量，可自主选择。

Ⅴ.压缩

模具是木质压缩燃料成型的关键部件，它的内壁是前大后小的锥形，原料进入模具后受到机器推动力，摩擦力和反作用力。机器推动力受摩擦力、密度和颗粒直径的影响；摩擦力受夹角和模具温度的影响，夹角越大，摩擦力越大，因此木质原料密度要加大，机器推动力也要加大，所以夹角是设计的核心，对于不同的密度和颗粒直径要进行调整。一般模具是由内模和外模构成的，外模不变，内模可以更换，夹角一般由3°开始，用插入法进行调试。

木质原料在压缩成型过程中的加热处理，既可以使原料中的木质素软化以实现黏结作用，又可以减小压力减少能源消耗。对于棒状燃料成型机，温度要设定在合理的范围内（150～300℃），温度偏低增加能耗，且不易成型；温度偏高使成型燃料密度偏小，容易破损。颗粒燃料成型虽然没有外源加热，但摩擦热亦可将原料加热到100℃左右，使木质素软化，实现黏结作用。

Ⅵ. 添加黏结剂

黏结剂的添加可以增加压缩燃料的热值和黏结力，但一定要均匀，以避免产生结块现象。此外，黏结剂的添加还可以减少动力消耗，但前提是原料颗粒一定要小。黏结剂一般在预压前的输送过程中添加，用机械力搅拌。

Ⅶ. 保型

保型是木质压缩燃料成型后在一段套筒内进行的，套筒的内径略大于成型压缩燃料尺寸的最小部分的直径，以便消除成型压缩燃料的部分应力，降温后，形状稳定。套筒的端部有开口，以此调整保型能力。套筒的直径偏大，原料迅速膨胀而产生裂纹；套筒直径偏小，应力得不到释放，易导致成型燃料的崩裂或粉碎。

C. 木质压缩燃料的燃烧特性

从表5-7和表5-8中可以看出，木质压缩燃料的燃烧热值比徐州1号煤的燃烧热值低10%～25%，然而木质压缩燃料在工作情况下能够燃尽，但是其燃烧后残留10%～15%的可燃成分在煤渣中，因此，木质压缩燃料和煤在实际使用中热值相近。木质压缩燃料的着火性能比煤和非压缩木质燃料好，更易于点火，缩短了火力启动时间。木质压缩燃料的固体排放量低于煤，可减少排渣费用，减少环境污染。锅炉燃用木质压缩燃料的费用和时间均比煤少。木质压缩燃料的持续燃烧时间比非压缩木质燃料延长了8～10倍，并能够稳定燃烧。此外，木质压缩燃料对大气污染和锅炉的腐蚀度要远低于煤，因为木质压缩燃料的主要成分是碳氢化合物，烟气中无粒状碳和二氧化硫等气体，二氧化碳几乎为零排放，这也是木质压缩燃料被誉为清洁燃料的原因所在。

表 5-7　木质压缩燃料的燃烧热值和灰分含量与徐州 1 号煤的比较

种类	燃烧热值/（kJ/kg）	灰分含量/%
徐州 1 号煤	20 900～23 408	15～40
木质压缩燃料	16 720～18 810	0.4～8

表 5-8　0.5t 锅炉耗能

	升温时间/min	含水量/kg	能量消耗/%	燃烧热值/(kJ/kg)	热效率/%
刨花、木屑	40	400	22.5	18 406	30.7
煤	40	400	20	20 930	30.4
木质压缩燃料	32	400	16.5	18 636	41.4

2. 液体燃料

木质液体燃料是通过物理化学方法将木质原料转化为高附加值的能源物质，如燃料油、生物乙醇和生物柴油，有效解决了木质固体燃料的储存和运输问题。木质液体燃料是绿色能源的一种，有助于减少大气温室气体的排放，受到世界各国的重视，特别是发达国家已经实现了工业化生产，但消费总量仍居于石油、煤炭和天然气之后。

1）燃料油

木质燃料油的加工方法主要有热裂解、高压液化和超临界萃取，得到的木质燃料油密度一般为 $1.2g/cm^3$，相比于木质固体燃料的密度提高了约 $0.8g/cm^3$，碳、氢和氧的元素组成约占燃料油的 99.7%。木质燃料油的高位热值一般为 17～25MJ/kg，是标准轻油热值的一半，属于中热值燃料。燃料油中含有机酸、醛、醚、酯、缩醛、酮、醇、烯烃、芳烃和多元酚等，其中，部分有机物是常规石油化工合成路线不易合成的物质，但燃料油的性质不稳定，存放期较短。燃料油可直接作为民用燃料和内燃机燃料，热效率是木质原料直接燃烧的 4 倍以上，但热值相当于汽油和柴油热值的 40%左右。此外，木质燃料油的含氧量较高，腐蚀性强，不能和烃类燃料混合使用，杂质含量高，加工成本高，因此削弱了其与化石燃料的竞争力。

A. 热裂解制备木质燃料油

热裂解液化是在无氧或有限供氧的条件下，将木质原料加热转化为液体燃料，国外已经研发了快速裂解、快速加氢裂解、真空裂解、低温裂解、部分燃烧裂解等方法来提高燃料油的产率。国际能源署组织了美国、加拿大、芬兰、意大利、瑞典和英国等 10 余个国家研究小组对热裂解技术进行研发，其认为常压快速裂解法是最经济可行的。

Ⅰ.反应原理

热裂解是通过热能切断大分子间的化学键，进而获得小分子化合物的方法，其涉及化学键断裂、异构化和聚合等化学反应，过程十分复杂。木材由纤维素、半纤维素、木质素和抽提物构成，纤维素的降解温度与加热温度、加热时间和加热介质的组成有关，纤维素热解不仅引起分子链断裂，还产生脱水、氧化等化学反应，温度在220～240℃，纤维素的结晶区受到破坏，聚合度下降；温度在325～375℃，纤维素迅速热解，并生成大量挥发物；温度达400℃以上时，纤维素的残余部分进行芳环化反应；温度达800℃以上时，纤维素逐渐形成石墨化结构。半纤维素与纤维素的热解产物相似，但热解温度低于纤维素，一般在235～350℃。木质素的热解温度一般在275～500℃，木质素的热裂解产物有不饱和键，主要产物如邻甲氧基苯酚和联苯三酚二甲醚等，温度接近500℃时，产物主要是简单的酚类化合物和其他低分子量产物。木材中纤维素的含量最多，针叶树材中占42%±2%，阔叶树材中占45%±2%，因此，纤维素的热解温度是调控木材热裂解的核心。温度在220～280℃，产物以炭和挥发物为主；温度在280～340℃，产物以焦油为主。若想获得炭得率较高的产物，可以延长220～280℃的升温时间；若想获得焦油含量较高的产物，可以延长280～340℃的升温时间或保温。

木材的热裂解反应遵循Bradbury生物质分解反应途径（图5-3）。

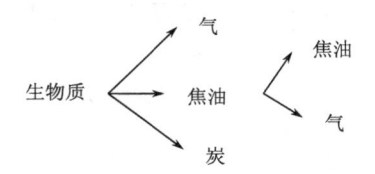

图5-3 Bradbury生物质分解反应途径

Ⅱ.加工工艺

热裂解液化的一般工艺包括物料干燥、粉碎、热裂解、固液分离、气态木质燃料油冷却、木质燃料油纯化和木质燃料油的收集。

干燥：一方面降低物料的含水率，提高热裂解效率；另一方面减少木质燃料油中的水分。通常控制物料的含水率在10%以下。

粉碎：为了提高热裂解效率和木质燃料油的产率，使物料达到理想的粒度。一般来说，不同的反应器对物料粒度有不同的要求，旋转锥要求物料粒径小于200μm，流化床要求物料粒径小于2mm，传输床或循环流化床要求物料粒径小于6mm。

热裂解：热裂解是整个加工工艺的精髓和关键，其分为慢速裂解、常规裂解和快速裂解3种。慢速裂解是使物料在温度约400℃的条件下长时间裂解，其可得到最大量的焦炭，产率为35%。常规裂解是将物料置于500℃的温度下，以10～100℃/min 的低加热速率和 0.5～5s 的停留时间获得相等比例的气态、液态和固态产物。快速裂解是将物料置于 500～600℃ 的常压下，以 10^3～10^4℃/s 的高加热速率和 0.5～2s 的停留时间实现瞬间气化，其可获得最大量的木质燃料油，产率可达到70%～80%，快速裂解常用的工艺是流化床或循环流化床。

固液分离：热裂解得到的炭会催化木质燃料油发生二次裂解，因此要尽快将炭从产物中分离。

气态木质燃料油冷却：热裂解中的挥发成分停留的时间越长，二次裂解生成不可冷凝气体的可能性就越大，因此要快速冷却挥发产物。

木质燃料油纯化：一般通过蒸馏的方法将水等物质从液体产物中分离出来。

木质燃料油的收集：木质燃料油的收集是热裂解液化工艺过程的最后阶段，以获得目标产物。

Ⅲ.影响因素

温度是影响木质燃料油组成的首要因素，温度的变化可以改变热裂解的反应速率和产物的量。一般来说，在 500～650℃ 进行的快速裂解可使产率达到80%。

物料种类、粒径、形状及粒径分布等对热裂解也具有重要影响，通常物料粒径越大，在一定温度下达到一定转化率所需的时间就越长。研究发现，在快速裂解过程中，当物料粒径小于 1mm 时，可有效减少炭的产量，从而提高木质燃料油的产量。

此外，较短的固相滞留期和较高的升温速率对木质燃料油的产出具有促进作用。

Ⅳ.热值

生物油是木质废弃物在高温和催化剂的作用下经过裂解制成的，生物油的含水率越高，其热值越低，但生物油的稳定性有所提高。25%含水率的生物油热值为 17MJ/kg，相当于同等质量的汽油或柴油热值的40%。表 5-9 列出了木屑热裂解生物油的典型物理性质和典型值。

表 5-9　木屑热裂解生物油的典型物理性质和典型值（刘一星，2005）

物理性质	典型值	物理性质	典型值
含水率/%	15～30	C 含量/%	56.4
pH	2.5	H 含量/%	6.2
相对密度	1.10～1.20	O 含量/%	37.3
高位热值/（MJ/kg）	16～19	N 含量/%	0.1
黏度（40℃，含水率25%）/（mPa·s）	40～100	灰分含量/%	0.1
固体杂质含量/%	1		

B. 高压液化制备木质燃料油

与热裂解技术相比，高压液化技术尚处于实验室或中试阶段。Yamada 和 Ono（2001）研究发现，纤维素在碳酸亚乙酯中液化的反应速率比在多元醇中液化的反应速率快约 10 倍，其液化产物可与聚异氰酸酯合成树脂或作化学品的原料。Sharypov 等（2002）研究发现，生物质和塑料在共裂解过程中产生了良好的协同作用。戈进杰等（2003）以聚乙二醇和一缩二乙二醇为试剂，在硫酸的催化作用下高压液化玉米棒，玉米棒的主要成分多聚糖和木质素能被液化，液化率可达 90%。

Ⅰ.反应原理

高压液化将纤维素、半纤维素和木质素降解为低聚体，再经过脱羟基、脱羧基、脱水或脱氧而形成小分子化合物，进而通过缩合、环化、聚合成新的化合物。纤维素裂解的产物主要是左旋葡萄糖及少量的水、醛、酮、醇和酸等，半纤维素的裂解产物主要有乙酸、甲酸、甲醇、酮和糠醛等。纤维素的热稳定性较低，在 52℃时即开始发生热解，其热解机理如下。

$$(C_6H_{10}O_5)_n \rightleftharpoons nC_6H_{10}O_5 \quad (果糖)$$

$$C_6H_{10}O_5 \rightleftharpoons H_2O + 2CH_3\text{-}CO\text{-}CHO \quad (甲基乙二醛)$$

$$CH_3\text{-}CO\text{-}CHO + H_2 \rightleftharpoons CH_3\text{-}CO\text{-}CH_2OH \quad (乙缩醛)$$

$$CH_3\text{-}CO\text{-}CH_2OH + H_2 \rightleftharpoons CH_3\text{-}CHOH\text{-}CH_2OH \quad (丙二醇)$$

$$CH_3\text{-}CHOH\text{-}CH_2OH + H_2 \rightleftharpoons H_2O + CH_3\text{-}CHOH\text{-}CH_3 \quad (异丙醇)$$

木质素的降解产物主要是芳香族化合物和少量的酸、醇等。在 250℃时，木质素受热分解，产生酚自由基，自由基经过缩合和重聚等化学过程形成固体残留物，从而降低了木质燃料油的产率，因此通常在反应体系中加入稳定剂来抑制中间产物发生缩聚反应。其降解过程如下。

$$木质素 \rightarrow 2R\cdot$$

$$R\cdot + DH_2 \longrightarrow RH + DH\cdot$$

$$R\cdot + DH \longrightarrow RH + D\cdot$$

$$Ar\cdot + ArH \longrightarrow Ar\text{-}Ar + H\cdot$$

$$ArO\cdot + ArO\cdot \longrightarrow 二聚物$$

Ⅱ.加工工艺

高压液化的一般工艺包括物料干燥、粉碎、高压液化、固液分离、气态木质燃料油冷却、木质燃料油纯化和木质燃料油的回收。其过程与热裂解制备木质燃料油相似，其中高压液化是工艺的核心部分，其主要有两种途径，一种是氢/供氢溶剂/催化剂路线，一种是 CO/H_2O/碱金属催化剂路线。对于木质燃料油纯化阶段，除分离出水外，还要分离出有机溶剂等。

III. 影响因素

高压液化产率的影响因素主要有木质原料、反应温度、反应压力、反应时间、溶剂、催化剂和液化设备等。

木质原料：木质素含量对高压液化产率具有重要影响，但受溶剂和催化剂的影响，对其评价具有一定的争议，有的研究结果显示，木质素含量增加会降低木质燃料油的产率，同时增加固体残留物的含量；也有学者认为，木质素含量增加有助于提高木质燃料油的产率。

反应温度：纤维素和半纤维素相比于木质素更容易裂解，碱催化液化过程中，纤维素糖苷键从170℃时开始分解为小分子物质，木质素在200～400℃时发生裂解，随着温度继续升高，液体产物继续降解生成焦炭。一般认为，高压液化的合理温度范围是250～350℃，且随着温度的升高，液体产物中重油的碳含量增加，氢含量几乎不变，氧含量减少，利于液化反应进行。较高的升温速率也有利于液体产物的生成。

反应压力：反应一般在惰性气体或还原性气体中进行，压力一般在10～29MPa，还原性气体利于木材降解，提高液体产物的产率，但是成本较高。

反应时间：时间短则反应不完全，时间长引起中间体再聚，降低液体产物中重油产量，一般反应时间控制在10～45min较佳。

溶剂：溶剂一般要具备溶解性、溶胀分散作用、抑制性、供氢和稀释性。主要是水和有机溶剂，水具有廉价、环保等优点，但对反应条件要求较高。有机溶剂的溶解力较强，反应条件温和，液化效果显著，但成本较高，且污染环境。

催化剂：常用的催化剂是均相催化剂和多相催化剂，均相催化剂是可溶于溶剂的酸、碱、碱式盐等，多相催化剂是金属催化剂或负载型催化剂。溶剂为水时，普遍选用碱式催化剂提高反应速率。

液化设备：实验室研究普遍采用间歇式高压釜，其操作方便，但是不宜大规模工业化生产，相比之下连续流动式的高压液化更易于推广，且有研究表明，连续流动式反应的液化率高于间歇式反应（郝小红和郭烈锦，2002）。

C. 超临界萃取制备木质燃料油

超临界液化兼有气体的物质转移能力和液体的溶剂特征，超临界流体几乎不存在表面张力，且低黏度又利于流动，因此十分适合处理木材这类多孔性材料。Saka 等（1998）研究发现，在500℃、35MPa 和20s 的反应条件下，针叶树材和阔叶树材均能水解为葡萄糖、木糖和果糖等。彭军等（2009）研究了低温高压液化制备木质燃料油的方法，其选用有机溶剂和 HZSM-5 分子筛催化剂，但反应时间较长。

超临界萃取的一般流程是先将木材和超临界流体置于萃取器内,混合反应一段时间后,将含有萃取物的超临界流体注入分离器,调节温度和压力降低其密度,从而将萃取物和超临界流体分开,流体经过降温和压缩,再送回萃取器中循环使用(Kucuk and Agirtas,1999)。

超临界萃取技术的优点在于不需要还原剂和催化剂,且具有较高的溶解能力,可从反应区快速除去木炭和中间反应产物,减少固体产物的含量。此外,溶剂分子对生成物具有保护作用,可抑制其发生二次反应,从而提高液体产物的产量。

D. 发展前景

木质燃料油可作为燃料使用,适合中小型燃煤锅炉,从而减少煤的使用量或替代煤。木质燃料油还可以作为香料、溶剂、树脂等合成材料的原料使用。此外,木质燃料油还可以加工为肥料和土壤调节剂,其含有的多种微量元素能控制土壤酸度,刺激农作物生长,且能够缓解氮肥造成的水污染问题。

2)生物乙醇

1kg生物乙醇完全燃烧释放的热量约30 000kJ,是一种优质液体燃料,且能够直接替代汽油、柴油等石油燃料,属于绿色能源。传统的乙醇生产方式是利用石油裂解出的乙烯气体来合成乙醇,常用的方法有乙烯直接水合法、硫酸吸附法和乙炔法等。在环境保护体制下,乙醇生产方法已经逐步由合成法向生物发酵法过渡,目前,国外的乙醇约80%是通过生物发酵法制得的。木材中的纤维素和半纤维素是乙醇的主要生产原料,其含量占木材的65%~75%,1t木材的乙醇产量约160L。理论上,木材的乙醇产量与玉米、木薯的乙醇产量接近,但低于马铃薯和甘蔗的乙醇产量,这是因为马铃薯和甘蔗中的淀粉含量和糖含量较高,且淀粉和糖的水解较纤维素容易得多。

A. 反应原理

自然界中的细菌、酵母菌等微生物在无氧的条件下能够通过糖酵解过程获得能量,同时产生不同的发酵产物。1mol固体葡萄糖经过酵解可产出2mol乙醇,理论上1mol固体葡萄糖的燃烧热为2.816MJ,1mol乙醇的燃烧热为1.371MJ,因此能够回收约97.37%的能量,但实际生产中,纤维素转化为糖和糖转化为乙醇的反应均为不完全反应,且微生物自身生长和杂菌的存在都会消耗一部分葡萄糖,此外,乙醇还具有易挥发性,因此实际值一般均低于理论值。半纤维素的水解产物主要是以木糖为主的五碳糖,由木糖转化为乙醇的化学计量方程式可知,100g木糖酵解可获得51.1g乙醇,其产量还是比较可观的,但一般的酵母不能酵解木糖,目前通常采用3种方法来解决这一问题,第一种方法是用木糖异构酶将木糖异构为木酮糖,再经过木酮糖激酶作用转化为木酮糖-5-磷酸,进而在酵母的作用下经过戊糖磷酸化和糖酵解制得乙醇;第二种方法是寻找能够直接酵解五聚糖的天然微生物,但野生酵母很难适应大规模工业化生产,实际应用性较差;第三种方法是用基因工程技术构建发酵五聚糖的微生物,这种方法在目前受到广泛推崇,并已经取得了一些进展。

B. 加工工艺

乙醇发酵工艺有直接发酵法、间接发酵法、混合菌种发酵法和同时糖化发酵法等。直接发酵法是利用纤维分解细菌直接发酵纤维素生产乙醇,不需要经过酸解或酶解前处理过程;间接发酵法是先用纤维素酶水解纤维素生成糖,再发酵获得乙醇;混合菌种发酵法是应用多种微生物,在酶解过程中利用木质纤维素水解液中的葡萄糖、木糖、阿拉伯糖等混合物生产乙醇的发酵工艺;同时糖化发酵法是将纤维素的酶水解和糖化产物发酵过程置于同一装置内进行,其能够消除葡萄糖对纤维素酶的反馈抑制作用,其方法简单,生产效率高,但同时受到一些因素制约,如木糖的抑制作用、温度等。

C. 影响因素

生物乙醇生产的主要影响因素是微生物的自身特性,野生菌种基本不能达到大规模工业化生产要求,基因工程技术是解决这一问题的重要途径。目前,基因工程操作已经获得了能够同时酶解葡萄糖和阿拉伯糖的转基因运动发酵单胞菌(*Zymomonas mobilis*)和大肠埃希氏菌(*Escherichia coli*),还开发出能生产乙醇的转基因产酸克雷伯菌(*Klebsiella oxytoca*)。此外,发酵温度、酸碱度、溶氧浓度等反应条件,以及发酵工艺和设备对乙醇的产率也具有重要影响。

D. 发展前景

木质纤维素是自然界中庞大的潜在可再生能源资源,应用生物技术将木质纤维素转化为乙醇能有效缓解环境危机,具有广阔的应用前景和较高的应用价值。近年广泛研究和利用纤维素酶克隆技术、固定化技术、微生物发酵技术和代谢工程技术生产生物乙醇,但问题是其成本偏高,能耗偏高,导致生物乙醇的价格无法与粮食乙醇价格相抗衡。解决这一问题的主要方法是选育高产纤维素酶、木素酶菌种,研究固体发酵技术,优化改进酶解技术,并开发低能耗乙醇回收技术。

3)生物柴油

早在1911年,Rudolf Diesel 就提出用植物油来驱动柴油机,从而带动农业的发展,其原因在于植物油的发热量为37~39GJ/t,稍小于柴油的42GJ/t。但研究发现,植物油的燃烧不完全,会在汽缸中残留许多未燃碳,所以将植物油转化为柴油使用将更为合理,从而提出生物柴油,即以植物油、动物油脂、废餐饮油等油脂为原料,经过一系列加工处理得到的液体燃料,其可作为石油、柴油的替代品使用。生物柴油的优点在于:可直接用于柴油发动机,不影响运转性能;相比于其他替代燃油,生物柴油的热值最高;生物柴油的闪点是柴油的2倍,使用、处理、运输和储藏都更为安全;相比于其他燃油,获得单位能量的生物柴油耗能最少;所有燃油中,只有生物柴油能达到美国《清洁空气法》的检测标准。

A. 生产原料

国外普遍采用的原料有大豆、动物脂肪、蓖麻油、油菜籽、向日葵、棕榈油、回收食物油等。根据我国国情，大豆、花生、葵花籽、油菜等油料作物的植物油产量尚不能满足国内食物油消费需求，且我国是全球最大的食用油进口国，因此，国外的生产方法在我国很不现实。依据我国能源作物现状，我国有 400 余种产油植物，主要包括大戟科、夹竹桃科、桑科、菊科、桃金娘科和豆科等。其中油桐、小桐子、光皮树、油楠等产油量大，油料性能接近普通柴油；而续随子、蒲公英、油莎草等繁殖力强，生产周期短，产量大，环境适应性极强。我国山地资源比较丰富，发展木本油料植物具有一定的潜力，同时可以研发生物技术来提高油料作物的产量和含油率。

B. 反应原理

植物油脂种类繁多，但基本都是由甘油三酯构成，物化性质相似。1 分子甘油脂肪酸三酯经反应转化为 3 分子脂肪酸单酯，减小了相对分子量，改变了物化性质，提高了燃烧性能。

Ⅰ.水解反应

溶液的酸碱度不同，油脂的水解反应过程不同。在酸性溶液中，酯上的羰基与溶液中的氢离子结合，强化羰基碳的正电性，从而发生亲核加成反应。在碱性溶液中，碱与水解生成的脂肪酸发生反应，破坏反应平衡，使反应向单一方向进行，生成高级脂肪酸盐。

Ⅱ.酯化反应

油脂水解后，加入甲醇，通过酯化反应得到脂肪酸甲酯，反应如下。

$$R\text{-}COOH + CH_3\text{-}OH \rightleftharpoons CH_3\text{-}O\text{-}CO\text{-}R + H_2O$$

此反应是一个可逆反应，为了提高脂肪酸甲酯的产量，破坏反应平衡，通常添加过量的甲醇或脂肪酸，并通过加热等方法从反应相中除去生成的水。如果生成的酯的沸点很低，也可将酯蒸馏出来。

Ⅲ.酯交换反应

酯交换反应是将油脂与甲醇在催化剂的作用下直接生成脂肪酸单酯和甘油，与酯化反应的区别在于油脂不需要预先经过水解。催化剂可以是酸或碱，一般酸催化的反应温度和反应时间都高于碱催化。酯交换反应目前是国内生产生物柴油的主选方法。

C. 生产工艺

目前生物柴油生产普遍采用的是酯交换法，其工艺流程如图 5-4 所示。

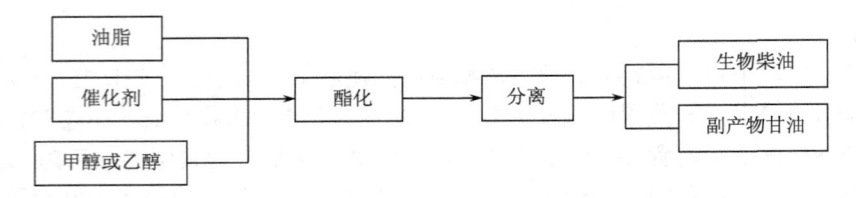

图 5-4　生物柴油生产的一般工艺流程

D. 发展前景

生物柴油是继生物乙醇之后的第二大生物液体燃料，对我国坚持走可持续发展道路具有重大意义，其可缓解我国柴油供应紧张的状况，替代部分进口柴油，改善我国燃油结构，保护环境并节约资源。但生物柴油普遍面临的问题就是庞大的生产成本，可着眼于原料和加工工艺来解决这一问题，一是充分利用动植物油的精炼下脚料，高效回收废食用油；二是研发酶催化技术，提高生物柴油产率，缩短加工周期。

3. 气体燃料

生物质可通过生物过程和化学过程转化为气体，并作为燃料使用。生物过程一般指厌氧消化反应制备沼气等，化学过程是通过热化学过程将生物质裂解为气体，如俗称的水煤气等。

1）沼气

沼气是有机废弃物、有机废水、工业废水、城市污水、垃圾、水生植物和藻类等有机物质通过厌氧发酵过程转化而来的，属于清洁能源，既可替代部分石油燃料，又利于生态环境建设。沼气的主要成分有甲烷、二氧化碳、氢气、氮气、一氧化碳、硫化氢和氨气等。一般情况，甲烷的含量在 50%～70%，二氧化碳含量在 30%～40%，其他气体含量极少。$1m^3$ 沼气的热值约 21 520kJ，相当于 $1.45m^3$ 煤气或 $0.69m^3$ 天然气的热值。沼气广泛存在于江河湖海的底层及沼泽、池塘、积水的粪坑。地球上每年光合作用生成的有机物，约有 5%以各种形式被微生物分解为沼气。我国在 20 世纪 20 年代出现了沼气生产利用装置，目前已经广泛应用于农业、工业及人类日常生活当中，沼气是极具发展前景的可再生能源。

A. 反应原理

一般认为任何有机物的分解终产物都是沼气，其主要是由五大生理类群的细菌共同参与的结果。这五大生理类群细菌主要是发酵性细菌、产氢产乙酸菌、耗氢产乙酸菌、食氢产甲烷菌和食乙酸产甲烷菌。前三类群完成水解酸化过程，后两类群完成产甲烷过程。

Ⅰ.发酵性细菌

发酵性细菌种类繁多,有拟杆菌、丁酸菌、乳酸菌、双歧杆菌和螺旋体等,其多数为厌氧菌和兼性厌氧菌。沼气发酵的主要化学成分有纤维素、半纤维素、淀粉、果胶质、脂类和蛋白质,这些有机物大多不溶于水,需要先经过发酵性细菌分泌的胞外酶分解为可溶性糖、氨基酸和脂肪酸,然后再被微生物进一步吸收利用,吸收后经发酵转化为乙酸、丙酸、丁酸脂肪酸和醇类,同时产生一定量的氢气和二氧化碳。乙酸、丙酸和丁酸脂肪酸统称为总挥发酸,其中乙酸的含量最多。当有机物中含有蛋白质时,产物还包括氨和硫化氢。

Ⅱ.产氢产乙酸菌

发酵性细菌酵解产生的有机酸和醇类中,只有乙酸、甲酸和甲醇能被产甲烷菌直接利用,其余产物必须由产氢产乙酸菌分解为乙酸、氢气和二氧化碳后方可利用。其反应过程如下。

丙酸:$CH_3CH_2COOH + 2H_2O \longrightarrow CH_3COOH + CO_2 + 3H_2$

丁酸:$CH_3CH_2CH_2COOH + 2H_2O \longrightarrow 2CH_3COOH + 2H_2$

乙醇:$CH_3CH_2OH + H_2O \longrightarrow CH_3COOH + 2H_2$

乳酸:$CH_3CHOHCOOH + H_2O \longrightarrow CH_3COOH + CO_2 + 2H_2$

前三种反应产生的氢气的反馈作用抑制了反应的连续进行,必须在反应体系中加入产甲烷菌,利用产甲烷菌的耗氢原理降低体系中的氢分压,从而保证反应顺利进行。产氢菌和食氢菌之间的生理代谢联合称为互营联合,是推动沼气发酵稳定连续进行的生物力。

Ⅲ.耗氢产乙酸菌

已分离得到的耗氢产乙酸菌有伍德乙酸杆菌、威林格乙酸杆菌、嗜热自养梭菌等,其属于既能自养又能异养的营养型细菌,既能将氢气和二氧化碳转化为乙酸,又能将糖类酵解为乙酸。其反应过程如下。

$$4H_2 + 2CO_2 \longrightarrow CH_3COOH + 2H_2O$$

$$C_6H_{12}O_6 + 2H_2O \longrightarrow 2CH_3COOH + 2CO_2 + 4H_2$$

Ⅳ.产甲烷菌

产甲烷菌包括食氢产甲烷菌和食乙酸产甲烷菌,是厌氧消化过程中的最后一步在没有外源氢受体的情况下,其将前三类群细菌的代谢产物(乙酸、氢气和二氧化碳)转化为气体甲烷和二氧化碳。

发酵过程中,产甲烷菌与产酸菌生活在一起,产酸菌既把氧气消耗殆尽,又产生大量还原性物质,不仅为产甲烷菌创造食物,而且为其创造生存条件。同时产甲烷菌消耗产酸菌的代谢终产物,保证产酸菌代谢的顺利进行。产甲烷菌只能代谢少数几种有机物，其反应过程如下。

$$11H_2/CO_2: 4H_2 + CO_2 \longrightarrow CH_4 + 2H_2O$$

$$甲酸：4HCOOH \longrightarrow CH_4 + 3CO_2 + 2H_2O$$

$$甲醇：4CH_3OH \longrightarrow 3CH_4 + CO_2 + 2H_2O$$

$$乙酸：CH_3COOH \longrightarrow CH_4 + CO_2$$

上述反应中，乙酸的代谢过程是主反应过程，一般在厌氧消化器中 70%以上的甲烷是由乙酸酵解产生的，其余多数来自于氢和二氧化碳的还原。此外，产甲烷菌的生长还需要微量的镍、钴、钼和铁。一般情况，产甲烷菌的生长 pH 在中性范围，pH 低于 5.5 时会完全停止发酵。

B. 反应过程

城市固体有机废弃物的发酵过程如图 5-5 所示。生活垃圾经过综合分选、精细分选除去其中含有的金属、塑料和玻璃等，得到的有机物质进入发酵体系，经过均质、水解、酵解等一系列反应得到沼气和沼渣，沼渣再通过营养复配和脱水得到优质有机肥。

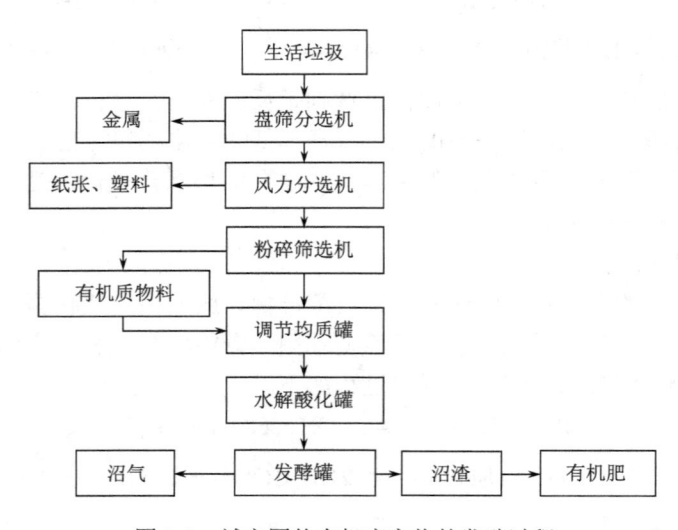

图 5-5 城市固体有机废弃物的发酵过程

C. 发展前景

随着环保意识的逐渐加强和环保体制的逐渐完善，沼气工程项目已经逐步从中小型项目向大中型项目过渡，由低效率的传统发酵池向高效厌氧消化系统转化。目前，我国大中型沼气工程的数量居世界之首，在原料利用、负荷率、产气率等方面都达到了国际先进水平。从长远发展角度来看，还应注重废物资源综合利用及环境、生态、能源和经济效益的密切关系，从而保证沼气工程的长远发展。

2）生物质燃气

生物质燃气是通过生物质气化技术制得的，其含有一氧化碳、氢气、甲烷等可燃气体及氮气等，生物质燃气也叫作可燃气或气化气。生物质燃气的热值主要取决于气化剂的种类和气化炉的类型，以空气为气化剂，在固定床和单流化床气化炉中生成的燃气的热值一般在 $4200\sim7560kJ/m^3$，属于低热值燃气。若采用氧气或水蒸气为气化剂，燃气的热值在 $10\ 920\sim18\ 900kJ/m^3$。若以氢气为气化剂，热值则高达 $22\ 260\sim26\ 040kJ/m^3$。

生物质燃气可用于供热、供电、供气等，如果脱除燃气中的二氧化碳和硫化氢即可应用到发动机中。此外，其还可作为化工原料，如合成甲醇、氨等，甚至可以考虑用作燃料电池的燃料。

A. 加工原料

生物质燃气的加工原料主要是原木生产和木材加工的剩余物、薪柴、农业副产品等，包括树皮、木屑、枝丫、秸秆、稻壳、玉米芯等，价格便宜，来源广泛。其共性是挥发分高、灰分少、易裂解。

B. 反应原理

生物质的气化过程十分复杂，与气化炉类型、工艺流程、反应条件、气化剂等密切相关。但基本上均含有如下反应。

$$C + O_2 \longrightarrow CO_2 + 408\ 860J$$

$$CO_2 + C \longrightarrow 2CO - 162\ 297J$$

$$2C + O_2 \longrightarrow 2CO + 246\ 447J$$

$$2CO + O_2 \longrightarrow 2CO_2$$

$$H_2O + C \longrightarrow CO + H_2 - 118\ 742J$$

$$2H_2O + C \longrightarrow CO_2 + 2H_2 - 75\ 186J$$

$$H_2O + CO \longrightarrow CO_2 + H_2 - 43\ 555J$$

$$C + 2H_2 \longrightarrow CH_4$$

上述反应是在不同气化阶段完成的，生物质进入气化炉后依次进入氧化层、还原层、热分解层和干燥层，在氧化层中，氧气耗尽，生成大量二氧化碳，释放大量的热。同时，由于供氧不足，部分碳生成一氧化碳，也释放出部分热量。此阶段中二氧化碳是主要成分，一氧化碳的量不多。在还原层中，二氧化碳和水被还原成一氧化碳并吸收部分热量。在热分解层，燃料中的挥发物进行蒸馏，其产物混入燃气中。在干燥层，燃气中的水分蒸发，得到终产物。其中，氧化层是有效层，还原层则决定了燃气的品质和产量。

  C. 加工工艺

  加工工艺依据气化炉类型而不同，常见的是固定床气化炉和流化床气化炉。其中，固定床气化炉还分为上流式固定床、下流式固定床、横流式固定床和开心式固定床。不同的气化炉，在物料投入前，物料要根据需要进行适当的干燥和机械加工处理。气化炉中回收的产物还需要依次经过焦油转化器、热回收交换器和干燥燃气净化装置等，从而得到最终的生物质燃气。

  D. 发热值

  表 5-10 和表 5-11 分别为生物质燃气和普通燃气的主要成分和热值，生物质燃气中的可燃成分是氢气、一氧化碳和甲烷，热值较低；普通燃气的可燃成分是甲烷及其他碳氢化合物（C_mH_n），热值较高。生物质燃气的热值远低于普通燃气的热值，而二氧化碳的排放量是普通燃气的二倍多，生物质燃气的理化特性和燃烧特性均低于普通燃气，然而生物质燃气对能源回收利用的贡献还是不容忽视的，但还需进一步提高生物质燃气中可燃成分的含量。

表 5-10   生物质燃气的主要成分和热值

原料	成分/%						热值/(kJ/m³)
	H_2	CO	CH_4	CO_2	N_2	O_2	
木屑	13.98	20.20	3.95	9.15	52.02	1.20	5894.00
果树剪枝	12.50	19.89	3.96	9.56	53.33	1.78	5676.00
木秸混料	12.76	20.31	2.94	10.08	53.13	1.45	5371.00
玉米芯	12.30	22.50	2.32	12.50	48.98	1.40	5032.80
棉秸	11.50	22.70	1.92	11.60	50.78	1.50	5585.20
玉米秸	12.20	21.40	1.87	13.00	49.88	1.65	5327.70
麦秸	8.50	17.60	1.36	14.00	56.84	1.70	3663.50

表 5-11   普通燃气的主要成分和热值

燃气种类	成分/%							热值/(kJ/m³)
	H_2	CO	CH_4	CO_2	N_2	O_2	C_mH_n	
焦炉煤气	47.30	10.80	21.30	4.60	10.60	1.20	4.20	17 270
天然气	0.00	0.00	81.70	0.70	1.80	0.20	15.60	52 820
石油液化气	0.00	0.00	1.30	0.80	1.00	0.00	96.90	122 260

  E. 发展前景

  生物质燃气可用于供电和供气，但要想大面积推广使用急需解决几个问题：一是燃气中含有焦油、灰分和水分，如果不除去会严重影响使用，目前这一问题正通过焦油转化器和燃气净化装置逐步解决；二是气化站建设投资成本高，而产出的燃气仅能作为居民生活燃料，经济效益较差；三是原料的需求量问题，若燃气用于北方供暖，则需要的气化原料较多，因此原料的供应、储存和运输都带来一系列的问题；四是北方地区燃气储气和输气系统的防冻问题，目前普遍使用的湿式储气罐，其在冬季无法正常运行，目前的解决方法是使用干式储气罐，其正在试验推广中。

3）生物制氢

氢是一种高效、洁净的可再生资源，自20世纪90年代受到全球格外重视。生物制氢是氢能发展计划的重要组成部分，尽管距离实际推广还具有较大的差距，但生物制氢操作条件温和、能耗低，是理想的制氢技术，因此受到世界的普遍关注，并被视为重点关键课题进行攻克。因为生物制氢主要是利用产氢微生物，而非木材，因此这里仅作简要阐述。

A. 生物制氢体系

自然界中能够利用的产氢微生物是绿藻、蓝藻、光合细菌和发酵细菌4类。绿藻和蓝藻依靠体内的光合作用系统吸收太阳能光解产氢，并释放出氧气。光合细菌和发酵细菌则是通过厌氧光发酵或暗发酵分解还原性有机物制氢，并生成二氧化碳。不同类型微生物的产氢酶、抑制物和优缺点不尽相同。绿藻是以水为电子供体，以可逆性氢酶为产氢酶，当体系中存在一氧化碳和氧气时，反应弱化或停止，其通过水解的方式产氢，且太阳能转化效率是树木和稻谷的10倍左右。蓝藻同样是以水为电子供体，但是以固氮酶为产氢酶，并受到氧气、氮气和NH_4^+的抑制，其优点在于能够固定大气中的氮气，但制得的氢气不是纯净物，还混有30%的氧气和部分二氧化碳。光合细菌是从有机物中夺取电子，通过固氮酶制氢，同样受氧气、氮气和NH_4^+的抑制，且产物是氢气和二氧化碳的混合物，此外，发酵液对环境造成污染，需进行处理。发酵细菌也是从有机物中夺取电子，以可逆性氢酶为产氢酶，受到一氧化碳和氧气的抑制，其优点在于不需要光照也可以制氢，并能利用各种碳源，其厌氧过程不会受到氧气的抑制，但其产物中也混有二氧化碳，并且排放的发酵液需要及时进行处理。

产氢酶有氢酶和固氮酶两种，其在微生物制氢过程中直接还原质子为氢气。

Ⅰ.氢酶

按催化功能分类，氢酶有吸氢酶和可逆性氢酶两种；按酶蛋白的活性中心金属分类，氢酶有铁氢酶、镍铁氢酶和无金属氢酶三种。一般认为，氢酶是一种铁硫蛋白，且绝大多数氢酶含有镍。不同微生物含有的氢酶具有一定差异性，目前对蓝藻中氢酶的研究较为深入。蓝藻中含有吸氢酶和双向氢酶两种，两者联合调控制氢。吸氢酶对温度较为敏感，无一氧化碳的竞争抑制；双向氢酶是可逆性氢酶的一种，对氧极为敏感，热稳定性差，对氢有高度的亲和力。绿藻中的氢酶为可逆性氢酶，主要有镍铁氢酶和铁氢酶两种。

Ⅱ.固氮酶

固氮酶是由两个蛋白质分子构成的金属复合蛋白酶，在常温、常压下可将氮气还原为氨气。目前，在蓝藻中发现了两种由钒和铁替代钼的二氮酶，但是绝大多数二氮酶为钼铁蛋白。组成固氮酶的另一种蛋白质是铁蛋白，又称二氮还原酶，其在 Mg-ATP 的条件下，能将外供体的电子转移给二氮酶。固氮酶的催化反应存在氧气抑制现象，同时氮气和 NH_4^+ 对微生物的固氮效应也具有抑制作用。

B. 生物制氢过程

生物制氢过程主要有微藻光生物水解制氢、光合细菌光分解有机物制氢、有机物暗发酵制氢和光合细菌与发酵细菌混合制氢 4 类。

微藻光生物水解制氢涉及的微生物是绿藻和蓝藻，借助其光合作用系统 PSⅠ和 PSⅡ进行制氢过程，PSⅡ吸收光能，光解水产生氧气、质子和电子。PSⅠ产生还原剂用于二氧化碳的固定和氢气的形成。

光合细菌只具有光合系统 PSⅠ，PSⅠ在限氮等条件下，有机质被光氧化产生电子，并利用固氮酶将氢原子还原为氢气。

有机物暗发酵制氢是通过有机物的降解提供生物合成所需的能量，并产生过剩的电子流，微生物中的氢酶利用过剩电子产生氢气。

光合细菌与发酵细菌混合制氢系统中，发酵细菌将有机质酶解为有机酸，同时氢酶消耗电子，还原质子为氢气，产生的有机酸再由光合细菌中的固氮酶在光照条件下制氢。

C. 发展前景

生物制氢是最为理想的制氢技术，但其巨额成本无法达到能源氢的需求，据估算，绿藻光解水制氢的成本约 10 美元/GJ，有机物发酵制氢的成本约 40 美元/GJ，煤和生物制氢成本约 4 美元/GJ，电解水制氢成本约 10 美元/GJ，可见，绿藻光解水制氢具有一定的发展空间，但需以至少 10%的光能利用效率为前提。因此，从实际角度出发，产氢酶的改良是今后研究的关键与重点，同时应该对产氢体系进行改造以提高光能转换效率。此外，氢气的纯化和相关安全生产工艺都应配套实施。

5.2.2.2 电能

《说文解字》有"电，阴阳激耀也，从雨从申"。《字汇》有"雷从回，电从申。阴阳以回薄而成雷，以申泄而为电"。中国古代对电的了解不多，古籍曾有记载，当琥珀或玳瑁经摩擦后，便能吸引轻小物体。公元前 600 年左右，古希腊哲学家 Thales 亦发现了这一现象，并称之为静电（static electricity），而英文"electricity"在古希腊文中的意思就是"琥珀"。

电与人类的生产生活息息相关，亦是一个国家现代化水平的标志之一。人类历史上对于电的利用主要有火力发电、水力发电、核能发电、地热发电、风力发电、潮汐发电和太阳能发电等。随着环保意识的增强和工程技术的不断革新，可再生能源发展迅猛，出现的一些新的能量转换方式为能量转换利用提供了思路，如利用机械振动实现机械能向电能转变的压电，利用摩擦实现机械能向电能转变的摩擦电荷驻极体，利用低品位热能实现热能向电能转变的热电、热释电和热化学电池系统等（Wang and Song，2006；Wang，2007；Li，2016，2018）。

1. 水伏器件

水覆盖了地球表面71%的面积，吸收了约35%太阳辐射到地球的能量，其在地球上动态吸纳释放能量的年平均功率达60万亿 kW，比全球目前年平均能量消耗功率高3个数量级，但是目前大部分以低品质内能存在于水中的能量难以被利用，直到近几十年纳米技术的发展，使其成为可能。碳纳米材料与水界面相互作用能够将水中蕴含的低品质内能转变为电能，这种现象被称为水伏效应。

1）反应原理

木材作为多孔材料，通过碳化能够形成具有高比表面积和定向纳微米孔结构的木材遗态材料，毛细作用和表面蒸发作用使溶液在木材遗态材料的孔道内定向流动，在流动的过程中，溶液离子吸附在碳表面形成双电层，吸附在界面处的离子通过库仑作用吸引木材载流子形成离子-载流子耦合对，并通过表面蒸发作用带动离子-载流子耦合对定向迁移，从而引起木材遗态材料水伏效应。

2）影响因素

碳化温度是影响水伏性能的主要因素，在 500℃以下时，木材热解不完全，形成高电阻率的有机中间相和芳香族化合物，导致载流子迁移过程受阻。而后，随着温度的升高，有机中间相和芳香族化合物逐渐热解转化为无定型碳结构，有利于吸附离子并在木材遗态材料的碳界面处形成双电层，从而表现出水伏性能。

3）发展前景

为进一步提升水伏性能，需在木材碳微米管道内壁构筑微米乳突来增强"棘轮水车"效应。此外，木材遗态材料的驱动能量可以多元化，如环境热能、太阳能和风能等，进一步加快水的蒸发速率，从而提高了器件电能输出。

2. 电化学储能器件

电化学储能器件（如超级电容器、锂离子电池、锂空气电池等）作为若干新兴技术（如电动汽车、智能电网和便携式电子设备等）的电源，具有提供高性能、长使用寿命和良好安全性电源的潜力，因而备受关注。电化学储能器件主要由电极材料、电解质及集流体等部件构成。木材特有的多层级结构为设计木质基电化学储能器件提供了结构基础，木材通过高温碳化或脱木素并负载碳纳米管处理得到高导电基板，其直通道、低弯曲性的特点非常适合电子和离子沿通道方向进行快速传输。

1）超级电容器电极

A. 炭化木材电极材料

炭化木材是通过氧气限制热解处理木材得到的含碳固体残渣，炭化木材具有较大的比表面积和丰富的孔结构，有助于电解质的快速渗透以及电子的快速转移，但是将其直接作为电极，其电化学活性较差，相应的比电容只有每克几十法拉，因此，需要对炭化木材进行活化处理。有学者利用氢氧化钾对炭化木材活化造孔，并用硝酸进一步改性处理来构建多孔木炭电极。此外，也有学者构建了三维结构的 N、S 共掺杂多孔碳骨架，表现出优异的电化学性能。

B. 木基复合电极材料

木材除了炭化后直接作为超级电容器电极外，还可以利用其多孔结构负载活性材料，比如碳材料（石墨烯、碳纳米管等）、金属氧化物（二氧化锰、氢氧化钴等）和具有赝电容特性的导电聚合物材料（聚吡咯、聚苯胺等）。

C. 木基/碳材料复合电极材料

碳材料具有较高的比表面积和良好的电子传导性，可提供稳定的双电层电容，目前常用的碳材料包括活性炭、碳气凝胶、碳纳米管和石墨烯等。基于木材的多孔直通道特性和碳材料的优异电化学性能，可将木材直接作为柔性基板负载材料或者碳化作为高导电基板制备木基/碳材料复合电极。

D. 木基/金属氧化物复合电极材料

金属氧化物/氢氧化物（如二氧化钌、四氧化三钴、氧化镍、二氧化锰、氢氧化镍、氢氧化钴等）是目前比电容和能量密度最高的材料，具有来源丰富、形态多样、低电阻和高功率密度等优点。将金属氧化物与高导电性的木质基板结合起来，能够在改善电极循环性能的同时，最大限度地利用金属氧化物/氢氧化物的法拉第准电容。

E. 木基/导电聚合物复合电极材料

导电聚合物包括聚乙炔、聚吡咯、聚苯胺和聚噻吩，其具有可逆的法拉第氧化还原性质、高电荷密度和较低的成本。导电聚合物和木基碳材料结合在一起，木基碳材料可以通过抑制导电聚合物在重复掺杂/去掺杂过程中的大量体积变化来增强导电聚合物的机械稳定性，这有助于提高超级电容器的循环稳定性。

2）电池电极

A. 锂离子电池电极

混合动力电动车和便携式电子设备的快速发展，对储能器件的性能、循环寿命和安全性等方面提出了更高的要求。锂金属阳极因具有高容量、低阳极电位差而备受关注，但在锂剥离/电镀过程中无限的体积变化导致电解质中间相破裂、低库仑效率和锂的树枝状生长。因此，有学者采用炭化木材作为导电框架，将熔融的锂金属注入炭化木材的直通道中，表面处理后形成电极，可有效限制体积变化，并具有较低的过电位、更稳定的剥离/电镀曲线和更好的循环性能。但木基锂离子厚电极面临锂离子传输能力差、电极循环性能差、库仑效率低、炭化木材力学性能差等问题，木基锂离子厚电极的实用性亟待提高。

B. 锂-空气电池电极

对锂-空气电池的研究兴趣来自其极高的理论比能（11 680Wh/kg），约为商用级电池（13 000Wh/kg）的90%。锂-空气电池的阴极（以多孔碳为主）很轻，而且从环境中吸收的氧气不作为电池的一部分，因此，放电过程不受阴极材料消耗的限制。近期，有学者开发了基于木材的锂-氧和锂-二氧化碳电池，其在促进质量传输和容纳放电产物方面表现出良好的性能。此外，通过杂原子掺杂能进一步改善其催化活性，实现较低的过电位和较高的容量。

C. 锂硫电池电极

硫阴极具有低成本、能量密度高和环境友好的优点，硫阴极的理论容量为1672mA·h/g，对应于2600Wh/kg的高能量密度，其是传统嵌入式阴极的3～5倍。但锂硫电池亦存在一些问题，如硫的绝缘性、循环过程中体积的变化等，针对这些问题，基于木材纳米结构的锂硫电池得以研发。炭化木基底具有各向异性的结构，并且沿着排列的微通道方向具有优异的抗变形性，可以稳定和安全地容纳硫。低扭曲度和开放式微通道也可以使电解质更好地通过复合电极。

5.2.2.3 化学能

随着人类日益增长的能源需求与能源日益短缺矛盾的加剧，新能源尤其是太阳能的开发利用显现出更为重要的地位。光催化是一种新兴的高级氧化技术，具有高效、清洁和处理过程简单、安全性高等显著优点，备受学者关注。光催化是将太阳能转变为化学能，如光解水制氢、光还原二氧化碳等，如果能够大规模地应用，能够有效缓解当下面临的现实问题。此外，光催化还可以利用太阳能降解有机污染物、还原重金属离子、实现自清洁等，是一种理想的环境污染治理技术。光催化在能源开发及环境保护方面具有应用潜力（贡长生和张克力，2001）。

1. 反应原理

光催化剂（多为半导体材料）在一定波长的紫外光或可见光的激发作用下，其价带（VB）电子跃迁至导带（CB）形成自由电子，同时在原位产生空穴。自由电子和空穴均有较强的反应活性，可使目标污染物发生氧化或还原反应而降解（图5-6）。

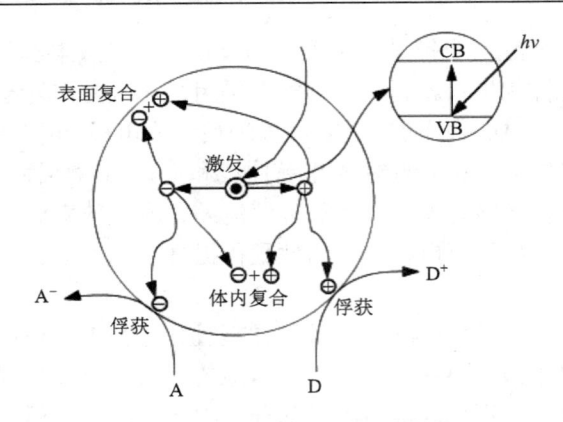

图 5-6 光催化反应原理示意图

光催化反应方程式如下所示（以 TiO$_2$ 为例），可见空穴和电子反应性极强，同时还可与水反应生成各种反应活性极强的自由基，进一步加强催化剂的催化能力。

$$TiO_2 \xrightarrow{hv} h^+ + e^-$$

$$h^+ + H_2O \longrightarrow \cdot OH + H^+$$

$$4h^+ + 2H_2O \longrightarrow O_2 + 4H^+$$

$$e^- + O_2 \longrightarrow \cdot O_2^-$$

$$H^+ + \cdot O_2^- \longrightarrow \cdot HO_2$$

$$2 \cdot HO_2 \longrightarrow H_2O_2 + O_2$$

$$\cdot O_2^- + H_2O_2 \longrightarrow \cdot OH + OH^- + O_2$$

当溶液中存在有机物时，空穴或自由基可将有机物氧化，最终产物为二氧化碳和水，从而实现目标污染物的降解。

$$h^+ + 有机物 \longrightarrow CO_2 + H_2O$$

$$\cdot OH + 有机物 \longrightarrow CO_2 + H_2O$$

2. 加工方法

1）木质模板光催化材料

在光催化剂制备过程中加入木材，通过扩散-吸附-成核-生长步骤，将催化剂负载在木质基材料上，再根据需要调控是否脱除模板或在脱除模板过程中保留少部分碳，形成木材结构光催化剂和木质基碳掺杂的光催化材料。脱除模板的催化剂多为氧化物，如氧化锌、二氧化钛和氧化铜等，这些氧化物本身具有一定的电荷迁移能力，但其微观结构易导致团聚失活、光生电子-空穴复合等现象，不利于光催化反应进行。当赋予其木材的结构后，可显著改变其微观形貌和微粒分散度，提升光电性能。有学者以 2,2,6,6-四甲基哌啶氧化物（TEMPO）氧化纤维素为模板，以草酸铌为前体，通过真空诱导自组装技术合成具有纤维素结构的碳修饰氧化铌复合光催化材料；有学者以落叶松为木材模板,通过溶胶-凝胶方法进行浸渍，制备出的生物结构氧化锌，具有良好的结晶度和木材多孔结构。

2）生物质石墨化光催化材料

生物质主要由纤维素、半纤维素和木质素组成，纤维素是植物细胞壁的主要组成之一，在生物质原料中的含量占 40%~50%，结构相对稳定，是由葡萄糖单体以 β-1,4-糖苷键聚合形成的天然链状大分子，分子链之间由氢键链接。半纤维素是由木糖、阿拉伯糖、甘露糖和半乳糖等不同单体组成的多聚糖，主要分布于植物的初生壁中，其含量占 15%~30%，与纤维素统称为综纤维素。木质素主要存在于木质化植物的细胞壁中，以强化组织结构，其有三种基本结构，即愈疮木基结构、紫丁香基结构和对羟苯基结构。这三大素均可从生物质原料中分离提取，而且这三种组分中的碳元素质量分数均高于 40%，经过一定的热处理后会失去大部分氢元素和氧元素，固体残留物中则绝大多数为碳元素，具有进一步转化为连续石墨化结构的可能性，因此这三种组分均有制备石墨化光催化材料的潜能。有学者以纤维素为原料、Ni 为催化剂，在 900℃反应后得到环形多层石墨化碳材料。有学者将木质素碳化物与金属盐溶液浸渍混合，在 1400℃条件下进行石墨化转化，其产物中具有大面积连续的高度石墨化区，石墨化结构呈环状。

参 考 文 献

费雷德·克鲁普, 米丽娅姆·霍恩. 2010. 决战新能源. 陈茂云, 朱红路, 王轶春, 等, 译. 北京: 东方出版社.
戈进杰, 张志楠, 徐江涛. 2003. 基于玉米棒的环境友好材料研究（Ⅰ）玉米棒的液化反应及植物多元醇的制备. 高分子材料和科学, 19(3): 23-26.
贡长生, 张克力. 2001. 新型功能材料. 北京: 化学工业出版社.
郝小红, 郭烈锦. 2002. 超临界水中湿生物质催化气化制氢研究评述. 化工学报, 3: 221-228.
李双祥, 李坚. 2010. 国产生物质锅炉现状调查报告. 应用能源技术, 5: 23-25.
李学恒, 蒋安众, 姜秀民, 等. 1990. 木质能的燃烧特性. 锅炉技术, 30(4): 17-20, 29.
刘一星. 2005. 木质废弃物再生循环利用技术. 北京: 化学工业出版社.
刘一星, 赵广杰. 2004. 木质资源环境学. 北京: 中国林业出版社.
彭军, 陈平, 楼辉, 等. 2009. 一种生物质油提质的方法: 中国, ZL200810161592.X.
王大中. 2007. 21 世纪中国能源科技发展展望. 北京: 清华大学出版社.
王立海, 孙墨珑. 2009. 小兴安岭主要树种热值与碳含量. 生态学报, 29(2): 953-959.

左然, 施明恒, 王希麟. 2007. 可再生能源概论. 北京: 机械工业出版社.

IEA. 2006. Key World Energy Statistics 2006. Paris: International Energy Agency.

Kucuk M M, Agirtas S. 1999. Liquefaction of *Prangmites australis* by supercritical gas extraction. Bioresource Technology, 69: 141-143.

Li L, Zhang J, Peng Z, et al. 2016. High-performance pseudocapacitive microsupercapacitors from laser-induced graphene. Advanced Materials, 28(5): 838-845.

Li X Y, Tao J, Wang X D, et al. 2018. Networks of high performance triboelectric nanogenerators based on liquid-solid interface contact electrification for harvesting low-frequency blue energy. Advanced Energy Materials, 8(21): 1800705.

Saka S, Takanashi K, Matsumura H. 1998. Effects of solvent addition to acetylation medium on cellulose triacetate prepared from low-grade hardwood dissolving pulp. J Appl Polym Sci, 69: 1445-1449.

Sharypov V I, Marin N, Beregovtsova N G, et al. 2002. Co-pyrolysis of wood biomass and synthetic polymer mixtures.Part Ⅰ: influence of experimental conditions on the evolution of solids,liquids and gases. J Anal Appl Pyrolysis, 64: 15-28.

Wang X D, Song J, Liu J, et al. 2007. Direct-current nanogenerator driven by ultrasonic waves. Science, 316(5821): 102-105.

Wang Z L, Song J H. 2006. Piezoelectric nanogenerators based on zine oxide nanowire arrays. Science, 312(5771): 242-246.

Yamada T, Ono H. 2001. Characterization of the products from ethylene glycol liquefaction of cellulose. J Wood Sci, 47: 458-464.

第 6 章　木材低碳加工

6.1　制　　材

近年来，全球气候变化导致的极端气候事件频发，应对气候变化成为全球治理的重要组成部分（李俊峰和李广，2021）。我国原木木材年总产量高，随着我国经济的迅猛发展及城镇化进程的加快，市场对木材的需求量也在不断增加，但国家对生态环境的保护使得木材的采伐量减少，因此出现了明显的供需矛盾。根据青岛市木材行业协会统计数据显示，2019 年，我国木材进口量突破 1 亿 m^3，其中进口原木突破 5000 万 m^3，进口针叶材突破 7000 万 m^3，进口俄罗斯木材占我国进口木材总量的 30%以上，我国木材进口前 10 大来源国占木材进口总量的 80%以上。据专家预测，到 2030 年，我国木材总需求量将超过 8 亿 m^3，其中对外依存度将超过 65%（董煜，2020）。

提高制材设备的出材率是解决这一问题的有效途径之一，将制材设备与现代科技相结合、采用计算机技术使制材设备数控化是其未来的发展方向。锯材加工指以原木为原料，利用锯木机械或手工工具将原木纵向锯成具有一定断面尺寸的木材加工生产活动，用防腐剂和其他物质浸渍木料或对木料进行化学处理的加工活动，以及地板毛料的制造。锯材包括整边锯材、毛边锯材、板材、方材等。锯材生产的现代工业要求非常严格。虽然我国制材工业的总体规模位居世界第三，但却缺少自动化数控技术，基本上都是劳动密集型的生产方式，所生产的产品质量也较差，次品率较高，与欧美先进的自动化数控生产还有很大的差距（胡忠林等，2016）。目前，国际上锯材出材率基本上保持在 45%~48%，欧美、日本等发达国家与地区的现代化锯材加工企业采用的是一种高张紧带锯机，并且采用计算机选择科学设计及合理的下锯方式，锯材出材率一般都能保证在 70%左右，此外，国际上较大的锯材加工企业通常都是以削片制材联合机为主锯机，锯材规格质量合格率在 70%以上。

6.1.1　制材设备

制材设备是完成制材工艺各项要求的必备工具，是制材生产的基本组成部分。任何制材厂生产的成败都直接与制材设备的优劣紧密相关，应当充分重视主要工艺设备选择的合理性、设备结构的先进性及设备使用的规范性。

制材一般包括剖料、剖分、裁边和截断四大步骤，因此，根据锯机类型分类，有带锯机、圆锯机、排锯机和削片制材联合机等。大带锯主要用于剖料，小带锯和圆锯主要用于剖分、截断和裁边。当代制材设备不仅要满足低碳环保的加工要求，还应在满足加工精度的前提下，努力提高设备的生产效率，如引用数控设备提高进料速度、时间稼动率，相关研究如对于带锯机的送料平台，通过姿态仿真及补偿控制的研究来实现误差补偿可提高运动精度（曹甲甲，2020）。实际生产中，可通过将不同锯机组合来实现设备功能的多样化，如在立式带锯机机身上安装立轴圆锯片用以代替裁边机，或在卧式带锯机机身上安装横轴圆锯片用以代替剖分锯，或将各种锯机与削片刀头组合等。

6.1.1.1 带锯机

带锯机又称大带锯，这类带锯机的锯轮直径一般在 1m 以上，可分为立式带锯机、卧式带锯机及双联带锯机，以立式居多，多用于剖料，立式带锯机通常用于通用木材，卧式带锯机通常用于珍贵树种的木材，可以更方便地观察木材的锯刨表面，利于看材下锯。双联带锯机大多用来把原木锯成方材，通常做法是，原木进行剥皮后以双联带锯对其加工，制出大方后二次锯出大板，而后数控加工生成锯材、非规格锯材及木片。带锯作为制裁设备可以实现看材下锯，并且可保证原木的出材率。带锯机的锯口较小，因此锯路的损失小，切割质量高。传统带锯机床存在锯切质量稳定性差、自动化程度低、安全性差等诸多不足。目前的制材加工已经实现了机械化与自动化，综合了机械、电气控制、气压与液压等新技术，以计算机自动控制锯材切割过程。

目前，已研制成功采用薄锯条高张紧应力的带锯机，以高张紧带锯机或以削片制材联合机为主锯机，以计算机规划下锯方式（杜祥哲等，2016）。这种锯机上锯条的张紧应力和许用弯曲应力更大，锯条越薄张紧应力越大，以此来保证锯条在工作时的稳定性，达到提高出材率的目的。但这种带锯机对锯条的质量和张紧机构要求较高，因此在我国应用较少。该种带锯机一般应用于各种鞋料、纸制品、塑料、木料的切割开料，尤其是在家具行业应用十分广泛。除此之外，还有相关研究设计了三轴联动数控曲线往复式带锯机（姜新波等，2018），图 6-1 所示为该带锯机进给系统总体布局，其能够根据三个不同方向各自独立进给的要求，利用微米进给控制器实现各个方向微米级进给控制，能够大幅度提高曲线锯切割的精度及自动化程度，从而提高出材率。针对大幅面人造板加工，相关研究设计了内推台三锯轮数控曲线木工带锯机，改变了现有数控曲线带锯机工作台的布置方式，扩大了带锯机的加工范围（姜鑫，2018）。

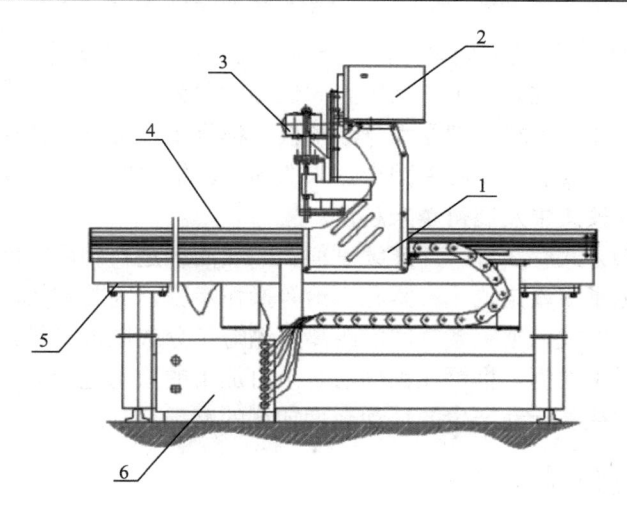

图 6-1 带锯机进给系统总体布局示意图

1. 纵向进给部分；2. 横向进给部分；3. 垂直转动进给部分；4. 工作台；5. 床身；6. 控制柜

6.1.1.2 圆锯机

圆锯机利用圆锯片作为锯具，用连续旋转运动把原木锯成方材、板材或枕木。圆锯主要应用于小径木制材，可分为纵剖圆锯机和横截圆锯机。纵剖圆锯机用于锯剖原木、方材、板皮和厚而宽的板材。横截圆锯机按材长截除缺陷，并截断锯材和板皮。圆锯可以灵活下锯，锯材质量高，且对原材料无特殊要求。圆锯制材的缺点是锯口宽，木材浪费较多，并且易出事故。但是对于小径木来说，所需要的锯片直径小，可以采用圆锯机。除此之外，小径木所需锯解次数较少，适合加工成一定规格的建筑材，一般经过 4 遍锯切，去掉板皮后得到结构材。圆锯片锯切比较稳定，锯剖尺寸偏差比带锯机少，和其他锯机设备比性能可靠，操作方便。

目前一些先进圆锯机方面的研究，采用新型电控系统、程控软件，通过互联网实现对设备的远程控制。例如，有项目研制出能够实现尾料锯切、远程控制的新型智能圆锯机，在原有两轴基础上，增加第三轴，利用第三轴对料头夹紧，实现对尾料的再次锯切，提高了材料的利用率。也有研究设计了小径级原木双侧齐边圆锯机，它主要由同步对中进料、锯切、上压紧与床身等部分组成，提高了齐边锯切的精度与效率，提高了小径木六棱柱体制材的自动化水平和原木出材率（李荣荣等，2013）。

6.1.1.3 框锯机

框锯机在锯切范围内可以安装多根锯条进行操作，将原木锯剖出多块不同厚度的板材。以锯框的运动方向来分,可分为垂直方向及水平方向运动的两种锯框。垂直方向运动的称为立式框锯,水平方向运动的称为卧式框锯。卧式框锯只用来锯解硬木、珍贵树种木材或把原木锯成薄板。框锯制材可以保证在对原木或木方进行纵向锯切时提高加工精度并减少锯末的损失,框锯制材随着建筑装饰行业的发展在我国制材模式中发展得越来越快。

框锯的进料方式有 3 种,即连续进料、一次间歇进料和两次间歇进料,该类型锯机由于避免了多次定位、夹紧和进给等操作步骤,因此有较高的生产效率。新型框锯以液压方式调整锯条之间的距离,缩短了分选原木时长,且两台主锯可以前后配合对原木切锯。框锯在锯剖前必须对加工的原木进行分级与分选,因为其工作过程中的往复运动产生的振动会增加锯的磨损。

6.1.1.4 削片制材机

削片制材是将原木边皮铣削成木片的制材方式,其所用机械通常由削片机和锯机联合组成。原木先通过削片机,原木边皮被铣削成木片,再通过锯机将余下方材锯成板材。木片则用作造纸或人造板等原料。削片系统按刀具和切削方向的不同可以分为 3 类:第一类采用横向刨切原理,刀刃与木材纤维平行,刨刀与木材纤维呈垂直方向移动;第二类采用横向铣削;第三类采用纵向刨削原理,刨刀与木材纤维平行移动,呈直角刨削。削片制材技术作为制材新时代的开端,能够大幅提高木材综合利用率,对合理利用木材资源有着重要作用,是我国未来重点发展的制材模式。该种方式要保证成材表面的光洁平整度、成材的尺寸与形状。

以削片代替锯切的削片制材机主要有:四面削片制方机、三面削片裁边机和双面削片裁边机等,主要可分为削片制方机和削片锯解机两类:削片制方机只有削片部分,只将原木制成方材,后续加工根据需要在削方机后面另外设置多联带锯、排锯或双轴多锯片圆锯机;削片与锯切的组合形式称为削片锯解机,主要有四面削片与圆锯机或双联、三联带锯机组合,双面削片与双联带锯机或四联带锯机组合(马岩,2007),单面削片与跑车带锯机或原木圆锯机组合等(石如庚,2000)。这种联合其他锯机的方式在锯解过程中,可以有效释放原木的生长应力,从而减少锯材的变形、开裂等缺陷(周永东和叶克林,2008),因此产量高、木材利用率高,并有效简化了工艺过程,缩短了时间线,提高了生产效率。

6.1.2 制材工艺

制材生产主要是对原木或毛料进行锯割,通过不同的设备,采用一定的锯解程序将原木和毛料锯制成各种规格的锯材。制材生产中要结合原木树种、规格、形状和材质等条件,采用正确、合理的下锯方法,锯割出所需要的规格质量的锯材,并达到木材国家标准的要求,从而达到 3 个目的:①提高锯材出材率;②提高锯材的质量；③所生产出的锯材规格尺寸符合定制任务或锯材明细表的要求。

6.1.2.1 制材工艺流程

制材是将原木锯解成所需规格的板材、方材和枕木等锯材的工艺过程。如何有效地利用国家森林资源，生产数量多、质量好的锯材，提高出材率是制材工艺的首要任务。首先要按照原木的材种、尺码和材质进行合理的量材、造材，包括原木剖料、再剖分、裁边和截断几大步骤。工艺流程如图6-2所示。原木经过剖料得到毛方和板皮，而后分别通过再剖分产出板材、边皮和三角条。此外，要注意在加工中产生的缺陷，如节子会影响破坏纹理通直性，甚至木材的完整性，影响木材物理力学性能；腐朽会影响木材物理力学性能，使木材重量减轻，且强度降低，硬度降低尤其明显。

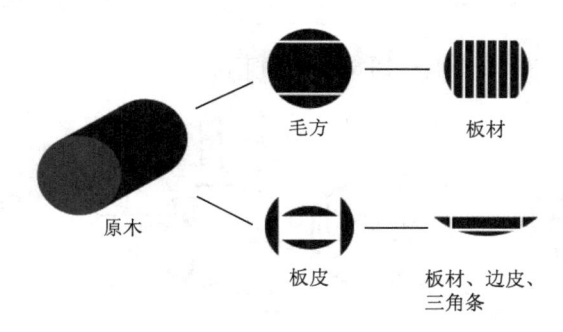

图 6-2 制材工艺流程示意图

1. 剖料与剖分

原木剖料的下锯法是原木锯解时按锯材的种类、规格来确定锯口部位和锯解顺序进行下锯的方法，按下锯顺序可分为两面下锯法（图6-3）、三面下锯法（图6-4）和四面下锯法（图6-5）。两面下锯法也称毛板下锯法，依次平行锯割毛边板，工艺简单，可以得到最宽的板材，但是不能剔除缺陷，材质较差，三角板皮多，整边板出材率低；三面下锯法是在带锯机上先锯去一块板皮后再90°反转依次平行下料，该方法翻转次数少，生产效率高，且能有效剔除缺陷，所得板材较宽，但是三角板皮依旧较多，更适用于大、中径级各种质量的原木生产，以及中方、门窗及家具材的生产；四面下锯法是在带锯机上先锯解成毛方，或依次翻转下锯，在锯取4块完整板皮的同时，有选择地锯取优质板、方材，优点是能够充分利用边材优质部分生产优质材，裁边工作量较小，出材率高，但缺点是原木翻转次数比较多，影响生产效率，更适用于大、中径级各种质量的原木，以及生产大方、厚板和枕木定制材等。

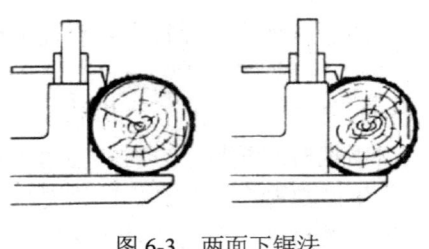

图 6-3　两面下锯法

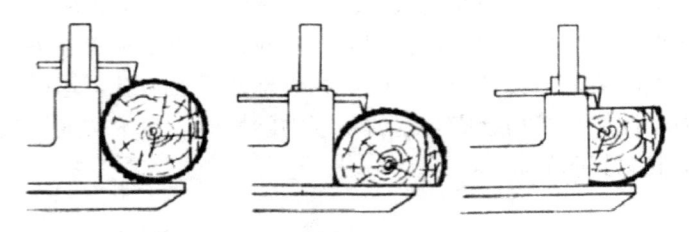

图 6-4　三面下锯法

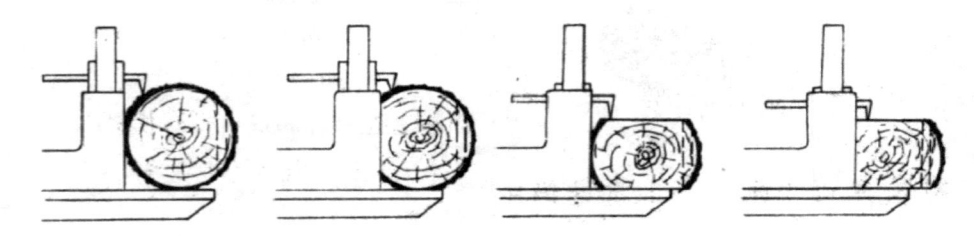

图 6-5　四面下锯法

2. 截断与裁边

板材和方材的截断要根据"长材不短用"的原则和锯材价格的规律，长的板、方材不得随意截断，以免造成损失和浪费，但是锐钝的毛头板材和毛头方材必须把锯材头截除。有缺陷的一般锯材，若截断后能提高 2 个等级可考虑截断，若只能提高 1 个等级，需要核算确认后才可截断。厚板皮的截断原则上先纵锯成一定厚度的板材后，再按照要求截去材头或截断，要防止长板皮随意拦腰截断的情况。

6.1.2.2　锯切方法

锯材加工是通过刀具作用于木材产生相对运动，以获取一定形状、尺寸和表面状态的木材制品的加工过程。是木材加工中占比重最大的一项基本工艺，其质量对胶合工艺和表面装饰工艺有重要影响。木材切削的机理涉及木材的力学性质、刀具的材料及其处理方法和几何形状、刀具与木材加工件的相对运动和实现某一运动的机构及切削力等，已在生产实践和科学研究的基础上形成一门独立学科。

第 6 章　木材低碳加工

同一根木材，内部的结构和纹理排列是固定的，但是不同的切法将会让我们看到不同的木纹和得到不一样的物理性能，而且对木材日后的变化也会产生很大程度的影响。切割方法主要有 4 种：弦切、径切、刻切和回旋锯切，如图 6-6 所示。

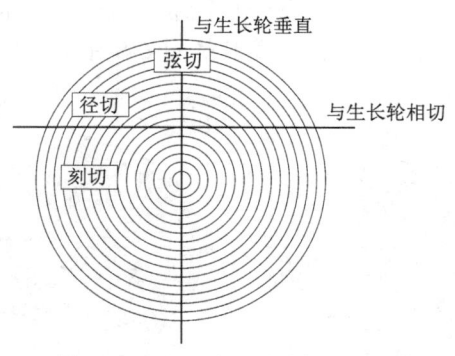

图 6-6　弦切、径切和刻切示意图

1. 弦切

弦切是顺着树干主轴或木材纹理方向，垂直于树干断面的半径锯切，也叫平锯法。平锯法可得弦面板（tangential section, flat grain face）。平锯法操作简单，适于大量生产，最具成本效益，锯出的木板宽，弦面板所见之纹理多为山形纹或云形纹等好看的木纹，市面上大多实木家具都是弦面板。其缺点是所得弦面板容易变形，收缩膨胀率比较大，是刻切或径切的 1.5～2 倍，容易出现卷翘或扭曲的变形现象，后续加工需要多加注意。图 6-7 所示为弦切示意图，将原木左右两侧的边皮与少量边材切去后，可连续切削出弦面板；也可以根据圆弧大小锯切出不同尺寸的弦面板。

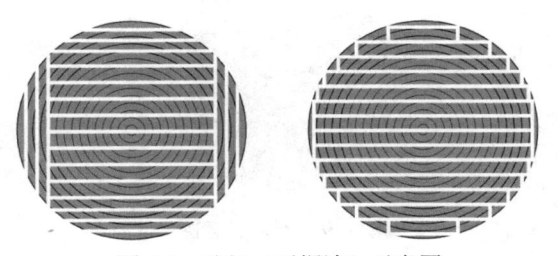

图 6-7　弦切（平锯法）示意图

2. 径切

径切一般会先由木材中心线对剖为四等分，再对每一等分面进行进一步的切锯，也叫象锯法。远离心材的部分称为径面板（radial section, edge grain face），如图 6-8 所示。径切木板多为直纹，性质较为稳定，其截面与年轮夹角为 30°～60°。

径面板的收缩膨润率低，尺寸稳定性较好，以直纹为主，价格较适中。径切板耗工时久，耗材多。具粗大木质线的树种，如橡木或山毛榉等，径面板具有虎斑纹（ray fleck figure）或银纹理（silver figure）等特殊优美木纹。但这种方法受原木直径限制，所得的宽幅板较少，不适合小径木，且翻转原木时间长，耗时费工，导致生产效率较低、木材利用率低，尤其是图 6-8 中右侧图所示切法，作业容易但仅能产出少量径切板。

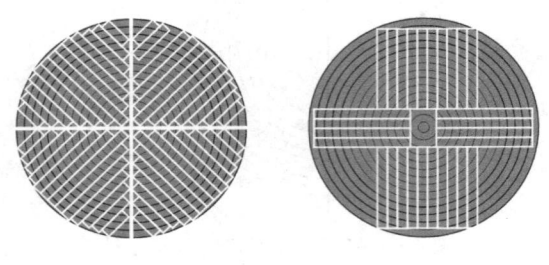

图 6-8　径切（象锯法）示意图

3. 刻切

刻切是在将木材切成四等份的基础上对每个部分单独进行割锯，这些接近心材的木板被称为刻切木板。如图 6-9 所示，年轮与板面夹角一般处于 60°～90°，所得的木板纹理通直，常有优美的虎斑木纹。这种切法在 4 种切法中的变形是最小的，即所得木板稳定性最强，但相对应的，其缺点是耗时耗材是 4 种切法中最高的，所以价格也是最高的。

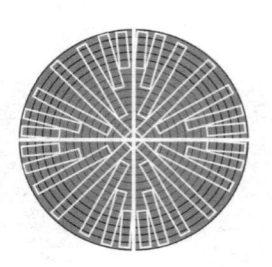

图 6-9　刻切示意图

从所得板材质量的角度来说，刻切＞径切＞弦切，径切的木材相对稳定，可以做结构性的材料；弦切板材因为木纹漂亮，可以作为面板，并可通过结构技术（如榫卯）和木材干燥处理技术限制木材变形。

4. 回旋锯切

图 6-10 所示为三种回旋锯切的制材方式，这种自外侧开始取材的过程中可慢慢发现木材内部隐蔽的缺陷，并通过不断的翻转取材避开缺陷部位。

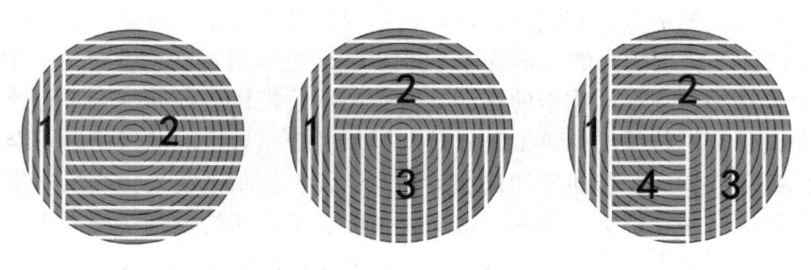

图 6-10　回旋锯切示意图

6.1.2.3　制材加工先进技术

科技创新是我国木材工业实现"双碳"目标的根本动力。建立木材工业绿色低碳加工技术创新体系，针对企业生产需求和碳减排面临的技术瓶颈，围绕木材工业节能降耗的关键领域，组织优势科研力量联合开展科技攻关，加速推动关键领域的技术突破，促进相关研究成果快速推广应用，并转化为生产力，为木材工业低碳转型和绿色发展提供有力的科技支撑（王瑞峰和贾东，2016）。

数控机床及传送装置的组合可实现全自动化的流水线作业方式，可有效降低木材加工企业的生产成本（付志伟和王奇光，2021）。数控技术的革新为木材加工转变生产方式和提高产能带来了助力，促进了木材加工机械从传统自动化向智能数控的转变。传统的木材加工装备已逐渐被低耗能、高柔性的木材加工数控机械所取代（苏冬胜等，2021）。以人工智能、数据处理与共享等技术特色为优势的网络化、信息化的技术进步带动了木材加工数控技术的进步。

例如，代码控制程序的应用。工作人员可通过代码控制程序，在控制室内对生产线各处的数控机床使用控制代码或其他符号指令处理。数控机床接收到信号后，对其进行解码，以便机床可以继续加工。与普通数控机床相比，带有"云"控制功能的数控机床具有以下特点：一是多坐标的协调联动能力强，可以加工形状复杂的零件；二是准备时间短，更换加工零件或改变设计方案时只需在数控程序上直接改写；三是节省人力，技术人员只需在控制室内进行相关加工参数的调解；四是降低了设计成本，缩短了试生产周期，提高了市场竞争力。

提高制材设备的出材率是解决木材工业绿色低碳发展问题的有效途径，将制材设备与现代科技相结合，采用计算机技术使制材设备数控化是其未来的发展方向。计算机控制技术可以实现木制品的低成本生产，在提高劳动生产率的同时，还可以提高企业的经济效益，增强企业的竞争能力。近年来，有研究基于一些先进科学技术，设计和改善了锯材设备系统。一些研究对传统机床进行了优化改良。例如，设计带锯机架，在满足结构强度要求下对机架内部的筋板结构进行多目标优化，合理优化筋板数目和尺寸，可以达到降低带锯机整体质量，减小机床整体振动，提高加工精度的目的（李波等，2018）；通过换用传动比恒定、工作平稳性好的齿轮传动来实现导向锯卡的摆动，对数控曲线带锯机导向锯卡进行改进，解决数控曲线带锯机传统导向锯卡链式传动同步性较差导致的曲形锯切不准确问题（李海芸等，2020）。一些研究通过设计和优化设备控制系统来提高板材生产质量与效率。例如，基于视觉检测的毛边锯材智能加工装备的控制系统提高了机械式毛边锯材清边机及人工检测手动进给的生产效率，降低了加工成本（郑立平等，2018）；将神经网络与模糊逻辑相结合的智能控制方法应用于控制系统中从而满足了木材加工的特殊要求，达到了良好的控制效果（王伟等，2021）。此外，也有基于特征技术的木工数控自动编程系统研究，通过对基本单元进行划分和模块封装，从而实现数控自动编程的目的（马岩等，2016；韩金刚等，2020）。

6.2 木材干燥

天然木材中含有一定数量的水分，其量的多少因树种、树龄和砍伐季节而有所不同。为了保证木材与木制品的质量并延长其使用寿命，必须对木材的含水率进行控制，使其稳定在一定范围内，即与该产品的使用环境年平均含水率相适应。要降低木材的含水率，须提高木材的温度，使木材中的水分蒸发并向外移动离开木材，从而达到干燥的目的。因此，木材干燥就是在热力作用下，按照一定规程以蒸发或沸腾的汽化方式排除木材水分的物理过程。木材干燥是改善木材物理与力学性能、减少木材降等损耗、提高木材利用率及保障木制品质量的重要环节。同时，木材干燥也是木制品生产过程中能耗最大的工序，在我国约占企业总能耗的 60%~70%。因此，开发出节能、环保、高效型木材干燥技术，是实现木材干燥优化、高效利用木材资源、节约能源以及保护环境的重要技术措施。

迄今已实现工业化的常用人工木材干燥方法包括常规干燥、高温干燥、除湿干燥、太阳能干燥、高频真空干燥、微波干燥、红外线干燥、过热蒸汽干燥、冷冻干燥以及超临界 CO_2 干燥等。除此以外，还有根据物料的特性，将两种或两种以上的干燥方法优势互补，分阶段进行的复合干燥技术，如常规-除湿干燥、太阳能-高温干燥、太阳能-除湿干燥等。

6.2.1 常规干燥

常规干燥是指以常压湿空气作干燥介质，以蒸汽、热水、炉气或热油作热源，间接加热空气，干燥介质温度在 100℃以下，若干燥介质温度在 100℃以上，则称为高温干燥。常规蒸汽干燥在我国木材干燥中占主导地位，约占 80%以上，其次是以炉气和热水为热源的常规干燥，以热油作热源的常规干燥应用较少（张璧光，2002）。

常规蒸汽干燥具有工艺成熟、装载量大等优势，并且在我国，常规干燥设备的设计水平与技术性能已接近国际先进水平，某些方面还有自己的特点（张璧光，2002），因此在实际生产中被广泛应用。但该干燥方法存在能源消耗大、能量利用率低、干燥速度慢、干燥时间长等缺点，在易干锯材（如杉木）的干燥作业中，其缺点表现得尤为突出（王勇等，2021）。

常规蒸汽干燥消耗的热能大部分是在排湿过程中消耗的，从而造成能源浪费。通过在常规干燥窑内增加除湿设备，利用蒸汽-除湿联合的方式，采用蒸汽升温、前期连续除湿、中期间歇除湿、后期正常干燥的工艺基准进行干燥，能够有效节省能源。也就是说，在升温/预热阶段以蒸汽为主热源，关闭除湿；在干燥前期和中期，以除湿干燥为主，蒸汽补充窑体散失的热量；干燥后期，关闭除湿，恢复常规蒸汽干燥。通过蒸汽-除湿联合作用的干燥技术，总能耗比常规干燥节省 60%以上，干燥成本节约 30%以上（时启磊，2018）。

太阳能是一种清洁能源，但能源来源受自然条件限制，因此太阳能干燥呈现出一个间歇性的干燥过程，白天干燥速度约为夜间的 3 倍。采用太阳能干燥对木材进行预干燥处理，待木材含水率达到 30%之后，再改用常规干燥处理木材，直至含水率达到 8%～10%。相较于常规干燥，在预干燥阶段，太阳能干燥的不连续性，导致干燥速度较慢，是常规干燥速度的 1/3。但干燥后，太阳能-常规联合干燥下的板材平均终了含水率、厚度含水率偏差达到了干燥质量等级一级，木材材色变化不明显，能耗较常规干燥节约 40.09%（沈玉林等，2020）。

6.2.2 高温干燥

高温干燥具有干燥速度快、效率高的特性，相较于常规干燥，干燥速度可提高 2～5 倍，能耗可节省 25%～60%，干燥后木材不易产生霉变和色斑，尺寸稳定性好，力学性能有所改善，且对树脂含量高的木材具有一定的脱脂效果。但高温干燥也存在一些缺点，如木材表面易变色，容易形成开裂、皱缩等缺陷，对干燥设备要求高，且对树种要求严格，不适用于既难干又容易产生干燥皱缩、开裂变形较大的树种（沈玉林等，2020）。以人工林杉木为例，25mm 和 50mm 厚杉木板材的高温干燥均比常规干燥周期短、能耗低、质量好；高温干燥 50mm 厚杉木板材内裂发生较多，且变形较大；高温干燥较常规干燥的杉木木材材色有所加深（姬宁等，2018）。

将高温干燥与太阳能干燥相结合，在木材预干燥阶段采用太阳能干燥，之后转为高温干燥使木材达到目标含水率。整个过程，虽然干燥时长由于太阳能干燥的间歇性而有所加长，约为高温干燥的 5 倍，但能耗相较高温干燥节约 57.76%（沈玉林等，2020）。

6.2.3 除湿干燥

除湿干燥和蒸汽干燥的实际介质是一样的，都是使用湿空气，两者间的不同之处在于干燥室降湿的方式不相同。蒸汽干燥过程中，室内空气主要采用开式循环，从干燥室的排气管道排出一部分湿度比较大的热空气，然后通过吸收管道吸收一定量的冷空气，冷空气经过加工处理后再变成热空气，然后再对木材进行干燥。但是，在蒸汽干燥的实际运行中，进气和排气换气的热损失比较大，不利于节能减排。除湿干燥相较于蒸汽干燥有很多优点，在除湿干燥过程中，湿空气在除湿机和干燥室内进行闭式循环，用制冷脱水的方式对干燥室进行排湿，通过除湿机来回收干燥室所排放的热量，这样就可以大大节约能源，相比之下，除湿干燥比常规干燥节能 40%～70%（高建民等，2010）。由于除湿干燥的节能效果十分明显，而且实际干燥质量也比较好，目前属于一种常用的节能干燥方法。除湿干燥设备虽然有很多优点，但也存在一些不足之处，主要表现为干燥温度较低、实际装机容量比较大、干燥时间较长以及调湿不灵活等，这也大大影响了除湿干燥机的实际使用（高伟，2013）。

20 世纪 90 年代中期，在研究空气回热的木材热泵除湿干燥机的运行特性时发现，用热管作为回热器，当干燥温度 50℃、相对湿度 80%时，空气回热木材热泵除湿干燥系统，每去除 1kg 水比原系统节电 24%（金苏敏，1995）。

为克服单热源木材除湿干燥机节能但不节约成本的不足，自 1986 年开始，我国进行了中、高温双热源热泵除湿干燥技术研究，开发出了双热源热泵除湿干燥机 RCG15、RCG30G。这两种除湿干燥机都配有热泵和除湿两个蒸发器，当需要对木材预热或升温时，使用热泵循环，此时制冷工质经热泵蒸发器从大气环境吸取热量，向干燥室输送热风；当需要降低室内空气的相对湿度时，启动除湿循环，此时的制冷工质则经除湿蒸发器，从干燥室的湿空气中吸取热量，使干燥室中的水蒸气冷凝，达到干燥的目的。RCG15 最高送风温度达 55～60℃，而 RCG30G 最高送风温度则达 70～75℃。据测试，当环境温度高于 10℃时，双热源除湿干燥机的能耗只有单热源除湿干燥机的 1/3 左右（张璧光和钟群武，2000）。

周永东等（1995）在热泵除湿干燥工艺、节能技术的应用及湿空气参数与除湿干燥机能耗的关系等方面，进行了带旁通风的热泵除湿干燥系统能耗的研究，结果表明，对应某一干燥阶段，湿空气参数会有一个最佳旁通率。

在热泵除湿干燥后期，干燥室内循环空气的相对湿度较低、温度较高，除湿机中的大部分制冷剂被循环空气的降温消耗，出现了只降温不除湿的现象，影响木材的干燥质量。通过分析木材热泵除湿干燥中的临界除湿状态，减少流经蒸发器的空气流量，可提高系统的除湿效率（张璧光，2002）。

6.2.4 太阳能干燥

太阳能是一种取之不尽、用之不竭的可再生绿色能源，是化石燃料替代品的最佳选择之一。我国太阳能资源丰富，约有 2/3 的国土年辐射时间超过 2200h，年辐射量超过 5000MJ/m^2（伊松林和张璧光，2011；张璧光，2007）。太阳能干燥是一种清洁、节能的低温干燥技术，通过吸收、利用太阳辐射能并将其转化为热能，将湿物料内部的水分排出，达到干燥的目的，太阳能干燥已经广泛应用于农产品干燥、食品干燥、工业干燥，除太阳能集热与储能方面还不十分成熟外，其他技术方面相对成熟（迟祥等，2020）。但单独使用太阳能干燥木材存在很多弊端，比如能量密度低、具有间歇性、耗时长、受天气和季节影响等。如果将太阳能干燥与其他干燥技术相结合，则可达到优势互补的效果（沈玉林等，2020）。

太阳能-除湿联合干燥技术是一种比较理想的联合木材干燥技术，整个系统由高温双热源除湿机、太阳能集热器、木材干燥室及自动检测装置 4 部分组成，木材干燥的供热与湿空气的排放由太阳能供热系统和除湿机配合承担，二者既可单独运行又可联合运行。若天气晴好，气温高，可单独利用太阳能供热系统；在阴雨天和夜间可启动除湿机，与普通除湿机不同的是高温双热源除湿机包括热泵和除湿两个工作系统，以热泵方式从大气环境获得热量供给木材，同时以制冷除湿的方式，除去干燥室内湿空气中的水分。

高温除湿（热泵）机与太阳能联合干燥系统具有节能效果显著、干燥质量好、无污染、无火灾隐患、自动化程度高、应用范围广等优点。与常规蒸汽干燥技术相比，干燥 1m^3 木材可以节约 140kg 标准煤当量，节能率 75%～80%，干燥成本降低约 35%（战剑锋等，2004）。

6.2.5 高频真空干燥

真空干燥是利用水在低压环境下沸点降低的原理，在低压密闭容器和较低温度条件下对木材进行干燥。木材内部压力和外部压力存在差异，导致木材内部水分能够快速向外迁移。真空干燥法具有干燥周期短、污染少、能耗低、木材不变色、适合难干的硬阔叶材的特点，在红木干燥中被广泛使用（胡传宝等，2018）。

高频干燥是以湿木材作为电介质，在交变电磁场的作用下使木材中的极性分子做极性取向运动，分子之间产生碰撞或摩擦而生热，使木材从内到外同时加热干燥。高频干燥频率低，波长较长，适用于干燥大断面的木材（姬宁等，2018）。

结合高频干燥和真空干燥的优势，将两种技术进行联合，木材高频真空干燥技术更加适合干燥大断面木材和硬阔叶材，在这类材料的干燥过程中能充分发挥其快速、高效、高质量、无污染及自动化的综合优势（李兴畅等，2017），特别是红木等深色名贵硬木的干燥，既能保证木材的天然色泽，又能保证良好的品质（刘洪海等，2017）。

高频真空干燥设备是以高频对木材内部加温与真空负压相结合的高效干燥技术，其完全颠覆了传统传导方式干燥需要从木材表面加热，热量缓慢传导至心部的干燥方式。高频加热从木材心部开始，而木材心部水分含量最高，心部的温度大于表面温度，在由温度形成的压力梯度下，水以蒸汽和液态的方式排向表面，木材表面在干燥过程中始终处于高湿度、软化的状态，避免了传统烘干过程中，如热处理不到位，将出现前期的表裂和后期的内裂等情况。并且，真空状态下水的沸点降低，不仅避免了过高温度干燥产生的烘干缺陷，同时也降低了能耗。

6.2.6　微波干燥

微波干燥与高频干燥一样，都是将待干木材置于电磁场中，在微波电磁场的作用下，木材中的水分子被极化，通过电磁场的频繁交变来带动木材中的水分子高频快速摆动，使得电磁场中的电能被转化成水分子之间的热能，从而加热木材。由于微波具有超强的穿透能力，与木材的厚度无关，因此对木材中的水分作用强度随着木材水分含量的增大而加强，而自然条件下的含水率由外到内是逐渐增大的，这就使得在微波干燥中木材内部的热量大于外部，与木材本身的含水率变化梯度基本一致，进一步加快了木材内部水分向木材表面迁移的速度。这种独特的干燥机理，使得微波干燥一直以来以干燥速度快、干燥质量好、能保持木材原有色泽以及具有杀菌能力而著名，并且由于微波干燥产生的应力小，干燥后的木材可以作为家具半成品进行二次干燥（张璧光，2002）。

但微波干燥也存在不足，如木材干燥过程中受到微波之间的相互干扰以及设备内壁存在的反射作用的影响，产生的电磁场密度不均匀，导致木材加热也不均匀；长时间存在于木材内部的较高的蒸汽压力也会对木材内部结构造成破坏，使得木材力学强度下降，而且局部含水率过高也会产生局部过热，造成木材炭化现象（胡传宝等，2018）。由于微波干燥技术水平的限制，木材微波干燥成本高、技术难度大，并没有得到大范围的推广。在木材微波干燥的基础上，发展出了木材微波预处理技术，借助微波辐射，使木材内部水分迅速汽化，汽化的水蒸气体积膨胀，并从木材内部逸出，可改善木材的渗透性，释放木材应力，从而提高木材的干燥效率与干燥质量（徐恩光等，2020）。

6.2.7 红外线干燥

红外线是一种介于可见光和微波之间的电磁波,其波长在 0.76~1000μm。一般将波长为 0.76~5.6μm 的红外线称为近红外线,波长为 5.6~1000μm 的红外线称为远红外线。红外线具有光线的基本特征,如辐射、透射、吸收、反射等。物体吸收、透射和反射红外线的程度,与构成物体的分子结构和化学成分、物体表面形状,以及红外线波长等因素有关。

远红外线由于波长较长,容易被加热物体所吸收。特别是有机物质、高分子物质(如油漆、树脂)以及水分等在远红外区域有很宽的吸收带。所有的有机物质对 3~4μm 波长的红外线都具有吸收特性,对 6~13μm 的远红外线则能急剧地吸收。远红外线被加热物体吸收后可产生共振现象,引起水分子和原子的振动与转动,从而使被加热物体的温度迅速升高。利用远红外线对油漆、树脂等进行干燥也非常有效。

另外,红外线还适用于对薄木、单板进行干燥。远红外线与近红外线相比,其对湿木材辐射时被水分吸收的比率大,热量转换效率高。条件相同时,远红外线的干燥时间只有近红外线干燥时间的一半,因此,可大大节省电能消耗和设备投资。

红外线加热木材的速度与很多因素有关,如红外线的辐射强度、木材与热源之间的距离,以及木材的形状等。辐射强度越大,木材加热越快;木材距热源越近,加热也越快。反之,木材表面越光滑,吸收红外线的能力就越差,加热就越慢。红外线能够透入干木材内部的最大深度仅为 8mm,透入湿木材内部的深度则更小(洪庆等,2015)。

6.2.8 过热蒸汽干燥

过热蒸汽是指处于未饱和状态的蒸汽,或是温度高于所处压力对应的饱和蒸汽温度的蒸汽。与湿空气相比,过热蒸汽具有热效率高、传热系数大、潜热和比热大等优点。过热蒸汽干燥过程中蒸汽既是热载体,又是质载体,整个干燥阶段是处于一个动态的变化并最终达到平衡的过程。过热蒸汽将热量以对流方式传给木材,提高木材表面及内部水分子动能,破坏水分与木材的结合力,使木材中水分汽化为蒸汽进入周围的过热蒸汽介质中,再利用气流循环把水分带走,从而实现干燥。这一干燥技术是近些年发展起来的一种新型干燥技术,对提高干燥效率、提高干燥质量、降低干燥能耗、消除安全隐患等具有重要意义(姬宁等,2018)。

过热蒸汽干燥具有以下显著特点:第一,用过热蒸汽代替湿空气作为干燥介质,因过热蒸汽潜热大,热效率高,节能效果显著;第二,干燥过程基本为闭式循环,干燥室与外界无湿交换,即无排气和进气过程,有效避免了换气热损失和木材挥发物的直接对空排放，既显著降低了干燥能耗，又减少了对环境的污染；第三，过热蒸汽干燥过程中，干燥室内基本无氧气存在，从根本上避免了木材氧化变色和火灾的发生；第四，与湿空气相比，过热蒸汽具有更大的比热和传热系数，能显著提高木材干燥速率。过热蒸汽干燥技术已被应用于煤炭、陶瓷、污泥、能源、造纸、瓜果蔬菜和农副产品等多个领域，是一种前景可观的新型节能干燥技术（王勇等，2021）。

木材常规干燥与过热蒸汽干燥在干燥周期、干燥质量、应用范围、对环境污染程度以及热效率等方面的对比如表 6-1 所示。可以看出，常规干燥周期较长、干燥热效率较低，废气排放导致其对环境存在一定程度的污染。与常规干燥相比，过热蒸汽干燥周期短、干燥质量好、能源利用率高且对环境更加友好，这主要是由于过热蒸汽的热焓、比热容和换热系数大于湿空气，且传质阻力小，故传热传质速度快；干燥过程为闭式循环，粉尘含量少，蒸汽消耗少，基本无废气排放。过热蒸汽干燥以过热蒸汽为干燥介质，排出的废气仍是温度较高的水蒸气，因对其废热的回收利用，大大提高了干燥机的干燥热效率。

表 6-1　木材常规干燥与过热蒸汽干燥对比

	常规干燥	过热蒸汽干燥
干燥周期	20～40d	10～24h
干燥质量	能达到《锯材干燥质量》中的二级指标	能达到《锯材干燥质量》中的二级指标
应用范围	约占我国木材干燥总量的 80%	还未大规模推广应用
污染情况	污染较严重，排放大量废气（含 CO_2、SO_2 和少量 NO_2）	基本无废气排放
干燥热效率	仅为 30%～40%	热效率高，能量消耗可比常规干燥节省 25%～60%

根据操作压力的不同，可以将过热蒸汽干燥分为高压过热蒸汽干燥、常压过热蒸汽干燥和低压过热蒸汽干燥，其中低压过热蒸汽干燥常用于食品等热敏性物料的干燥，在木材干燥中应用较少（王学成等，2014）。

高压过热蒸汽干燥是指在环境压力高于大气压的条件下对物料进行干燥的一种干燥方式，在过热蒸汽干燥过程中，被干物料温度要高于所处压力对应的饱和蒸汽温度，因此高压过热蒸汽干燥介质温度高。对木材进行高温高压过热蒸汽预处理可以提高木材的渗透性，减少干燥时间，但预处理温度应低于 130℃，相对湿度需保持在 90% 左右（康利国，2011）。

常压过热蒸汽干燥是指在环境压力等于大气压的条件下对物料进行干燥的干燥方式。科研人员在马尾松、柳杉、杨木、橡胶木、樟木等木材过热蒸汽干燥方面做了一些研究。针对马尾松木材的干燥，过热蒸汽干燥具有干燥速度快、干燥时间短，140℃过热蒸汽干燥速率为 0.20%/min，干燥时间可缩短至 10.5h，干燥质量好，能达到《锯材干燥质量》（GB/T 6491—2012）中规定的二级及以上要求，且能实现木材的高效脱脂，过热蒸汽干燥处理提高了木材的渗透性和尺寸稳定性，对木材的力学强度影响较小（程曦依等，2017）。针对脲醛树脂浸渍杉木木材进行过热蒸汽干燥处理，与常规干燥相比，过热蒸汽干燥速率增加了 40%，杉木浸渍材经过热蒸汽干燥后的材色无明显变化（李芸，2017）。针对 50mm 厚柳杉锯材，与常规干燥相比，过热蒸汽干燥速度更快，且明显大于常规干燥，增幅可达 84%，干燥质量基本一致，能满足《锯材干燥质量》（GB/T 6491—2012）中规定的二级及以上要求。过热蒸汽干燥使木材的渗透性提升，尺寸稳定性提高，结晶度增加，对力学强度影响不显著（鲍咏泽和周永东，2016，2017）。针对杨木锯材进行常规-过热蒸汽联合干燥处理，干燥速率快，随着干燥温度的升高，干燥速率可提高约 46%；相较于常规干燥，联合干燥材的横纹抗压强度增加了 10%~20%；联合干燥对杨木木材的吸水性、吸湿性和尺寸稳定性影响不显著（韦妍蔷，2019）。采用过热蒸汽-热空气联合干燥方法对 50mm 厚橡胶木进行干燥处理，结果表明，干燥前期采用 110℃过热蒸汽干燥，后期采用 65℃热空气干燥，得到的木材干燥质量较好，减少了干燥缺陷的产生，缩短了干燥时间（Ratnasingam and Grohmann, 2015）。

6.2.9 冷冻干燥

冷冻干燥技术主要是运用制冷系统或者在大气低温环境下将物料中的水分冻结，在不同的工业领域中所需冷冻温度有所不同。其最终目的是使物料细胞中的自由水以及少量结合水冰冻成冰晶，依靠自身或者施加的外部力量将水分升华成水蒸气，进而使物料脱水，达到干燥的效果。冷冻干燥技术主要运用在食品工业、制药工业以及生物科技领域。在食品工业中，可以通过冷冻干燥保持食品或蔬菜的颜色、香味、即时特性和营养价值。制药工业通过合理运用冷冻技术可以显著提高药物干燥速率，提升干燥质量，实现工业化生产。生物科技研究中运用此工艺亦可高效保持培育菌株的存活率，使微生物不易腐败（靳宏辉和刘洪海，2021）。

冷冻干燥技术在木材工业中的应用具有一定的特殊性，能够弥补常规干燥的缺陷和不足，特别是对饱水木质文物、名贵木材及易皱缩木材的干燥，能够有效减少木材的开裂、皱缩，提高干燥速率及木材力学性能，改善木材的干燥特性。具体来说，冷冻干燥在木材干燥中的应用可分为两类：①原木达到饱和含水率时，在低温下进行冷冻预处理，然后结合其他方法进行干燥，如常规干燥、微波干燥等；②预冻处理后的木材直接进行真空冷冻干燥，在相对压力较高的真空下使冻结水升华，达到干燥木材的目的。

木材冷冻干燥中的预冻处理是指将含水率较高的木材在低温下进行冰冻处理

来改善木材的微观结构和性能。预冻过程中木材细胞腔内的水被冻结成冰，体积膨胀，会破坏纹孔膜等微观结构，从而改善木材的渗透性。此外，冷冻过程中木材内部的冰直接升华为水蒸气，不产生液体毛细管张力，能够有效减少木材的皱缩、塌陷及降解，并改善木材特性。Ilic（1995）在对桉树、黑胡桃、红杉等进行预冻处理后，研究了木材性能的变化，发现预冻可以明显减少多种软木和阔叶树种的心材收缩、塌陷和干燥退化，对于减少桉树干燥后干缩塌陷具有明显效果。Campean 等（2008）将云杉放置在–30℃环境中进行预冻处理，之后再放入干燥室进行干燥，测试了云杉的硬度、抗弯强度、弹性模量等工艺性能，发现冷冻预处理使云杉的力学性能有所降低，工艺性能有所改善，但整体差异性比较微小。

木材预冻处理能够减小木材皱缩的主要原因是冷冻使得木材细胞壁内的水迁移到细胞腔内变为冰冻水，水分从细胞壁流失产生"冷收缩"；此外，细胞腔内的自由水因冻结而产生膨胀，对细胞壁产生了压应力，伴随着水分的减少细胞壁变得更脆，进而导致木材收缩变小。同时，某些类型的木材抽提物在预冻过程中迁移到细胞壁中，对细胞壁起到了一定的加固作用，也影响了木材的收缩。而木材预冻对木材力学性能产生影响的原因主要是预冻过程中细胞腔内的水因冻而膨胀，破坏了纹孔膜、薄壁细胞等组织，形成了新的水分迁移通道，改善了木材的渗透性，而微观结构的改变也导致了物理力学性能的变化。

6.2.10 超临界 CO_2 干燥

气体在加压的条件下可以液化，但液化过程需要在特定的温度以下，如果超过了这一温度，无论加多大的压强，也无法使气体液化。例如，在室温下，不可能将氢气液化。这特定的温度就称为该气体的临界温度。超临界干燥就是在超过液体临界温度和临界压强的条件下，消除气液界面的表面张力，从而实现干燥的方法。

超临界流体兼有气体的高扩散系数和低黏度的特点，扩散系数比液体大 2 个数量级，具有很好的流动性、渗透性和传递性；其溶解度受压强和温度影响显著，因此早期出现了超流体萃取技术，在材料加工、天然香料提取、食品加工、医药工业、化工、环境等领域展现了广阔的应用前景。在超临界状态下，由于气液界面消失，因此可以在没有液相表面张力的情况下进行干燥，避免对物料的破坏，这种干燥方法就称为超临界干燥法。

常见的超临界体系主要有 CO_2、水、氨、甲醇、乙醇、乙烷、乙烯等。其中，水的临界温度和压强分别为 374℃与 220.5MPa，这样的条件对设备和干燥样品要求非常苛刻，通常情况下难以实现。由于 CO_2 的临界条件（31.06℃、7.39MPa）在实验中最容易实现，而且是一般样品可以承受的条件，同时 CO_2 具有无毒、不可燃、廉价、密度大、传质速率高等优势，是最常用的超临界介质（江旭东，2014）。

利用超临界 CO_2 流体干燥技术干燥木材是一种新型、绿色的木材干燥方法，具有操作简单、干燥过程易控制等优点。这种干燥方法可以有效减少气液界面张力，在有效脱除水分的同时最大限度地减少因毛细管表面张力导致材料微观结构的改变，因而消除了常规干燥方法的缺陷（李坚和邱坚，2005），对细胞壁的破坏较小，超临界 CO_2 流体能够有效预防干燥过程中木材产生的皱缩和开裂，特别适用于易产生皱缩的速生木材，不仅可提高木材利用率，增加速生材的附加值，还在一定程度上减少了 CO_2 对环境的污染。发展超临界 CO_2 木材干燥技术有利于提高我国速生木材的利用率并改善其干燥质量，为绿色工业、可持续工业作出贡献（张静雯等，2019）。

6.3 板材加工

6.3.1 砂光锯切线

近年来人造板工业发展迅速，对人造板连续压机成套生产线各工段设备提出了新的挑战和要求，作为生产线重要工段之一的砂光锯切线，应围绕用户要求及时升级技术，使生产线各个方面全面改善，单线生产能力大幅度提升，以降低操作人员的劳动强度及对其的技能要求，使生产板种范围得到扩大，加工单位板材的能耗物耗降低，生产线清洁度得到改善，以扩展砂光锯切线功能，使成品质量得到提升并更加稳定（沈文荣等，2022）。

6.3.1.1 砂光锯切线生产能力提升

砂光锯切线分砂光和锯切两部分，提升砂光生产能力最直接最有效的办法是增加砂光道数，通过细分砂削量提高砂光速度，达到大幅度提升砂光生产能力的目标；通过增加锯切高度提升锯切线生产能力，不同锯切高度的生产能力见表6-2。锯片直径从 730mm 增加到 800mm，则锯切高度从 210mm 提高到了 260mm，锯切生产能力可提升 23%。计算和试验表明，进一步提高锯片直径，会因锯片抖动产生较深锯纹，机械稳定性减弱，因此单纯增加锯切高度，生产能力提升空间有限。

表 6-2 不同锯切高度的生产能力

锯切高度/mm	锯片直径/mm	锯切生产能力/（m³/h）	生产能力提升幅度/%
210	730	86	
260	800	106	23

在不改变设备主要性能的前提下，通过调整砂锯线工艺布局，也可提升生产能力。方法一是延长毛板长度，如表 6-3 所示，可提升锯切生产能力 22%，但这会使后处理线（高速锯开始）所有设备加长，增加投资成本。方法二是利用中厚板（特别是刨花板）纵向锯切弹性小，锯切速度与砂光速度相匹配的特点，在砂光线上直接布置单张板纵锯，不仅可打破纵锯生产能力瓶颈，提升生产能力 24%，还可改善锯边质量（锯片转速高达 9000r/min）。对于 2440mm 幅宽的生产线，采用砂光在线纵锯（剖分）加 2 套柔性横锯，可打破生产能力瓶颈，满足最高日生产能力 3000m³ 的需求。

表 6-3 不同锯切长度的生产能力

锯切长度/m	锯切高度/mm	锯切生产能力/(m³/h)	生产能力提升幅度/%
4.88	260	106	
7.32	260	129	22

对锯切周期进行分析发现，实际锯切时间不足 30%，超过 70% 是辅助时间，因此，一方面通过加快板垛转运节奏、提高锯架返回速度、优化锯架运动轨迹、合并周期内的重叠动作，以缩短锯切周期；另一方面，通过减小锯切高度，大幅提高锯切速度，同样也可以提升生产能力，但这对机械性能是一种新的考验。

6.3.1.2 砂光锯切线操作流程优化

砂光锯切线设备多，操作烦琐，工艺参数变化大。依靠人工操控整线，在生产规模大、质量要求高、劳动力结构发生根本变化的情况下，已不适用，因此，优化操作流程达到一键到位尤为必要。所谓一键到位，简而言之就是只需输入必要参数，所有动作均由机器完成。围绕这一技术目标，分两个阶段实施：一是全自动柔性规格锯切，砂光辅机线和规格锯切线的操作都实现一键到位；二是全自动砂光，实现自动化调整砂光。

人造板砂光实现厚度精度和表面质量双达标，传统方法均是通过人为调整完成的。要获得高质量砂光板，除设备本身外，还要求调试人员技术素质高，且劳动强度大、花费时间长。由于砂光过程中存在素板质量变化（如厚度和密度波动）、砂带磨损、砂混磨损等情况，而调试人员不可能时时刻刻处于调整状态，因此砂光质量经常会出现波动。对于生产规模大的人造板企业，由于砂光速度快，一旦出现质量波动，就会有较大质量损失。

全自动砂光机由四大技术支撑：一是砂光数字化调整技术，所有砂混、磨垫、上机架的调整都由机器完成，减轻了技术工人的劳动强度；二是在线测量技术，如图 6-11 所示，包括厚度精度和表面质量检测，可以检测到每一道砂光板的厚度，实现砂光质量全过程检测,既省时又精确,并明显提高了检测工作效率;三是砂光工艺技术,几十年经验积累形成的完善砂光工艺配方,只要输入基本参数,配方系统就可自动生成砂削量和磨削电流的分配方案,并根据工况实时修正,大大降低了对调整人员的技能要求;四是全自动控制系统,可完成数字化调整、在线测量和砂光工艺技术有机结合,实现真正意义上的全自动砂光机。该机既解决了传统砂光机依赖人工调节的难题,又提升了砂光质量与工作效率。

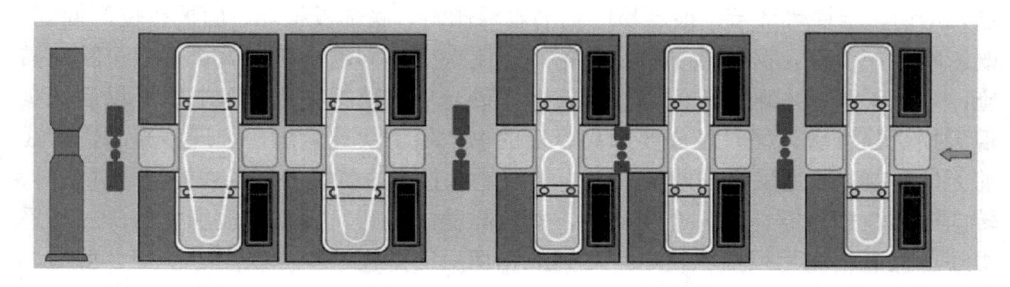

图 6-11 全自动砂光机组合在线测量配置

6.3.1.3 砂光锯切线生产新板种

人造板工业发展的一个特点是不断研发新板种,涌现出了超薄纤维板、定向刨花板、细表面定向刨花板、高强刨花板等市场热点板种,给砂光锯切带来了新的技术课题。砂光锯切应紧随市场变化采取相应的技术措施,如定向刨花板,由于其内部刨花形态发生了变化,成垛锯切时,锯片的受力情况也发生了变化,锯切参数就要作相应的调整,以满足锯切生产能力和质量要求。在这些特色板种中,超薄纤维板技术挑战最大。

目前行业中超薄纤维板厚度(δ)基本为 $0.9\text{mm} \leqslant \delta \leqslant 1.8\text{mm}$,在此厚度范围内,部分还需要砂光(一般砂光板厚度不小于 1.2mm),超薄板的自身特性带来了高速砂光和成垛锯切两大技术难题。

1. 超薄板砂光

通常超薄板伴随着高速和宽幅,因此实现高质量砂光的难度更大:一是解决高速推板进给(最大速度达 40 张/min),运用主动摩擦式连续推板技术,推板间隔时间几乎为零,以满足最大砂光速度(150m/min)的需求;二是解决高速薄板的导入性,通过砂光工艺调整实现切削力平衡、通过导板特殊设计优化除尘风流的走向、通过磨垫随动保持进板顺畅,使薄板高速进入砂光时既免受损坏,又获得了高质量砂光;三是解决高速砂光的安全性,多重限厚装置可避免超厚板或多张板叠置进入砂光机,安全控制系统可以根据故障点性质和位置,自动选择顺序停机、快速停机和降速砂光的模式,从而大幅减少高速砂光的故障损失,提高工作效率;四是解决宽幅砂光的技术专题,如细磨砂削热平衡、中部厚度差异、导向辊高速共振等,保证宽幅薄板砂光的精度和设备稳定。

2. 超薄板锯切

成垛超薄板(通常称书本垛,高度为 80~200mm)的锯切需要经过堆垛、输送、锯切、堆垛等环节,很容易产生书本垛倾斜、底部板损坏、面板错位等问题,既影响生产节奏,又降低了成品合格率,围绕上述问题,研究人员采取了相应措施:一是采用书本堆垛无间隙过渡技术,砂光后的薄板高速进入书本堆垛后,实现无损平稳堆垛,同时堆成要求高度后的书本垛可快速输出,实现砂光与锯切线的无缝对接;二是采用超薄板书本垛无损输送技术,薄板书本垛在输送、进出料、转向等柔性规格锯切的各个环节中,既可靠稳定运行,又免受板垛损伤;三是采用超薄板书本垛无损堆垛技术,对完成锯切后的薄板书本垛采用"前推、前送、上压、后拉、后挡"多管齐下的方法,在保证高质量堆垛的同时使其免受损伤,提高成品板的合格率。

6.3.1.4 砂光锯切线节能降耗

人造板企业身处激烈竞争的市场环境,节能降耗显得越来越迫切,节能降耗通常采取以下措施:一是减少空运转时间,如砂光线新型连续推板,可实现无间隙换垛,而且工作可靠性明显提高,每天可节省 2h 空运转时间,以一条年产 60 万 m^3 的生产线为例,仅电能和人工,每年就可节省一百多万元;二是通过大幅提升砂锯线生产能力,3 班产能 2 班完成,则节省的各类费用更加可观;三是通过提高砂光效率、锯切效率等手段,高效完成砂光锯切功能,实现节能降耗。

砂光工艺的重点是砂削量分配。合理分配多道砂光组合的砂削量,对于控制砂光质量、效率和能耗都至关重要,但如果仅仅从砂光调试人员角度去考虑,控制能耗有一定局限性。对于超薄中/高密度纤维板,如果合理选择砂光组合,可明显降低人造板企业的各类消耗。

铺装预压后板坯进入压机过程中,在压力较低情况下已受到热量作用,部分胶黏剂开始缩聚、固化,使纤维胶结,从而在表层产生了密度低且疏松的预固化层,且这一过程越长,形成的预固化层越厚。连续平压优于多层平压,二者最明显的区别是连续平压省去了快速闭合时间,在板坯受热的同时受压,连续平压速度越快,板坯经过压机时间越短,预固化层越薄,3mm 薄板的预固化层厚度(h)可控制在 0.2~0.3mm。

当前市场存在大量薄板砂光需求。砂光目的:一是获得均匀一致的板厚(如家具构件,需要厚度精度来保证,主要由定厚砂辊实现);二是达到所要求的板面质量（如贴面、油漆等，由抛光磨垫实现）；三是去除砂光板表面的预固化层，提高表面密度和强度，理想的砂光量应该等于预固化层厚度（h）。

因此，对于以生产薄板为主的连续压机生产线，选择砂光组合时，既要考虑厚度精度和表面质量要求，又要充分考虑预固化层明显减少的特点。以一条年产 15 万 m^3 的生产线为例，通常采用 2+4+2 砂光组合（双砂架砂光机+四砂架砂光机+双砂架砂光机），其中砂架类型中，如果选择 4 个砂辊+4 个磨垫，则由于砂辊的砂削特点，砂光量必须控制在 0.5mm 以上才能获得要求的砂光质量；但如果选择 2 个砂辊+6 个磨垫，则砂光量控制在 0.3mm 以内就可获得满意的表面质量，而采用 6 个磨垫的 4+2 组合，砂光量就可以控制在 0.25mm 以下。如果以 3mm 薄板省去 0.2mm 的砂光量来计算，则该生产线每年可减少 6.7%的合格纤维（相当于 1 万 m^3），考虑砂光粉副产品收入，每年可节省约 800 万元的成本。因此，利用连续压机生产薄板的特点，专门配置砂光组合，仅此一项节能降耗效果就十分明显。

6.3.1.5　砂光锯切线清洁生产

清洁生产正越来越受到现代人造板企业的重视，它不仅给操作人员创造了一种宜人的工作环境，而且可以促进人身健康、保障生产安全、延长设备使用寿命。

在砂光锯切生产线中，清洁生产主要集中在以下两个点。

（1）砂光清洁生产。一是优化吸尘口的形状和布局，使砂光粉尘抛出点与吸尘方向尽可能保持一致，提高吸尘的精确度；二是针对粗砂特点，配置主副吸尘口，有效捕捉溢出粉尘；三是配置导板自清洁砂带装置，并对特殊类板种的导板形状量身定制，保证各类砂光板清洁效果良好；四是通过砂光工艺配置和切削参数优化，既实现清洁生产，砂光速度又得到保证，同时还可节能降耗。

（2）锯切清洁生产。与单张板不同，成垛板锯切有其特殊性，通过工艺和结构优化，可避免或减轻粉尘溢出情况，包括成垛板表面粉尘残留、成垛板板间的粉尘积聚、大锯片出锯时粉尘飞出等。

6.3.2　机器视觉在板材加工中的应用

6.3.2.1　机器视觉技术在板材缺陷检测中的应用

缺陷存在于木材中影响木材质量和使用价值，主要分为天然缺陷（如木节、斜纹理、裂纹等）、生物危害缺陷（主要有腐朽、变色和虫蛀等）、干燥及机械加工缺陷（如干裂、翘曲、锯口伤等）。为了合理使用木材，通常按不同用途要求，限制木材允许缺陷的种类、大小和数量，将木材划分等级使用。目前，在木材缺陷识别上大多采用计算机辅助目测技术、图像识别技术与人工神经网络相结合的方式，提高木材缺陷检测准确率和工作效率（丁奉龙，2022）。

Yu 等（2019）利用近红外光谱仪收集了落叶松木材上活节、死节、针孔和裂纹 4 种缺陷的光谱信息，并对光谱信息进行主成分分析，将得到的主成分向量作为附加的 BP 神经网络的输入项，分类准确率达 92.0%以上。徐梓敬等（2019）采用 PXI 平台和 ERT 技术测量得到了木材断层的电压数据，采用主成分分析后利用遗传算法（GA）优化权值和缺陷数据，进行支持向量机（SVM）算法训练，实验结果显示，该算法对各种缺陷的识别率达 92.73%以上。梁浩等（2017）利用改进的遗传算法从去噪后的木材光谱图像中选择特征波，建立缺陷识别与分类模型，然后通过改进的贝叶斯神经网络建立了实木板材缺陷的识别与分类模型，利用活节、死节和无缺陷 3 种类型的实木板样本进行训练与测试，结果显示，识别准确率分别为 92.20%、94.47%和 95.57%。李绍丽等（2019）在局部二值模式（LBP）与韦伯定律的基础上，提出一种反映图像上不同纹理结构位置处差异激励分布状态的模式 LB_DEP，分别利用"H-PCA"法和"H-chi-square"法融合木板缺陷区域的 LBP 和 LB_DEP 特征形成特征向量，作为 SVM 分类器的输入用于分类木板裂缝和矿物线，与其他方法相比，得到了较好的分类效果，准确率达 96.5%。罗微和孙丽萍（2019）利用 LBP 和方向梯度直方图（HOG）融合木材缺陷特征经主成分分析并降维处理后，利用 SVM 验证得出融合特征比单一缺陷特征具有更高效的分类性能，分类准确率最高达 98.9%。

自深度学习在图片分类领域取得很好的效果后，将图像识别技术与深度学习相结合成为木材缺陷识别领域的重点研究方向。Hu 等（2019）将深度学习用于木材分类任务，使用预训练 ResNet 网络架构的迁移学习策略对木材缺陷数据集进行分类，分类准确率达 98.16%，比 SVM 分类器拥有更好的分类性能。He 等（2020）使用激光扫描仪获取木材图像，然后使用改进的深度卷积神经网络（DCNN）模型将木材缺陷分为死节、裂缝和霉斑等类别，总体准确率达 99.13%，整个缺陷的检测过程仅需 1.12s。程玉柱等（2018）利用区域建议网络（RPN）反复训练 CNN 模型，并结合 CV 模型对木材缺陷图像进行精细分割，对活节、虫眼和死节的最佳分割准确率分别为 97.42%、96.08%和 99.49%。Jung 等（2018）分别使用 3 种不同的 CNN 模型架构 LeNet、VGG-19 和 Densenet121 训练学习划痕、油污染等缺陷的木材图像，对比发现 VGG-19 模型架构对木材缺陷的检测精度更高，达 99.8%。

近几年来，在木材缺陷识别与分类方面的科技成果较多，常用的缺陷信息获取技术手段包括近红外光谱、激光扫描、CCD 相机和声发射技术等，常用的智能算法包括遗传算法（GA）、卷积神经网络、支持向量机等机器学习算法，相较木材纹理识别，深度学习在木材缺陷识别中得到了较为广泛的应用。深度学习可通过学习一种深层非线性网络结构实现复杂函数逼近，在木材无损检测领域与经典机器学习相比有着明显的优势。深度学习技术使得木材表面活节、死节等缺陷图像的分类准确率达到了 98%左右。

6.3.2.2 机器视觉技术在板材分类中的应用

板材的经济价值主要取决于其本身所属的树种和板材的表面缺陷、颜色、图案纹理和力学性能等属性。传统的板材分类主要依靠有经验的工人通过肉眼主观判别，判别结果的准确率低，易出现漏判，错判等现象。机器视觉和机器学习的出现使这一工作逐渐向自动化过渡。机器学习应用广泛，在数据分析与挖掘、模式识别等领域发挥着重要的作用。使用机器学习策略分析板材的图像数据，将加速提高板材制造业的生产效率和质量。板材分类准确率的高低取决于板材的图像特征和识别算法间的搭配是否合适。机器学习的一般过程包括数据采集、特征工程和数学建模等，机器视觉技术是物体识别分类领域中常用的数据采集方式，常用的数据采集工具包括普通 RGB 相机、高光谱相机、激光器等光学仪器。

在建立特征时，针对木材材料的宏细观图像，常用的特征提取方法有灰度共生矩阵（gray level co-occurrence matrix，GLCM）（Yadav et al.，2013；Fahrurozi et al.，2016；Harwikarya and Ramayanti，2018）、局部二值模式（Hadiwidjaja et al.，2019；Sun et al.，2019；Hiremath and Bhusnurmath，2019）、尺度不变特征转换（scale-invariant feature transform，SIFT）（陈宇等，2016；Kobayashi et al.，2019；Hwang et al.，2020）和小波变换（wavelet transform，WT）（Celik and Tjahjadi，2011；张怡卓等，2014）等。Pramunendar 等（2013）利用 GLCM 提取了椰子木图像的纹理特征，分别使用自调整多层感知器和支持向量机对椰子木按照品质进行分类，实验表明，自调整多层感知器的准确率最高，为 78.82%。Yusof 和 Rosli（2013）将 Gabor 滤镜与 GLCM 相结合从木材图像中得到纹理特征信息后，利用反向传播算法将 20 种不同类型的热带木材进行物种分类，结果显示，使用多个 Gabor 过滤器可以提高木材种类识别系统的准确率，并且当正确选择 Gabor 滤波器的组合时，系统会具有最佳的准确率。陈宇等（2016）提出了一种基于尺度不变特征变换的地板块纹理分类方法，首先采用 SIFT 算法提取地板块图像特征值，并采用 k 均值聚类（k-means）算法降低关键点数目，得到用于分类的特征行向量，最后利用差分演化（differential evolution，DE）算法优化极限学习机（ELM）进行分类。除此之外，还出现了基于以上方法的改造版本或其他一些方法，Zamri 等（2016）研发了一种改进基础灰度 Aura 矩阵（I-BGLAM）技术的特征提取器，从每幅木材图像中提取 136 个特征，然后利用神经网络对 52 个木材树种进行分类，分类精度达到 97.01%，Zamri 等所研发的 I-BGLAM 特征提取器克服了灰度共生矩阵和传统的 BGLAM 特征提取器在树种识别系统中的局限性。Xie 和 Wang（2015）提出了一种基于 Tamura 和 GLCM 混合特征的木材表面缺陷检测方法，使用 BP 神经网络对木材图像进行分类，最高识别率为 90.67%。有效保证了算法的准确性和鲁棒性。Barmpoutis 等（2018）提出了一种新的空间描述子，将每幅图像都看作是多维信号的集合。更具体地说，该方法能够将木材图像表示为由垂直和水平图像块产生的高阶线性动力系统的串联直方图，然后使用支持向量机分类器将图像分类，对木材横截面图像的分类准确率达 91.47%。Sugiarto 等（2017）提取了木材图像的梯度方向直方图，并使用支持向量机对木材进行了分类，准确率仅为 77.5%。孔凡芝和肖潇（2017）提出了一种基于离散曲波变换的木材纹理识别算法，对于待分类纹理图像进行基于非等间快速傅里叶变换（FFT）的曲波域分解，在不同子层的曲波域系数中选择典型矩参数构成特征向量，并利用 SVM 分类器对 Brodatz 纹理图像数据库以及自建的木材纹理图像库进行仿真实验，实验表明，曲波域矩特征具有良好的旋转、平移及尺度不变性和强区分能力，能有效描述木材纹理图像的边缘及方向特征。胡忠康等（2019）利用 LBP 对采集的实木板材图像进行处理，得到木材纹理信息，利用 Softmax 分类器实现了实木板材纹理特征的分类，相较于 ELM、SVM、BP 等算法取得了更好的分类效果，误差率在 3.59%左右。Loke（2018）使用 LBP 和 GLCM 提取了木材图像中像素之间的关系，作为卷积神经网络的输入层对木材纹理进行识别分类，实验验证准确率达 93.94%。虽然以上特征提取方法可以在一定程度上提取出板材表面的图像特征，但是所提取的特征往往对于陌生样本的识别能力有限，泛化性和鲁棒性较差。

6.4 表面装饰

木材表面装饰主要在于起保护和美化作用。木材表面覆盖一层具有一定硬度、耐水、耐候等性能的膜料保护层，使其避免或减弱阳光、水分、大气、外力等的影响和化学物质、虫菌等的侵蚀，防止制品翘曲、变形、开裂、磨损等，以延长其使用寿命，减少木材碳排放。同时，赋予木材一定的色泽、质感、纹理、图案纹样等明朗悦目的外观，使其形、色、质完美结合，给人以美好舒适的感受。表面装饰方法多种多样，基本上可分为涂饰、贴面和特种艺术装饰 3 类。

涂饰是按照一定工艺程序将涂料涂布在木材表面上，并形成一层漆膜。按漆膜能否显现木材纹理可分为透明涂饰和不透明涂饰；按其光泽高低可分为亮光涂饰、半亚光涂饰和亚光涂饰；按其填孔与否可分为显孔涂饰、半显孔涂饰和填孔涂饰；按面漆品种可分为硝基漆（NC）、聚氨酯漆（PU）、聚酯漆（PE）、光敏漆、酸固化漆（AC）和水性漆（W）等；按漆膜厚度可分为厚膜涂饰、中膜涂饰和薄膜涂饰（油饰）等；按不同颜色还可分为本色、栗壳色、柚木色、胡桃木色和红木色等。贴面是将片状或膜状的饰面材料如刨切薄木（天然薄木或人造薄木）、装饰纸、浸渍纸、装饰板（防火板）和塑料薄膜等用（或不用）胶粘贴在木质表面上进行装饰。特种艺术装饰包括雕刻、压花、镶嵌、烙花、喷砂和贴金等。

6.4.1 涂饰

6.4.1.1 涂料品种与性能

木材制品生产涂料品种繁多，只有对常用涂料品种、组成、性能与应用有所了解，才能做到优化选择、合理使用。

1. 油性漆

油性漆是一种习惯的分类叫法，是指涂料组成中含有大量植物油的一类漆。油性漆是个比较古老的品种，目前在现代高档木制品生产中已很少使用。

在我国油性漆应用了数千年，植物油组成中含有的不饱和脂肪酸含有双键，涂饰后涂层能够吸收空气中的氧气，发生氧化聚合反应，因而能固化成膜。最早是熬炼桐油，加入锰催干剂便是清油，也称熟油，而后就可用来涂刷木制品。当植物油加入适当溶剂并与催干剂、颜料调配后，便能直接使用，如油性调和漆。后来人们发现，将天然树脂（如松香）加入油中一起熬炼，所制得的油性漆在光泽、硬度与干燥速度等方面均有提高。于是，用酯胶（将松香溶化放入甘油经化学反应制得，也称甘油松香）与干性油经高温炼制后溶于松节油或松香水，并加入催干剂所制得的透明涂料即称之为酯胶清漆，当放入颜料便可制得酯胶调和漆、酯胶磁漆等。

油性漆中性能比较好的是酚醛漆，是用酚醛树脂与植物油混合作为成膜物质的漆。木制品用酚醛漆中的酚醛树脂是由苯酚、甲醛与松香、甘油等经化学反应制得的一种红棕色的透明固体树脂，称为松香改性酚醛树脂，再与干性油合炼制得不同油度（油与树脂用料的比例）的漆料，加入溶剂与催干剂便制得酚醛清漆，加入颜料可制得酚醛磁漆（李军，2004）。

2. 硝基漆

硝基漆又称硝化纤维素（nitrocellulose，NC）漆。在 20 世纪 80 年代之前，硝基漆是我国木器漆中的首选品种，当时常用来涂饰中高档家具、钢琴、缝纫机台板等，到 20 世纪 80 年代之后，由于性能优异的聚氨酯漆、聚酯漆等漆种的成功使用，硝基漆的使用逐渐减少，但是，硝基漆并没有被淘汰，美国人对硝基漆很偏爱，至今美国的产量与用量仍占国际首位。国内许多生产出口家具、工艺品等的厂家，外商指定要用硝基漆涂饰，因此大多采用硝基漆。虽然硝基漆的综合性能不及聚氨酯漆、聚酯漆等，但其也有些独特性能是聚氨酯漆等漆种所不及的，因此，硝基漆仍是目前木器家具生产的重要漆种之一。

硝基漆是以硝化棉（硝酸纤维素酯）为主要成膜物质的一类漆。以硝化棉为主体，加入合成树脂、增塑剂与混合溶剂便可制成无色透明的硝基清漆，如加入染料可制成有色透明的硝基漆，如加入着色颜料与体质颜料可制成有色不透明的色漆。其中，硝化棉与合成树脂是硝基漆的主要成膜物质，增塑剂可提高漆膜的柔韧性，颜料与染料能赋予涂层适宜的色彩，其中颜料在不透明色漆漆膜中具有遮盖作用。

3. 不饱和聚酯漆

不饱和聚酯漆是用不饱和树脂作主要成膜物质的一类漆，简称聚酯漆。不饱和聚酯漆在我国木器生产上的应用大约自 20 世纪 60 年代开始，60 年代中期，北京、上海等地的钢琴、收音机壳、高档家具等已开始陆续使用不饱和聚酯漆涂饰。世界涂料发展历史中，不饱和聚酯漆是十分重要的漆类，它不仅具有优异的综合理化性能，而且独具特点，属于无溶剂型涂料的代表性品种，今在钢琴表面涂饰、宝丽板制造和高档家具生产上仍广泛应用。

不饱和聚酯漆的组成中，成膜物质主要是不饱和聚酯树脂，溶剂多用苯乙烯，辅助材料有引发剂、促进剂与阻聚剂、隔氧剂等，不透明色漆品种中含有着色颜料与体质颜料，有色透明品种中含有染料。

4. 聚氨酯漆

聚氨酯漆即聚氨基甲酸酯（polyurethane，PU）漆，聚氨酯漆是当前我国木制家具生产用漆中最重要的漆类，得到了最广泛的推广与应用，市场上约 80% 的家具是用各种聚氨酯漆涂饰的。此外，其他木制品，如木质乐器、车船的木构件、室内装修等也在逐步使用聚氨酯漆。按木材涂装施工功用分类，聚氨酯有头度底漆、二度底漆、面漆、腻子、填孔漆与着色剂等品种。按透明度与颜色分类有透明清面漆、清底漆，有透明色漆，有不透明的黑色漆、白色漆、彩色漆、珠光漆、闪光漆、仿皮漆、裂纹漆等多种品种。

5. 光敏漆

光敏漆也称紫外光固化涂料或光固化涂料，是应用光能引发而固化成膜的涂料，此类漆的涂层必须经紫外线照射才能固化成膜。国外在 20 世纪 60 年代末兴起并首先在木材表面涂饰上得到应用。我国在 20 世纪 70 年代已引起了木器行业的重视，80 年代在板式家具表面开始应用，曾历经曲折，90 年代以来在木地板与板式家具上也开始应用起来。

光敏漆是当前国内外木器用漆的重要品种，不仅性能优异并独具特性，是极有发展前途的品种。光敏漆的主要组成有反应性预聚物（光敏树脂）、交联单体、光敏剂（光引发剂）、溶剂、助剂、着色材料等。光敏树脂是光敏漆的主要成膜物质，是最主要成分，它决定着涂膜的性能，属聚合型树脂，是含有双键的预聚物或低聚物。常用品种有不饱和聚酯、丙烯酸聚氨酯、丙烯酸环氧酯等。现代光敏漆以应用后两者居多。丙烯酸聚氨酯具有优异的物理机械性，耐化学性好，附着力大、漆膜光泽高、丰满度好；丙烯酸环氧酯的硬度高，光泽与耐化学性好，附着力强，可制光敏底漆与光敏腻子，作面漆可以抛光。

6. 水性漆

水性漆是指成膜物质溶于水或可分散在水中的漆，包括水溶性漆和水乳胶漆两种。它不同于一般溶剂型漆，是以水作为主要挥发成分的。水性漆的使用节约了大量的有机溶剂，改善了施工条件，保障了施工安全，所以近年来，水性漆在世界各国发展迅速，以合成树脂代替油脂，以水代替有机溶剂，这是世界涂料发展的两个主要方向。

如前述各类漆中，其主要成膜物质通常是固体或极黏稠的液体，为了使涂料便于涂饰常使其溶解或稳定地分散在某些溶剂中，长期以来所能使用的绝大多数是有机溶剂，大部分涂料中溶剂含量都在 50% 以上（挥发型漆调漆后喷涂时的溶剂含量高达 80%～90%），当湿涂层干燥时大量溶剂都要挥发到大气中去，既污染环境，又浪费资源，还容易引起中毒、火灾与爆炸。因此，用水代替有机溶剂制漆具有重要的经济意义和社会意义。

水性漆有以下优点：①无毒无味，不挥发有害气体，不污染环境，施工卫生条件好；②用水作溶剂，价廉易得，净化容易，节约有机溶剂；③施工方便，涂料黏度高可用水稀释，水性漆刷、辊、淋、喷、浸均可，施工工具、设备、容器等可用水清洗。

7. 哑光漆

哑光漆相对亮光漆而言，是指所成漆膜具有较低的光泽或无光泽的漆类，用于哑光装饰。大部分具高光泽的亮光漆均可因加入消光剂而制得不同消光程度的哑光漆。因此，前述各类漆均有相应的哑光漆品种，在涂料组成上与亮光漆的主要区别是含有消光剂。当制造不透明的色漆时增加涂料中的颜料体积浓度，也能使漆膜的光泽降低，此外，近年来树脂行业也有了哑光树脂品种，即制造哑光漆时不仅可加入消光剂，也可选用哑光树脂。用作消光剂的材料很多，如滑石粉、碳酸钙、硅藻土、碳酸镁、云母粉、二氧化硅等体质颜料。此外，涂料中加入硬脂酸锌、硬脂酸铝以及铅、锌、银、镁、钙的有机酸皂、石蜡、蜂蜡等都可使漆膜消光。

6.4.1.2 涂饰工艺

涂饰工艺是用涂料涂饰木家具的过程，是木材表面处理、涂料涂饰、涂层固化以及漆膜修整等一系列工序的总和。各种木家具对漆膜理化性能和外观装饰性能的要求各不相同，木材的特性如具有多孔结构、各向异性、干缩湿胀性，某些树种含有单宁、树脂等内含物，以及木家具生产中大批使用刨花板、中密度纤维板等人造板材，都对涂饰工艺和效果有着直接的影响。

涂饰由于使用的涂料种类、涂饰工艺和装饰要求的不同，形成了不同的分类方法，其主要类别及其特征见表 6-4。由于使用的基材和饰面材料不同，其涂饰工艺有所不同。用刨切薄木（或旋切单板）和印刷装饰纸贴面以及镂铣、雕刻、

表 6-4 木家具涂饰的类别及特征

涂饰类别		特征		
		涂料	漆膜	工艺
按是否显现木纹分类	透明涂饰（清水涂饰）	各种清漆	漆膜透明并保留和显现木材的天然纹理和色泽，纹理更明显、色彩更鲜艳悦目、木质感更强	表面处理：表面清洁（去污、除尘、去木毛）、去树脂、漂白（脱色）、嵌补 涂料涂饰：填孔或显孔、着色（染色）、涂底漆、涂面漆 漆膜修整：磨光、抛光
	不透明涂饰（混水涂饰）	各种色漆	漆膜完全遮盖木材的纹理和颜色，漆膜的颜色即是木家具的颜色	表面处理：表面清洁（去污、除尘、去木毛）、去树脂、嵌补 涂料涂饰：填孔或显孔、着色（染色）、涂底漆、涂面漆 漆膜修整：磨光、抛光
按漆膜表面光泽分类	亮光涂饰	各种清漆和色漆	填实木材管孔，漆膜厚实丰满，光泽度在60%以上	1.原光涂饰：气干聚酯漆和光敏漆的漆膜在原光涂饰中质量好 —— 不进行漆膜的最后修整加工，工艺简单，省工省时
				2.抛光涂饰：表面平整光洁，具有镜面般光泽，装饰质量高 —— 在原光涂饰漆膜的基础上增加漆膜的研磨和抛光等工序
	哑光涂饰	各种清漆、哑光清漆、哑光色漆	漆膜较薄，光泽微弱而柔和	1.填孔哑光涂饰：填满管孔 ①亮光涂饰+研磨消光；②哑光漆直接涂饰 —— ①用亮光涂饰后再研磨消光，其他工艺与亮光涂饰相同；②用哑光漆直接涂饰成消光漆膜
				2.半显孔哑光涂饰：不填满管孔，不连续、不平整的漆膜，降低光泽度 —— 因不填或不填满管孔，且面漆涂饰次数少，工艺简单，省时省料
				3.显孔哑光涂饰：不填管孔，不连续、不平整的漆膜，降低光泽度

镶嵌等艺术装饰的木材，一般采用不遮盖纹理的透明涂饰工艺；而用刨花板、中密度纤维板等材料且表面不进行贴面装饰的，则常采用不透明涂饰工艺，运用各种色彩来表现其装饰效果。为了便于叙述，主要按透明涂饰、不透明涂饰和直接印刷涂饰阐述木家具的涂饰工艺。

1. 透明涂饰

透明涂饰（clear painting）俗称清水涂饰。它是用透明涂料（即各种清漆）对木材表面进行透明涂饰，不仅能保留木材的天然纹理和颜色，而且还能通过某些特定的工序使其纹理更加明显，木质感更强，颜色更为鲜明悦目。透明涂饰多用于名贵优质阔叶材（或薄木贴面、印刷木纹装饰纸等）制成的制品和优质针叶材木家具的涂饰。

2. 不透明涂饰

不透明涂饰（opaque painting）俗称混水涂饰，它是用含有颜料的不透明涂料（如调和漆、磁漆、色漆等）涂饰木材表面。不透明涂饰的涂层能完全遮盖木材的纹理和颜色，以及表面缺陷制品的颜色即漆膜的颜色，故又称色漆涂饰。不透明涂饰常用于涂饰针叶材、阔叶材中的散孔材、刨花板和中密度纤维板等直接制成的木家具（戴信友，2000）。

3. 直接印刷涂饰

直接印刷涂饰（direct print painting）俗称"模拟印刷"或"印刷木纹"。它是在木质工件表面上直接印刷或仿真涂饰类似贵重木材或大理石等的颜色和花纹的工艺。直接印刷涂饰工艺成本低、工艺简单，能得到美丽多彩的木纹，既美化了木家具，又为刨花板、中密度纤维板等木质人造板基材和普通木材的有效利用提供了保证，因此得到了迅速发展和广泛应用。但与薄木贴面板材或天然木材相比，它的真实性比较差、缺乏立体感，因此，常用于中低档木家具和建筑、车辆、船舶等内部装饰材料（如地板、壁板、天花板等）的制造。

4. 热膜转印涂饰

热膜转印涂饰（transform print painting）俗称"转印木纹"或"烫印木纹"。它是在木质工件表面上用木纹薄膜（或箱）进行高温转印或烫印出类似贵重木材或大理石等的颜色和花纹的工艺。热膜转印涂饰的涂层与直接印刷木纹相同，也能完全遮盖基材的材质、颜色及表面的缺陷。涂层的纹理和颜色即为制品的纹理和颜色。其涂饰工艺简单、成本低，在刨花板、中密度纤维板等木质人造板基材和普通木材上均能得到美丽多彩的木纹。但与薄木贴面板材或天然木材相比，它的真实性较差、缺乏立体感，因此也常用于中低档木家具和建筑、车辆、船舶等内部装饰材料（如地板、壁板、天花板等）的制造。

5. 数码喷印技术

数码喷印技术（ink-jet+DPT）又称数码喷墨打印技术，是数码喷墨技术（ink-jet technology）＋直接印刷技术（direct printing technology，DPT）＋紫外光固化技术（UV）的集成，也简称为"数码直印"。它是一种新的无接触、无压力、无印版的印刷技术，将计算机中存储的信息数据输入喷墨打印设备便可印刷，并利用紫外光的电磁辐射将喷头喷出的UV油墨迅速固化在基材上，形成逼真的纹样肌理、装饰图纹。

这是一种全新的印刷方式，其直印过程是从计算机直接印刷或打印到基材（computer-to-board），它摒弃了传统印刷需要制版的复杂环节，直接采用油墨在基材上喷印、实现了真正意义上的一张起印、无须制版、全彩图像一次完成。其提高了印刷的精度，实现了小批量、多品种、多花色印刷；其极低的印刷成本及高质量的印刷效果比传统印刷系统经济方便，极少的系统投资、数码化的操作方式及有限的空间占用，使系统具有更大的市场前景，是传统印刷机的换代产品。

6.4.2 贴面

为美化制品外观，改善使用性能，保护表面，提高强度，中高档家具所使用的板式部件都要进行表面饰面或贴面处理。通常各种空心板式部件在增加部件强度的覆面材料上都要再贴上装饰用的饰面材料，既可以采用已经贴面的覆面材料进行覆面，也可以先使用普通覆面材料进行覆面，然后再进行贴面装饰处理。实心板式部件贴面有两种情况，一种是在刨花板、纤维板等基材的表面上直接贴上饰面材料；另一种是在定向刨花板、挤压式刨花板或细木结构等基材的表面上将一层增强结构强度的单板或胶合板和饰面材料一起胶压贴面。

目前，板式部件贴面处理用的饰面材料按材质的不同可分为：木质的有天然薄木、人造木、单板等；纸质的有印刷装饰纸、合成树脂浸渍纸、树脂浸渍纸贴面装饰板；塑料的有聚氯乙烯（PVC）薄膜、聚烯烃[奥克赛（Alkorcell）]薄膜；其他的还有各种纺织物、合成革、金属薄等。饰面材料种类的不同，它们的贴面胶压工艺也不一样。

6.4.2.1 薄木贴面

薄木是家具制造中常用的一种天然木质的高级贴面材料，装饰薄木的种类较多。按制造方法分主要有刨切薄木、旋切薄木（单板）、半圆旋切薄木；按薄木形态分主要有天然薄木、人造薄木（科技木）、集成薄木；按薄木厚度分主要有厚薄木、薄木、微薄木；按薄木花纹分主要有径切纹薄木、弦切纹薄木、波状纹薄木、鸟眼纹薄木、树瘤纹薄木、虎皮纹薄木等。

薄木贴面是将具有珍贵树种特色的薄木贴在基材或板式部件的表面，这种工艺历史悠久，能使零部件表面保留木材的优良特性并具有天然木纹和色调的真实感，至今仍是深受欢迎的一种表面装饰方法。

6.4.2.2 印刷装饰纸贴面

印刷装饰纸贴面是在基材表面贴上一层印刷有木纹或图案的装饰纸，然后用树脂涂料涂饰，或用透明塑料薄膜再贴面。这种装饰方法的特点是：工艺简单，能实现自动化和连续化生产；表面不产生裂纹，有柔软性、温暖感和木纹感，具有一定的耐磨、耐热、耐化学药剂性。适合于制造中低档家具及室内墙面与天花板等的装饰。

6.4.2.3 合成树脂浸渍纸贴面

合成树脂浸渍纸贴面是将原纸浸渍热固性合成树脂，经干燥使溶剂挥发制成树脂浸渍纸（也称胶膜纸）覆盖于人造板基材表面进行热压胶贴。常用的合成树脂浸渍纸贴面，不用涂胶，浸渍纸干燥后合成树脂未固化完全，贴面时加热熔融，贴于基材表面，由于树脂固化，在与基材黏结的同时，形成表面保护膜，表面不需要再用涂料涂饰即可制成饰面板。根据浸渍树脂的不同有冷-热-冷法和热-热法胶压。

合成树脂浸渍纸贴面人造板又称为浸渍胶膜纸饰面人造板，用三聚氰胺树脂浸渍纸进行贴面的人造板材，常被称为三聚氰胺树脂浸渍纸饰面板（或贴面板）或三聚氰胺树脂浸渍胶膜纸饰面板。

6.4.2.4 装饰板贴面

装饰板即三聚氰胺树脂装饰板，又称热固性树脂浸渍纸高压装饰层积板（HPL）、高压三聚氰胺树脂纸质层压板或塑料贴面板，俗称防火板，是由多层三聚氰胺树脂浸渍纸和酚醛树脂浸渍纸经高压压制而成的薄板，如图 6-12 所示。图中第一层为表层纸，在板坯中的作用是保护装饰纸上的印刷木纹并使板面具有优良的物理化学性能，表层纸由表层原纸浸渍高压三聚氰胺树脂制成，热压后呈透明状。第二层为装饰纸，在板坯内起装饰作用，防火板的颜色、花纹由装饰纸决定，装饰纸由印刷原纸浸渍高压三聚氰胺树脂制成。第三层、第四层、第五层为底层纸，在板坯内起的作用主要是提高板坯的厚度及强度，其层数可根据板厚和品种而定，底层纸由不加防火剂的牛皮纸浸渍酚醛树脂制成。装饰板可由多层热压机或连续压机加热加压制成。它是一种已广泛应用的饰面材料。它具有良好的物理力学性能，表面坚硬、平滑美观、光泽度高、耐火、耐水、耐热、耐磨、耐污染、易清洁、化学稳定性好，常用于厨房、办公、计算机房等家具及台板面的制造和室内装修。

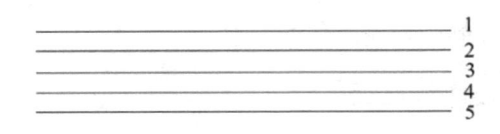

图 6-12　常见装饰板（或 HPL、防火板）的构成

1. 表层纸；2. 装饰纸；3～5. 底层纸

6.4.2.5　塑料薄膜贴面

目前，板式部件贴面用的塑料薄膜主要有聚氯乙烯（PVC）薄膜、聚乙烯（PVE）薄膜、聚烯烃［奥克赛（Alkorcell）］薄膜、聚酯（PET）薄膜及聚丙烯（PP）薄膜等种类。其中，采用聚氯乙烯（PVC）薄膜进行贴面处理在家具生产中应用最为广泛。

聚氯乙烯（PVC）薄膜的表面或背面印有各种花纹图案，为了增强真实感，还压印出木材纹理和孔眼及各种花纹图案等。薄膜美观逼真、透气性小，具有真实感和立体感，贴面后可减少空气湿度对基材的影响，具有一定的防水、耐磨、耐污染的性能，但表面硬度低、耐热性差、不耐光晒，其受热后柔软，适用于室内家具中不受热和不受力部件的饰面和封边，尤其适于进行浮雕模压贴面[即软成型（soft-forming）贴面或真空异形面覆膜]。

PVC 薄膜是成卷供应的，厚度为 0.1～0.6mm 的薄膜主要用于普通家具，厨房家具需采用 0.8～1.0mm 厚的薄膜，浮雕模压贴面一般也需用较厚的薄膜。

6.4.3　特种艺术装饰

6.4.3.1　压花

压花是在一定温度、压力、木材含水率等条件下，用金属成型模具对木材、胶合板或其他木质材料进行热压，使其产生塑性变形，制造出具有浮雕效果的木质零部件的加工方法。压花的工件可以是小块装饰件，也可以是家具零部件、建筑构件等。压花形成的表面一般比较光滑，不需要再进行修饰，但轮廓的深浅变化不宜太大。压花加工生产效率高，适于批量生产，成本较低。压花方法有平压法和辊压法。

平压法是直接在热压机中进行压花。在热压机的上压板或下压板上安装成型模具，即可对木材工件进行压花。影响压花质量的因素主要有材种、压模温度、压力、时间、工件含水率、模具刻纹深度、刻纹变化缓急、刻纹与木材纹理方向的关系及处理剂的性质等。通常热压温度为120~200℃，压力为1~15MPa，时间2~10min，木材含水率12%压花是为了防止木材表层的破裂，必须避免使用有尖锐角棱的花纹及过度压缩，木材纤维方向与模具纹样的夹角应合理配置；为了改善木材的可塑性，使压花后的浮雕图案不受空气湿度变化的影响，压花前可在木材表面预涂特种处理剂后再进行，表面可以覆贴薄木、装饰纸、树脂浸渍纸和塑料薄膜等（王传耀，2006）。

辊压法是将工件在周边刻有图案纹样的辊筒压模间通过时，即被连续模压出图案纹样。该法生产效率高，被广泛用于装饰木线条的压花。为了提高辊压装饰图案的质量，木材表面应受振动作用，以降低木材的内应力，促使木材的弹性变形迅速转变为残余变形，以保证装饰图案应有的深度。一般热模辊的滚动速度为3~5m/min，加压时工件压缩率为15%，振动频率为15~50Hz。

6.4.3.2 镶嵌

用不同颜色、质地的木块、竹骨、金属、岩石、龟甲、贝壳等拼合组成一定的纹样图案，再嵌入或粘贴在木家具表面上的装饰方法，即为镶嵌。木家具镶嵌在我国历史悠久，广泛用于家具、屏风和日用器具等。

1. 镶嵌种类

按嵌件材料可分为玉石嵌、骨嵌、彩木嵌、金属嵌、贝嵌或几种材料组合镶嵌等，按镶嵌工艺可分为挖嵌、压嵌、镶拼和镶嵌胶贴等。

1）挖嵌

在制品装饰部位以镶嵌图案的外轮廓线为界，用刀具挖出一定深度的凹坑，再把与底面颜色不同的木材或其他材料镶拼成的图案嵌入凹坑，进行修饰加工后的装饰表面镶嵌元件与被装饰表面处于同一平面称为平嵌；镶嵌元件高出被装饰表面，具有浮雕效果的称为高嵌；镶嵌元件低于被装饰表面称为低嵌。

2）压嵌

将镶嵌元件胶贴在制品表面上，再在镶嵌元件上施加较大的压力，使其厚度的一部分压进装饰表面，最后用砂光机将镶嵌元件高出装饰表面的部分砂磨掉。该法不必挖凹坑，省工、高效，但必须用较大硬度的镶嵌元件，在元件与底板交界处有底板局部下陷现象。

3）镶拼（拼贴）

用不同颜色且形状尺寸一定的元件拼成图样并粘贴在木家具的基面上，将基面完全盖住。该法只镶不嵌，具有浮雕效果。

4）镶嵌胶贴

镶嵌胶贴又称薄木镶嵌，指将镶拼图样或薄木镶嵌元件先嵌进作为底板的薄木中，再将它们一起胶贴到刨花板或中密度纤维板等基材上，起到装饰表面作用。

2. 镶嵌工艺

薄木镶嵌工艺为：镶嵌图样设计→镶嵌选材（薄木树种、颜色及纹理的选择与搭配）→图样分解与划线放样镶嵌元件制作（可用刀刻、刀剪、冲裁和锯解等方法加工及塑化、漂白和染色等方法处理）→底板制作（用冲压、锯切方法加工底板上的孔，孔的形状尺寸必须与镶嵌元件相吻合，以免过小嵌不进去、过大出现缝隙）→镶嵌元件与底板的镶拼（镶嵌元件嵌入底板并用胶纸带定位）→镶嵌底板与基材的胶合表面砂磨修整。

6.4.3.3 烙花

烙花是用赤热金属对木材施以强热（高于150℃），使木材变成黄棕色或深棕色的一定的花纹图案的一种装饰技法。该法简便易行，烙印出的纹样淡雅古朴、牢固耐久。用烙花的方法能装饰各种制品，如杭州的天竺筷、河南安阳的屏风和挂屏、苏州檀香扇，以及现代的家具门板、屉面板、桌面等。烙花装饰的主要方法如下。

1. 烫绘

烫绘是在木材表面用烧红的烙铁头绘制各种纹样和图案。用该法可在椴木、杨木等结构均匀的软阔叶材或柳桉、水曲柳等木材上进行烫绘。一般多模仿国画的风格。

2. 烫印

烫印指用表面刻纹的赤热铜板或铜制辊筒在木材表面上烙印花纹图案。铜板或铜制辊筒的内部一般用电或气体加热，通过增减压力、延长或缩短加压时间，可以得到各种色调的底子与纹样。

3. 烧灼

烧灼指直接用激光的光束或喷灯的火焰在木表面上烧灼出纹样。通过控制激光束或喷灯火焰与表面作用时间能获得由黄色到深棕色的纹样，但不许将木材炭化。

4. 酸蚀

酸蚀是用酸腐蚀木材的方法绘制纹样。在木材表面上先涂上一层石蜡，石蜡固化后用刀将需要腐蚀部分的石蜡剔除，然后在表面涂撒硫酸，经 0.5～2h 后再将剩余的硫酸和石蜡用松节油或热肥皂水、氨水清洗，即可得到酸蚀后的装饰纹样。

6.4.3.4 贴金

贴金是用油漆将极薄的金箔包覆或贴于浮雕花纹或特殊装饰面上，以形成经久不褪、闪闪发光的金膜。贴金用的金箔分真金箔和合金箔（人造金箔）。真金箔是用真金锻打加工而成的，根据厚度和质量又分为重金箔（室外制品装饰用）、中金箔（家具及室内制品装饰用）和轻金箔（圆缘装饰用），价格昂贵，但光泽黄亮、永不褪色。合金箔只宜于室内制品的装饰，而且其表面必须涂饰无色的清漆以防变色。

贴金表面应仔细加工并使其平滑坚硬，涂刷清漆的涂层要薄，待干至指触不粘时即可铺贴金箔，并用细软而有弹性的平头工具贴平，最后用清漆涂饰整个贴金表面以保护金薄层。

金箔也可以采用烫印（热膜转印）的方法，通过加热、加压将烫印箔（转印膜）上的金箔转印到木制品表面上，所以也称烫金。烫印箔（转印膜）的结构从上至下一般由塑料载体薄膜（厚度为 0.012～0.03mm）、脱膜层（由蜡构成）、表面保护层（漆膜）、金箔层（厚度为 0.02～0.25mm）、纯铝层和热熔胶层 6 层组成。烫印箔一般是成卷供应，可根据基材部件的规格尺寸在烫印时裁切。该烫印方法与热膜转印木纹的工艺基本相同，在高温加热加压下，烫印箔反面的胶黏剂被活化黏附在被装饰的工件上，随后蜡质脱膜层与金箔层分离，使金属箔从载体薄膜上转移到工件上，冷却后即将金属箔牢固地粘在木制工件表面上。烫印的方法也有辊压和平压两种。

参 考 文 献

鲍咏泽, 周永东. 2016. 过热蒸汽干燥对 50mm 厚柳杉锯材质量及微观构造的影响. 东北林业大学学报, 44(4): 66-68, 73.

鲍咏泽, 周永东. 2017. 柳杉锯材过热蒸汽干燥与常规干燥的比较. 林业科学, 53(1): 88-93.

曹甲甲. 2020. 带锯机送料平台姿态仿真及补偿控制研究. 哈尔滨: 东北林业大学硕士学位论文.

陈宇, 臧美英, 李红波. 2016. SIFT 算法在木材纹理分类上的应用. 哈尔滨理工大学学报, 21(4): 7-12.

程曦依, 李芸, 全鹏, 等. 2017. 马尾松锯材常压过热蒸汽干燥脱脂特性研究. 中南林业科技大学学报, 37(6): 108-113.

程玉柱, 顾权, 王众辉, 等. 2018. 基于深度学习的木材缺陷图像检测方法. 林业机械与木工设备, 46(8): 33-36.

迟祥, 刘冰, 杜信元, 等. 2020. 木材太阳能-空气能联合干燥设备的集热介质选择及能耗. 东北林业大学学报, 48(8): 107-111.

戴信友. 2000. 木家具的表面涂饰(一). 上海涂料, (3): 22-24.

丁奉龙. 2022. 基于深度学习的实木板材无损检测方法研究. 南京: 南京林业大学硕士学位论文.

董煜. 2020. 浅谈制材加工企业的成本管控策略. 林产工业, 57(8): 89-91.

杜祥哲, 齐英杰, 马雷, 等. 2016. 我国制材工艺和制材模式的现状及发展趋势. 林产工业, 43(7): 39-42, 45.

付志伟, 王奇光. 2021. 数控机床在我国木材加工行业的应用现状. 林产工业, 58(3): 77-79.

高建民, 伊松林, 张璧光, 等. 2010. 我国木材节能干燥技术进展. 木材工业, 24(6): 21-24.

高伟. 2013. 如何减少木材干燥能耗及节能降耗措施分析. 河北林业科技, 188(1): 54-55.

韩金刚, 谢堂, 沈瑞雪, 等. 2020. 基于加工特征的模块化木工榫头数控加工方法研究. 现代制造工程, (1): 88-91.

洪庆, 刘影, 曲跃军, 等. 2015. 木材的太阳能干燥与远红外线干燥. 林业机械与木工设备, 43(5): 35-37.

胡传宝, 陈智勇, 黄明华, 等. 2018. 浅析红木木材干燥行业创新发展途径. 家具, 39(5): 1-4.

胡忠康, 刘英, 周晓林, 等. 2019. 基于深度置信网络的实木板材缺陷及纹理识别研究. 计算机应用研究, 36(12): 3889-3892.

胡忠林, 齐英杰, 杜祥哲, 等. 2016. 我国制材设备自动化发展概况. 林业机械与木工设备, 44(2): 4-7.

姬宁, 杨守禄, 黄安香, 等. 2018. 杉木木材干燥技术研究概述. 贵州林业科技, 46(4): 51-57.

江旭东. 2014. 超临界干燥技术原理及其在饱水木质文物中的应用. 江汉考古, (2): 107-111.

姜新波, 范芯蕊, 马岩. 2018. 三轴联动数控曲线往复式带锯机进给系统设计. 木材加工机械, 29(3): 1-3.

姜鑫. 2018. 内推台三锯轮数控曲线木工带锯机设计与研究. 哈尔滨: 东北林业大学硕士学位论文.

金苏敏. 1995. 热管空气回热器在热泵木材干燥机上的应用. 南京化工大学学报, (S1): 49-52.

靳宏辉, 刘洪海. 2021. 木材冷冻干燥的应用现状与展望. 家具, 42(5): 6-10.

康利国. 2011. 木材多功能高温高压蒸汽处理装置的设计及应用. 哈尔滨: 东北林业大学硕士学位论文.

孔凡芝, 肖潇. 2017. 曲波域木材纹理特征提取及分类算法研究. 山东农业大学学报(自然科学版), 48(6): 934-938.

劳万里, 段新芳, 吕斌, 等. 2022. 碳达峰碳中和目标下木材工业的发展路径分析. 木材科学与技术, 36(1): 87-91.

李波, 黄晓华, 李如翔, 等. 2018. 带锯机架整体的筋板结构设计与优化. 机械与电子, 36(9): 31-35, 41.

李海芸, 林南靖, 董楸煌, 等. 2020. 毛边锯材智能加工装备控制系统设计与试验. 中南林业科技大学学报, 40(4): 133-139.

李坚, 邱坚. 2005. 硅气凝胶在木材-纳米无机质复合材料中的应用. 东北林业大学学报, (3): 1-2.

李军. 2004. 现代木材加工技术第六讲: 现代木家具的表面装饰技术. 家具, (6): 24-27.

李俊峰, 李广. 2021. 碳中和——中国发展转型的机遇与挑战. 环境与可持续发展, 46(1): 50-57.

李荣荣, 曹平祥, 周兆兵, 等. 2013. 小径级原木双侧齐边圆锯机的设计. 林业科技开发, 27(6): 112-114.

李绍丽, 苑玮琦, 杨俊友, 等. 2019. 基于局部二值差异激励模式的木材缺陷分类. 仪器仪表学报, 40(6): 68-77.

李兴畅, 杨天平, 杨琳, 等. 2017. 真空高频干燥技术在深色名贵硬木家具中的应用前景. 轻工科技, 33(6): 60-61.

李芸. 2017. 杉木 UF 浸渍材过热蒸汽干燥——高温热处理特性研究. 长沙: 中南林业科技大学硕士学位论文.

梁浩, 曹军, 林雪, 等. 2017. 基于贝叶斯神经网络的近红外光谱实木地板表面缺陷检测. 光谱学与光谱分析, 37(7): 2041-2045.

刘洪海, 杨琳, 吴智慧, 等. 2017. 大断面欧洲赤松的真空变定——高频干燥. 东北林业大学学报, 45(2): 61-64.

罗微, 孙丽萍. 2019. 利用局部二值模式和方向梯度直方图融合特征对木材缺陷的支持向量机学习分类. 东北林业大学学报, 47(6): 70-73.

马岩. 2007. 小径木削片制材工艺及设备. 哈尔滨: 东北林业大学科技成果.

马岩, 程森杰, 杨春梅, 等. 2016. 数控曲线带锯机导向锯卡机构改进与仿真. 木材加工机械, 27(3): 1-4.

沈文荣, 韩新, 侯金标. 2022. 人造板工业发展中砂光锯切线技术进步探讨. 中国人造板, 29(12): 29-32.

沈玉林, 王哲, 平立娟, 等. 2020. 不同干燥方法对人工林樟子松木材干燥特性的影响. 林业科学, 56(11): 151-158.

石如庚. 2000. 国外双联、多联带锯机及削片制材联合机简介. 木工机床, (2): 29-38.

时启磊. 2018. 常规蒸汽-除湿联合干燥实木地板坯料的能耗分析. 木材工业, 32(5): 44-46.

苏冬胜, 巫国富, 刘亲荣. 2021. 数控技术在木材加工机械行业的应用初探. 林产工业, 58(6): 89-91.

王传耀. 2006. 木质材料表面装饰. 北京: 中国林业出版社.

王瑞峰, 贾东. 2016. 交错层压木材(CLT)在建筑上的应用研究. 华中建筑, 34(6): 65-69.

王伟, 谢堂, 梁浩, 等. 2021. 基于特征技术的木工数控自动编程系统开发. 林产工业, 58(8): 43-47.

王学成, 张绪坤, 马怡光, 等. 2014. 过热蒸汽干燥及应用研究进展. 农机化研究, 36(9):

220-225.

王勇, 刘颖, 贺霞, 等. 2021. 木材过热蒸汽干燥技术发展. 中国人造板, 28(4): 11-14.

韦妍蔷. 2019. 速生杨木过热蒸汽干燥特性研究. 长沙: 中南林业科技大学硕士学位论文.

徐恩光, 林兰英, 李善明, 等. 2020. 木材微波处理技术与应用进展. 木材工业, 34(1): 20-24, 29.

徐梓敬, 贾培, 吴楠, 等. 2019. GA-SVM 在木材缺陷识别中的应用. 传感器与微系统, 38(9): 153-156.

伊松林, 张璧光. 2011. 太阳能及热泵干燥技术. 北京: 化学工业出版社.

战剑锋, 李鹏, 陶毓博. 2004. 木材太阳能干燥技术的实践与应用. 林业机械与木工设备, (8): 30-32, 36.

张璧光. 2002. 我国木材干燥技术现状与国内外发展趋势. 北京林业大学学报, (Z1): 266-270.

张璧光. 2007. 太阳能干燥技术. 北京: 化学工业出版社.

张璧光, 钟群武. 2000. 新型双热源除湿干燥机. 林产工业, (5): 29-30.

张静雯, 刘洪海, 杨琳. 2019. 超临界 CO_2 流体在木材干燥中的应用. 世界林业研究, 32(6): 37-42.

张怡卓, 马琳, 许雷, 等. 2014. 基于小波与曲波遗传融合的木材纹理分类. 北京林业大学学报, 36(2): 119-124.

郑立平, 陈叶叶, 杨永振, 等. 2018. 数控锯刨机的电控与模糊控制系统研究. 木工机床, (3): 14-18.

周永东, 叶克林. 2008. 澳大利亚锯材加工现状. 木材工业, (2): 33-36.

周永东, 张璧光, 赵忠信. 1995. 木材热泵除湿干燥机节能工艺研究. 北京林业大学学报, (1): 83-89.

Barmpoutis P, Dimitropoulos K, Barboutis I, et al. 2018. Wood species recognition through multidimensional texture analysis. Computers and Electronics in Agriculture, 144: 241-248.

Campean M, Ispas M, Porojan M. 2008. Considerations on drying frozen spruce wood and effects upon its proper-ties. Drying Technology, 26(5): 596-601.

Celik T, Tjahjadi T. 2011. Bayesian texture classification and retrieval based on multiscale feature vector. Pattern Recognition Letters, 32(2): 159-167.

Fahrurozi A, Madenda S, Ernastuti, et al. 2016. Wood Texture Features Extraction by Using GLCM Combined With Various Edge Detection Methods. Bandung, Indonesia: Intervational Congress on the Oretical and Applied Mathematics, Physics and Chemistry.

Harwikarya H, Ramayanti D. 2018. Feature Textures Extraction of Macroscopic Imageof Jatiwood (Tectona Grandy) Based on Gray Level Co-occurence Matrix. Jakarta, Indonesia: International Conference on Design, Engineering and Computer Sciences (ICDECS).

Hadiwidjaja M L, Gunawan P H, Prakasa E, et al. 2019. Developing Wood Identification System by Local Binary Pattern and Hough Transform Method. Bandung, Indonesia: 2nd International Conference on Data and Information Science (ICoDIS).

He T, Liu Y, Yu Y, et al. 2020. Application of deep convolutional neural networkon feature extraction and detection of wood defects. Measurement, 152: 107357.

Hiremath P S, Bhusnurmath R A. 2017. Multiresolution LDBP descriptors for texture classification using anisotropic diffusion with an application to wood texture analysis. Pattern Recognition Letters, 89: 8-17.

Hu J, Song W, Zhang W, et al. 2019. Deep learning for use in lumber classification tasks. Wood Science and Technology, 53(2): 505-517.

Hwang S, Kobayashi K, Sugiyama J. 2020. Detection and visualization of encoded local features as anatomical predictors in cross-sectional images of Lauraceae. Journal of Wood Science, 66(1): 16.

Ilic J. 1995. Advantages of prefreezing for reducing shrinkagerelated degrade in eucalypts: general considerations and review of the literature. Wood Science&Technology, 29(4): 277-285.

Jung S Y, Tsai Y H, Chiu W Y, et al. 2018. Defect Detection on Randomly Textured Surfaces by Convolutional Neural Networks. Auckland: IEEE/ASME International Conference on Advanced Intelligent Mechatronics (AIM).

Kobayashi K, Kegasa T, Hwang S, et al. 2019. Anatomical features of Fagaceae wood statistically extracted by computer vision approaches: some relationships with evolution. PLoS One, 14(8): e0220762.

Loke K S. 2018. Texture Recognition Using a Novel Input Layer for Deep Convolutional Neural Network. Singapore, Singapore: IEEE 3rd International Conference on Communication and Information Systems (ICCIS).

Pramunendar R A, Supriyanto C, Novianto D H, et al. 2013. A Classification Method of Coconut Wood Quality Based on Gray Level Co-Occurrence Matrices. Yogyakarta, Indonesia: IEEE International Conference on Robotics, Bionmimertics, and Intelligent Computational Systems (ROBIONETICS).

Ratnasingam J, Grohmann R. 2015. Superheated steam application to optimize the kiln drying of rubberwoodn, (*Hevea brasiliensis*). Holz Als Roh Und Werkstoff, 73(3): 407-409.

Sugiarto B, Prakasa E, Wardoyo R, et al. 2017. Wood Identification Based on Histogram of Oriented Gradient (HOG)Feature and Support Vector Machine (SVM)Classifier. Yogyakarta, Indonesia: 2nd International Conferences on Information Technology, Information Systems and Electrical Engineering (ICITISEE): Opportunities and Challenges on Big Data Future Innovation.

Sun Y, Chen S, Gao L. 2019. Feature extraction method based on improved linear LBP operator. Chengdu, China: Proceesdings of 2019 IEEE 3rd Information Technology, Networking, Electronic and Automation Control, Conference (ITNEC 2019).

Xie Y, Wang J. 2015. Study on the identification of the wood surface defects based on texture features. Optik, 126(19): 2231-2235.

Yadav A R, Dewal M L, Anand R S, et al. 2013. Classification of Hardwood Speciesusing ANN Classifier. Jodhpur, India: 4th National, Conference on computer Vision, Pattern Recognition, Image Processing and Graphics (NCVPRIPG).

Yu H, Liang Y, Liang H, et al. 2019. Recognition of wood surface defects withnear infrared spectroscopy and machine vision. Journal of Forestry Research, 30(6): 2379-2386.

Yusof R, Rosli N R. 2013. Tropical Wood Species Recognition System Based on Gabor Filter as Image Multiplier. Kyoto, Japan: International Conference on Signal-image Technology & Internet-Based Systems (SITIS).

Zamri M I P, Cordova F, Khairuddin A S M, et al. 2016. Tree species classification based on image analysis using improved-basic gray level aura matrix. Computers and Electronics in Agriculture, 124: 227-233.

第7章 木质林产品碳足迹

7.1 木质林产品界定、分类及碳足迹评价目的和意义

7.1.1 木质林产品的界定、分类

木质林产品（harvested wood product，HWP）是指森林中采伐的木质材料加工成的各种木质产品，匹配林产工业及其木质林产品的 HS 编码，木材加工行业的木质林产品包括其他原材（HS 编码 4404~4405）、锯材（HS 编码 4406~4407）、人造板（HS 编码 4408~4412）、除家具外的木制品（HS 编码 4413~4421）；家具制造业的木质林产品主要是木家具（HS 编码 940161、940169、940330、940340、940350、940360）；造纸及纸制品行业的木质林产品主要有木浆（HS 编码 4701~4707）、纸及纸制品（HS 编码 4801~4819、4821~4823)等。木质林产品作为生活消费品和生产必需品，市场需求量大。目前，世界范围内的木质林产品贸易活动比较平稳，进出口主要集中在北美、亚洲和欧洲。我国是木质林产品贸易第一大国，国家林草局 2023 年国家林业重点展会新闻发布会上公布数据显示，我国林产品进出口贸易额超过 1800 亿美元，其中，木浆、原木、锯材进口和木制家具、人造板、地板出口均居世界首位。木质林产品全球供应链涉及的环节复杂且覆盖的范围广泛，包括森林生产、采伐、国内和国际运输、加工处理、仓储、包装回收利用等诸多环节。

森林砍伐的生物量，一部分剩余物被遗留在原地，一部分作为薪材，一部分用于工业制成木质产品。一般来说，薪材和加工废料中所储存的碳在当年或很短的时间氧化并释放回大气，而用于木质林产品的木材中固定的碳被继承到产品当中，最终也会被氧化释放回大气。一直以来，木质林产品中的碳是被忽略的。但事实上，木制林产品中储存的碳并没有立即排放，其碳释放的速度取决于木制林产品的生产过程和这些产品的最终用途。例如，薪材和锯木厂残留物可能在采伐之年燃烧释放其储存的碳量，纸制品通常在 5 年内腐烂释放碳量，用于建筑的锯木和木板中的碳量可能保留数十年或超过 100 年，废弃的木材产品通常堆积在固体废弃物处理场所，它们所储存的碳在那里可保留很长一段时间。木质林产品中的碳储量为温室气体减排作出了一定的贡献，是一种碳汇。研究木质林产品的碳足迹，不仅可以确定碳排放量较多的供应链环节，进而制定减少碳排放的有关措

施,而且有利于突破林产品绿色贸易壁垒,促进木质林产品行业健康可持续发展。

《联合国气候变化框架公约》对木质林产品的作用给予了肯定,联合国政府间气候变化专门委员会(IPCC)在《1996 年 IPCC 国家温室气体清单指南修订本》中提出了针对木质林产品碳储量计算的 IPCC 缺省法,该方法假定采伐的森林生物量中所储存的碳当年被氧化,全部释放回大气。1998 年在塞内加尔达喀尔举行的 IPCC 专家组会议上增加了碳储量变化法、生产计量法和大气流动测定法。之后的气候大会附属科技咨询机构(SBSTA)第 15 次会议、第 21 次会议、2001 年新西兰政府关于木质林产品的非正式研讨会又对 IPCC 缺省法进行了修改和细化。2003 年,IPCC 的报告《土地利用、土地利用变化和林业方面的优良做法指南》(GPG-LULUCF)对农林业部门的温室气体排放贡献提出了分析和报告的方法。2006 年,IPCC 发布了《2006 年 IPCC 国家温室气体排放清单指南》(2007 年、2008 年、2009 年、2010 年、2011 年多次勘误),其中,第 4 卷第 12 章对木质林产品的碳储量问题提供了详细的计算方法和指南。2009 年,在缔约方特设工作组(AWG-KP)第 8 次会议上,许多缔约方在针对《京都议定书》和 LULUCF 部门的谈判中也提到对木质林产品碳储量问题的看法。这 3 种方法的提出方便了各国对木质林产品碳储量的计算和报告,为木质林产品碳储量的定量计量提供了框架和思路。

7.1.2 碳足迹评价目的和意义

20 世纪末以来,以全球变暖为主要特征的气候变化问题已被列为全球性十大环境问题之首,引发了国际社会的广泛关注。CO_2 过度排放,温室效应愈演愈烈,全球可持续发展事业面临严峻挑战。为了减少温室气体排放,减缓地球气候变暖,1992 年 5 月在巴西里约热内卢举行了首次"地球首脑会议",通过了《联合国气候变化框架公约》;1997 年 12 月,在第三次会议上签署了《京都议定书》,该议定书规定从 2008 到 2012 年期间,主要工业发达国家的温室气体排放量要在 1990 年的基础上平均减少 5.2%,其中欧盟将 6 种温室气体的排放削减 8%,美国削减 7%,日本削减 6%;2000 年 11 月,美国在海牙召开的第 6 次缔约方大会期间,坚持大幅度减少其减排指标,并于 2001 年 3 月,正式宣布退出《京都议定书》;2007 年 12 月,第 13 次缔约方大会在印度尼西亚巴厘岛举行,会议着重讨论"后京都"问题,即《京都议定书》第一承诺期在 2012 年到期后如何进一步降低温室气体排放的问题,联合国气候变化大会通过了"巴厘岛路线图",启动了加强《联合国气候变化框架公约》和《京都议定书》全面实施的谈判进程,明确了致力于在 2009 年年底前完成《京都议定书》第一承诺期到期后全球应对气候变化体制新安排的谈判并签署有关协议;2009 年 12 月,第 15 次缔约方大会在丹麦哥本哈根举行,这次大会的主要内容是商议《京都议定书》第一承诺期到期之后全球应对气候变化的政策框架，确定《京都议定书》附件一国家的二氧化碳减排指标，《联合国气候变化框架公约》192 个缔约方的代表，多个谈判阵营，最终意见不一。哥本哈根世界气候大会的召开使得低碳经济再次成为全球瞩目的焦点，以低能耗、低污染、低排放为基础的低碳经济是应对全球气候变暖的全新经济模式。

进入 21 世纪以来，我国经济持续快速增长，迅速成为世界第一大煤炭消费国和第二大能源消费国。建设低碳社会，实现绿色低碳发展，已成为我国转变经济发展方式、实现可持续发展的必然选择。低碳之路既是我国实现可持续发展的必由之路，也是我国树立负责任大国形象，为保持全球气候环境，抑制全球气候变暖作出积极贡献的现实选择。

应对气候变化的核心问题是控制和减缓 CO_2 等温室气体的排放。气候变化问题不仅是全球环境问题，更是涉及各国经济能否可持续发展的重大问题。发展低碳经济作为应对气候变化、促进可持续发展的一项战略选择，正日益受到国际社会的高度关注。而发展低碳经济，离不开政策制度的创新和发展，其中，制定温室气体排放管理标准、研究碳足迹计算方法、建立碳标签标识制度及碳关税等贸易政策工具被认为是构建气候变化政策体系的一项重要内容。

"碳足迹"的概念缘起于"生态足迹"，主要是计算在人类生产和消费活动中所排放的与气候变化相关的气体总量，并分析产品生命周期或与活动直接和间接相关的碳排放过程。所谓碳足迹是指运用生命周期评价（LCA）的方法，定量化计算产品全生命周期过程中相关的温室气体排放量。碳足迹作为 LCA 方法的重要应用之一，已逐渐成为世界范围内评估产品碳排放的主导方法。基于此，一方面可以全面、客观地审视产品全生命周期过程中的能源和环境问题，为行业和企业持续改进工艺和产品提供内在支撑；另一方面碳足迹生命及认证作为一种有效的市场促进机制，可以为推动企业开展节能减排提供积极有效的外部动力，同时对于克服日益严峻的国际贸易壁垒也具有重要作用。

所以，针对典型木质林产品不断加强碳足迹研究，可为林业和林产工业减少碳排放提供理论基础和依据。开展林木产品低碳评价技术研究对于促进林业和林产工业的可持续发展，实现二氧化碳排放控制目标具有重要意义。

7.2 木质林产品的碳储量与碳流动

7.2.1 森林生长和林木生产阶段

森林在生长过程中，通过光合作用吸收空气中的二氧化碳，进而将其固定在森林生物量中。因此，森林生长环节具有固碳的作用。Cosola 等（2016）比较了近自然经营和人工林经营两种森林经营方法下的碳排放量，发现人工林由于相对简单的作业条件产生的碳排放更低。Mancini 等（2016）计算了不同管理程度下原始林、其他天然更新森林和人工林 3 种类型森林的碳固存速率，得出平均森林碳汇为（0.73±0.37）t C/（hm^2·a），为碳足迹的估算提供了依据。Michelsen 等（2012）运用生命周期评价法对挪威的森林作业进行了生物量的变化分析，发现林业活动中的土地利用变化对于生物多样性和森林碳库具有显著影响。阮宇等（2006）基于联合国粮农组织统计数据等数据来源，采用碳储量变化法、大气通量法等不同方法对我国木质林产品碳储量及其变化进行了分析，得知我国木质林产品碳储量及其变化呈上升趋势，但是不同数据来源以及方法下的结果差异显著。可见，森林生产过程一定伴随着碳排放，但是碳足迹因森林的经营方式、类型种类、环境变化、计算方式等不同而形成差异。

7.2.2 采购与运输阶段

林业建设具有周期长、投入大、效益低等特点，导致木质林产品的原材料采购受到资源的限制。同时，全球的林业资源分布不均衡且存在供需的时间差异，因此木质林产品在全球范围内流动已经成为一种必然趋势。Zhang 等（2019）利用多地区投入产出模型分析了国家层面的林木采伐碳足迹，发现木材主要由发展中国家流向森林资源丰富的发达国家，发达国家的木材采伐碳足迹已远远超过其直接木材采伐量，而南美和非洲的发展中国家的木材直接采伐量远远大于木材采伐的碳足迹。田明华和赵晓妮（2006）将森林中消耗原木的环境效益值进行叠加，对不同来源的林产品在生产过程中形成碳足迹进行了分析，旨在减少木质林产品进出口贸易中的绿色壁垒。木质林产品的原材料采购过程中的碳排放主要来自于运输消耗燃油而形成的温室气体。周媛等（2014）对机械化木材生产作业系统进行了分析，得知由运输造成的温室气体占整体碳排放的 70%左右，在气温、海拔及林型等情况的综合影响下，采伐活动产生的碳足迹是标准工序下碳足迹的 2.22 倍。胡婷婷（2012）将成本和碳排放量相结合作为福建省将乐县木材物流模型的优化目标，对于木材物流网络碳排放进行了分析，表明用车辆满载的碳排放量代替实际运输车辆的碳排放量会造成平均碳排放水平增加约 2.7%，忽略运输节点的碳排放会导致平均碳排放水平下降约 19.65 个百分点，该研究旨在优化木材物流模型，从而降低环境负荷。因此，木质林产品的采购与运输环节中的碳足迹因原材料的运输距离不同会有较大差异，原材料运输是主要的碳足迹排放环节。

7.2.3 林产品加工阶段

林产品加工是木质林产品供应链中的重要环节，也是碳排放比较集中的环节。根据木质林产品的加工程度，可以将其分为初级产品、中间产品及终端产品。吕佳等（2013）从数量结构、碳足迹总量和强度的角度对我国出口的木质林产品进行了分析,发现加工程度越复杂的木质林产品在其供应链中产生的碳排放量越高。在初级产品生产层面,Ratnasingam 等(2015)通过对锯材生产过程中的产量和能耗数据进行碳足迹分析发现,不同颜色锯材生产的碳足迹没有显著差异。在中间产品加工层面,Kouchaki-Pencha 等(2016)分析了刨花板生产过程中原材料和工艺的能耗与环境影响,表明环境影响主要来源于刨花板整形阶段。王珊珊等(2019)依据 ISO 14067 标准对比了国内外人造板行业的能源耗用,结合量化工艺改进方案的减排效果,为人造板行业减排和市场结构改善提供了有力支持,测度了中国胶合板、纤维板和刨花板行业"从摇篮到大门"系统界限的碳足迹,在胶合板、纤维板和刨花板生命周期碳足迹分析中发现,原材料获取阶段的碳足迹分别占 51.27%、48.13%和 56.64%,即分别为 160.00kg CO_2eq、341.12kg CO_2eq 和 232.67kg CO_2eq,现场生产阶段的碳足迹分别占 42.57%、47.59%和 37.15%,即分别为 132.85kg CO_2eq、337.29kg CO_2eq 和 152.61kg CO_2eq,运输阶段的碳足迹分别占 6.17%、4.28%和 6.21%,即分别为 19.26kg CO_2eq、30.33kg CO_2eq 和 25.51kg CO_2eq。在终端产品制造层面,姜晓红等(2017)基于不同面板制成的一种多功能家具,对不同材质和结构的设计方案进行了碳足迹核算,得出林产品的材质来源对于碳足迹的强度有显著影响。白伟荣等(2013)对由实木和人造板制成的茶水柜进行了碳足迹分析,茶水柜 80%以上的碳排放来自喷涂、油漆等辅料。由此可知,合理选取原料、辅料的材质以及改革工艺、减少设备耗能是减少林产品加工过程中碳排放的关键。

7.2.4 仓储与配送阶段

仓储与配送环节是木质林产品生产与销售的衔接环节,在仓储过程中所消耗的电能及包装材料的使用是主要的碳排放来源。正确的仓储管理是减排的重要一步。颜浩龙和郑哲文(2016)针对我国林产品供应链中联合库存管理(JMI)、供应商管理库存(VMI)及协同式供应链库存管理(CPFR)模式中存在的问题展开了讨论,为林木供应商科学合理地控制林木库存量、制定林木采伐计划,从而减少林木资源的浪费和林产品的碳足迹提供了思路。郭明辉等(2010)基于 2007 年木质林产品数据,计算了中国木质林产品 200 年内的碳储存,结果表明在非科学化的贮存过程中存在程度不等的碳排放,采用增加产量、延长使用寿命可以提高木质林产品的碳汇效应。在木质林产品周转过程中,不仅需要仓储管理,还需要配送货物。Carrano 等(2015)介绍了木质托盘生命周期的各个阶段并比较了 3 种不同的托盘管理策略对环境碳排放的影响,结果表明碳排放量与不同的装卸和装载方式以及配送距离密切相关。尽管与其他环节相比,仓储与配送环节往往很容易被忽略,但是通过合理的仓储管理、高效的装卸搬运及配送也可以在一定程度上减少木质林产品供应链的碳排放。

7.2.5 废弃物回收

由于废弃的木质林产品依旧储存着一定数量的碳,废弃物回收循环利用对于实现木质林产品供应链的低碳可持续化至关重要。楚杰等(2014)总结了国内外废旧木材回收利用技术,提出了关于废旧木材回收利用的资源化发展建议,为降低环境中的温室气体排放和减少固体污染物提供了有力支持。Rempelos 等(2020)以英国铁路网络中 4 种最常见的轨枕作为研究对象,分析了不同交通负荷下轨枕的生命周期碳排放,结果表明软木轨枕在整个模拟期内在较低的交通负荷作用下的碳排放量最低,而在较高的交通负荷下混凝土轨枕在碳排放量方面要优于硬木轨枕、软木轨枕和不锈钢轨枕,同时该研究也表明,木材报废处理途径是影响碳足迹的关键因素。耿会君和赵方方(2020)从快递包装箱循环使用的角度出发,对包装箱循环利用中导致碳足迹增多的分类归集、规格标准制定等措施进行了研究,为快递包装箱的可持续利用提供了依据。同样,木质包装材料的循环利用,不仅可以减少木材资源的使用,还能够进一步促进供应链的低碳化。

7.3 木质林产品碳足迹模型

7.3.1 森林生长和林木生产阶段

现有研究均表明,通过可持续的森林经营活动,如设置合理的轮伐期,适当将森林转化为木质林产品用作建筑材料或能源原料等可以提高森林生态系统的碳储量。当树木被砍伐作为木质林产品的原料运出森林时,碳从森林碳库转移到了木质林产品碳库,本质上立即减少了森林碳库的碳储量,这些碳损失需要几十年甚至上百年的时间才能得到补偿。如果在研究木质林产品的碳减排潜力时忽略森林碳库的碳储量变化,则会导致一国碳储量被高估。

目前核算森林碳库的主要方法可以分为过程模型和经验模型两种,过程模型主要通过模拟森林的生理过程,如叶片通过光合作用吸收 CO_2、植物通过呼吸作用释放 CO_2、凋落物和枯木的腐烂、火灾和病虫害等自然扰动对森林碳汇的影响,进而核算森林碳汇总量;经验模型主要通过森林清查数据计算森林各个碳库的碳量(森林碳库包括活立木、枯木、林下植被、凋落物、土壤 5 种类型),再进行汇总整合以核算森林碳汇总量。不论是哪种模型,都依赖于一个完整的森林清查数据,特别是人为扰动和自然扰动信息,将在很大程度上影响核算结果的准确性。

由于可持续的森林管理政策必须在长期生产实践中才能体现出效果,在现有的将森林阶段纳入木质林产品生命周期的碳科学研究中,多采用以经验模型为主、过程模型为辅的方式。例如,Heath 等(2011)在研究可持续管理的森林在美国国家温室气体清单中的碳减排贡献时,对于森林生长和林木生产阶段,首先核算并汇总了5个森林碳库的碳储量,同时考虑了每年森林火灾导致的温室气体排放。Smyth等(2018)在研究加拿大森林部门的温室气体减排贡献时,使用加拿大碳收支模型(carbon budget model of the Canadian forest sector,CBM-CFS3)模拟了生态系统过程及大气与森林各个碳库之间的人为扰动和自然扰动导致的碳转移。这种模式既可以充分利用已有的静态数据计算森林碳储量,也能动态地模拟和预测未来几十年至上百年森林的碳动态,进而评估森林的碳减排潜力。

除了森林碳储量的变化,部分研究在预测未来一段时间森林碳动态的同时,还设置了多个森林的管理与采伐情景,以寻找最优的森林管理策略:首先需要设置一个基准情景,通常以现有的年度森林采伐量为准,其次综合考虑国家未来的经济发展水平、能源利用政策、进出口限制等,在基准情景的基础上增加或减少采伐量,模拟未来几十年至上百年不同森林管理策略下的碳动态。此外,木质林产品的生产和运输环节也是碳核算中不可忽视的一部分,物质流分析(material flow analysis,MFA)可以在假设被砍伐树木用途(如原木、造纸、能源等)的基础上,计算不同树种、不同用途的产品在生产和运输环节中所产生的碳排放,并将木质林产品生命周期的森林阶段与在用阶段联系起来,使得生命周期分析更为完整。

现有的森林碳汇计量模型已经能够在不同森林管理模式下考虑自然扰动和人为扰动等不确定因素,但仍有部分需要改进的地方:首先,对于火灾、病虫害等自然扰动的预测准确度有待进一步提高,这可能需要大量的历史数据;其次,考虑到各国的森林情况和森林清查类型均存在一定差异,同一模型在不同地区的适用性也不同,就中国而言,大多采用改进的欧美地区模型,这会在一定程度上影响本国碳汇核算的准确性。

7.3.2 林产品加工利用阶段

木质林产品碳库中的大部分碳储量都来自在用阶段的木质林产品。尽管木质林产品本身并不能吸收CO_2,但当树木被砍伐加工为木质林产品时,原本被森林生态系统所固定的碳转移到了木质林产品中。已有研究表明,木质林产品在缓解全球气候变化方面起着重要作用:首先,木质林产品可以将碳保存较长的时间,如将木质林产品制作成家具使用等,并有可能长期储存;其次,木质林产品的材料替代效应(如因使用木质林产品作为建筑材料或装修材料等而减少了水泥、塑料等材料生产过程中的CO_2排放)和能源替代效应(如使用木质林产品作为能源燃料而减少了化石燃料使用过程中的CO_2排放)也减少了环境CO_2的排放。

为了尽可能准确地估算保留在木质林产品中的碳,满足国家温室气体清单报告的需要,IPCC制定了一系列清单指南,其中包括了木质林产品的碳核算方法学。

《1996年IPCC国家温室气体清单指南修订本》提出了IPCC缺省法，即假设"采伐的所有生物量碳均在清除（采伐）年被氧化"；《2006年IPCC国家温室气体清单指南》提供了3种保留在木质林产品中碳的主流估算方法，分别为碳储量变化法（SCA）、生产计量法（PA）和大气流动测定法（AFA）；《2013年京都议定书中经修订的补充方法和良好做法指南》和《2006年IPCC国家温室气体清单指南2019修订版》又对《2006年IPCC国家温室气体清单指南》中提出的3种主流方法进行了改进。估算结果会因为方法和数据选择的不同而存在差异，不同碳核算方法学的主要特点见表7-1。

表7-1 木质林产品碳核算方法学的特点及比较

名称	系统边界（包含的碳库）			贸易影响		适用范围	对木材贸易及森林管理的影响
	森林	木质林产品		进口	出口		
		国内	进口	出口				
碳储量变化法	√	√	√		+	−	净进口国	鼓励木材贸易，提高林业经济价值，可能导致发展中国家过度砍伐森林
生产计量法	√	√		√	无影响	+	主要生产国	不鼓励森林资源稀少的国家进口木材，可能导致毁林
大气流动测定法	√	√	√		−	+	净出口国	鼓励进口半成品，促进木材产品回收循环利用，可能导致毁林

注：系统边界中，"森林"表示森林碳库；"国内"表示国内生产和使用的木质林产品碳库；"进口"表示进口到国内并使用的木质林产品碳库；"出口"表示出口并在其他国家使用的木质林产品碳库；"√"表示包含了此种碳库；"+"表示对碳核算结果产生正向影响，"−"表示对碳核算结果产生负向影响，下同

碳储量核算方法学针对的是参与贸易的木质林产品碳储量归属和碳排放分配的问题，即如何报告参与贸易木质林产品的碳储量及碳排放，并且这些碳储量和碳排放是何时何地发生了变化。采用的核算方法不同将会导致碳排放和碳储量在缔约方之间分配和归属的差异，那么缔约方承担的减排责任就会不同，甚至有可能使缔约方木质林产品从净碳源转化成净碳汇，这也是缔约方在有关木质林产品碳储量核算方法学上争论的焦点。由于各国国情差异，至今仍未确定被国际社会普遍认可的碳核算方法学。2006年以来3种碳核算方法学在不同国家/地区的应用情况见表7-2。

表 7-2　不同国家或地区碳储量核算的方法学选择及碳核算结果

国家或地区	研究者（时间）	碳核算方法学 SCA	PA	AFA	最大碳核算结果
爱尔兰	Green 等（2006）[b, c]	√*	√	√	2003 年当年碳储量为 271Gg
	Donlan 等（2012）[b]		√		2008 年当年碳储量为 842Gg
捷克共和国	Jasinevičius 等（2018）[b]		√		1961~2030 年累计碳储量为 53.2Tg
加拿大	Chen 等（2014）[a, b, c]		√		1901~2010 年森林累计碳汇量为 7510Tg，木质林产品累计碳储量为 849Tg
	Chen 等（2018a）[a, b, c]		√		2020~2100 年森林累计碳汇量由 7229.7Tg 增长至 7424Tg，2020~2100 年木质林产品碳储量由 171Tg 增长至 334.7Tg
欧共体 15 国	Kohlmaier 等（2007）[b, c]	√*	√		1990~2005 年累计碳储量为 1137Tg
葡萄牙	Dias 等（2007）[b, c]	√	√	√*	1990~2000 年的年平均碳储量为 659~1016Tg
	Dias 等（2012）[b, c]	√	√	√*	1990~2004 年的年平均碳储量为 650~1250Tg
日本	Kayo 等（2015）[b]		√		2030 年当年碳储量为 2.5Tg
西班牙	Canals-Revilla 等（2014）[b, c]	√	√*		1990~2006 年累计碳储量为 1096.85Gg
美国	Skog（2008）[b, c]	√	√		2005 年当年碳储量为 44Tg
	Stockmann 等（2012）[a, b, c]		√		1910~2010 年木质林产品累计碳储量为 25.77Mg
中国	白彦锋等（2009）[a, b, c]	√*	√		1961~2004 年的年平均碳储量为 11.73Tg
	Lun 等（2012）[b]		√		1999~2008 年森林碳汇量为 2799.19Tg，木质林产品累计碳储量为 71.28Tg
	杨红强等（2013）[b]	√*	√		截至 2011 年，累计碳储量为 676Tg
	Ji 等（2016）[b]	√*	√		截至 2014 年，累计碳储量为 705.6Tg
	Lee 等（2011）[b]	√*	√		1990~2008 年的年平均碳储量为 3.195 Tg

注：a 表示该研究包含了森林阶段；b 表示该研究包含了在用阶段；c 表示该研究包含了填埋阶段；"√" 表示该研究使用了此种方法；"*" 表示在使用了多种碳核算方法学的研究中，该方法学核算所得的碳储量最大

作为木质林产品碳收支与碳减排核算基础的 IPCC 碳收支方法学在过去 20 余年的应用与修正中始终没有解决 3 个方面的问题。首先，木质林产品终端使用形态的刻画较为欠缺，绝大部分国家由于缺乏关联数据无法追踪其木质林产品在最终使用形态方面的分布，即使部分国家存在关联数据，也只能将木质林产品最终使用形态划分为有限的几类。其次，木质林产品贸易，尤其是终端使用形态的木质林产品贸易未能纳入其研究范畴，由于关联数据的缺乏，主流研究往往仅能追踪至中间制成品形态的木质林产品贸易，或者局限于本国内部的木质林产品的终

端使用形式。最后，全球供需链下各市场主体或国家贡献的缺失，IPCC 方法学和主流研究均无法在全球供需链的框架下，追踪其出口的木质林产品在国外的生命周期内的碳收支与碳减排，亦无法立足于域外消费者（国家）这一木质林产品供求的决定力量，反向分析其对木质原材料供给、木质林产品生产、使用及废弃的碳收支影响和碳减排贡献。张小标（2019）通过将多区域投入产出模型引入既有 IPCC 碳收支方法学构建了一个新的碳收支模型 CBM-MRIO（carbon budget model integrating multi-regional input-output method），基于此模型的混合生命周期分析框架引入并拓展生产诱发系数，建立了一个可以用于评估消费国对木质林产品生产国碳收支和碳减排边际贡献的分析方法。CBM-MRIO 模型的构建过程包括：首先，为保证终端使用形态与国家的高精度，在投入产出数据库选择上，引入当前在产业和国家分类以及时间跨度等方面最为优越的 Eora 数据库的多区域投入产出表，该数据库涵盖了 190 个国家的 14 839 个产业部门和 1140 个最终需求/要素投入部门在近二十年的相互耗用关系；其次，基于 Eora 多区域投入产出表，开发了木质林产品拓展矩阵，用以表述某特定木质林产品生产国在相应年份的中间产品形态木质林产品产量；最后，通过里昂惕夫乘数进一步评估该生产国所生产的木质林产品在各国的各终端使用形态的分布情况。基于以上模型方法，一国所生产的木质林产品的碳收支能够予以全面分析与评估，其出口到国外的木质林产品碳收支变动以及气候责任亦可以清晰界定。该模型方法可在生产国和消费国间双向追溯混合生命周期特征，亦可避免气候责任划分中的极端化倾向。张小标（2019）结合 FAOSTAT 和 UNCOMTRADE 数据对上述建立的模型方法予以论证，发现中国木质林产品全生命周期内碳储量达到 3605Tg CO_2eq（百万吨二氧化碳当量），年碳减排量达到 150Tg CO_2eq，其中，中国贡献的比例为 84.2%，域外消费国贡献比例为 15.8%，由于中国仅消费了约 75% 的木质林产品产量，中国碳储和碳减排贡献效率更强；域外消费国消费了中国 25% 的木质林产品产量，但由于其主要的终端使用形式以非建筑用木质林产品和纸类产品等短生命周期产品为主，同时大量采用焚烧的方式处理废弃木质林产品，其在仅分别贡献了终端使用环节碳储量与年均碳减排量的 22.5% 和 13.9% 的同时，却贡献了废弃环节 45.5% 的碳排放量；在边际减排贡献方面，中国最终需求边际年碳减排贡献远高于域外消费国，甚至比最主要的 8 个域外消费国边际贡献的总和略高。通过 CBM-MRIO 模型的研究与 IPCC 碳收支方法学评估结果的对比发现，IPCC 方法学认为中国木质林产品全生命周期内表现为木质林产品净进口，其净进口比例约为 19%，且主要表现为木质原材料，但 CBM-MRIO 模型发现，尽管中国存在约 20% 的木质原材料进口，但中国出口了多达 25% 的最终使用形态的木质林产品，符合中国木质林产品产业"两头在外的特征"。

7.3.3 废弃与填埋处理阶段

木质林产品根据其用途拥有不同的使用寿命，在达到使用寿命后，部分木质林产品会被直接焚烧，部分会被回收再利用或用作燃料，剩下的将会被置于固体废弃物处理厂进行填埋。对于直接焚烧的废弃木质林产品，原本储存的碳将直接释放回大气中，被视为木质林产品碳库的直接碳损失。对于回收利用的木质林产品，依据其用途不同将再次产生材料替代效应或能源替代效应，而垃圾填埋场中的木质林产品由于长期处于缺氧环境，其中木质素的分解将极为缓慢或不分解，这意味着木质林产品中的碳能够储存更久，从而提高木质林产品碳库的碳储量。

大多数研究均使用基于指数分布的一阶衰减法（first-order decay，FOD）来计算填埋部分木质林产品碳库的年度变化量。由图 7-1 可知，使用指数分布暗含了一个基本假设：木质林产品在填埋的最初几年将以最快的速度分解，而在随后每年的分解量都会减少。半衰期（half-life，分解一半所需的时间）是使用一阶衰减法唯一需要的参数，该方法也因为其简便性而被广泛使用。

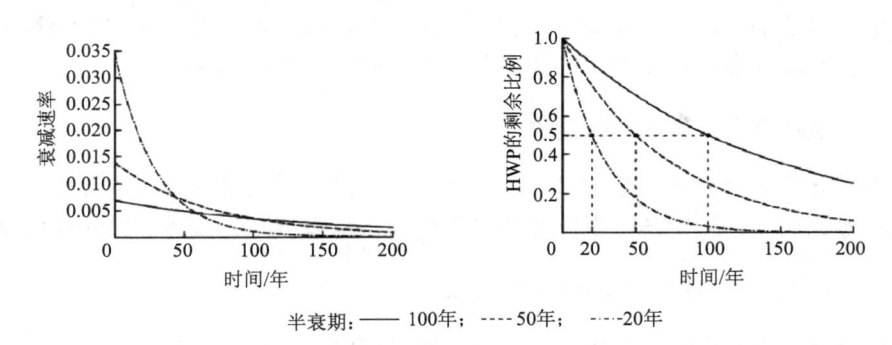

图 7-1 指数分布下不同半衰期木质林产品（HWP）的衰减速率和剩余比例

半衰期：—— 100年；---- 50年；-·-·- 20年

一阶衰减法的具体模型为

$$C_{(i+1)} = e^{-k} \times C_{(i)} + \left[\frac{(1-e^{-k})}{k}\right] \times C_{\text{Inflow}(i)} \quad (7\text{-}1)$$

$$\Delta C_{(i)} = C_{(i+1)} - C_{(i)} \quad (7\text{-}2)$$

式中，i 为时间，年；$C_{(i)}$ 和 $C_{(i+1)}$ 分别为第 i 年和第 $i+1$ 年初填埋部分木质林产品的碳储量；k 为一阶衰减法下的衰减常数，$k=\ln2/\text{tHL}$，其中，tHL 为木质林产品的半衰期；$C_{\text{Inflow}(i)}$ 为第 i 年流入固体废弃物填埋场的碳量；$\Delta C_{(i)}$ 为第 i 年填埋部分木质林产品碳储量的增量。一阶衰减法也可以用来估算在用部分木质林产品碳库的碳储量变化。

在固体废弃物填埋场中，只有部分可降解有机碳（DOC）能够被分解，这个比例通常为 50%。当 DOC 经历有氧分解时，DOC 将全部转化为 CO_2；当 DOC 经历无氧分解时，DOC 将转化为 CO_2 和 CH_4。对于 DOC 的取值，Krause（2018）汇总了 81 篇文献，发现木材 DOC 的取值集中在 0.3～0.4g/g，略低于 IPCC 给定的缺省值 0.43g/g。另外，CH_4 的全球变暖潜能值（GWP）高达 CO_2 的 28 倍（100 年），固体废弃物填埋场中的碳损失将低于这些碳所引起的温室效应，因此还必须确定填埋过程中的 CH_4 产出量，再将其转换为 CO_2eq。部分研究直接假设固体废弃物填埋场中 CO_2 和 CH_4 的产出比例，如 Pingoud 等（2006）和 Chen 等（2018b）均假设 CO_2 和 CH_4 各占填埋场排放气体体积的一半，这个比例对于废弃木质林产品来说是普遍适用的；也有一些研究通过假设废弃木质林产品的无氧分解比例来估算 CH_4 排放量，Dias 和 Arroja（2014）还考虑了 CH_4 的回收利用。一般来说 CH_4 回收率会因为各个国家而不同，如在发展中国家大多为 0，而某些发达国家的 CH_4 回收率可能达到 75%以上。

木质林产品填埋阶段的减排潜力估算涉及大量的参数，这些参数对估算 CH_4 的产生和排放有很大的影响。虽然 IPCC 针对部分国家或地区给出了各个参数的缺省值，但准确的计算仍需要完整的生命周期数据或监测数据，这通常依赖于各国木质林产品生命周期数据库的构建及实验室精确测量的结果。

7.3.4 木质林产品全供应链碳足迹

木质林产品全供应链是由多个单一环节构成的，对其进行碳足迹分析可以更加直观地比较同一供应链中不同环节的碳排放贡献程度，为减排提供科学依据。

7.3.4.1 企业内部供应链碳足迹

对木质林产品生产企业来说，企业内部供应链包括供应商的选择、生产、组配包装、仓储、销售配送以及废弃回收等环节，对各个节点的碳足迹进行准确核算是企业节能减排的必经之路。薛拥军等（2006）以中密度纤维板为研究对象，对原料的获取、加工生产、使用以及废弃环节进行了影响环境的主要因子分析，提出了改进生产工艺等减少碳排放的思路和方法。景晓玮和赵庆建（2019）对于制浆造纸生产过程中电力、热力以及燃料的使用和"碱回收"等阶段进行了碳排放研究，为发展低碳减排提供了优化能源结构等策略。陈硕等（2014）以强化木地板为研究对象，运用生命周期评价方法以从强化木地板原辅料的使用到强化木地板的废弃使用及锯末的再生利用为系统边界，认为强化木地板全生命周期的碳排放主要集中在原辅料的使用环节，应该在生产强化木地板过程中提高原辅料的材料质量，同时减少单位面积强化木地板上原辅料的使用量。郑卫卫等（2015）分析了福建省木质生物质原料供应链不同阶段的碳排放量，发现供应链中由采伐、集材、运材等环节构成的直接碳排放量所占比例最大，为66.57%，并给出了生物质能源代替化石燃料、选择适合山地的车型等方案，为促进木质生物质原料供应链的节能减排提供了有力支持。王军会和杨秦丹（2019）基于全生命周期法，计算出胶合板产品生产过程中的全球变暖指标，根据资源耗竭潜力、富营养化潜值等指标所占的比例提出了绿色制造的指导建议。从企业内部供应链来看，生产加工、辅料的使用以及运输环节是企业实施减排措施的重点考虑方面。周鹏飞等（2014）以毛竹展开方式下竹砧板为研究对象，以《商品和服务在生命周期内的温室气体排放评价规范》（英国标准协会PAS2050：2008）为评估标准，选择从企业到企业（B2B）的评价方式，全面评估了从原材料运输、产品加工到包装入库等所有生产过程的CO_2排放量和碳储量，收集竹砧板从原材料、生产到分配各环节碳排放和碳转移的初级水平数据，精确计测了碳足迹的大小，研究结果认为，生产1块规格为360mm×240mm×17mm竹展开砧板（干质量为1.0430kg），运输过程的碳排放为0.0417kg CO_2eq，加工过程电力的碳排放为0.1805kg CO_2eq，附加物隐含碳排放为0.0633kg CO_2eq，1块竹展开砧板的碳储量为0.1172kg（竹展开砧板理论使用年限为8年），最后得出生产1块竹展开砧板的碳足迹为–0.1683kg CO_2eq（即净碳排放量），进而计算出1kg竹展开砧板的碳足迹为–0.1614kg CO_2eq，包括了砧板竹材碳转移量，但不包括毛竹林碳汇。

7.3.4.2 企业外部供应链碳足迹

木质林产品供应链涉及到多个不同企业。整个木质林产品行业工序复杂、产品类型多样，对其碳足迹核查数据多、周期长、成本高且功能单位难以统一。只有积极整合企业内部供应链与企业外部供应链，才能最终实现木质林产品供应链的低碳化。林立平和黄圣游（2016）以两款不同材质的木质床头柜为研究对象，使用现场测量的数据结合生命周期评价法，计算出了上游原材料的碳排量分别占实木床头柜和板式床头柜总排放的61%与95%，指出在制造过程中上游原材料的碳排放是节能减排的关键。胡丽辉和王忠伟（2018）用熵值修正G1法以家具制造企业能力为基础，对绿色环境指标体系进行分析，旨在为实现产业向低碳化转型选择合适的上游合作伙伴提供参考。企业的生产运作一定离不开煤电的使用，但是煤电、化石燃料的使用是形成温室气体的主要来源。谷艾婷等（2014）以不同种类的木质林产品为分析主体，采用投入产出生命周期模型，对产业链上的碳足迹进行了分析，如图7-2所示，产业内部的碳足迹主要源于从林木的生产到木质林产品制造的过程，而外部的碳足迹主要是由金属冶炼、化石开采等环节形成的，产品碳足迹总量最大的木质林产品是木家具（占总量的36%），而单位产品碳足迹强度最大的木质林产品是纸制品（占整体的16%），针对林产品行业内部的产业链，碳足迹的主要流量发生在从用材林的种植和养护到最终产品的制造；林产品产业行业外部，碳足迹的贡献则主要来自金属冶炼及压延加工业、化石燃料开采业等行业，这 2 个行业碳足迹贡献分别占 21%和 18%。木家具产品、木制品碳足迹总量为-477.69g CO_2eq/kg，木质纸制品碳足迹（碳排放）总量为-1729.57g CO_2eq/kg，但不包括木材碳储存、转移及产品碳封存。

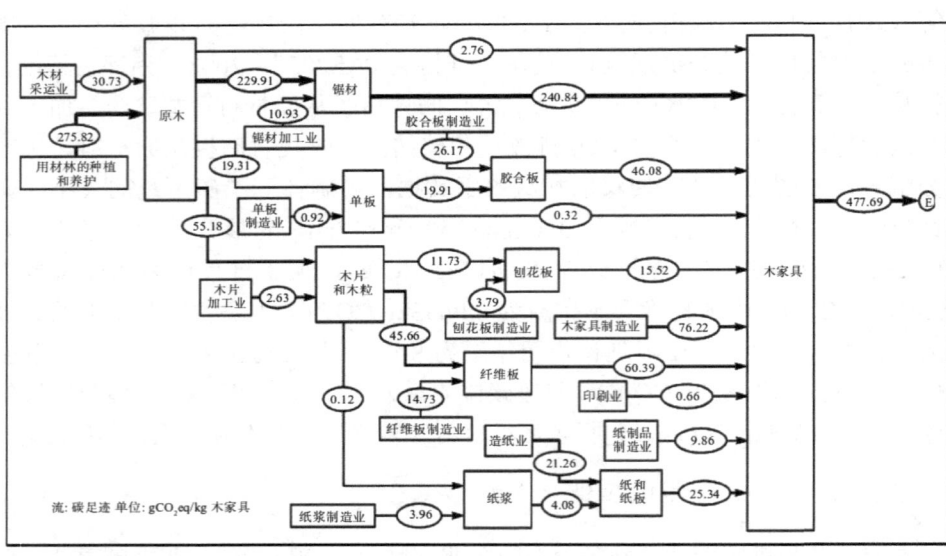

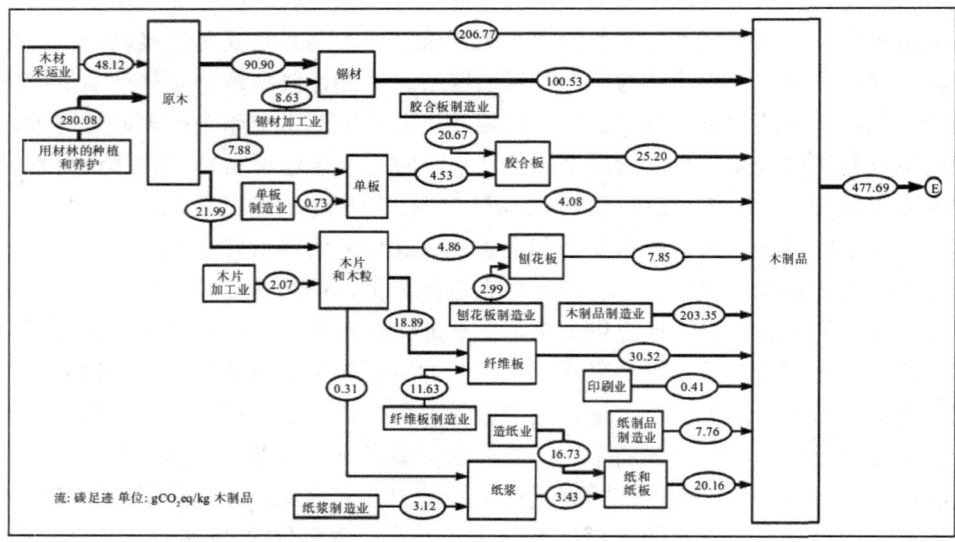

第 7 章　木质林产品碳足迹

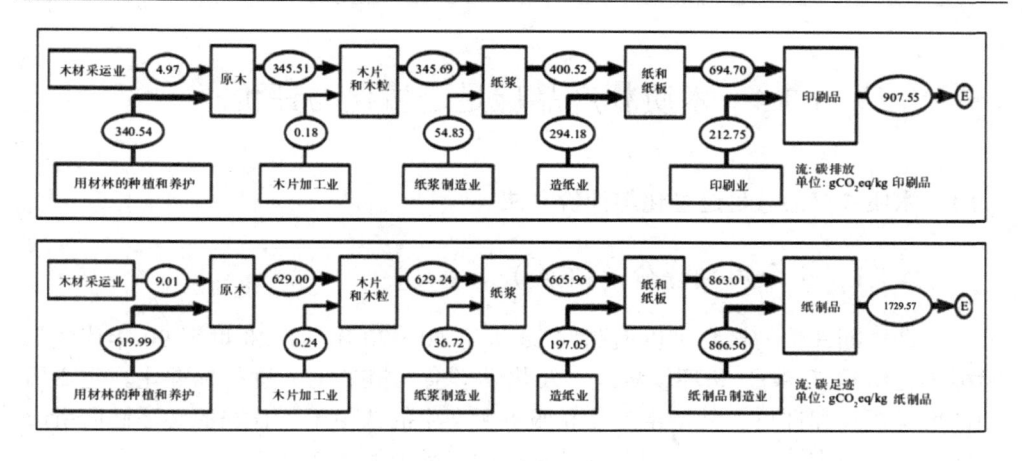

图 7-2　不同木质产品生产过程碳足迹分布
E 表示碳排放

姜庆国（2013）以电煤供应链直接碳排放为研究对象，构建了碳排放源、碳排放量及其相应的成本-收益仿真模型，研究结果表明，电煤公路运输企业分散，节能减排管理薄弱，减排成效不明显。除了电力、化石能源等外，在木质林产品生产加工中各种辅助材料也是供应链碳足迹的重要部分。罗德宇（2008）对家具企业涂饰等工序作业负荷进行了测试，以提高物料的利用率和促进生产线的低碳绿色化为前提，提出了油漆等辅料少投入和不投入的原则。木质林产品生产量不稳定、市场供需矛盾突出，于是出现了碳交易。木质林产品企业供应链前端企业通过造林可以增加企业的收入，后端企业购买碳权，从而抵消超过木材交易的碳排放量。孙铭君等（2018）以森林经营企业与木质林产品制造企业组成的供应链整体为研究对象，研究表明，木质林产品制造企业会随着碳排放权价格升高而进行减排工艺技术的改革，同时森林经营企业面对严格的碳约束政策，会扩大营林规模。骆瑞玲等（2014）对制造商和零售商组成的供应链在碳限额政策下的碳足迹变化进行了研究，得知制造商和零售商协商决策下的碳排放总量明显少于分散决策情形下的碳足迹。实现资源的主导、确定产品的生命周期及功能单位、保证流程低碳等是木质林产品供应链低碳化的前提。楚杰等（2014）应用调查研究法、系统工程法等方法，构架完成了中国低碳木材工业产业链，认为依据低碳认证标准体系建立中国碳标签制度是木质林产品经济、环境共同发展的趋势。郭承龙和杨加猛（2014）从资源链、生态链和价值链的角度出发，构建了林业低碳产业链的共生系统结构，提出木质林产品供应链实现一体化是低碳减排的基础。综上所述，只有在碳交易和碳标准的协调下，才能完成供应链节点整合一体化，最终实现减少木质林产品供应链的碳足迹。

7.4 木质林产品碳足迹量化与评价

7.4.1 木质林产品碳足迹量化与评价方法

7.4.1.1 生命周期评价（LCA）

生命周期评价的概念可以追溯到 20 世纪 60~70 年代，20 世纪 90 年代被国际标准化组织（ISO）和环境毒理学及化学学会（SETAC）进行标准化。生命周期评价是调查和评价一种特定产品和服务所产生的或由于其存在的必需性所引起的环境影响的方法。生命周期评价是以一种产品或服务在其生产、使用和处理过程中所产生的环境效应为基础，其目的在于对产品或服务进行评价，从而做出降低环境危害的决策或选择环境危害最小的方案，反映了技术链产生的环境影响和效应。

生命周期是一个公正的、完整的评价理念，需要评价产品从设计、原材料开采和生产、产品制造、物流、销售、使用、回收再利用的全部过程，包括所有必需的中间步骤。所有这些步骤和过程的集成就是产品的生命周期。生命周期评价提供了一种全面了解产品环境效应的视角和方法。林木产品碳排放度量应基于全生命周期的观点，即碳足迹评估方法应运用生命周期评价的方法定量化计算产品全生命周期过程中相关的温室气体排放量。

通过生命周期评价可以对很多环境影响因素进行分析。可以根据最终目的确定所评估的环境效应指标为中间层次（mid-point）指标或最终层次（end-point）指标，中间层次指标如气候变暖、酸化、富营养化等，最终层次指标如对人类健康的影响、自然资源消耗等。此外，还可以通过社会生命周期评价（SLCA）和生命周期成本分析（LCCA）对产品或服务过程的环境、社会和经济效益进行综合评价，各方法的影响指标类型如表 7-3 所示。其中，碳足迹仅仅用于评价气候变暖效应。

表 7-3 生命周期的环境、社会和经济效益影响指标类型

类型	指标
环境效益	气候变暖（碳足迹）、资源消耗、土地利用、水资源利用、生物多样性、酸化、富营养化、生态毒性、人体毒性、臭氧层消耗、光化学烟雾
社会效益	人权、工作条件、健康与安全、文化遗产、管理
经济效益	人工成本、原料成本

7.4.1.2 生命周期方法下的碳足迹评价过程

生命周期研究中，不同类型的温室气体引起的全球气候变暖潜能被标准化为 CO_2 等价物，表示为 CO_2 等量的质量。全球变暖潜能影响是生命周期评价提供的一种碳足迹研究方法，同时也仅是生命周期综合评价结果中的一部分。碳足迹作为 LCA 方法的重要应用之一，已经逐渐成为世界范围内评估产品碳排放的主导方法。基于此，一方面，可以全面、客观地审视林木产品全生命周期过程中的能源与环境问题，为林业和林产工业持续改善方法和改进产品提供内在支撑；另一方面，碳足迹声明及认证作为一种有效的市场促进机制，可以为推动行业开展低碳项目提供积极有效的外部动力，同时对于克服日益严峻的国际贸易壁垒起到突破的带头作用。

仅分析产品碳足迹是一种有限地分析问题的视角，单纯的追求降低碳足迹很可能引起生命周期中其他环境影响类型的增加，造成环境负担转移。本书主要对各种木质林产品的碳足迹进行分析，读者需要注意，如果仅仅考察产品的碳足迹数据对引起碳足迹的主要原因进行相应决策是存在一定局限性的，应该以生命周期评价视角和方法更加全面和均衡地进行产品的环境效应分析与决策。

LCA 是为了分析产品和服务而产生与发展的，在理论上生命周期评价可以用来评价任何过程的环境效应。生命周期评价法可以追踪产品的直接环境影响和来自上下游过程的间接环境影响，对其进行量化分析。当研究的对象变得复杂时，量化环境影响就变得更加困难，尤其是上下游间接效应的分析，因此应根据研究实际情况设置研究系统边界并选择符合研究技术目标的数据库。

ISO 针对生命周期评价有一系列的标准，而其中 ISO 14040 和 ISO 14044 是绝大多数 LCA 研究的基础。目前确定的产品碳足迹标准包括 PAS 2050 等，其为有关产品和服务的生命周期碳足迹标准（BSI，2008）。PAS 代表公共可用规范（publicly available specification），PAS 2050 于 2008 年发布，并于 2011 年进行了修订。该方法建立在现有 LCA 方法上。国际标准 ISO/TS14067 于 2009 年和 2010 年历经两次征求意见稿之后，于 2013 年 5 月正式发布，为量化评价产品碳足迹提供了指南方法。2018 年 8 月，国际标准化组织发布了 ISO 14067:2018，该标准取代了技术规范 ISO/TS14067：2013。ISO14067:2018 是国际公认的用于量化产品碳足迹的 ISO 标准。

目前关于碳足迹计量的方法主要有两类：一是采用"自下而上"模型的过程分析法；二是采用"自上而下"模型的投入产出分析法。这两种方法均基于生命周期评价基本原理建立。

7.4.1.3 过程分析法

过程分析法以过程分析为出发点,并从产品端向源头追溯,连接与产品相关的各个单元过程(包括资源、能源的开采与生产、运输、产品制造等),建立完整的生命周期流程图,再收集流程图中各单元过程的温室气体排放数据,并进行定量的描述,最终将所有的温室气体排放统一使用 CO_2 作为当量表征,即产品碳足迹。该方法以 PAS 2050 标准中的碳足迹计算方法最有代表性。其具体计算过程如下。

1. 建立产品的生命周期流程图

产品的生命周期通常涵盖一件产品从原材料开采和运输、产品制造、销售物流、使用到最终废弃处置及回收再利用的整个供应链。这一步骤的目的是尽可能地将产品在整个生命周期中所涉及的原料、活动和过程全部列出,为之后的计算打下基础。通常可以从两个角度确定产品生命周期流程图:一是 B2B 的流程图,包括原材料开采和运输、产品制造和分配,不涉及消费环节;二是从企业到消费者(B2C)的流程图,包括原材料开采和运输、产品的制造、分销、零售、使用及维护、最终处置和回收再利用等。

2. 确定系统边界

确定系统边界是全生命周期评价碳足迹工作的一项重要内容,产品生命周期中不同阶段的边界设置将对应不同的活动内容和排放量。同时重要性原则(cut-off),即设定一个阈值(通常是 1%)也是产品碳足迹评价中一个重要的规定。如果在产品的全生命周期中某种排放源的排放量占该产品整个碳排放量不足 1%,则可认为该排放源重要性不足,其排放量贡献可以排除在碳足迹之外,但所有可以排除的各类排放源对应碳排放总量不能超过整个产品碳足迹的 5%。重要性原则的引入在一定程度上能够降低收集生命周期数据的成本。

3. 数据收集

在确立系统边界并界定好数量级以后,需要对产品生命周期中的每一个环节进行碳排放量测量。其中两类数据是计算产品碳足迹必须包括的:一是产品生命周期中涉及的所有材料和能源(物料输入和输出、能源使用、运输等);二是碳排放因子,即单位物质或能量所排放的 CO_2 等价物,这两类数据的来源既可以为初级数据也可为次级数据。一般情况下,应尽量使用初级数据,因其可提供更为精确的排放数据,使计算结果更为准确可信。但某些特定情况下,如果次级数据是可靠的也可以使用。不过对次级数据的使用需要严格遵照标准的具体规定,另外,针对在商品生产过程中存在着回收材料的再利用及新能源的利用等情况要依据具体而定。

4. 碳足迹计算

碳足迹的计算是产品整个生命周期中所有活动的材料、能源和废弃物乘以其因子的和。通常在计算碳足迹之前需要建立质量平衡方程,以确保所有输入、输出和废弃物均被计入。产品生命周期各阶段碳排放计算公式如下。

$$E=\sum Q_i \times C_i \qquad (7\text{-}3)$$

式中,E 为产品碳足迹;Q_i 为 i 物质或活动的数量或强度数据(质量/体积/千米/千瓦时等);C_i 为 i 物质或活动的单位碳排放因子(CO_2 eq/单位)。

5. 结果检验

这一步骤是检测碳足迹计算结果的准确性,并使不确定性达到最小化,以提高碳足迹评价的可信度。减少不确定性可遵循以下步骤:用质量好的初级活动水平数据代替次级数据;采用质量更好的次级数据(如更具有针对性、更近的、更完整的数据);改进碳足迹计算模型,使之更为细致并具有代表性(如对每个分布阶段逐一进行计算,而非对总分布进行一揽子估算);请专家审查和评价等。

完整的过程分析法计算较为精确,多用于评估产品或企业的碳足迹。但也存在一些不足之处,如该方法允许在无法获知初级数据的情况下采用次级数据,因此可能会影响到碳足迹分析结果的可信度。此外,该方法没有对原材料生产以及产品供应链中的非重要环节进行更深入思考。过程分析法适用于不同尺度的碳足迹核算,主要使用企业尺度上的第一手或第二手过程数据,能够获得特定产品高精度的碳排放结果。但该方法需要界定系统边界,这相当于将客观上连续的生产工艺流程和供应链人为截断,由于可能导致截断误差,而且难以确定误差大小。因此用过程分析法来估算产品碳足迹时,要考虑如何界定合理的系统边界,将截断误差降到最低。如果将过程分析法用于估算政府或特定产业等更大型实体的碳足迹,会遇到更多的困难,因为估算过程通常需要假设某些单个产品能够代表整个产业群的碳足迹,即便能够通过生命周期数据库的信息进行外推得到这些实体的碳足迹估值,得到的也是拼凑的结果,同时还要考虑数据库信息口径的不兼容问题。

7.4.1.4 投入产出法

Hendrickson 等(1998)根据世界资源研究所(World Resources Institute,WRI)和世界可持续发展工商理事会(WBCSD)对碳足迹的定义,结合投入产出模型和生命周期评价方法建立了经济投入产出-生命周期评价模型（EIO-LCA），该模型可用于评估工业部门、企业、家庭、政府组织等的碳足迹。该模型将碳足迹的计算分为三个层面：第一层面是来自生产和运输过程中的直接碳排放；第二层面将第一层面的碳排放边界扩大到所消耗的能源等，具体指各能源生产的全生命周期碳排放；第三层面涵盖了以上两个层面，是指所有涉及产业链的直接和间接碳排放，也就是从"摇篮"到"坟墓"的整个过程。

其计算过程包括以下步骤。

第一步根据投入产出分析，建立矩阵，计算总产出。

$$x =(I+A+A\cdot A+A\cdot A\cdot A+\cdots)y=(I-A)^{-1}\cdot y \tag{7-4}$$

式中，x 为总产出；I 为单位矩阵；A 为直接消耗矩阵；y 为最终需求；$A\cdot y$ 为部门的直接产出；$A\cdot A\cdot y$ 为部门的间接产出，以此类推。

第二步根据研究需要，计算各层面碳足迹。

第一层面：$b_i=R_i(I)y=R_i\cdot y$ \hfill (7-5)

第二层面：$b_i=R_i(I+A')y$ \hfill (7-6)

第三层面：$b_i= R_i\cdot x= R_i(I-A)^{-1}y$ \hfill (7-7)

式中，b_i 为碳足迹；R_i 为 CO_2 排放矩阵，该矩阵的对角线值分别代表各子部门单位产值的 CO_2 排放量，由该子部门的总 CO_2 排放量除以该子部门的生产总值得到；A' 为能源提供部门的直接消耗矩阵。

投入产出分析一个突出的优点是它能利用投入产出表提供的信息，计算经济变化对环境产生的直接影响和间接影响，即用 Leontief 逆矩阵得到产品与物质投入之间的物理转换关系。该方法的局限性在于：①EIO-LCA 模型是依据货币价值和物质单元之间的联系建立起来的，但相同价值量产品在生产过程中所隐含的碳排放可能差别很大，由此造成结果估算偏差；②该方法分部门来计算 CO_2 排放量，而同一部门内部存在很大不同的产品，这些产品的 CO_2 排放量可能千差万别，因此在计算时采用平均化方法进行处理很容易产生误差；③投入产出法核算结果只能得到行业数据，无法获悉产品的情况，因此只能用于评价某个部门或产业的碳足迹，而不能计算单一产品的碳足迹。

过程分析法和投入产出法的计算过程、适用性和局限性差异较大。投入产出法更适用于宏观和中观系统，在研究产业部门、个体经营活动、大型产品集团、家庭生活、政府、普通市民或特定社会经济集团的碳足迹时，投入产出法具有一定的优势。过程分析法显然更适合考察微观系统，分析特定的工艺流程、单个产品或小规模的产品组。通常，计算方法的选取取决于研究的目的以及相关数据的可获得性。

7.4.2 碳足迹量化通用标准

PAS 2050 是第一个产品碳足迹核算标准，也是 ISO 14067 正式出台前应用最广的产品碳足迹评价规范，该规范是由英国碳信托公司和英国环境、食品和乡村事务部联合发起，由英国标准协会（BSI）为评价产品生命周期内温室气体排放而编制的一套公众可获取的规范，于 2008 年 10 月发布，旨在对评估产品和服务生命周期内温室气体排放的要求做出明确的规定，使公司、客户和其他利益相关方通过对产品碳足迹的核算，在第一时间采取对环境有益的恰当决策。PAS 2050 在 2011 年进行了更新，更新后的版本对产品碳足迹核算提供了更加详细的要求和指导。

参考 ISO 14040/44 和 PAS 2050，世界其他国家纷纷制定了适合本国的产品碳足迹计算标准，如世界资源研究所（WRI）和世界可持续发展工商理事会（WBCSD）共同发起制定的"温室气体议定书"、TSQ 0010-2009《日本温室气体排放评价指南》及 BPX30-323《碳标识计划一般性准则文件》。随之而来的是不同碳足迹评价标准引发了国际上对不同计算标准建立的产品碳足迹信息不能进行有意义比较的疑虑。因此，尽快建立一套全球统一的产品碳足迹标准势在必行。

2018 年 1 月，ISO 成立工作组并着手编制产品碳足迹的国际标准 ISO 14067。ISO 14067 主要是基于已有的 ISO 标准，即 ISO 14040、ISO 14044 及 ISO 14025。2018 年 8 月，国际标准化组织发布了 *ISO 14067: 2018 Greenhouse gases-carbon footprint of products- Requirements and guidelines for quantification*（《ISO 14067：2018 温室气体-产品碳足迹-量化要求和指南》），为产品整个生命周期中的温室气体排放量的评估提供了标准，令产品碳足迹能有效地在供应链、顾客及其他利益相关者之间沟通，并且为基于比较目的的计算结果提供了一个公认的根据。其主要目的是：增强产品层面碳足迹的量化及沟通的可信性、一致性及透明度；通过评估替代产品设计、采购方案、生产方式、原材料的选择及基于生命周期评价中气候变化的影响进行持续改善；促进基于产品生产周期与供应链的碳管理的策略及计划的发展与实施；协助追踪温室气体减排的过程及绩效过程；提高消费者通过改变消费行为进而对温室气体减排作出贡献的意识。ISO 14067 首次实现了产品和服务生命周期中 CO_2 排放量化，并确保相关数值可以在全球范围比较。

7.4.2.1 PAS 2050：2008

PAS 2050：2008《商品和服务在生命周期内的温室气体排放评价规范》是由英国碳信托公司和英国环境、食品和乡村事务部联合发起，英国标准协会（BSI）编制的针对商品和服务的全球第一个碳足迹规范性文件，用于计算商品和服务在整个生命周期内的温室气体排放量。该规范在帮助企业在管理自身生产过程中所形成的温室气体排放量的同时，寻找在产品设计、生产、使用、运输等各个阶段降低温室气体排放的机会。该规范自 2008 年 10 月发布以来，已成为国际产品碳足迹计算的主要考察依据。

PAS 2050 是目前唯一确定的、具有公开具体的计算方法及人们咨询最多的评估产品碳足迹的标准。其依据的方法学基础是 ISO14040、ISO14044 标准规定的生命周期评价方法，并从 B2B 和 B2C 两个角度对如何确定系统边界、系统边界内与产品有关的全球温室气体（GHG）排放源、数据收集、要求及计算方法等做了明确规定。当计算一个 B2C 产品的碳足迹时，需要包含产品的整个生命周期，即从"摇篮"到"坟墓"。计算一个 B2B 产品的碳足迹时，则从产品生产的各环节到产品运送到另一个制造商时截止，即从"摇篮"到"大门"。

根据 PAS 2050，产品生命周期内温室气体排放量计算共包含 5 个基本步骤。

（1）绘制产品生命周期过程图。这一步骤的目的是确定对所选产品生命周期有贡献的所有材料、活动或过程。生命周期通常涵盖产品从原材料开采和运输、产品制造、销售、使用到最终废弃和回收再利用的整个供应链。

（2）边界核算及优先序确定。系统边界定义了产品碳排放计算的范围，即哪些生命周期阶段、输入和输出宜纳入评估，系统边界的关键原则是列入所有的"实质性"排放。

（3）数据收集。计算碳足迹需要收集两种数据，即活动水平数据和排放因子数据。

（4）碳足迹计算。将产品整个生命周期中所有活动的材料、能源和废弃物乘以其排放因子，并相加求和，即可得到产品的碳足迹。

（5）不确定性检查。这一步骤的目标是衡量碳足迹结果中的不确定性并使其最小化，以提高碳足迹分析结果的可信度，以及碳足迹的决策水平。

PAS 2050 规范根据如何使用产品碳足迹，确定了 3 个检验等级：认证、其他方核查和自我核查。当企业愿意公开产品碳足迹时，鼓励开展独立的认证工作。

7.4.2.2　WRI/WBCSD-GHG Protocol

温室气体核算体系（GHG Protocol），是政府和企业理解、量化和管理温室气体排放最广泛使用的国际核算体系，是由世界资源研究所（WRI）和世界可持续发展工商理事会（WBCSD）共同制定，并于 2011 年 10 月正式发布的一项公众可获得的核算体系。GHG Protocol 是基于 ISO 14044 的生命周期评价标准制定的，主要作为产品生命周期碳排放的核算体系，帮助公司或组织减少在产品设计、制造、销售、购买及使用等环节中的碳排放。该体系内容包括两部分：①企业核算与报告准则，为一套步骤式指南，协助组织或企业量化并报告温室气体排放量；②项目量化准则，为量化温室气体削减计划减量值提供指南。这两部分构成了既有联系又相对独立的方法学体系。

GHG Protocol 涵盖了《京都议定书》中规定的 6 种温室气体，并将排放源划分为 3 类：直接排放、间接排放和其他间接排放，避免了大范围重复计算的问题，为企业和组织提供了温室气体核算的标准化方法，从而降低了核算成本，同时为企业和组织参与自愿性或强制性碳减排机制提供了基础数据。目前已有上千家企业和组织采用 GHG Protocol 制定了自己的温室气体排放清单。

7.4.2.3 ISO 14067

ISO 14067 由前言，引言，范围，参考标准，术语、定义和缩略语，应用，原则，产品碳足迹和产品部分碳足迹的量化方法，产品碳足迹研究报告，关键审查，附录（A～E）及参考文献 12 个部分组成，为碳足迹的量化与信息交流提供了具体指南。

标准前言强调："本版取消并取代了 ISO/TS14067:2013，该标准经过了技术修订。它构成范围的缩减，如下所示。有关产品碳足迹（CFP）和部分 CFP 交流的原则、要求和指南，见 ISO 14026；有关核查的原则、要求和指南见 ISO14064-3；有关 PCR 的原则、要求和指南见 ISO/TS 14027；对生物炭和电的要求进行了修订和澄清；为了便于解释，已在 ISO 14064 系列中对定义进行了调整。"

标准引言中介绍了气候变化与温室气体减排相应的 ISO 系列标准，如 ISO 14060 系列为量化、监控、报告与核查或审定温室气体排放和清除提供清晰性和一致性的叙述方式，以通过低碳经济支持可持续发展。有利于全世界的组织、项目支持者和利益相关者保证量化等方面的清晰性和一致性。具体来说，使用 ISO 14060 系列标准有利于：提高温室气体量化的环境完整性；提高温室气体量化、监测、报告、核查或审定的可信度、一致性和透明度；促进温室气体管理战略和计划的制定和实施；通过减少排放或提高排放，促进缓解措施的制定和实施；有助于跟踪温室气体排放量减少和/或温室气体清除量增加方面的绩效与进展。

ISO 14060 系列的应用包括：企业决策，如确定温室气体减排机会，通过减少能源消耗提高盈利能力；碳风险管理，如风险和机遇的识别和管理；自愿倡议，如参与自愿温室气体登记或持续性主动报告；温室气体市场，如购买和出售温室气体配额或信贷；监管/政府温室气体计划，如早期行动信贷、协议或国家和地方报告方案。

ISO 14064-1 详细说明了设计、开发、管理和报告组织级 GHG 清单的原则和要求。它包括确定温室气体排放和清除边界，量化组织的温室气体排放和清除，以及确定旨在改进温室气体管理的具体公司行动或活动的要求。它还包括清单质量管理、报告、内部审计，以及对组织在核查活动中的职责的要求和指导。

ISO 14064-2 详细说明了确定基线及项目排放监测、量化和报告的原则与要求。它侧重于温室气体项目或专门为温室气体排放减少和/或清除增强而设计的基于项目的活动。为温室气体项目的核查和审定提供了依据。

ISO 14064-3 为核查与温室气体清单、温室气体项目和产品碳足迹有关的温室气体声明提供了详细的要求。它描述了核查与审定的过程，包括核查和审定计划、评估程序及组织、项目和产品 GHG 声明的评估。

ISO 14065 规定了对核查与审定 GHG 声明的机构的要求。其要求包括公正性、能力、沟通、核查与审定过程、申诉、投诉及核查与审定机构的管理体系。它可以用作与审定和核查机构的公正性、能力和一致性有关的认可和其他形式的认可的基础。

ISO 14066 规定了对核查团队和审定团队的能力要求。它包括原则，并根据核查团队或审定团队必须能够执行的任务来规定能力要求。本文件规定了产品碳足迹量化的原则、要求和指南。本文件旨在量化与产品生命周期阶段相关的温室气体排放量，从资源开采和原材料采购开始，一直延伸到产品的生产、使用和寿命结束阶段。

ISO/TR 14069 可帮助用户应用 ISO 14064-1，为提高排放量化目标及其报告的透明度提供指导和示例。它不提供 ISO 14064-1 的附加指南。

标准第 1 章明确了适用范围，即标准以生命周期评价（ISO 14040、ISO 14044）为基础，对碳足迹量化与信息交流的原则和要求进行了规定，适用于碳足迹研究及不同形式的碳足迹信息交流。但是有关碳抵消方面的信息不属于本标准的范畴。标准不评估任何社会或经济方面，或其他任何产品生命周期可能产生的相关影响。

标准第 3 章为术语、定义和缩略语，按类别将术语和定义分成了七大类：碳足迹量化、温室气体、产品及其系统和过程、生命周期评价、组织和团体、数据和数据质量、生物质和土地使用，共计 34 条。该章内容主要引自 ISO 14050、ISO 14044、ISO 14064 等。同时，为了便于描述和查阅，该章还列举了标准汇总涉及的 15 个缩写词。

标准第 4 章在应用方面进行了表述。第 5 章涉及原则，主要交代了生命周期视角、相应方法和功能（申报）单元、迭代方法、科学方法的优先顺序、相关性、完整性、一致性、连贯性、准确性、透明性、避免重复计算等具体原则，以指导碳足迹量化与信息交流实践。

标准第 6 章规范了产品碳足迹和产品部分碳足迹的量化方法，明确了该标准的核心，由 6 条内容构成，即通则、产品碳足迹-产品类别规则（CFP-PCR）的使用、碳足迹量化的目的和范围、碳足迹生命周期清单分析、碳足迹生命周期影响评价和产品碳足迹解释。本章围绕碳足迹研究报告，重点介绍了数据的收集与审定，数据的分配程序，温室气体源和汇的具体处理，列举了 6 类特定温室气体源的分析和处理，并强调须有完整生命周期评价程序才能形成碳足迹研究报告，指出界定碳足迹产品类别是进行碳足迹合法比较的基础。该章参照 ISO/TS 14027 规定的产品类别规则（PCR）。如果存在相关的 PCR 或 CFP-PCR，则应采用。提供相关的 PCR 或 CFP-PCR，是根据 ISO/TS 14027 或适用于 ISO 14044 要求的相关行业特定国际标准开发的；符合第 6.3 条、第 6.4 条和第 6.5 条的要求；应用本文件的组织认为它们是适当的（如系统边界、模块化、分配和数据质量），并符合第 5 条的原则。本条款备注为：应用本文件的组织包括商品和服务提供商、CFP 研究的从业者和专员。

如果存在多套相关的 PCR 或 CFP-PCR，相关的 PCR 或 CFP-PCR 应由应用本文件的组织进行审查（如系统边界、模块化、分配、数据质量）。应合理选择采用 PCR 或 CFP-PCR。

当 PCR 满足本款中的所有要求时，这些 PCR 等同于 CFP-PCR。

如果 CFP-PCR 用于 CFP 研究，则应根据 CFP-PCR 中的要求进行量化。

如果不存在相关的 CFP-PCR，则应采用与特定产品或材料类别相关的其他国际商定部门特定文件的要求和指南，前提是这些文件符合本文件的要求，并且适用本文件的组织认为这些文件是适当的。

标准第 7 章为碳足迹研究报告，碳足迹研究报告作为串联量化与信息交流的纽带，应公正地给出研究结论和结果，公开透明地呈现包括结论、数据、方法、假设和生命周期解释在内的研究细节。该章重点就应纳入、宜纳入和应独立纳入研究报告的内容做了详细规定。

标准附录 A "碳足迹的局限性" 为规范性附录。该附录阐释了碳足迹评价存在的两方面局限性：①只关注单一的环境因素；②生命周期评价方法学本身的局限性。附录 B 介绍了基于不同产品碳足迹的比较，明确了碳足迹量化方法可用于比较研究，但应遵循相同的量化要求，强调只有当碳足迹计算基于相同或双方认可的 CFP-PCR，且产品功能单位、系统边界相同，数据收集、验证、处理及计算方法一致时，碳足迹才能进行比较。附录 C 为碳足迹系统方法，表述为一个组织通过一系列程序开发的一系列活动，以促进同一组织内更多产品的 CFP 开发，当相同的数据集和分配程序适用于其所有产品时，介绍了一般要求和程序。附录 D "碳足迹研究中回收利用处理的可能程序" 为信息性附录，对回收的分配问题做了规定，并提供了开环分配、闭环分配的处理程序、计算公式和方法。附录 E 为专门针对农业和林业产品温室气体排放量和清除量量化指南，旨在帮助本文件的用户量化与农产品和林业产品的产品体系相关的温室气体排放量与清除量。农业涉及农作物、牲畜、家禽、真菌、昆虫、饲料、纤维、药品、生物能源和其他产品的生产。林业涉及森林管理，以及生产纸浆、实木和其他生物质产品，明确将土地利用变化和土地利用产生的生物源温室气体排放量和清除量分配给产品。

7.4.2.4　ISO 14067 与 PAS 2050 的比较

ISO 14067 与 PAS 2050 在目的和范围、抵消制度、产品类别规则，以及数据和数据质量评定等方面高度一致；在原则、系统边界和排放源等方面则有所差异，但基本都是可协调的；在分配、产品比较和沟通上存在一定的不同。

1. ISO 14067 与 PAS 2050 的一致性

目的、范围和实施。PAS 2050 根据生命周期评价方法和原则对各种商品和服务（统称产品）在生命周期内的 GHG 排放评价要求做了明确规定。ISO 14067 旨在根据温室气体在生命周期里排放和清除的量化结果来评估一种产品对全球变暖的潜在影响。两者的适用范围相同，都是商品和服务；实施方式也相同，既适用于对 B2C 的评价，包括产品在整个生命周期内所产生的排放，即"从摇篮到坟墓"的方法，也适用于对 B2B 的评价，包括直到输入达到一个新的组织之前所释放的 GHG（包括所有上游排放），即"从摇篮到大门"的方法。

抵消。抵消是指宣称与某过程或产品相关联的 GHG 减排的机制，通过一个去除或阻止与被评价产品生命周期无关的 GHG 排放过程来实现，如购买《京都议定书》下的清洁发展机制项目所产生的经核正的减排量。这一措施在两个标准中都不被允许纳入评估。

产品类别规则（PCR）。PAS 2050：2008 中不包括商品和服务的具体产品类别的规则，但表明只要有可能就要采用那些根据 ISO 14025 制定的筛选出的商品和服务的具体产品类别的规则。而 2011 年修订版推出的"补充要求"（SRS），包括了部门的指导/规则/产品类别规则（PCR）。ISO 14067 规定应在以下条件下使用 PCR：①存在，且与 ISO 14025 一致；②符合本标准的各项要求；③被认为是正确的。

数据和数据质量。ISO 14067 与 PAS 2050 在主要数据和数据质量评定上高度一致。两者根据 ISO 14044 的数据质量要求，将数据类型划分为初级活动水平数据和次级数据。其中，PAS 2050 优先考虑时间覆盖面、地理特点、技术覆盖面、信息的准确性、精确性、完整性、一致性和再现性，并注明温室气体排放评价宜尽可能使用现有的质量最好的数据，以减少偏差和不确定性。

ISO 14067 除以上几个方面考虑外，还要求检验数据的代表性和不确定性，并提出进行碳足迹研究的组织应具有数据管理系统。

2. ISO 14067 与 PAS 2050 的差异

原则。ISO 14067 和 PAS 2050 概括强调了应用 ISO 14040 和 ISO 14044 规定的生命周期评价方法进行评价的原则。PAS 2050 提出相关性、完整性、一致性、准确性及透明度 5 个原则。而 ISO 14067 不仅包含这 5 个原则，还对生命周期观点、相关方法和功能单位、迭代计算方法、科学方法选择顺序、避免重复计算、参与性、公平性等作出了规定。具体而言，在完整性方面，PAS 2050 认为应包括所有制定的、对评估产品的 GHG 排放有实质性贡献（大于生命周期中 GHG 排放估测值 1%）的 GHG 排放和存储，而 ISO 14067 强调全面性和重要性。在一致性方面，PAS 2050 要求"能够对有关 GHG 信息进行有意义的比较"，而 ISO 14067 强调一致性，但不支持比较。在准确性方面，PAS 2050 指出应尽可能减少误差和不确定性，ISO 14067 则强调避免重复计算、全面性和重要性。

排放源。两个标准在 GHG 排放评价应包括的温室气体清单上有所不同。ISO 14067 将《京都议定书》规定的 6 类温室气体，即二氧化碳（CO_2）、甲烷（CH_4）、氧化亚氮（N_2O）、六氟化硫（SF_6）、全氟化碳（PFCs）和氢氟碳化物（HFCs）列入清单，但建议将其他有显著贡献或与产品相关的温室气体也包括在内。而 PAS 2050 除了以上 6 种温室气体外，要求将《蒙特利尔议定书》受控物质和最新 IPCC 指导中列明的温室气体也列入清单。评价期方面，PAS 2050 明确规定是 100 年，在补充要求中另有规定的除外。而 ISO 14067 没有时间限制，在说明理由的前提下可指定评价期。GHG 排放源方面，PAS 2050 考虑化石碳源产生的所有 GHG 排放和生物碳源产生的非 CO_2 排放（除非 CO_2 源于土地利用变化）。ISO 14067 则考虑化石和生物碳源所有的 GHG 排放，包括生物碳源产生的 CO_2 排放。

碳储存。如果生物碳构成产品的一部分或全部，或大气中的碳在其生命周期内被产品吸收，则可能产生碳储存。PAS 2050 需评价符合条件的生物碳储存，包括非生物产品对大气中 CO_2 的吸收以及超过 50%的生物碳会保留 1 年以上的产品，评价周期是 100 年。ISO 14067 对生物碳储存参照生命周期进行评估，且应收集碳储存和封存的时间数据并单独报告。土地利用变化方面，PAS 2050 需评价因农业活动造成的直接土地利用变化产生的 GHG 排放，不包括间接土地利用变化。ISO 14067 则规定若土地利用变化具有重要贡献则包含在评价范围内，依据国际标准方法进行核算。

系统边界。PAS 2050 对系统边界内涉及的 GHG 排放过程及过程的输入输出作了较为详细的规定，包括原材料、能源、资产性商品、制造与服务提供、设施运行、运输、储存、使用阶段和最后处置阶段，并明确 GHG 排放评价至少应占到预计功能单位生命周期内 GHG 排放的 95%。ISO 14067 关于产品系统边界的界定，主要依据 ISO 14040 进行了相关说明，要求应包括所有在定义系统边界内的，可能对 GHG 排放和清除有显著贡献的单元过程，有基于质量、能源、环境影响等的截止规则，并且规定当包含或排除某个过程时应当列明并说明理由。而对于系统边界的排除，PAS 2050 规定，产品生命周期的系统边界应排除与 4 个方面有关的温室气体排放：输入到各个过程和/或预处理过程的人体体能（如人工采摘而不是机械采摘的植物）；将消费者运往零售采购地点并从零售采购地点运回；将雇员运往规定的工作地点，并从规定的工作地点运回；提供运输服务的牲畜。ISO 14067 规定在目标和范围定义阶段内允许忽略一些次要工艺，依据研究结果选定截止准则，其影响也应在碳足迹研究报告中进行评估和描述。

分析的有效期。PAS 2050 分析的有效期随产品生命周期的特征而有所不同，最长为 2 年，并且规定如果某个产品生命周期发生计划外的变化，导致评价结果增加超过 10%，或者发生计划内的变化导致结果增加超过 5%，而且变化期超过 3 个月，则需要对有关该产品生命周期内的 GHG 排放重新评价。而 ISO 14067 对有效期没有相关规定。

排放的分配。ISO 14067 中分配的优先顺序为，避免分配（单元过程分解或扩大产品体系）、物理分配和经济分配。PAS 2050 中分配的优先顺序为，避免分配和经济分配，不允许物理分配，并对源自废弃物、能源、运输的排放和再生材料的利用和回收、与再利用和再制造有关的排放，给出了具体的要求。

沟通。方法验证方面，PAS 2050 以符合性声明的方式提供了 3 种验证方式，即独立的第三方认证、其他方核查及自我核查。但是 PAS 2050 鼓励采用独立的第三方认证。ISO 14067 则要求独立的第三方认证，或以一个完整、准确、详细的公开可用的报告形式沟通。此外，PAS 2050 支持产品之间 GHG 排放的对比，并为这些信息的沟通提供一个共同的基础，然而并没有对沟通的要求作出规定。而 ISO 14067 不支持产品间的比较，但对沟通作出了具体要求，包括公开的碳足迹交流、披露报告，并规定了 4 种沟通方式，即外部沟通报告、碳足迹业绩跟踪报告、碳足迹标签或声明。

作为产品层面的碳足迹评价国际通行标准，ISO 14067 与 PAS 2050 一脉相承，在碳足迹量化技术上基本保持一致或是可协调的，但对产品碳足迹的沟通制定了更加明确的要求，以提高碳足迹量化和报告的透明度，实现全球范围的碳足迹数据比较。通过对 PAS 2050 与 ISO 14067 基本特征的阐述，以及两者的对比分析，有助于深入了解和准确应用产品碳足迹评价标准，有助于分析国际标准中国化的必要性和可行性，对我国建立、完善产品碳足迹评价技术及认证认可标准体系，积极应对碳关税、碳足迹认证、碳标签等绿色贸易壁垒具有重要的指导意义。

7.4.3 木质林产品碳足迹量化与评价标准

2023 年 2 月 1 日，国家标准《塑料 生物基塑料的碳足迹和环境足迹 第 1 部分：通则》（GB/T 41638.1—2022）正式施行，这是我国目前国家标准体系中以"碳足迹"为关键词能检索到的发布时间最早的一项标准。该标准适用于含生物基或石油基成分的塑料制品、塑料材料和高分子树脂，规定了生物基塑料制品碳足迹和环境足迹的通则与系统边界，为生物基塑料碳足迹和环境足迹的评价提供了标准技术依据的基础。该标准等同采用 ISO 国际标准 *ISO 22526—1:2020 Plastics—Carbon and environmental footprint of biobased plastics—Part 1: General principles*《ISO 22526—1:2020 塑料 生物基塑料的碳和环境足迹 第 1 部分：一般原则》，是塑料-生物基塑料的碳足迹和环境足迹系列国家标准的第 1 部分，系列标准还包括：《第 2 部分：材料碳足迹》《第 3 部分：工艺碳足迹-量化要求与准则》《第 4 部分：环境（综合）足迹（生命周期评估）》《第 5 部分：报告与评估》。此次发布的标准为 GB/T 41638 系列标准的引言和指导性文件，可为生物基制品具体生命周期的评价和应用提供信息与指导，包括如生物基制品产品类别规则（PCR）的制定等。

生物基塑料是指全部或部分为生物质来源材料的塑料。在生产塑料制品过程中增加生物质资源的使用量，可在节约化石资源的同时，减少温室气体的排放量。根据经济合作与发展组织（OECD）2022 年发布的报告，到 2060 年，全球塑料制品年产量将达到 12 亿 t，接近目前的 3 倍。相关机构表示，随着"禁塑令"的实施，生物降解塑料、高性能环保纸等替代材料市场将迎来爆发式增长，预计未来 3~5 年内供应和需求都将高速增长。通过测算可降解塑料在快递包装、一次性餐具、购物袋、农膜领域中对一次性塑料的替代水平，预计到 2025 年，我国可降解塑料的需求量有望达到 260 万 t，市场规模有望超过 500 亿元。

目前，我国国家标准体系中以"绿色"为关键词，直接涉及木质林产品碳足迹的标准共 7 项，包括《绿色产品评价 人造板和木质地板》（GB/T 35601—2017）、《绿色产品评价 涂料》（GB/T 35602—2017）、《绿色产品评价 家具》（GB/T 35607-2017）、《绿色产品评价 木塑制品》（GB/T 35612—2017）、《绿色产品评价 纸和纸制品》（GB/T 35613—2017）、《家具绿色设计评价规范》（GB/T 26694—2011）及《室内绿色装饰装修选材评价体系》（GB/T 39126—2020），间接涉及木质林产品生命周期碳足迹的标准共 4 项，包括《绿色制造 制造企业绿色供应链管理 采购控制》（GB/T 39258—2020）、《绿色制造 制造企业绿色供应链管理 信息化管理平台规范》（GB/T 39256—2020）、《绿色制造 制造企业绿色供应链管理 物料清单要求》（GB/T 39259—2020）及《绿色制造 制造企业绿色供应链管理 评价规范》（GB/T 39257—2020）。

我国行业标准体系中以"绿色"为关键词，与木质林产品碳足迹相关的标准共 12 项，分别来自林业、轻工、环境保护、化工等不同行业，包括《绿色人造板及其制品技术要求》（LY/T 2870—2017）、《绿色设计产品评价技术规范 水性木器涂料》（HG/T 5862—2021）、《绿色设计产品评价技术规范 家具用胶粘剂》（HG/T 5989—2021）、《涂料行业绿色工厂评价要求》（HG/T 5986—2021）、《绿色设计产品评价技术规范 皮革》（QB/T 5573—2021）、《板式家具企业能源管理体系实施指南》（QB/T 5624—2021）、《板式家具企业能效监测与评价方法》（QB/T 5623—2021）、《板式家具企业能耗计算方法》（QB/T 5622—2021）、《家具制造工业污染防治可行技术指南》(HJ 1180—2021)、《环境标志产品技术要求 家具》(HJ 2547—2016)、《家具行业绿色工厂评价导则》(QB／T 5704—2022)和《木家具绿色工厂评价要求》(QB/T 5971—2024)。

2022 年 7 月,《木材与木制品中生物碳含量计算方法》国家标准计划下达,该标准规定了木材与木材产品中生物碳储量及其固定的二氧化碳量的计算方法。2022 年 1 月,《人造板工业污染防治可行技术指南》《人造板产品碳足迹评价和碳标签》2 项团体标准立项。同年 4 月,《木材与制品碳储量计算方法》《木材与木制品碳含量测定方法》2 项团体标准立项。同年 8 月,《木质地板产品碳足迹评价与标签》《木质门窗产品碳足迹评价与碳标签》《建筑用木材及其制品碳储量评价和标识指南》3 项团体标准启动建设,这些标准的制定将规范木材与木材制品、人造板产品、木质地板、木质门窗和建筑用木材及其产品碳足迹核算和碳标签标识。

参考文献

白伟荣, 王震, 江映其. 2013. 基于生命周期评价方法的木质家具碳足迹核算. 木材工业, 27(6): 29-32, 36.

白彦锋, 姜春前, 张守攻. 2009. 中国木质林产品碳储量及其减排潜力. 生态学报, 29(1): 399-405.

陈家新, 杨红强. 2018. 全球森林及林产品碳科学研究进展与前瞻. 南京林业大学学报(自然科学版), 42(4): 1-8.

陈硕, 胡继梅, 沈乃强, 等. 2014. 强化木地板的"碳足迹"计算分析. 木材工业, 28(2): 36-38.

楚杰, 段新芳, 虞华强. 2014. 基于低碳经济的废旧木材资源回收利用研究进展. 林产工业, 41(4): 7-10, 18.

楚杰. 2014. 中国低碳木材工业标准体系的构建研究. 北京: 中国林业科学研究院博士学位论文.

耿会君, 赵方方. 2020. 基于碳足迹的快递包装箱循环利用的策略研究. 天津科技, 47(2): 74-76.

谷艾婷, 吕佳, 王震. 2014. 中国木质林产品碳足迹的产业链分布特征分析. 环境科学与技术, 37(12): 247-252.

郭承龙, 杨加猛. 2014. 一体化视角下的林业低碳产业链共生机制研究. 林业经济, 36(10): 12-16, 25.

郭亮, 吴红梅, 缪东玲. 2015. 中美木质林产品贸易的隐含碳分析. 北京林业大学学报(社会科学版), (3): 53-58.

郭明辉, 关鑫, 李坚. 2010. 中国木质林产品的碳储存与碳排放. 中国人口资源与环境, (S2): 19-21.

胡丽辉, 王忠伟. 2018. 基于熵值修正 G1-TOPSIS 的家具制造业绿色供应链合作伙伴选择. 中南林业科技大学学报, 38(12): 129-135.

胡婷婷. 2012. 基于林业绿色供应链的木材物流运作模式研究. 呼和浩特: 内蒙古农业大学硕士学位论文.

姜庆国. 2013. 电煤供应链碳排放过程及测度研究. 北京: 北京交通大学博士学位论文.

姜晓红, 丁媛媛, 黄银娣. 2017. 林产品绿色供应链的制造环节物流绩效评价研究: 以某家具企业为例. 物流工程与管理, 39(4): 94-97, 80.

景晓玮, 赵庆建. 2019. 基于生产过程的制浆造纸企业碳排放核算研究. 中国林业经济, (6): 9-12, 54.

林凤鸣. 2003. 关于我国林产工业发展问题的思考. 世界林业研究, (5): 40-45.

林立平, 黄圣游. 2016. 木基材料产品碳足迹的核算与分析. 中南林业科技大学学报, 36(12): 135-139.

龙婷, 潘焕学, 马平, 等. 2016. 基于复杂网络的国际木质林产品贸易动态分析. 经济问题探索, (4): 170-175.

罗德宇. 2008. 中小型家具企业油漆车间典型岗位作业分析和作业负荷测试与评价. 南京: 南京林业大学硕士学位论文.

骆瑞玲, 范体军, 夏海洋. 2014. 碳排放交易政策下供应链碳减排技术投资的博弈分析. 中国管理科学, 22(11): 44-53.

吕佳, 刘俊, 王震. 2013. 中国出口木质林产品的碳足迹特征分析. 环境科学与技术, 36(S1): 306-310.

阮宇, 张小全, 杜凡. 2006. 中国木质林产品碳贮量. 生态学报, (12): 4212-4218.

孙铭君, 彭红军, 王帅. 2018. 碳限额下木质林产品供应链生产与碳减排策略. 林业经济, 40(12): 77-81, 115.

陶韵, 杨红强. 2020. "伞形集团"典型国家LULUCF林业碳评估模型比较研究. 南京林业大学学报(自然科学版), 44(3): 202-210.

田明华, 赵晓妮. 2006. 中国主要木质林产品进口贸易的环境影响评价. 北京林业大学学报(社会科学版), (S2): 66-71.

王登举. 2019. 全球林产品贸易现状与特点. 国际木业, (3): 49-53.

王卉, 吴金卓, 吴彤彤, 等. 2021. 木质林产品供应链碳足迹研究与展望. 物流技术, 40(3): 102-108.

王军会, 杨秦丹. 2019. 胶合板产品生命周期(LCA)评价分析. 陕西林业科技, 47(5): 72-75.

王珊珊, 张寒, 杨红强. 2019. 中国人造板行业的生命周期碳足迹和能源耗用评估. 资源科学, 41(3): 521-531.

薛拥军, 向仕龙, 刘文金. 2006. 中密度纤维板产品的生命周期评价. 林业科技, 31(6): 47-49.

颜浩龙, 郑哲文. 2016. 基于VENSIM的林产品供应链库存管理模式研究. 中南林业科技大学学报, 36(9): 133-140.

杨红强, 季春艺, 杨惠, 等. 2013. 全球气候变化下中国林产品的减排贡献: 基于木质林产品固碳功能核算. 自然资源学报, 28(12): 2023-2033.

杨红强, 王珊珊. 2017. IPCC框架下木质林产品碳储核算研究进展: 方法选择及关联利益. 中国人口·资源与环境, 27(2): 44-51.

杨红强, 余智涵. 2021. 全球木质林产品碳科学研究动态及未来的重点问题. 南京林业大学学报(自然科学版), 45(4): 219-228.

张曦, 高娜, 陈勇. 2020. 2019年我国木质林产品进出口贸易情况及2020年发展趋势. 中国人造板, 27(5): 28-31.

张小标. 2019. 中国木质林产品碳收支与碳减排贡献. 南京: 南京林业大学博士学位论文.

郑卫卫, 张兰怡, 邱荣祖. 2015. 福建省木质生物质原料供应链碳排放研究. 西南林业大学学报, (5): 77-82.

周鹏飞, 顾蕾, 彭维亮, 等. 2014. 竹展开砧板碳足迹计测及构成分析. 浙江农林大学学报, 31(6): 860-867.

周媛, 郑丽凤, 周新年, 等. 2014. 基于行业标准的木材生产作业系统碳排放. 北华大学学报(自然科学版), (6): 815-820.

Alice-Guier F E, Mohren F, Zuidema P A. 2020. The life cycle carbon balance of selective logging in tropical forests of Costa Rica. Journal of Industry Ecology, 24(3): 534-547.

Braun M, Fritz D, Weiss P, et al. 2016. A holistic assessment of greenhouse gas dynamics from forests to the effects of wood products use in Austria. Carbon Management, 7(5/6): 271-283.

BSI. 2008. PAS 2050: 2008 Specification for the assessment of the life cycle greenhouse gas emissions of goods and services. London: British Standards Institution.

Canals-Revilla G G, Gutierrez-del O E V, Picos-Martin J, et al. 2014. Carbon storage in HWP. Accounting for Spanish particleboard and fiberboard. Forest Systems, 23(2): 225-235.

Carrano A L, Pazour J A, Roy D, et al. 2015. Selection of pallet management strategies based on carbon emissions impact. International Journal of Production Economics, 164: 258-270.

Chen J X, Colombo S J, Ter-Mikaelian M T, et al. 2014. Carbon profile of the managed forest sector in Canada in the 20th century: sink or source? Environmental Science & Technology, 48(16): 9859-9866.

Chen J X, Ter-Mikaelian M T, Ng P Q, et al. 2018a. Ontario's managed forests and harvested wood products contribute to green-house gas mitigation from 2020 to 2100. Forestry Chronicle, 43(3): 269-282.

Chen J X, Ter-Mikaelian M T, Yang H Q, et al. 2018b. Assessing the greenhouse gas effects of harvested wood products manufactured from managed forests in Canada. Forestry, 91(2): 193-205.

Cláudia D A, Louro M, Arroja L, et al. 2009. Comparison of methods for estimating carbon in harvested wood products. Biomass Bioenergy, 33(2): 213-222.

Cosola G, Grigolato S, Ackerman P, et al. 2016. Carbon footprint of forest operations under different management regimes. Croatian Journal of Forest Engineering: Journal for Theory and Application of Forestry Engineering, 37(1): 201-217.

Dias A C, Arroja L. 2014. A model for estimating carbon accumulation in cork products. Forest System, 23(2): 236.

Dias A C, Arroja L, Capela I. 2012. Carbon storage in harvested wood products: implications of different methodological procedures and input data-a case study for Portugal. European Journal of Forest Research, 131: 109-117.

Dias A C, Louro M, Arroja L, et al. 2007. Carbon estimation in harvested wood products using a country-specific method: portugal as a case study. Environmental Science & Policy, 10(3): 250-259.

Donlan J, Skog K, Byrne K A. 2012. Carbon storage in harvested wood products for Ireland 1961-2009. Biomass Bioenergy, 46: 731-738.

Geng A, Chen J, Yang H. 2019a. Assessing the greenhouse gas mitigation potential of harvested wood products substitution in China. Environmental Science Technology, 53(3): 1732-1740.

Geng A X, Ning Z, Zhang H, et al. 2019b. Quantifying the climate change mitigation potential of China's furniture sector: wood substitution benefits on emission reduction. Ecology Indicator, 103: 363-372.

Geng A X, Yang H Q, Chen J X, et al. 2017a. Review of carbon storage function of harvested wood products and the potential of wood substitution in greenhouse gas mitigation. Forest Policy & Economics, 85: 192-200.

Geng A X, Zhang H, Yang H Q. 2017b. Greenhouse gas reduction and cost efficiency of using wood flooring as an alternative to ceramic tile: a case study in China. Journal Cleaner Production, 166: 438-448.

Green C, Acitabile V, Farrell E P, et al. 2006. Reporting harvested wood products in national greenhouse gas inventories: implications for Ireland. Biomass Bioenergy, 30(2): 105-114.

Hashimoto S. 2008. Different accounting approaches to harvested wood products in national greenhouse gas inventories: their incentives to achievement of major policy goals. Environmental Science Policy, 11(8): 756-771.

Heath L S, Smith J E, Skog K E, et al. 2011. Managed forest carbon estimates for the US greenhouse gas inventory, 1990-2008. Journal of Forest, 109(3): 167-173.

Hendrickson C, Horvath A, Joshi S, et al. 1998. Peer Reviewed: Economic Input-output Models for Environmental Life-cycle Assessment. Environmental Science&Technology, 32(7), 184A-191A.

IPCC Publications. 1996. IPCC Guidelines for National Greenhouse Gas Inventories. Reference Manual (Volume 3) Land Use Change and Forestry.

IPCC Publications. 2003. Good Practice Guidelines for Land Use, Land-use Change and Forestry.

IPCC Publications. 2006a. IPCC Guidelines for National Greenhouse Gas Inventories. Volume 4 Agriculture, Forestry and Other Land Use.

IPCC Publications. 2006b. IPCC Guidelines for National Greenhouse Gas Inventories. Volume 5 Waste.

IPCC. 1996. Revised 1996 IPCC guidelines for national greenhouse gas inventories. Geneva: Intergovernmental Panel on Climate Change.

IPCC. 2006. IPCC guidelines for national greenhouse gas inventories. Hayama: The Institute for Global Environmental Strategies (IGES) for the IPCC.

IPCC. 2013. Revised supplementary methods and good practice guidance arising from the Kyoto protocol. Geneva: Intergovernmental Panel on Climate Change, 2014.

IPCC. 2019. Refinement to the 2006 IPCC guidelines for national greenhouse gas inventories. Geneva: Intergovernmental Panel on Climate Change.

Jasinevičius G, Lindner M, Cienciala E, et al. 2018. Carbon accounting in harvested wood products: assessment using material flow analysis resulting in larger pools compared to the IPCC default method. Journal of Industrial Ecology, 22(1): 121-131.

Jasinevičius G, Lindner M, Pingoud K, et al. 2015. Review of models for carbon accounting in harvested wood products. International Wood Products Journal, 6(4): 198-212.

Ji C, Cao W, Chen Y, et al. 2016. Carbon balance and contribution of harvested wood products in China based on the production approach of the intergovernmental panel on climate change. International Journal of Environmental Research and Public Health, 13(11): 1132.

Kayo C, Tsunetsugu Y, Tonosaki M. 2015. Climate change mitigation effect of harvested wood products in regions of Japan. Carbon Balance and Management, 10: 1-13.

Kohlmaier G, Kohlmaier L, Fries E, et al. 2007. Application of the stock change and the production approach to harvested wood products in the EU-15 countries: a comparative analysis. European Journal of Forest Research, 126: 209-223.

Kouchaki-Penchah H, Sharifi M, Mousazadeh H, et al. 2016. Gate to gate life cycle assessment of flat pressed particleboard production in Islamic Republic of Iran. Journal of Cleaner Production, 112: 343-350.

Krause M J. 2018. Intergovernmental panel on climate change's landfill methane protocol: reviewing 20 years of application. Waste Management Resource, 36(9): 827-840.

Lee J Y, Lin C M, Han Y H. 2011. Carbon sequestration in Taiwan harvested wood products. International Journal of Sustainable Development & World Ecology, 18(2): 154-163.

Lim B, Brown S, Schlamadinger B. 1999. Carbon accounting for forest harvesting and wood products: review and evaluation of different approaches. Environmental Science & Policy, 2(2): 207-216.

Lun F, Li W H, Liu Y. 2012. Complete forest carbon cycle and budget in China, 1999-2008. Forest Ecology Management, 264: 81-89.

Mancini M S, Galli A, Niccolucci V, et al. 2016. Ecological footprint: refining the carbon footprint calculation. Ecological Indicators, 61:390-403.

Michelsen O, Cherubini F, Stromman A H. 2012. Impact assessment of biodiversity and carbon pools from land use and land use changes in life cycle assessment, exemplified with forestry operations in Norway. Journal of Industrial Ecology, 16(2): 231-242.

Nabuurs G J, Sikkema R. 2001. International trade in wood products: its role in the land use change and forestry carbon cycle. Climate Changes, 49(4): 377-395.

Pan Y, Birdsey R A, Fang J, et al. 2011. A large and persistent carbon sink in the world's forests. Science, 333(6045): 988-993.

Pingoud K, Ekholm T, Soimakallio S, et al. 2016. Carbon balance indicator for forest bioenergy scenarios. Global Change Biology Bioenergy, 8(1): 171-182.

Pingoud K, Wagner F. 2006. Methane emissions from landfills and carbon dynamics of harvested wood products: the first-order decay revisited. Mitigation and Adaptation Strategies for Global Change, 11(5/6): 961-978.

Ratnasingam J, Ramasamy G, Toong W, et al. 2015. An assessment of the carbon footprint of tropical hardwood sawn timber production. Bioresources, 10(3): 5174-5190.

Rempelos G, Preston J, Blainey S. 2020. A carbon footprint analysis of railway sleepers in the United Kingdom. Trans-portation Research Part D, 81: 102285.

Sathre R, O'Connor J. 2010. Meta-analysis of greenhouse gas dis-placement factors of wood product substitution. Environmental Science & Policy, 13(2): 104-114.

Sato A, Nojiri Y. 2019. Assessing the contribution of harvested wood products under greenhouse gas estimation: accounting under the Paris Agreement and the potential for double-counting among the choice of approaches. Carbon Balance Management, 14(1): 1-19.

Skog K E. 2008. Sequestration of carbon in harvested wood products for the United States. Forest Products Journal, 58(6): 56-72.

Skog K E, Pingoud K, Smith J E. 2004. A method countries can use to estimate changes in carbon stored in harvested wood products and the uncertainty of such estimates. Environment Management, 33(1): S65-S73.

Smyth C E, Smiley B P, Magnan M, et al. 2018. Climate change mitigation in Canada's forest sector: a spatially explicit case study for two regions. Carbon Balance Management, 13(1): 1-12.

Stockmann K D, Anderson N M, Skog K E, et al. 2012. Estimates of carbon stored in harvested wood products from the United States forest service northern region, 1906-2010. Carbon Balance and Management, 7: 1-16.

Ter-Mikaelian M T, Colombo S J, Lovekin D, et al. 2015. Carbon debt repayment or carbon sequestration parity? Lessons from a forest bioenergy case study in Ontario, Canada. Global Change Biology Bioenergy, 7(4): 704-716.

Tonosaki M. 2009. Harvested wood products accounting in the post Kyoto commitment period. Journal of Wood Science, 55(6): 390-394.

Werner F, Taberna R, Hofer P, et al. 2010. National and global greenhouse gas dynamics of different forest management and wood use scenarios: a model-based assessment. Environment Science Policy, 13(1): 72-85.

Zhang Q, Li Y, Yu C, et al. 2019. Global timber harvest foot prints of nations and virtual timber trade flows. Journal of Cleaner Production, 250: 119503.

第8章 木材保护与改良

8.1 木材着色处理

物质中的分子对光的吸收具有选择性,从而产生非均匀性的反射光谱,全部光谱中某些波长的组分被削弱,相对突出了另一些波长的组分,这种反射光谱又因不同材料而呈现不同形式的分布,即不同颜色、不同树种的木材,对光谱进行各不相同的选择性吸收,所以具有各种各样的色调。木材的主要构成单元中存在着羟基(—OH)、甲氧基、羰基(C=O)、乙烯基(—CH=CH$_2$)和松柏醛基等官能团,当所处环境发生变化时,这些官能团共轭结构中的 π 电子发生跃迁,增加了视觉对颜色的感知(段新芳,2005)。导致木材表面材色变化的气象因子和环境条件主要是微生物作用、日光辐照、化学试剂作用、温湿度变化。木材变色不破坏细胞壁结构,因此不影响木质结构件的使用,但降低了木质表面装饰材料的品质,品质的降低对木制品固碳具有间接影响,一方面缩减了木制品的使用寿命,另一方面增加了木材的采伐量。

为了提高木材的固碳效应和产品品质,一般对木材进行着色。木材着色是木材功能性改良的重要方法之一,是在保持木材原有天然属性的基础上,采用染料、颜料、化学药品等方法调节材色深浅、改变木材颜色及防止木材变色的加工技术。根据着色对象、方法和使用材料不同可以将木材着色分为着色剂着色、炭化着色、光照射着色和微生物着色。其中,着色剂着色和炭化着色应用最广。着色剂着色可以细分为染料着色、颜料着色和化学药品着色。染料着色是染料分子和木材表面的分子通过分子间的引力或氢键结合而连接在一起,因为染料分子中有芳香环、氨基和羟基等极性基团,其能够与木材表面的化学物质通过电子转移和氢键作用而彼此结合。颜料着色除上述作用外,颜料颗粒还能填充于木材导管内而呈现颜色。化学药品着色是由于化学药品与木材组分发生化学反应形成化学结合的结果,其结合强度高,保色能力强,如过氧化氢、间苯三酚、N-烷基吲哚等。日本学者峰村伸哉等(1994)根据木材着色对象、使用手段和使用材料的不同将木材着色分成不同的类别,即基材着色、涂膜着色和胶结层着色三大类,如图8-1所示。

```
                          ┌─ 着色剂着色 ─┬─ 有色物质着色
                          │            └─ 化学药品着色
                ┌─ 基材着色 ─┼─ 烧焦炭化着色
                │          ├─ 蒸煮着色
                │          ├─ 光照射着色
  木材着色 ─────┤          ├─ 微生物培养着色
                │          └─ 立木染色
                │
                ├─ 涂膜着色
                └─ 胶结层着色
```

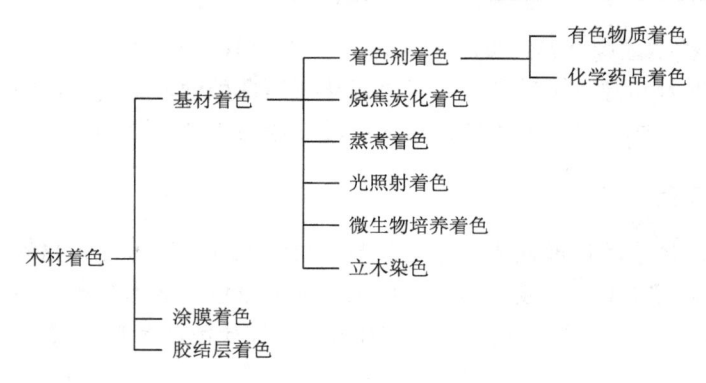

图 8-1　木材着色方法分类（峰村伸哉等，1994）

8.1.1　木材漂白

木材漂白是利用氧化还原反应，将木材中的发色基团、助色基团及与着色有关的组成成分进行氧化、还原、降解破坏以达到脱色的目的。木材漂白包括 3 方面内容：一是消除材面上的斑点、矿物线及由各种污染造成的材色不均现象；二是将木材材色整体淡色化，使材色变白、变亮；三是为了使木材染色均匀、一致，而且便于配色，通常在染色前要进行漂白处理。

常用的木材漂白方法有两种：一种是使用有机溶剂或碱性药剂对木材进行浸提处理，将发色物质从木材中浸提出来；另一种是使用漂白剂对木材进行水煮处理（水槽浸泡法），破坏发色基团和助色基团。目前比较常用的漂白剂包括氧化型和还原型两种，而最常使用的是氧化型漂白剂（李年存等，2001）。氧化型漂白剂分为过氧化物系列（过氧化氢、过硼酸钠、过乙酸、臭氧等）和氯化物系列（氯、次氯酸钠、亚氯酸钠、氯胺等），氯化物系列对金属具有一定的腐蚀性，其排污水对排污管道、河道工程混凝土结构、海洋工程混凝土结构等易造成腐蚀，不仅增加了大气二氧化碳的排放量，同时易造成严重的社会危害和巨大的经济损失，此外，氯化物在使用过程中会产生多种呋喃和二噁英，其中有 17 种被认为具有剧毒性、致变性和持久性，并能够在生物体内累积和损伤生物机体。因此，采用无元素氯漂白（ECF）和全无氯漂白（TCF）工艺才是实现可持续发展的战略措施。以此为出发点，过氧化氢（H_2O_2）在木材漂白工业中受到青睐，其漂白机理如下：

H_2O_2 无论在酸性或碱性介质中均为强氧化剂，H_2O_2 中—O—O—键起氧化作用，它的还原产物是 H_2O。因此，采用过氧化氢作氧化剂不但氧化能力强，而且反应过程中不会引入杂质。过氧化氢在溶液中会发生分解反应，生成的过羟基离子（·HO_2）具有漂白作用。于洪亮等（2006）以桦木单板为研究对象，以过氧化氢为漂白剂得出较佳的漂白工艺为：过氧化氢浓度 4%，温度 90℃，硅酸钠浓度 0.5%，磷酸钠浓度 0.7%，时间 30min，浴比为 10∶1。刘志佳等（2009）对水热处理后的枫木和橡胶木试件进行了过氧化氢漂白处理，认为不同树种、不同水热处理条件下，试件的白度不同，对应的较佳漂白工艺亦不同。

8.1.2　木材染色

木材染色是采用物理或化学方法调节木材颜色深浅、改变木材颜色，即防止木材变色的加工技术，一般分为立木染色、木材染色、薄木染色、单板染色和碎料染色，根据染料的浸注方式可分为常压浸注、减压浸注和加压浸注等（何忠琴，2008）。

一般来讲，染料的分类有两种：一是按照染料分子的化学结构分类，称为化学分类；二是按照染料的应用性能分类，称为应用分类。按化学结构分类，染料可分为偶氮染料、蒽醌染料、靛族染料、酞菁染料和芳甲烷染料等。按应用性能分类，染料可分为直接染料、酸性染料、碱性染料、分散染料、还原染料和活性染料等（刘强强等，2019；王敬贤，2020）。染料种类繁多，虽然大部分染料都可用于木材染色，但染色效果差异很大，因此选择木材用染料是木材染色很重要的一项。目前木材染色最常用的染料是酸性染料和活性染料（赵雅琴和魏玉娟，2006；He，2008）。

酸性染料是一类带有水溶性基团的水溶性染料，是在酸性或中性介质中染色的染料，绝大多数染料是以碳酸盐的形式存在，按染色性能和应用又分为强酸性、弱酸性、中性、酸性媒介和酸性络合染料等。因该类染料含有大量的羧基、羟基或磺酸基，在溶液中呈解离状态，且染色成分是阴离子，故也称为阴离子染料，包括偶氮染料、蒽醌染料、吖嗪染料、三芳基甲烷染料和硝基染料等。其结构特点是分子相对较小，至少含 2 个水溶性基团，化学结构以偶氮型和蒽醌型为主。酸性染料的作用原理为在酸性介质中易电离形成带负电荷的磺酸基（—HSO$_3$），当木纤维浸泡在酸性溶液中时，带正电荷的氢离子会很快扩散到木纤维内，进而中和掉带负电的羧基（—COOH）基团，使木纤维带正电荷，因此，带负电荷的磺酸基与带正电荷的木纤维会在亲和力的作用下相结合。酸性染料色谱齐全、色泽鲜艳、价格低廉，色牢固度尚可，在木材中的渗透性优良，但其均染性差，湿牢度和日晒牢度因木材品种不同而差别较大，有一定的致癌性。

活性染料也称反应性染料，是指染料分子中带有活性基团的一类水溶性染料。活性染料是 20 世纪 60 年代兴起的一种新型环保性染料，不但具有优良的湿牢度和匀染性能，而且色泽鲜艳、使用方便、色谱齐全、成本低廉，具有广阔的应用前景。Oeko-Tex 标准 100 总共规定了 23 种致癌芳胺，活性染料中涉及的被禁用芳胺很少，德国政府 1994 年公布的 118 种禁用染料、1996 年公布的 132 种和 1999 年德国化工协会（VCI）公布的 141 种禁用染料都不是活性染料。相比之下，活性染料的环保性要优于其他种类染料。

从微观结构分析，活性染料的渗透性和牢固度都优于酸性染料，如图 8-2 和图 8-3 所示，酸性染料都堆积在木材纹孔中，而木材的导管壁及导管穿孔板中几乎没有，说明酸性染料和木材之间是物理结合，在染色过程中，酸性染料向木材中渗透，在纹孔处呈现三角形染着吸附，染料分子堆积，从而使木材显色。但是，这种结合的牢固度不高，且影响木材颜色的均匀性，降低木材的渗透性。而活性染料不仅出现在纹孔处，在导管壁和纤维细胞壁上也有大量的存在，说明活性染料和木材组分之间能够发生反应而形成化学结合，其牢固度明显高于酸性染料，且渗透性也要优于酸性染料，在染色过程中，活性染料逐渐向木材中渗透，并与流经的木材组分发生化学结合，因而木材颜色的均匀性也得以提高。

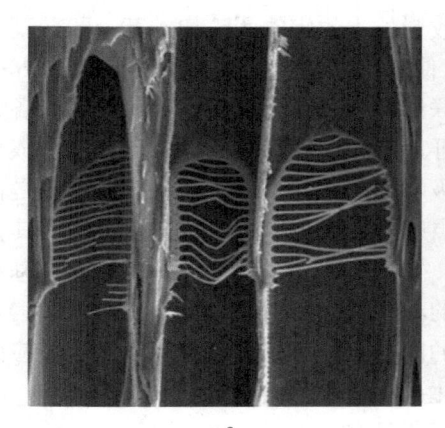

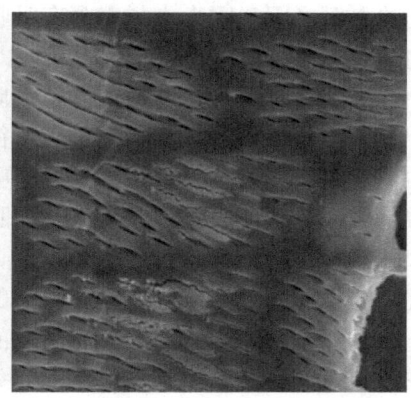

图 8-2 酸性染料染色单板的电镜观察
a. 导管壁及导管穿孔板（300×）；b. 导管壁纹孔（1500×）

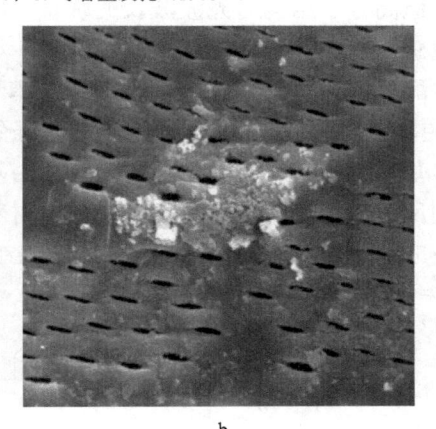

图 8-3 活性染料染色单板的电镜观察
a. 纤维细胞壁（2500×）；b. 导管壁纹孔（2500×）

从碳素储存的角度分析，活性染料相比酸性染料更符合低排碳发展模式，首先，相对较高的牢固度和渗透性说明染料的用量相对较少、加工周期相对较短，即加工能耗相对较低，向大气中排放的二氧化碳相对较少；其次，产品的使用寿命相对较长，因此碳素在木制品中的储存时间相对较长，这同时说明提高染料的上染率、牢固度和渗透性不仅提高了木制品的品质，也能减少碳素的排放量，从而实现高效率低能耗的加工模式。综合各方面考虑，活性染料是木材染色的理想选择。

8.1.3 木材光照射着色

光照射使木材着色从木材的光吸收开始。不可见光中，紫外光是引起木材颜色改变的主要原因，因为木材中含有吸收紫外光的官能团，如羰基、酚羟基和醌型结构，不同的官能团吸收紫外光后可以使木材颜色变深或变浅（Budakci, 2006）。木材中纤维素及半纤维素通常是以单键联结的饱和有机化合物，对可见光各种波长无吸收，全部反射，故不具有颜色特征，对光相对稳定，而木质素及副成分都含有共轭双键，在可见光波长区内含有吸收峰，所以木材的颜色改变主要是由于木材中木质素及副成分的存在。比较光照射前后木质素的吸收光谱可知，具有α-羰基和环共轭结构的化合物经光照射后，在可见光区的吸收度增大，α-羰基和共轭双键类的官能团与光致变色具有很大的相关性（Callum and Nihat, 2001）。而紫外光比可见光具有更短的波长和更高的能量，故可见光下未呈现颜色反应的木材，在紫外光作用下可能呈现颜色的变化。

根据光量子理论，光波长越短，光量子所具有的能量越大，波长在290～400nm的紫外光所具有的光能量一般高于引起大分子链上各种化学键断裂所需要的能量，但高分子结构对光波波长的敏感程度不同，所以所吸收的波长若不是高分子的敏感波长，其光化学反应就很缓慢，程度很小。木质素分子中具有羟基、酚羟基、醇羟基等官能团，这些官能团与苯环共轭，因此，木质素分子中大的 π-π、p-π 共轭体系导致其在紫外光区产生强烈的光吸收。光能足以使各种烷氧键产生自由基，生成具有共轭结构的苯氧自由基和苄基自由基，自由基不稳定，经由一系列反应最后分解为有色化合物使木材着色，如愈创木基丙烷单元在氧的作用下，能生成邻醌和对苯醌这一典型的有色化合物，反应过程如图8-4和图8-5所示。

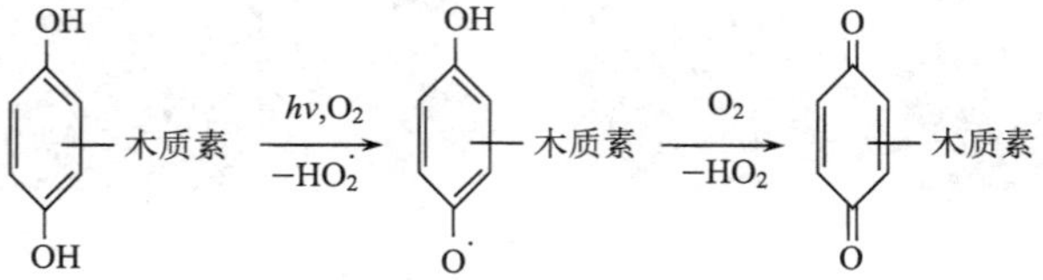

图 8-4 对苯醌型木质素结构形成过程

图 8-5 邻醌型木质素结构形成过程

  根据木材的光着色机理，对人工林杨木单板和樟子松单板进行光着色试验，研究发现，调节紫外光的照射强度、光照射时间、光照射距离等影响因子可实现木材单板不同颜色的变化，如图 8-6 和图 8-7 所示。光照射着色仅发生在木材表层，因此对木材性能没有太大影响，仅木材表面需要通过涂饰等技术手段进行强化。光照射着色技术可以有效提高人工林木材的视觉特性，模仿珍贵树种的木材颜色，从而提高人工林木材的附加值，实现人工林木材的高效利用，在满足社会需求的同时，保护天然林，维护森林生态系统的碳循环和碳平衡。

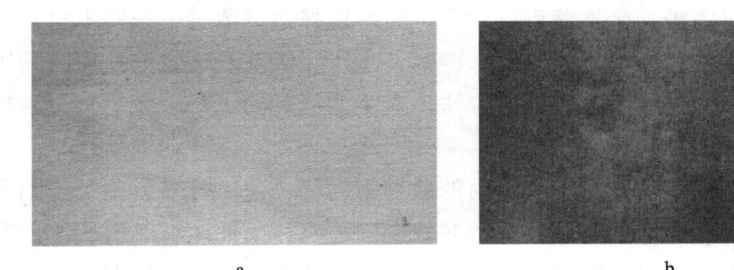

图 8-6 杨木单板紫外光照射前后效果对比
a. 处理前；b. 处理后

图 8-7 樟子松单板紫外光照射前后效果对比
a. 处理前；b. 处理后

重组装饰单板遇太阳光照射会发生变色，产生光变色主要是木材和染料两方面作用的结果。有研究表明，木材和染料中的某些化学基团不稳定，如木材中的酚羟基、α-羰基，染料中的羟基、氨基等基团易光氧化降解，改变重组装饰单板原有颜色。提高重组装饰单板耐光变色的主要方法有使用高色牢度染料、改性木材变色成分、添加抗变色助剂。

8.1.4 微生物着色

木材的微生物着色即通过真菌侵害木材实现木材颜色的变化，木材变色菌有蓝变菌、镰刀菌、葡萄孢菌和色串孢菌等，它们寄生于边材的射线薄壁细胞和轴向薄壁细胞中，以细胞中的营养物质为养分进行繁殖和生存。菌丝通过细胞壁上的纹孔向木材内部蔓延和侵入，逐渐使木材表面和/或内部颜色发生变化。树种不同，产生的颜色也大不相同，有蓝色、青色、红色、绿色、灰色、黄色和黑色等（史伯章和王婉华，1992；常德龙，2006）。微生物着色主要利用微生物在木材表面或内部自由或按一定运动轨迹运动，微生物在运动过程中其分泌物形成天然纹理，在木材表面形成一定的颜色和图案的装饰花纹，从而提高木材表面的装饰效果，是木材变色现象的逆利用。生物调色过程中要选择易产生菌纹线以及易分泌色素的菌种，并对菌种安全性能进行评价，然后选择适宜菌种生长的木材，为菌种营造一个适宜的生存环境，如温度、湿度、光照、氧气及适宜的处理时间等来确保调色过程可控，需要合理的灭菌方法，避免调色后的进一步变色甚至腐朽现象的发生。

目前，木材生物调色过程中所选用的菌种多为腐朽菌，且多以菌纹线的形式对木材进行装饰，利用变色菌调色的研究较少，与腐朽菌使木材腐朽相比，变色菌使木材变色对木材的材性影响较小，更易于调控其生长状态，然而目前对木材生物变色的研究多以防治为主。木材生物变色的控制主要包括调控变色和防治变色两个方面，调控木材的生物变色是利用一些方式方法使木材始终保持在一种相对稳定的状态，减少或控制木材的变色现象，如采用水存法运输木材及利用微生物之间相互抑制的平衡关系等，调控即在变色过程中在某一节点实现控制的平衡，既可以在变色前期防止木材变色，又可在变色后控制木材变色的程度；防治木材的生物变色即通过化学药剂等手段处理木材后，抑制微生物在木材内部的生长，主要是变色前期对变色现象的防治。木材生物变色的防治主要包括物理防治、化学防治以及生物防治。

微生物着色技术的应用对象主要是废弃木材，通过对其再利用延长木制品的碳素储存期，既具有环境效益，又具有经济效益。山黄麻和桉树通过微生物着色后（图 8-8，图 8-9)，可用于制作镶木工艺品，实现木材的再利用，延长了木材的固碳期，并再次发挥木材的环境学特性。

图 8-8　山黄麻木材微生物着色前后对比
a. 处理前；b. 处理后

图 8-9　桉树木材微生物着色前后对比
a. 处理前；b. 处理后

8.1.5 木材抽提物染色

决定木材颜色的内在因素主要是木质素和抽提物,其中,抽提物的种类繁多,结构复杂,对颜色效果影响显著。木材的抽提物也可以成为天然染料,通过萃取得到的抽提物制成的染料可以用于丝织物等产品染色,也可以反用于木材进行木材染色。

何忠琴(2008)的研究结果表明,桉树类树皮可以有效地萃取出染料,这些染料能够用于丝织物染色,其染色、染色并洗涤后的试样对穿着者不会造成健康危害。在木材的利用过程里会产生大量的木制品生产剩余物,其剩余物的后期处理不仅会增加木材加工生产成本,且处理不当还会对外部生态环境造成不良影响。通过对加工余料进行抽提物处理,并将获得的染料重新应用在木材染色中,为高效利用生物质资源提供了新思路。尤其是在红木制品产业中,红木心材较边材颜色深的原因是心材抽提物含量较边材更多,从红木木屑中提取色素再用于仿珍贵木材染色或减小红木心边材色差,能够为实现天然色素的循环利用提供新的思路。

8.1.6 炭化着色

木材的炭化着色是用喷枪或喷灯将材面烧成棕色至褐色,或者将木材放置在高温(通常在 160~240℃)环境中进行热处理,让木材与加热介质产生热传导,使木材的特定物质在短期的高温状态下产生热分解效应,炭化过程不会对外界环境产生任何污染。木质素和抽提物是影响木材颜色产生与变化的主要因素,木材经过炭化之后,发色基团和助色基团发生了复杂的化学变化,抽提物部分被气化,使木材颜色发生改变。炭化温度的精准控制和温度场的均匀性控制对炭化着色的均匀性起到重要影响,于鸣(2021)建立的木材炭化数学模型,有效反映了控制参数与炭化温度场均匀性的关系,为炭化着色的低碳技术开发提供了理论依据和技术指引。

炭化材纹理清晰、内外颜色一致,可以根据树种和炭化工艺获得黄色至深棕色系列颜色。对于松木、杉木、杨木等浅色速生材,通过炭化处理使其具有珍贵木材的颜色,并具有优良的尺寸稳定性和耐腐性能。

8.1.7 表面着色处理

表面着色处理在家具和其他木制品的涂刷过程中使用广泛。由于对着色深度要求不高常采用喷涂、刷涂或淋涂处理。

表面着色处理的工艺流程:木制品坯料→漂白→抹腻子→封闭处理→表面着色→嵌补色→抹色浆→油漆。

表面着色工艺要点:①腻子的颜色应与木材颜色相符;②用与表面涂料相匹

配的高分子化合物溶液封闭木材表面孔隙，达到均匀着色和节约涂料的目的，如壳聚糖预处理法是在2%的壳聚糖水溶液中，加入1%的乙酸，按 $20\sim30g/m^2$ 用量喷涂木材；③表面采用1%的酸性染料水溶液处理木材；④嵌补色时需用同色调、低浓度的染色液或腻子对染色材缺陷部分进行修补；⑤色浆是含有色料和填料的水性或油性的高分子糊状物，分为染料色浆和颜料色浆，如果是染料色浆，其染料组分应与表面着色段的染料一致，但颜色要深一些，色浆里还应含有填料和助剂。

8.1.8 木材染色效果评价

木材染色效果是以到达度、上染百分率、均染性、日晒牢度和水洗牢度等指标来衡量的，除受染料、助剂、染液的pH和染色工艺影响外，还受木材的树种、组织结构和化学成分的影响。水洗牢度和日晒牢度一般用色差计测定染色前后木材材色的变化来确定。

8.1.8.1 到达度

木材染色效果应着重考虑反应试剂进入化学位置的到达度。为提高反应位置的到达度试剂必须能渗透到木材结构之中。

8.1.8.2 上染百分率

上染是染料离开介质而向木材转移并渗入木材内部的过程。木材上染重量占投入染料总量的百分率称为上染百分率。在一定温度下，某浓度的染液，随着时间的推移木材上的染料浓度逐渐增高而介质中的染料浓度相应下降。通过染色前后染料浓度的变化就可以计算上染率。染料浓度可以用染液比色分析法测定：首先，绘制标准溶液的吸收光谱曲线，确定最大吸收波长；其次，根据该曲线测定待测染料溶液的浓度。

8.1.8.3 日晒牢度

日晒牢度用于评价染色材在经过日晒后色牢度的变化情况。通常采用紫外灯或低光辐照染色材，用测色色差仪测定辐照前后颜色，然后根据国际照明委员会（CIE）颁布的CIE1976 $L^*a^*b^*$ 色度空间及色差公式计算辐照前后的色差，评价染色材的耐光性。

8.1.8.4 水洗牢度

对于染色材来说水洗牢度主要是指染色材耐雨水冲刷的能力。

8.2 木材生物劣化防治

木材作为生物有机体，容易在微生物、昆虫的作用下发生生物败坏，这种败坏被称为木材的生物劣化。通常天然具有抵抗生物劣化性能的木材多为名贵木材，价格昂贵，而普通木材，特别是人工林木材在原木储存运输和木材加工运输过程中极易受外界因素的影响而发生生物劣化，降低木材品质和缩短木材的使用寿命。由此，木材生物劣化防治对木材固碳的贡献即在于延长木材的使用寿命，从而延长木材中碳素的储存期（李玉栋，2001；曹金珍，2006）。

8.2.1 木材防腐处理

8.2.1.1 木材腐朽

造成木材腐朽的微生物是一类寄生性或腐生性的真菌，其菌丝在木材内部蔓延，分泌出多种能分解木材中细胞壁组成成分的酶，同时还能消化木材细胞腔中的糖类等营养物，从而引起木材组织破坏，使木材力学强度大幅下降。根据腐朽后木材的外观、化学成分，以及引起腐朽的真菌种类的不同，可将木材腐朽分为褐腐、白腐及软腐 3 种类型。

褐腐一般多见于针叶材，常见的褐腐由密粘褶菌（*Gloeophyllum trabeum*）、干朽皱孔菌（*Merulius lacrymans*）、篱边革祠菌（*Gloeophyllum spiarium*）及洁丽香菇（*Lentinus lepideus*）等褐腐真菌引起，主要分解木材中的半纤维素和骨架物质纤维素，基本不破坏木质素，腐朽后木材呈褐色或深棕色，故称褐腐。褐腐木材的表面呈龟裂状或方块状（图 8-10），强度明显下降，是一种破坏性的腐朽。

图 8-10 木材褐腐

a. 薄孔菌属（*Antrodia* spp.）引起的褐腐；b. 洁丽香菇（*Lentinus lepideus*）的子实体

（来源：戴玉成主编的《中国储木及建筑木材腐朽菌图志》）

白腐多发生在阔叶材上，常见的白腐由彩绒革盖菌（*Coriolus versicolor*）、毛革盖菌（*Coriolus hirsutus*）、桦革裥菌（*Lenzites betulina*）、普通裂褶菌（*Schizophyllum commune*）及松栓菌（*Trametes pini*）等白腐真菌引起，能分解木材中的半纤维素、纤维素和木质素，由于木材中木质素含量低于纤维素与半纤维素，发生白腐后纤维素和半纤维素含量相对更高，木材表面颜色呈浅色，故称白腐。同时，腐朽后含量相对更高的纤维素与半纤维素使白腐木材不会出现如褐腐一般的开裂，一般也不会严重收缩，而是呈大理石状、筛孔状、轮状或海绵状腐朽（图8-11）。

图 8-11 木材白腐
a. 大理石状腐朽；b. 筛孔状腐朽；c. 光盖革孔菌的子实体
（来源：曹金珍主编的《木材保护与改性》）

软腐发生在含水率高的木材上，阔叶材更多发。最为典型的软腐由球毛壳菌（*Chaetomium globosum*）引起。软腐菌主要分解木材中的纤维素和半纤维素，但分解纤维素的速度慢于褐腐，因此木材力学强度的下降也较慢。软腐主要破坏木材表层，使木材组织软化，表面呈黑褐色，黏滑，故称软腐。软腐的表层受外力作用脱落后，软腐菌又转而在新的表层生长繁殖，如此逐层降解木材，对木材的危害力较强。

真菌侵害木材的必要条件有养分、温度、氧气、水分、酸度和菌种传播。破坏其中任意条件都可以阻止木材腐朽，常用的方法有水存法、干燥法和防腐剂处理法。水存法是控制木材中水分的物理方法，常用于原木，即将原木浸泡在水中，或者在原木上喷水使其含水率维持在90%以上，但水存法的耗水量巨大，在缺水地区不易推行，此外，高含水率易增加木材干燥时的能耗，增加二氧化碳的排放量。干燥法是将木材的含水率降到15%左右，破坏真菌生存的水环境，此方法不仅不适用于原木，且不十分可行，因为木材的干燥周期较长，通常未干燥木材在等待干燥的期间就已经受到真菌的侵蚀。防腐剂处理法是目前高效、简便的木材保护方法。

8.2.1.2 木材防腐剂

木材防腐剂是一类防治木材生物劣化的药剂,通常这类药剂不仅可以达到抵制腐朽菌的效果,对于其他危害木材的白蚁等昆虫也有很好的防治作用。按照防腐剂的性质来进行分类,可将木材防腐剂分为油类防腐剂、油载型防腐剂和水载型防腐剂。

1. 油类防腐剂

油类防腐剂是煤杂酚油及其与煤焦油或石油的混合液。

煤焦油是煤炭干馏时生成的具有刺激性臭味的黑色或黑褐色黏稠状液体,为一种高芳香度的碳氢化合物的复杂混合物,绝大部分为带侧链或不带侧链的多环、稠环化合物和含氧、硫、氮的杂环化合物,并含有少量脂肪烃、环烷烃和不饱和烃,还夹带有煤尘、焦尘和热解炭。其毒性较低,而且黏度较大,不易浸注入木材内部,因此通常与煤杂酚油混用,从而降低原料及处理成本,更重要的是,煤焦油和煤杂酚油混合使用对提高木材尺寸稳定性也具有很好的效果。

煤杂酚油也称克里苏油,是煤焦油 200~400℃ 的馏分,其在煤焦油的各馏分中防腐效果最佳,煤杂酚油在不同温度范围的馏分主要成分见表 8-1。

表 8-1 煤杂酚油在不同温度范围的馏分主要成分

序号	温度范围/℃	主要成分
1	<200	甲酚、吡啶和苯类
2	200~235	萘、二甲酚、三甲酚等
3	235~275	甲基萘、二甲基萘、喹啉、异喹啉等
4	275~320	苊、芴、联苯酚和萘酚等
5	320~360	菲类、蒽类、甲基芴
6	>360	萤蒽、芘和䓛等

石油本身毒性很低,无法单独作为防腐剂使用,将石油与煤杂酚油混用主要是为了降低处理成本。

油类防腐剂对各种危害木材的生物均具有良好的毒害和预防作用,但此种防腐剂处理后的木材表面存在溢油现象,对人畜和环境造成了一定的危害,解决这一问题的有效途径就是采用加压浸渍处理,但这样增加了能源损耗,相应增加了二氧化碳的排放量。虽然油类防腐剂的易流失性对环境形成的威胁不利于推进减排策略,但 Barnes 和 Murphy(1995)认为,油类防腐剂可以在土壤中迅速降解,且弃置的处理材是一种很好的燃料。油类防腐剂曾主要用于枕木和电线杆,以及海港桩木等，很少用于家庭露台或园林景观，近年来随着枕木和电线杆逐渐被混凝土代替，油类防腐剂处理材的产量也急剧下降。

2. 油载型防腐剂

油载型防腐剂主要有五氯苯酚、环烷酸铜、8-羟基喹啉铜及有机锡化合物等。

五氯苯酚是由氯气与苯酚反应生成的结晶状化合物，分子式为 C_6Cl_5OH，有较大的毒性，对腐朽菌和虫蚁都有很好的防治作用，曾广泛应用于电线杆及古建防腐保护领域，但由于其化学性质稳定，会通过食物链在人体内蓄积，有致癌的危害，且其生产过程被认为存在二噁英的污染问题，故而包括我国在内的大部分国家都已经禁止或限制五氯苯酚的使用。

环烷酸铜的化学结构式是 R—COO—Cu—OOC—R，其中，R 为碳原子数在 20~40 的包含环戊烷或（和）环己烷基团的饱和烃类。由于其对腐朽菌和虫蚁具有广谱抑制性，被广泛应用于桥梁、电杆、围栏等工业用材的处理。此外，环烷酸铜价格相对较高，且其处理材存在散发气味难闻的问题，限制了其应用。

8-羟基喹啉铜（Cu-8）是铜与 8-羟基喹啉的螯合物，其最大的优势在于低毒性，甚至可以应用于与食物接触的场合，但 Cu-8 昂贵的价格限制了其应用。

另外，油载型防腐剂还包括异噻唑类、百菌清、毒死蜱、烷基铵盐等，总而言之，油载型防腐剂毒性强，易被木材吸收，不易流失，处理后木材变形小，不影响后续加工处理，同时不腐蚀金属，对腐朽菌有效，并且除海底钻孔的虫类外，对大部分的虫类也有效。但由于环境和成本等问题受到禁止与限制。从碳排放的角度来讲，其载体——油，增加了材料的易燃性，因此通常要求油载型防腐木具有较高的防火性，防火性能的限制增加了油载型防腐木材的加工工艺，从设备、动力、厂房、人员等各方面考虑都是对能耗的累加，增加了二氧化碳的额外排放量。

3. 水载型防腐剂

水载型防腐剂按有效成分不同大致分为两大类：含砷或铬的水载型防腐剂、含其他金属元素的水载型防腐剂。

含砷或铬的水载型防腐剂主要包含铬化砷酸铜（CCA）、酸性铬酸铜（ACC）、氨溶砷酸铜（ACA）和氨溶砷锌铜（ACZA）等。CCA 是将二价铜、六价铬、五价砷按不同比例复配成的防腐剂，其对腐朽菌、虫蚁及海生钻孔动物都有效；且较其他水载型防腐剂有更好的抗流失性；对木材力学性能和加工性能的影响也很小。ACC 是一类含铬的水载型木材防腐剂，有效成分是铜和铬的氧化物或盐类，处理后的木材呈褐色，其广谱性略弱于 CCA，但由于铬酸铜不溶于水的特点，ACC 具有较强的耐腐性和固着性，抗流失性更佳。ACA 和 ACZA 是两种含砷的水载型防腐剂，其有效成分是铜和砷的氧化物或盐类，由于使用碱性配方，这两种防腐剂的处理材更加鲜艳，通常用于工业产品以及处理一些难处理的木材树种。以上这些含砷或铬的木材防腐剂由于考虑到安全和环保方面的因素，目前在使用上呈减少的趋势，尤其是 CCA 中含有的砷和铬对人体健康及环境质量存在潜在的威胁，而且处理材在废弃后无有效的处理途径，因此很多国家开始禁用。但是由于它们的一些优异性质还不能完全被其他水载型防腐剂取代，因此还有一部分的使用。

除了砷和铬以外，可用于木材防腐的金属还包括铜、锌、铁、铝等。目前在市场上作为环保型水载型防腐剂推广的木材防腐剂，都是不含砷和铬的防腐剂。其中应用最为广泛的是以铜化物为主要有效成分的水载型防腐剂。铜化物在单独使用时容易流失，并且对耐铜腐朽菌的抑制效果不好。因此为了增强木材防腐剂的防腐效果和抗流失性，通常将铜的氧化物或盐类与不同的有机生物杀灭剂进行组合，从而可以产生很多种不同类型的木材防腐剂。这些有机生物杀灭剂包括烷基胺类、苯胺类、苯并咪唑类、拟除虫菊酯、取代苯、取代木质素、氨磺酰类、秋兰姆类、三唑类、2,4-二硝基苯酚、苯并噻唑类、甲氨酸酯类和胍基衍生物等。目前在工业上应用的主要是几种铜系水基防腐剂，包括氨/胺溶季铵铜（ACQ）、铜唑（CA）、微化季铵铜（MCQ）、微化铜唑（MCA）和柠檬酸铜（CC）等。

不含金属元素的水载型防腐剂的出现源于对环境问题的日益关注。其中包含无机硼类（SBX）和有机类。无机硼类的防腐防虫效果较好，对哺乳动物毒性低，安全性高；对处理材的外观、力学性能及加工性能几乎无影响；在成本、使用便利方面有很大优势。但其不能在木材内长时间固着，抗流失性不强，故而限制了其应用。典型的有机类水载型防腐剂是烷基铵化合物（AAC），其化学性质稳定，对危害木材的各种菌虫都有效，对人畜低毒，且不易流失，同样不影响处理材的力学性能及加工性能。仅有的缺陷在于当其处于接触土壤的环境中时，会分解与流失，因而不适于与土壤接触的地方使用。

水载型防腐剂成本低，处理材干净，无刺激性气味，未增加可燃性，但尺寸稳定性差，抗流失性差，因此不宜用于室外，可用于处理锯材、胶合板、定向刨花板、门窗和家具等（Kelso，1977；Murphy et al.，2002）。

油类防腐剂、油载型防腐剂和水载型防腐剂各有优缺点，相比之下，水载型防腐剂具有更广阔的发展前景和低碳加工优势。总而言之，综合考虑经济性、低碳性等因素，防腐剂应具有如下特点：①能与木材化学组分产生化学键合；②不腐蚀设备，对人畜无毒或低毒；③反应条件温和，不降解木材；④具有疏水性，不影响木材尺寸稳定性；⑤能使木材膨胀，提高渗透性；⑥不降低木材本身特性；⑦价格低廉，来源广泛。

8.2.1.3　木材防腐处理工艺

在选择防腐处理工艺时，除考虑处理效果、成本等因素外，还要考虑处理工艺的低碳性。一般将防腐处理工艺分为常压处理法和加压处理法，常压处理法包括浸泡法、扩散法、冷热槽法、熏蒸法及涂刷、喷雾、喷淋处理法等；加压处理法一般包括满细胞法、空细胞法、半空细胞法等。

1. 常压处理法

浸泡法，即把木材直接浸泡在防腐剂溶液中，防腐剂渗透到木材内部，常用的防腐剂都可使用此法，一般适用于单板防腐处理和补救性防腐处理，该方法简单易行，但防腐剂渗透度较差，为了改善渗透度，可配合超声波、加热及添加表面活性剂等增效方法。浸泡处理一般针对大批量木材，并配有加热装置以提高木材的渗透性，对于树脂含量较高的木材，如落叶松、红松等，其防腐处理效果并不十分理想，大规格材的处理时间较长。此方法对防腐剂用量、设备等具有进一步的要求，会不同程度地增加能耗，因此加工过程的碳排放量也增加。

扩散法，即在湿材表面涂刷或喷涂高浓度的防腐剂溶液，以木材内部的水分为载体，使防腐剂从浓度高的表面自然地向浓度低的内部扩散。扩散法要求防腐剂在水中有高的溶解度，且在木材中固着的速度慢，适用于含水率高于30%的湿材。该法处理效果好，且对其他方法难以处理的木材也有奇效，但处理的时间较长，需一周至数十天不等。由于对设备要求较低，能源的需求量也少，若能较好地控制表面防腐剂的浓度和涂布量，使防腐剂较完全地扩散进木材内部，减少防腐剂的消耗，则可将碳排放控制在较低的水平。

热冷槽法，即将木材置于热槽中进行加热，使内部气体膨胀而逸出，再转入冷槽内，使木材在短时间内冷却，产生负压，从而将防腐剂吸入木材内部。热冷槽法适用于扩散性防腐剂在干材和细木工制品上的处理，是常压处理法中最有效的处理方法之一，设备投资低，但处理效率低，且由于需要对大量的防腐剂溶液加热，单位能耗大，故碳排放量较浸泡法有所增加。

熏蒸法，即在密闭的场所内将低沸点的药剂挥发产生蒸汽，再扩散到木材中，以达到毒杀木材菌虫的方法。该方法主要运用于已受昆虫危害木材的杀虫处理，属于一种补救性处理。由于将药剂挥发需要大量能耗，且不能长期地防治菌虫，故该方法的单位碳排放较高，但作为一种补救性处理，在木材生物劣化治理上是一种有效的方法。

涂刷、喷雾、喷淋处理法，是依靠木材细胞和表面防腐剂之间的毛细管作用，使防腐剂渗入到木材中。涂刷、喷雾处理适用于小规格材的裂隙和榫卯等部位的处理，与其他方法相比，保封量和透入深度都比较低，多次涂刷可提高防腐效果，此方法对设备、技术、资金等要求较低，在所有处理工艺中，对能源的需求量最少，因此排碳量最少。喷淋处理适用于大件和难处理木材，可提高处理效率，早年对设备要求较低，防腐剂损失量大，且污染环境，近来随着喷淋设备的改进，可回收多余防腐剂，能有效减少防腐剂的损失量，减少了该方法的碳排放。

2. 加压处理法

满细胞法，是通过先真空，将木材内部的空气排出，再加压，将防腐剂溶液压入木材内部，使防腐剂充满整个细胞的方法，其工艺分为5个阶段：①前真空，将装有处理材的浸注罐抽真空至–0.08～–0.095MPa，保持15～60min；②加防腐剂，在保持原有真空度的条件下，向罐内注入防腐剂，直至充满整个罐体；③加压，关闭真空泵，恢复到常压后使用液压或气压，使罐内压力达到0.8～1.5MPa，保持压力2～6h，然后卸压；④排液，解除压力后，排出罐内剩余防腐剂；⑤后真空，排尽溶液后，再次抽真空，压力与前真空一致或略低，保持10～30min。

空细胞法，是先加压，压缩木材细胞内的空气，注入防腐剂后进一步加压，使防腐剂进入木材，利用后真空时空气的膨胀将细胞腔内多余的防腐剂冲出细胞外，以达到仅对细胞壁进行处理的效果。其工艺也分为5步：①前真空，向装有处理材的浸注罐内施加0.2～0.4MPa的空气压，保持10～60min；②加防腐剂，在维持前真空的条件下，向罐内注入防腐剂；③加压，使用液压或气压向罐内施加0.8～1.2MPa的压力，维持2～4min；④排液，当达到规定的总吸收量后，开始卸压，然后排出剩余防腐剂；⑤后真空，排尽溶液后，再次抽真空，压力与前真空一致或略低，保持30～60min。

半空细胞法，即直接将防腐剂溶液注入装有处理材的浸注罐中，加压将防腐剂压入木材的同时压缩木材内部的空气，在后真空阶段，压缩空气膨胀，将细胞腔内部分多余的防腐剂冲出细胞外，留存在细胞内的防腐剂量介于满细胞法和空细胞法之间。该方法可分为4个阶段：①加防腐剂溶液；②加压，使用液压或气压，使罐内压力达到0.8～1.5MPa，保持压力2～6h；③排液，当达到规定的总吸收量后，开始卸压，然后排出剩余防腐剂；④后真空，同空细胞法。

除此之外，加压处理法还有将以上3种方法组合、叠加、改进使用的双空细胞法、震荡压力法、频压浸注法及尿酸钠结晶（MSU）改良空细胞法等，加压处理法处理效果好，防腐剂利用效率高，浪费少，可大批量处理木材；压力达到要求后即可关闭阀门和压力设备静置保压，故而能耗并不十分高，虽然间歇性的工作方式导致其处理效率略低，但总体上来讲，加压处理法是一类低碳排放的木材防腐处理方法。

8.2.2 木材防霉处理

8.2.2.1 木材霉变

木材霉变是由霉菌侵染引起的微生物劣化，致使木材霉变的真菌常见的有木霉属（*Trichoderma*）、青霉属（*Penicillium*）和曲霉属（*Aspergillus*）真菌。霉菌菌丝通过纹孔进入细胞内部，以木材细胞腔内的糖类为营养源，在木材表面发展成孢子群，使木材表面形成黑、绿、黄红、蓝绿等各种色斑，影响木材外观。由于霉菌不分解纤维素和半纤维素，故单一的霉变并不影响木材的力学强度，但由于霉菌菌丝破坏木材纹孔，使木材细胞渗透性增强，从而导致霉变的木材也更容易发生腐朽，同时木材尺寸稳定性变差。故而对木材霉变进行防治，可延长木材的使用寿命，对于木材对碳素的储存有重要的意义。

8.2.2.2 木材防霉剂

防治木材霉菌与变色菌的药剂统称为防霉剂。在过去几十年里，卤代酚及其钠盐（如五氯酚及五氯酚钠）是最常用的防霉剂，由于发现五氯酚生产过程中有致癌物质二噁英的产生，包括我国在内的许多国家（地区）先后禁止或限制与人体接触的木材使用卤代酚防霉剂，并致力于研究开发低毒防霉剂。现今国内外常用的防霉剂有苯并咪唑及苯并噻唑、有机碘类、腈类、硫氰酸酯、季铵盐类、三唑类、喹啉类、环烷酸类及有机锡类等。

8.2.2.3 木材防霉处理工艺

木材成材的防霉处理工艺与防腐处理工艺基本相同，值得注意的是，对于新鲜锯材，及时干燥是非常有效的防霉手段，若不具备快速干燥的条件，则应用防霉剂浸泡后气干至含水率20%以下储存，或者在制材后及时进行防腐处理，对于防腐剂的选择也应兼顾防虫、防霉的效果。

8.2.3 木材防虫处理

8.2.3.1 木材虫害

木材除易受到真菌的侵蚀外，还易受到昆虫的侵袭，昆虫对木材的败坏使木材由碳库变为碳源，且大大缩减了木材的碳素储存期。

对木材产生危害的昆虫大致可分为两大类。

第一类昆虫以纤维素或半纤维素为食，或两者皆食，从而消减木材，该类昆虫主要包含两大族群，分别是白蚁和蛀粉甲虫。按蛀巢的地点，一般将白蚁分为土栖、木栖、土木两栖3类，我国危害严重的白蚁分属3个科，即土木两栖的鼻白蚁科（Rhinotermitidae）、木栖的木白蚁科（Kalotermitidae）及土栖的白蚁科（Termitidae）。白蚁通过分飞传播、蔓延侵入及人为传播等方式侵染，已分布在我国28个省（自治区、直辖市），每年造成直接经济损失约20亿至25亿元。留粉甲虫指的是鞘翅目昆虫，该类昆虫在木材内部蛀蚀，形成大量孔道，孔道之中充满了未能分解的粉末，故称留粉甲虫。留粉甲虫主要包括天牛科（Cerambycidae）、长蠹科（Bostrichidae）、窃蠹科（Anobiidae）和粉蠹科（Lyctidae）等。

第二类昆虫钻蛀木材得以栖息，但不以木材为食。如蚁科的昆虫，喜侵害已经腐朽的木桩或结构材，在木材内筑巢群居，留下不规则的孔道。该类虫害危害较小。

有研究表明，甲壳类蛀木动物可使桩木直径在一年之内减损50mm；而白蚁可在3~5年将木结构建筑损毁。

由此可见，针对不同的蛀木昆虫种类和地理环境对木材进行科学合理的防虫处理是防治木材生物劣化的有效措施，且利于木材对碳素的储存，此外，延长木材的更替周期，也将大大减少木材加工过程中的碳素排放。

8.2.3.2 木材防虫剂

一般来讲，木材防腐剂或多或少都带有一些防虫的作用，有时为了针对性地毒杀某种木材害虫，会在木材防腐剂中加入一些防虫剂。防虫剂种类繁多，按照作用的方式，防虫剂可分为3类：触杀剂、胃毒剂及熏蒸剂。

1. 触杀剂

触杀剂即虫体接触该种药剂时，可由虫体表面进入体内而侵害其神经或其他器官细胞，制止新陈代谢而造成昆虫死亡。此外还可以防止成虫产卵，从而有效抑制虫害。该类防虫剂包含有机磷类、有机氯类等。

2. 胃毒剂

胃毒剂是指通过昆虫摄入经防虫剂处理过的木材，使昆虫中毒死亡的药剂。一种有效的胃毒剂首先应避免引发昆虫的呕吐或腹泻，因为呕吐和腹泻会让有效成分快速从昆虫体内排出，减弱药剂的效力；其次，胃毒剂应易被吸收。这类药剂能够维持较长时间的防虫效果，典型的胃毒剂有氟化物、鱼藤酮、有机磷及敌百虫等。

3. 熏蒸剂

熏蒸剂在常温下能挥发，可以从昆虫的呼吸器官进入体内使其中毒死亡。可以作为驱除剂用于熏蒸处理。但它没有持续的防虫作用，不适宜作木材害虫的预防剂。主要的熏蒸剂有氯化苦、溴甲烷及硫酰氟等药剂。

以下列举部分常见防虫剂及其特点（Unger，1988；李华等，2004；尹红和隋晓斐，2011）。

有机氯类（氯丹、狄氏剂、滴滴涕等），同时具有防治和驱除作用，但是残毒大，危害人畜和环境安全。

固定型无机防腐防虫剂（吉林盐、华尔门盐等），大多含有砷化物。

硼化物类（硼酸、硼酸钠等），主要用于防治粉蠹虫。

氯萘类（一氯萘、二氯萘等），防虫效果好，但残毒大。

有机磷类（倍硫磷、氯辛硫磷等），杀虫见效快，适用于烟雾剂。

氨基甲酸酯类（西维因、仲丁威等），残毒较小。

有机锡类（氧化二丁基锡、三丁基锡的邻苯二甲酸盐等），通常作胃毒剂使用，有残毒。

酚类（五氯酚、五氯酚钠等），防虫效果较弱，但具有防腐性。

焦油类（煤焦油），适于防治海生蛀木动物，但污染严重。

合成除虫菊酯类（胺菊酯等），对人体无害。

驱除剂（邻二氯苯、二溴乙烷等），仅具有驱除作用，而不起预防作用。

熏蒸剂（溴甲烷、硫酰氟等），能彻底驱除昆虫，且无残毒。

综合考虑防治效果、低碳性等因素，防虫剂应具有如下特点：①与木材结合性强，减少药剂的流失；②不腐蚀设备，无残毒；③反应条件温和，不降解木材；④具有普遍性，适用于防治多种昆虫对木材的侵蚀；⑤不降低木材的尺寸稳定性；⑥价格低廉，来源广泛。

8.2.3.3 木材防虫处理工艺

木材防虫处理工艺与木材防腐处理工艺有相似之处，可采用防腐处理中的常压、加压的处理方法，不同之处在于昆虫对木材的危害在原木和成材阶段都很严重，而在原木阶段，除采用常压、加压的方法使用防腐、防虫剂处理之外，还可采用热处理的方法，在80℃下干燥4h，昆虫即可全部死亡。热处理的过程同时也是干燥的过程，既能杀死已经蛀进木材内的昆虫，又降低了木材的含水率，一定程度上可防止虫蛀的再次发生。干燥与防虫处理合二为一，也是木材加工过程中节能减排的一种手段。

从目前采用的防虫处理工艺来看，随着新型药剂的研发与设备的不断改进，药剂消耗、处理过程以及处理的时效，都在向着低碳环保的方向发展，已取得了不小的进步，但仍然有较大的发展空间。

8.3 木材阻燃

木材燃烧分为 4 个阶段，初级加热阶段、热降解阶段、热分解阶段和炭化阶段。温度达到 100℃时进入初级加热阶段，木材表层脱水，有微量的二氧化碳、甲酸、乙酸、乙二醛、结合水排出；温度升至 200℃时进入热降解阶段，释放出二氧化碳、甲酸、乙酸、乙二酸、一氧化碳等，其中以不燃气体为主，是吸热反应；温度升至 280℃时进入热分解阶段，释放出可燃性气体和蒸汽，生成炭和焦油，炭和焦油以催化剂的形式促进木材加剧燃烧；温度升至 320℃时进入炭化阶段，木材细胞和纤维构造特征未发生变化，但化学组分已产生明显变化，同时没有可燃性气体和蒸汽的排放，随着温度的继续上升，400℃时木材产生木炭石墨结构，500℃时木炭内部进行气体及蒸汽的热分解，释放出可燃性气体，由炭、水及二氧化碳生成一氧化碳、氢气、甲醛等。木材在整个燃烧过程中均处于碳源的角色，采用科学手段预防和延缓木材燃烧都可以有效减少大气二氧化碳的排放量。

8.3.1 木材阻燃剂

常用的木材阻燃剂多是磷、氮、卤素等的无机物和有机物，但其随时间的延长易在木材表面析出，其毒理性、经济性和低碳性都受到限制，通常采用复合型阻燃剂来缓解这一问题，即利用阻燃剂不同组分间的协同作用，联合抑制或阻止燃烧，既降低成本，又使阻燃材料的物理力学性能损失减少到最低限度。

在选择木材阻燃剂时要考虑以下几方面内容：①在火焰温度下能阻止发焰燃烧，减缓木材热降解和炭化的速度；②阻止木材着火；③阻止离开热源后的发焰燃烧和表面燃烧；④价格低廉，无毒或低毒，耐久性强；⑤不腐蚀设备和木材；⑥具有耐溶脱性；⑦不易流失；⑧不降低木材自身的物理力学性能；⑨不影响木材的二次循环使用。

1. 无机阻燃剂

无机阻燃剂价格低廉、热稳定性好、不析出、不挥发、无毒、不产生腐蚀性气体、安全性能高。磷-氮复合、磷-卤素复合、磷-氮-硼复合等是较早使用的无机阻燃剂，在通过协同作用提高阻燃性能的同时，还能够改善木材的物理力学性能。随后考虑到小分子阻燃剂存在吸湿和流失等问题，采用大分子的水溶性低聚物替代，如聚磷酸铵替代磷酸铵。目前常用的无机阻燃剂有磷-氮系列阻燃剂、卤素系列阻燃剂、硼系列阻燃剂、锑类化合物、氢氧化铝和氢氧化镁。其中，磷-氮系列阻燃剂具有降低热分解温度，促进和增加炭的生成，减少可燃性气体的产生及降低热量等作用，是木质材料最好的阻燃剂。

2. 有机阻燃剂

有机阻燃剂包括含卤脂肪烃和芳香烃、有机磷化合物、卤化有机磷化合物等。其中的磷或卤素在木材分子的聚合或缩聚过程中参加反应，结合到木材分子的主链或侧链中，在受热时，阻燃剂发生热分解，吸收部分热量，达到降低温度的目的，同时释放的大量气体可排走或稀释可燃气体，从而起到气相阻燃效果（陈旬，2014）。

8.3.2 木材阻燃处理方法

常用的木材阻燃处理方法有涂刷法、喷淋法、浸渍法、浸注法和贴面处理法。涂刷法和喷淋法适用于胶合板、单板层积材等厚度相对较薄的木材，一般配合阻燃涂料使用，但阻燃涂料需要定期维护，不具有低碳环保性；浸渍法和浸注法可实现木材整体或特定深度的阻燃处理，浸渍法针对渗透性好的木材，而浸注法针对渗透性差的木材，后者常采用真空加压法，且前者相对排碳量少于后者；贴面处理法即在木材表面覆一层具有阻燃作用的材料，如有机物、金属薄板、阻燃处理的单板、无机材料贴面板等，操作简单，能有效延缓木材的燃烧。

木质人造板的阻燃处理方法与实体木材存在一定的差异性，对于刨花板和纤维板，一般采用 3 种阻燃处理方法，即浸渍刨花（纤维）法、胶黏剂和阻燃剂共混法、铺装法。浸渍刨花（纤维）法增加了干燥机的负荷，且阻燃剂在干燥过程中易分解，同时不易控制阻燃剂用量，既不能达到理想的阻燃效果，同时又增加了碳排放量；胶黏剂和阻燃剂共混法对板的胶合性能影响较大，控制含水量是关键；铺装法可根据人造板用途和阻燃要求灵活调控阻燃剂的添加量，在使用少量阻燃剂的同时即可达到理想的阻燃效果，相比之下，铺装法在阻燃效果、经济性、低碳性方面都比其他两种方法更具有优势。对于胶合板，一般采用单板浸渍法、单板喷涂法、胶黏剂和阻燃剂共混法，也可以根据阻燃要求采用复合型阻燃处理工艺以达到理想的阻燃效果，但工艺越复杂，排碳量越大。

8.3.3 阻燃处理木材

通常认为阻燃处理后的木材及木质材料的强度有所下降，但近期研究发现选用不同的阻燃剂可能会提高木材强度，或不降低木材强度。有研究显示，选用硼酸、硼砂、磷酸二氢铵为阻燃剂，硼酸对刨花板的性能无影响，硼砂和磷酸二氢铵则降低了刨花板的抗弯强度、抗拉强度和内结合强度。吸湿性是评价木材的另一重要指标，绝大多数无机盐类阻燃剂都增加了木材的吸湿性，但可以通过添加助剂来改善这一问题。胶合性也是木质人造板的重要评价指标，不同的胶黏剂对阻燃剂具有选择性，要根据反应机理合理选择。阻燃处理后木材的涂饰性影响木材的深加工，由于无机阻燃剂在高湿度环境中易从木材表面析出，因此要控制涂料的含水率。王勇等（2010）以木素磺酸铵和尿素为添加剂，以磷酸二氢铵为阻燃剂制备了阻燃型木质素基无醛纤维板，研究发现，阻燃剂处理后纤维板的抗弯强度、内结合强度和吸水厚度膨胀率都有不同程度的优化，通过 XRD 分析可知，磷酸二氢铵的添加促进了纤维的部分结构由非晶态向晶态转变或发生结晶重定向，这可能是木材力学性能提高的原因。木材力学性能的提升对木材碳素储存期的延长具有促进作用，理想的木材防腐处理既能够提高木材的阻燃性能，又能提高或不降低木材自身的物理力学特性，符合低碳加工的同时延长了木材的碳素储存期。

8.4 木材尺寸稳定化

木材和木制品的干缩湿胀及各向尺寸变化不一致而引起的翘曲、开裂等变形是木材加工利用过程中的难题，其原因即在于木材内含水率的梯度变化。木材的纤维饱和点是其干缩湿胀的转折点，不同的树种，纤维饱和点存在差异性，变异范围在 23%～33%，含水率大于纤维饱和点时，木材不发生膨胀，木材干燥时只有含水率小于纤维饱和点时才产生干缩现象。木材属于各向异性材料，弦向干缩率范围为 6%～12%，径向干缩率范围为 3%～6%，纵向干缩率范围为 0.1%～0.3%，纵向干缩率最小，通常忽略不计，这个特征保证了木材作为建材结构件的可能性。对于干缩率较大的木材，若处理不当，易造成木材的开裂和/或变形，从而降低木材的物理力学性能，缩短木材碳素储存期。因此，木材尺寸稳定化处理对木材深加工具有重要意义。

木材尺寸变化的根本原因在于其多孔结构带来的渗透性及细胞壁组分的亲水性，这些特质使水分易进入到木材内部，并与木材组分结合，引起纤丝的润胀，从而使木材尺寸发生变化（刘文静和张玉君，2021）。基于此，有的学者结合润胀木材细胞壁和封闭水分通道两种方式，采用溶胶-凝胶法制备无机颗粒（如 SiO_2）沉积于木材的细胞腔和细胞壁，从而有效改善木材尺寸稳定性（李利芬等，2019）。然而，由于木材本身活性较低，试剂与木材中羟基发生反应较为困难，为了提高改性剂质量增加率，需要使用大量试剂，并借助真空、微波等方式提高试剂的渗透性，但试剂的流失率依然偏高，经济性和环境友好性均面临考验。针对这一问题，有学者尝试采用原位聚合酯化的方法，利用多元羧酸和多元醇与木材细胞壁上的羟基酯化聚合，低聚物与木材细胞壁交联并填充细胞腔，反应副产物仅为水（Kurkowiak et al.，2021）。多元羧酸必须具有 3 个或更多的羧基，这些羧基既要与木材细胞壁上的羟基反应，也要参与交联所需的二次酯化反应。此外，石江涛团队（2024）提出了气相辅助迁移法，应用不同比例的烷氧基硅烷混合液体系改性速生木材，即碳酸氢铵分解生成的气体分子携带改性剂至木材上沉积并发生反应，此方法易操作，成本低，为木材尺寸稳定化的研究提供了新思路。

木材尺寸稳定化处理方法见表 8-2。不同处理方法的尺寸稳定化效果存在一定的差异性，但两种方法很难截然划分，通常为达到理想的尺寸稳定性而采取物化相结合的方法。对于木材尺寸稳定性处理的碳排放量研究还没有准确的数据，一般根据处理工艺的复杂程度进行定性分析。

表 8-2　木材尺寸稳定化处理方法（李坚，2006）

方法	具体方法
物理法	1 锯解木材时尽量做到尺寸变化小 2 根据使用条件进行适当的润湿处理 3 纤维方向交叉层压综合平衡：a 垂直交叉——胶合板、定向刨花板；b 不定向组合——刨花板、纤维板 4 覆面处理：a 外表面覆面——涂饰、贴面； b 内表面覆面——浸注性拒水剂处理，木塑复合材 5 填充细胞腔：a 非聚合性处理剂——聚乙二醇； b 聚合性处理剂——制造木塑复合材 6 细胞壁增容：a 非聚合性处理剂——聚乙二醇、各种盐和糖处理； b 聚合性处理剂——酚醛树脂
化学法	1 减少亲水基团：加热处理 2 置换亲水基团：醚化（氰乙基化等）、酯化（乙酰化等） 3 聚合物的接枝：a 加成反应——环氧树脂处理； b 自由基反应——用乙酰基单体制造木塑复合材 4 交联反应：γ 射线照射，甲醛处理

参 考 文 献

曹金珍. 2006. 国外木材防腐技术和研究现状. 林业科学, 42 (7): 120-126.
曹金珍. 2018. 木材保护与改性. 北京: 中国林业出版社.
常德龙, 宋湛谦, 黄文豪, 等. 2006. 真菌对泡桐木材化学成分及其结构的影响. 北京林业大学学报, 28(3): 145-149.
陈旬. 2014. 聚磷酸铵-三氯化铁-5A 分子筛对木材的协同阻燃抑烟作用. 长沙: 中南林业科技大学硕士学位论文.
戴玉成. 2009. 中国储木及建筑木材腐朽菌图志. 北京: 科学出版社.
段新芳. 2005. 木材变色防治技术. 北京: 中国建材工业出版社.
峰村伸哉, 梅原胜雄, 佐藤光秋. 1994. 木材の调色. 2 版. 北海道: 北海道林产试验场.
何忠琴. 2008. 桉树类染料萃取物在丝织物染色中的应用. 国外丝绸, 3: 3-4.

李华, 刘秀英, 陈允适. 2004. 室内木地板及木制品防腐、防虫药剂筛选. 木材工业, 18(3): 32-35.

李坚. 2006. 木材保护学. 北京: 科学出版社.

李利芬, 吴志刚, 余丽萍. 2019. 溶胶-凝胶法功能性改良木材研究进展. 世界林业研究, 32(2): 45-50.

李年存, 向琴, 肖水隆. 2001. 新型木材漂白剂漂白工艺研究. 林产工业, 28 (2): 28-35.

李玉栋. 2001. 木材防腐——延长木材使用寿命的有效措施. 人造板通讯, 11: 3-5.

刘强强, 吕文华, 石媛, 等. 2019. 木材染色研究现状及功能化展望. 中国人造板, 26(9): 1-5.

刘文静, 张玉君. 2021. 细胞壁空隙对木材尺寸稳定性影响研究进展. 世界林业研究, 34(2): 44-48.

刘雨晗, 石江涛, 冷魏祺, 等. 2024. 烷氧基硅烷处理对杨木尺寸稳定性的影响. 林业工程学报, 9(1): 61-66.

刘志佳, 李黎, 鲍甫成, 等. 2009. 不同条件水热处理木材的漂白工艺. 木材工业, 23(2): 40-42.

史伯章, 王婉华. 1992. 真菌性变色木材的 ESR 研究. 林业科学, 28 (4): 330-334.

王敬贤. 2020. 木材染色技术研究进展. 林业科技, 45(6): 42-47.

王勇, 刘芳延, 郭明辉. 2010. 木质素磺酸铵/尿素对无醛纤维板结合性能的影响. 东北林业大学学报, 38(6): 81-83.

尹红, 隋晓斐. 2011. 硼酸木材防虫剂预防建筑物白蚁药效研究. 中国媒介生物学及控制, 2: 131-133.

于洪亮, 房敏, 郭明辉, 等. 2006. 桦木单板漂白处理工艺的优选. 东北林业大学学报, 34(6): 10-12.

于鸣. 2021. 木材炭化罐温度场均匀性及控制方法研究. 哈尔滨: 东北林业大学博士学位论文.

赵雅琴, 魏玉娟. 2006. 染料化学基础. 北京: 中国纺织出版社.

Barnes H M, Murphy R J. 1995. Wood preservation: the classics and the new age. Forest Products Journal, 45(9): 16-26.

Budakci M. 2006. Effect of outdoor exposure and bleaching on surface color and chemical structure of Scots Pine. Progress in Organic Coating, 56: 46-52.

Callum A S H, Nihat S C. 2001. An investigation of the potential for chemical modification and subsequent polymeric grafting as a means of protecting wood against photodegradation. Polymer Degradation and Stability, 72: 133-139.

He Z Q. 2008. Application of eucalyptus dye extract in silk fabric dyeing. Silk Textile Technology Overseas, 3: 3-4.

Kelso W C J. 1977. Treatment of wood with water borne preservatives: USA, 4303705.

Kurkowiak K, Emmerich L, Militz H. 2021. Wood chemical modification based on bio-based polycarboxylic acid and polyols-status quo and future perspectives. Wood Material Science and Engineering, 3(1): 1-15.

Murphy R J, Barnes H M, Dickinson D J. 2002. Vapor Boron Technology.Madison, WI, USA: Forest Products Society.

Unger A. 1988. Wood Conservation. Leipzig: Fachbuchverlag.

第 9 章 木质基碳功能材料

9.1 木质基碳催化剂

9.1.1 催化与绿色低碳发展

绿色低碳发展，根本上要依靠经济社会发展全面绿色转型，推动经济走上绿色低碳循环发展的道路，这是解决我国资源环境生态问题的基础之策。这对生产体系、流通体系、消费体系的绿色转型作出了全面部署，要求以节能环保、清洁生产、清洁能源等为重点率先突破，做好与农业、制造业、服务业和信息技术的融合发展，全面带动一二三产业和基础设施绿色升级。因此，要发展新一代信息技术、新能源、新材料、新能源汽车、绿色环保等战略性新兴产业，加快推动现代服务业、高新技术产业和先进制造业发展。

通过替代或与常规能源生产协同工作是生产重要燃料和化学品（包括氢气、碳氢化合物、含氧化合物和氨）可能的可持续途径（Seh et al., 2017）。地球大气层提供了水、二氧化碳和氮气等通用原料，如果可以开发出具有所需性能的电催化剂，则可以通过与可再生能源耦合的电化学过程将这些原料转化为上述产物。例如，由电催化析氢和析氧半反应组成的水分解反应可作为氢气的可持续来源已经引起了人们的高度重视。氢气是一种引人注目的能源载体，可用于燃料电池中产生清洁电力，发生氢氧化和氧还原反应将化学能转化为电能。过氧化氢是纸浆漂白和水处理行业的重要化学品，可通过氧还原反应（ORR）进行生产。从大气中或直接从源头捕获的二氧化碳，通过初步电还原可将之转化为燃料、日用化学品、精细化学品、聚合物和塑料等的前驱体。同样，电还原可将氮气还原成氨，可以使肥料在使用地点和所需浓度下可持续地和局部地生产，从而消除了僵化的大规模集中的哈伯-博施（Haber-Bosch）法工艺所导致的分配成本。实现这一愿景的关键是开发改进的电催化剂，对所涉及的化学转化具有适当的效率和选择性。

这里值得注意的是，专家提出：新时代的催化研究更应秉承"绿色碳科学"理念，优先开展能源、界面制造和界面功能材料的基础性研究，提高化石资源和能源的高效利用和洁净转化，注重新能源的探索和环境保护，加强可再生资源及二氧化碳资源化高效利用。

9.1.2 木质基碳催化剂的发展

木材作为一种可再生、可降解的环保材料，资源的短缺及环境的恶化使人们对其越来越重视。为了缓解能源压力，研究人员一直致力于研究并设计绿色、高效的电催化剂来提高电解水制氢效率。为了避免使用贵金属催化剂，研究人员提出可以使用生物质多孔碳材料制备催化剂（胡伟航等，2021））。但是，通过自下而上的方法合成的多孔材料一般为粉末状，不能自支撑，因此在测试前需要将粉末催化剂制成浆料涂覆在玻碳电极或者碳纸等基底上，这将不可避免地影响催化剂的催化性能。与其将生物质材料分解为分子前驱体，再将它们重组成掺杂的碳粉，不如直接利用木材的天然孔隙结构来制备自支撑催化剂，这个制备过程更简单、节能。因此，在环境、资源及电催化性能的三重需求下，对木材进行功能化改良制备木材基电解水催化剂，是十分有意义的。

木材及其衍生物作为电子器件的电极材料之所以引起了研究人员的极大兴趣，除了其具有可再生、环保、天然丰富和生物可降解的特点外，木材还具有一些独特的优势，如其层次分明、复杂有序的多尺度分级结构赋予了木材优异的机械性能和可调的多功能；碳化后的木材具有优异的导电性、较大的比表面积和被保留下来的层层堆叠的多孔结构，有利于电子和离子的快速传输……在能量存储和转换器件中，包括电极、集流体、隔膜及模板或基底材料等有着广阔的应用前景。

总的来说，以木材合成碳催化剂具有以下3方面独特的优势。

（1）催化剂稳定性高，利用木材表面丰富的羟基官能团，可以使催化剂在木材表面均匀生长。

（2）催化活性高，木材的三维多孔结构，赋予了催化剂较高的比表面积，并且能使催化剂与反应物充分接触，促进离子、电子的传输，以及溢出气体的扩散，有利于催化剂活性的提高。

（3）催化材料易于回收且具有资源可再生性，木材碳骨架具有良好的机械性能，反复多次使用仍能保持良好的形状，循环使用性较好。

上述优势对制备绿色、高效的电催化剂具有重要的意义。

目前，对木质基碳催化剂常用的合成方法是将天然木材直接炭化，既能将木质材料转化为非晶态碳，由此得到的木质基碳具有高导电性，又能保持木材的分级多孔结构。这种方法被称为炭化策略，已被广泛用于制备高导电性的木质基碳催化剂，并用于电化学领域（Sheng et al.，2020）。炭化木材是一种通过氧气限制热解处理木材得到的含碳固体残渣，炭化木材具有较大的比表面积，其丰富的孔结构有助于电解质的快速渗透及电子的快速转移。在20世纪90年代初，就已有炭化木材用于先进材料的研究。之后，通过各种修饰及活化策略，炭化木材被进一步开发用作能量存储和电极转换材料。自 2013 年起，木材衍生材料的应用进一步扩展到钠离子电池等领域。与传统电极材料相比，木质基碳催化剂具有层次化的多孔结构、优越的机械性能、高的电导率，以及实现活性材料大面积质量负载的潜力等独特优势。

例如，Chen 等（2018）以天然木材为模板制备了不对称超级电容器，该电容器由活性木炭阳极、薄的木质隔膜和 MnO_2/木材碳阴极组成。垂直通道能够快速浸入电解质溶液，使电容器与电解质溶液充分接触并实现离子快速迁移，进一步提高了电容器的速率性能。木基电极材料和隔膜材料构成了一种全木结构的超级电容器，具有低成本、环保和可生物降解的特点，而且其性能优越。受天然木材结构的启发，Lu 等（2018）还用木材作为模板，通过简单的溶胶-凝胶渗透并进行煅烧，制造出超厚的 $LiCoO_2$ 阴极电极。得到的电极弯曲度低，有利于缩短 Li^+ 的传输路径，促进电解液的有效扩散，从而提高了此电极的面积容量和速率性能。

同样地，受木材丰富的天然多层次孔隙和定向微通道的启发，研究者提出了一种将活性纳米粒子封装到炭化木材骨架中的通用策略。通过浸渍吸附、高温炭化合成了牢固生长于炭化木材基底上且包覆有 FeNi-P 活性纳米颗粒的碳纳米管复合电催化剂（FeNi-P@NCNT/CW），并且这些催化剂完整保留了天然木材的结构。所制备的 FeNi-P@NCNT/CW 催化剂具有超高的析氧反应活性和良好的稳定性，达到 $50mA/cm^2$ 的电流密度仅需 180mV 的过电势及 60.9mV/dec 的 Tafel 斜率。此外，在 $50mA/cm^2$ 的电流密度下进行了 200h 计时电位法测试，结果显示，仅有 4.2%的电压衰减。而 Li 等（2019）直接通过两步碳化法制备了嵌入 Co 纳米颗粒（Co@N-HPMC）的木材衍生物分层多孔整体碳基体。木材具有众多排列开放的微通道、丰富的孔隙率和高导电性，能够提供快速的电子传递和质量传输，而嵌入的 Co 纳米颗粒具有高分散性和与木材的强协同作用，提供了丰富的高活性位点，表现出良好的电催化分解水性能，析氢反应和析氧反应达到 $10mA/cm^2$ 的电流密度分别需要过电势 128mV 和 297mV。

Hui 等设计了一种自支撑的木基碳骨架，该碳骨架可与碳纳米管和氮掺杂的多层石墨烯包裹的镍铁合金纳米粒子相结合，用于析氢反应。由于木材结构的开放性和低弯曲度，在析氢反应过程中电解质很容易渗透到催化剂的多孔骨架中，催化剂表面生成的氢气很容易从微通道中释放出来而不阻断传质通道。这种自支撑催化剂因其独特的结构显示出高的电催化活性和优越的析氢循环耐久性（Hui et al.，2020）。

虽然木材可以用作电催化材料，但这些材料本身并没有表现出足够高的催化活性，必须在这些材料上加载活性物质才能作为高效催化剂。

9.1.3 木质基碳催化剂的制备策略

目前，常见的木材炭化方法如下（Borghei et al.，2018）。

（1）水热/离子热法：水热炭化通常在 200℃以下的温和条件下，在水介质中通过脱水、缩合、聚合和芳构化将木材转化为炭材料。一般来说，水热炭化衍生的碳材料具有较低的表面积（<10m^2/g）和较差的电子导电性。因此，需要进一步活化和石墨化。离子液体（IL）相较于水溶液具有良好的稳定性、抑制溶剂挥发性和良好的热稳定性，研究者进而发展出了离子热炭化（ITC）的方法。

（2）化学/物理活化法：化学活化通常是用造孔剂（如 NaOH、KOH、H$_3$PO$_4$、ZnCl$_2$）浸渍生物质，然后在 300℃以上热解从而得到多级孔碳材料。物理活化分两步进行，在惰性气氛中（400～500℃）进行初步炭化，然后在较高温度（900～1000℃）下使用蒸汽或二氧化碳进行活化。氨气热解是一种常用的物理活化法，可以通过碳蚀刻产生较高的比表面积。

（3）硬/软模板法：在硬模板法中，有序的无机固体如介孔二氧化硅、沸石或黏土被用作牺牲骨架，以诱导热解过程中孔隙的形成。软模板法则为在溶液中将碳前驱体和一些聚合物或表面活性剂进行组装，后续碳化，去模板可制备多孔活性炭材料。

（4）气凝胶炭化法：为了避免使用化学活化或模板的方法，以淀粉、壳聚糖/甲壳素、纤维素等可制备高孔隙率的气凝胶，然后碳化形成碳气凝胶。

（5）自模板热解法：自模板热解的方法是最近发展的策略，即利用木材中天然包含的无机元素，炭化之后用温和的酸性溶液除去，其有助于在热解和炭化期间形成孔隙。

9.1.4 木材纳米纤维基碳催化剂

以天然的木材为原料，经过物理化学处理，可制备得到木材纳米纤维材料，有环保可再生、原料丰富、生物相容性好、可生物降解等特点，广泛应用于设计和研发新型木材基复合功能材料。以天然木材纳米纤维材料为原料制备新型碳催化剂不仅可以减少化石资源的使用，还可以有效降低温室效应。将其应用于新能源和新材料领域，可替代不断枯竭的石化资源和材料，并已成为未来新材料领域的发展趋势。

木材纳米纤维最开始是作为氧还原反应（oxygen reduction reaction，ORR）催化剂被应用于电催化领域。直到近年来，研究者开始将其应用于析氢反应（HER）和析氧反应（OER）领域。2016 年，Mulyadi 等用以纸浆纤维为原料制备的纳米纤维为碳骨架，将 N、P 掺杂的碳纳米粒子负载于 N、S 掺杂的纳米纤维碳网络上，制备的非金属催化剂同时具有优异的 ORR 性能和 HER 性能（Mulyadi et al.，

2017)。将这种非金属催化剂用于碱性 HER 反应时，起始电位为 233mV，电流密度达到 10mA/cm² 时，过电势仅为 331mV，Tafel 斜率为 99mV/dec，性能优于很多其他的非金属催化剂。分析原因认为，其优异的催化性能归因于充分暴露的高活性 N、P 掺杂的碳结构，N、P 掺杂碳与 N、S 掺杂纳米纤维碳气凝胶的良好界面结合，以及掺杂了 N、S 的纳米纤维高导电通道。因此，纳米纤维在催化活性表面的暴露、促进催化剂电子传递等方面起到了至关重要的作用，这些都促进了催化活性的提高。

通过优化催化剂的结构和力学性能，可以进一步提高催化剂的活性和稳定性。通常 OER 涉及电催化剂表面的 O_2 产生过程，然而，在固/液界面产生的气泡可能会堵塞部分电催化活性表面，从而显著抑制反应动力学，阻碍催化反应的进行。因此，性能优化的一个有效策略是在电极结构中引入孔隙、裂纹或者通道。与二维平面结构相比，三维多孔电极材料由于具有较高的催化剂负载量、较大的比表面积和丰富的通道结构，具有更好的催化性能。Cao 等在碳纳米纤维（CNF）骨架上原位生成钴基纳米球，制备了一种新型的三维电催化剂。制备的 CNF@Co 催化剂具有互联多孔的三维网络结构，为催化反应提供了丰富的通道和界面，显著促进了催化反应过程中的传质和氧析出（Cao et al.，2015）。制备的 CNF@Co 具有良好的 OER 活性，起始电位为 0.445V vs E（Ag/AgCl）。在 1mol/L 的 KOH 电解质中，仅需 314mV 的过电势就能达到 10mA/cm² 的电流密度。此外，CNF@Co 催化剂具有良好的稳定性，甚至优于贵金属 IrO_2 和 RuO_2 催化剂。

因此，木材纳米纤维基碳作为一种绿色、原料丰富且具有活性化学表面的新型纳米碳材料可以调控催化剂的微观结构、暴露催化剂的活性位点、增加导电性等，可替代碳纳米管和石墨烯等以化石资源为原料的纳米碳材料作为骨架应用于电催化领域。

9.2 木质基碳催化剂载体

木材经高温炭化处理后可作为 3D 导电载体，而炭化后的木材并不是单单作为惰性载体而存在，它可能起着协同催化的作用。有研究表明，在 Pt/C 催化剂上氧还原过程中铂和炭黑之间在 ORR 过程中的一个重要的事实，即 Pt/C 电催化剂实际上为二元催化剂，碳材料不仅仅是铂金属纳米粒子的载体，而且也是电活性成分之一。在此基础上，研究者制得了一种新型燃料电池用的阴极系统 C/H_2O_2，即以纯碳材料为催化剂来催化液态氧化剂过氧化氢还原。测试结果表明，这类新型阴极系统在无氧、缺氧和空间狭小的条件下，具有一定的催化活性，有很大的潜力来替代贵金属铂/氧气的系统。

9.2.1 木质基碳催化剂载体的影响因素

电催化最早是由 Nikolai Kobozev 于 1936 年提出的，这期间电催化的研究工作比较少。直至 20 世纪 60 年代以来，在发展不同种类燃料电池的触动下电催化的研究才广泛开展。在实际的电催化体系中，催化剂都是由纳米粒子及其所负载的导电载体（碳）组成的。催化反应主要在表面进行，其关键在于催化剂表面原子与反应分子之间的相互作用。因此纳米粒子催化剂的晶面组成、粒子尺度及其分布，以及表面结构等相关因素直接决定了催化剂的性能。醇类燃料电池以其能量密度高、运行温和及携带方便等引起了人们的广泛关注并取得了一定的进展。然而催化剂的活性、稳定性、使用寿命和价格仍然制约着醇类燃料电池的商品化。现阶段铂基催化剂仍然是不可替代的催化剂材料，催化剂研制的目标是在保证催化剂的催化活性、稳定性和使用寿命的同时减小催化剂的载量，提高贵金属特别是铂的利用效率。因此，提高催化剂的性能是关键，要从催化剂的组成、尺寸、电子结构和载体等因素综合考虑。

9.2.1.1 木材的结构效应对电催化反应速率的影响

具有不同结构、相同化学组成的催化材料，其电催化分解水的活性存在差异，这缘于它们具有不同的表面几何结构。电催化中的表面结构效应源于两个重要方面。首先，材料的性能取决于其表面的化学结构（组成和价态）、几何结构（形貌和形态）、原子排列结构和电子结构；其次，几乎所有重要的电催化反应如氢电极过程、氧电极过程、氯电极过程和有机分子氧化及还原过程等，都是表面结构敏感的反应。因此，对电催化中的表面结构效应的研究不仅涉及在微观层次深入认识电催化材料的表面结构与性能之间的内在联系和规律，而且涉及分子水平上的电催化反应机理和反应动力学，同时还涉及反应分子与不同表面结构电催化材料的相互作用（反应分子吸附、成键、表面配位、解离、转化、扩散、迁移、表面结构重建等）的规律。催化剂载体是电催化体系里非常重要的部分，对催化剂的性能和电荷的传输有着重要的影响。载体影响催化剂的分散度、稳定性和利用率，具体表现在催化剂粒径的大小和分布，催化剂层的电化学活性区域，催化剂在电催化反应过程中的稳定性和使用寿命等方面。载体影响着电催化的传质过程，电解液离子是否与催化剂层活性位点充分接触，以及物质传输的速度都与载体有着直接或间接的联系。载体的导电率影响着电荷传输效率和速度，这直接影响着催化剂的催化效率。因此，本章节针对木材为载体的电催化材料，论述木材对电催化性能的影响因素。

由于木材的种类和所处地理环境的差异，不同木材显示出不同的微观构造。例如，组成针叶材（如冷杉、马尾松、侧柏等）的细胞种类少且排列规则，孔结构类型简单；构成阔叶材（如杨木、泡桐木、巴尔沙木等）的细胞种类多，进化程度复杂，其具有更加显著的多层次孔结构。木材作为电催化剂载体，它并不是单单作为惰性载体而存在，它的孔结构和表面性质会影响催化剂的活性和选择性。就木材表面官能团来说，可以在两方面影响催化体系的性能：①影响催化活性粒子的平均颗粒大小；②通过活性粒子与其之间的相互作用影响催化体系内在活性。

木材一般来说有 3 种孔隙，分别为大孔（孔径＞50nm）、介孔（孔径 2～50nm）和微孔（孔径＜2nm）。不同尺度的孔隙对于改善电催化整体性能方面的作用是不同的。大孔有利于电解液的浸润和离子、气体的扩散；介孔可以有效地分散催化活性粒子，提高活性粒子的利用率；微孔有利于反应离子累积。因此，大孔和相对大的介孔加速了传质过程，得到了较快的反应速率，小的介孔和微孔提供了丰富的离子调节表面积，从而获得高的反应活性。虽然不同树种木材的结构有所差异，但其都具有多层次的孔结构、各向异性等特殊性质，这些为木材应用于电催化提供了结构基础。

9.2.1.2 木材细胞空间对电催化性能的影响

材料的结构和组成是决定材料性能的两大关键。随着纳米科技的发展，微纳结构内的化学位点和反应特性引起了学者广泛的研究兴趣。与开放空间不同，限域空间可以通过限域效应调控活性物质的化学、物理性质，增大反应物的局部浓度，进而提高反应速率，增强反应物的选择性及材料的稳定性。木材细胞具有天然自组织形成的"限域空间"，Plötze 和 Niemz （2011）采用压汞法测定了木材中的孔径分布，并将木材中的孔隙分为大孔（半径 2～58μm 或 0.5～2μm）、介孔（80～500nm）和微孔（1.8～80nm）；而国际纯粹与应用化学联合会（International Union of Pure and Applied Chemistry，IUPAC）将多孔材料的孔径分为大孔（＞50nm）、介孔（2～50nm）和微孔（＜2nm）。为便于分析木材在电化学领域的研究结果，本节中将木材中的孔隙分为宏观孔隙（孔径＞50nm）、介观孔隙（孔径 2～50nm）和微观孔隙（孔径＜2nm）。从木材结构上，结构层次分明、构造有序的多层次分级结构和天然形成的宏观孔隙、介观孔隙、微观孔隙是木材细胞典型的"限域结构"特征：阔叶材导管、针叶材管胞、木纤维细胞、树脂道、具缘纹孔口、单纹孔纹孔膜等是木材中的宏观孔隙结构；干燥或湿润状态下细胞壁中的孔隙及微纤丝间隙等是木材中的介观孔隙结构；木材中直径小于 2nm 的微观孔隙较少，通常是由干燥过程中细胞壁中介观孔隙闭合所产生的（王哲和王喜明，2014）。木材细胞壁是由胞间层、初生壁和次生壁三层周期性排列的分级层状结构组成的。从化学成分来看，木材细胞壁的三大组分中都含有可参与化学合成和反应的活性基团（—OH、—COOH 等），这是木材细胞典型的"限域位点"特征。以上两个限域特征为木材基复合结构单元的先进功能化设计创造了良好的基础。

通过无机纳米粒子与木材间的键合作用原位自组装构筑木材基无机纳米复合材料，是目前广泛采用的木材功能化途径之一。如图 9-1 所示，在原位自组装过程中，无机纳米粒子经过分散、渗透作用进入木材细胞的微纳结构中，纳米材料表面大量不同状态的活性基团与木材中的活性基团形成键合作用的同时，纳米粒子之间也会形成化学键，进而团聚成大颗粒，难以渗入木材细胞壁纳米层级中；此外，纳米粒子亦会在木材细胞壁微纳层级内部聚集，表层纳米粒子与木材间难以形成坚固的结合界面。

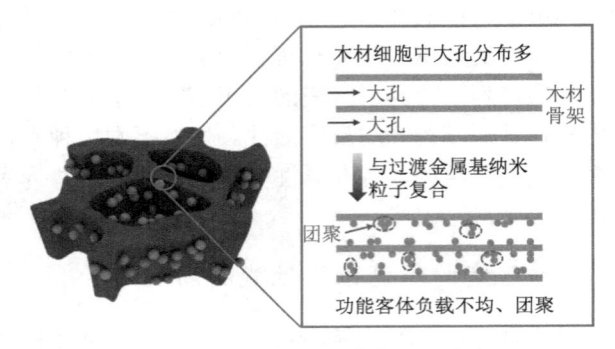

图 9-1　木材与无机纳米粒子二元复合体系示意图

木材细胞的限域结构与其主要成分（纤维素、半纤维素、木质素）密切相关，主要成分的结构或形态变化会引起木材细胞限域空间内多层次孔结构的重新分布。例如，众多学者从木材细胞壁的主要成分出发，通过部分溶解木质素和半纤维素的脱木素方法对木材细胞限域结构进行设计。然而，木质素和半纤维素在木材细胞壁中都起着增强其结构强度的作用，尽管脱木素的方法可以显著增加木材细胞壁中的微孔分布，然而由此制得的木材基复合材料的限域结构变得较为松散，更加难以支撑长时间的电催化析氧。此外，通过传统的导电性聚合物单体在木材细胞内部原位自聚合，可以有效调控木材基复合材料的限域结构、机械稳定性，并赋予木材良好的导电性和电化学能量转换性能。倪永浩院士团队采用苯胺单体自聚合，生成纳米纤维连接木材细胞壁内部骨架，木材细胞自身的限域空间不仅为苯胺单体和电解质离子的进出提供了空间，还可以减缓聚苯胺的聚合作用（Xiong et al., 2020）。同时，复合的聚苯胺纳米纤维相互连接而形成新的限域结构（微孔结构），该结构产生的限域效应提高了复合材料的强度和结构-性能的可调节性，从而实现了木材基复合材料可循环式的电化学能量转换功能。Marion 等以木材为模板，采用聚碳硅烷前体和随后的卤素处理得到一种微孔和介孔限域结构分布均匀的木材基复合材料，微孔/介孔体积高达 $1.0\text{cm}^3/\text{g}$，显著提高了限域结构的利用率，赋予了木材基复合材料高度稳定的电化学能量转换性能（Adam et al., 2015）。

9.2.2 木质基碳催化剂载体的构筑策略

构筑木质基碳催化剂载体，需要考虑以下几个方面。

（1）选择适合的木材树种，具有适当比表面积及孔结构，可提供高活性表面积，能均匀负载活性物质，为催化反应提供场所。

（2）炭化处理后，木材具有高电导率。

（3）有足够的稳定性，耐酸和抗腐蚀。

（4）不含任何使催化剂中毒的杂质。

（5）制备方便，成本低。

此外，炭化后的木材作为载体的很多性质，如活性位点、孔性质、形貌结构、表面官能团结构、电子导电性和耐腐蚀性等都需要被考虑，这些性质影响着制备方法和过程的选择。

9.2.3 木质基碳催化剂的电化学应用

木材为自然界中最丰富、廉价的有机碳源，立足当今与未来，拓展开发利用木材资源是解决未来绿色木材能源与催化材料、能源化学品可持续发展问题的关键途径之一。得益于超高的比表面积和高度可调的微观结构，木材已经在多种应用中展现出卓越的优势，包括电催化领域，如析氢反应、空气电池、燃料电池、二氧化碳还原和有机小分子催化领域。本节将就电催化木材的应用进行详述。

9.2.3.1 析氢反应

氢气拥有 142MJ/kg 的高质量能量密度，是汽油的 3 倍以上，是一种理想的可再生清洁能源。目前大部分氢气都是通过化石燃料的蒸汽重整来生产的，该种制备方式不仅消耗化石燃料，转化率低，同时产生二氧化碳。电解水产氢是清洁、可持续的制氢方式，反应物与产物均无污染，但需要高效、稳定的催化剂参与。

氢析出反应[析氢反应（hydrogen evolution reaction，HER）]和氢氧化反应（hydrogen oxidation reaction，HOR）的总称是氢电极反应。氢电极电催化则是指与氢电极反应相关的各种表面与界面现象及过程，以及催化材料和研究方法等。事实上，对氢析出反应的研究远早于电催化概念的形成。"电催化"一词由 N. Kobosex 在 1935 年第一次提出，并在随后的一二十年由 Grubb 及 Bockris 等逐步推广发展。而对析氢反应的研究早在 19 世纪后期就随着电解水技术的出现受到高度重视，并一直作为电化学反应动力学研究的模型反应。作为研究得最早、相对来说最为简单的电催化反应，析氢反应仍是当前电化学研究的活跃内容之一。特别是近年来随着燃料电池和电解水技术发展的需求，电催化析氢反应受到了重新重视。

Hui 等采用简便的化学镀方式对三维结构的木材进行了活化处理，在化学镀前对原始木材进行活化处理，制得 Pd^0/木材；经化学镀处理后，在木材表面负载了致密的 NiP 粒子。此外，对以不同树种木材为基底的 NiP/木材的 HER 性能进行了对比实验，结果表明，相比于水曲柳和落叶松，杨木作为基底材料可以获得最优的 HER 性能，即最低的过电位（83mV）和最小的 Tafel 斜率（73.2mV/dec）(Hui et al., 2020)。该研究阐述了木材孔道结构对 HER 性能的影响，包含针叶材（落叶松）和阔叶材（水曲柳和杨木）。针叶材的孔道结构是均匀的，而阔叶材同时具有大小孔道。然而，不同树种的木材具有极其相似的微孔和介孔结构，除了木材的孔道结构外，木材上的微孔和介孔结构也有助于氢气的释放和电解质的渗透。特别是杨木，它含有丰富的小的孔道结构，且边界段较短，这种结构有利于缩短电子传输的距离，从而抑制 H_2 分子形成大气泡而不利于气体的扩散。木材的树种不同，其结构亦是千差万别的，选取适宜的木材树种以获得优化的 HER 性能，这部分的研究亟待完善。

Wang 等（2020）以碳化木为基底，先通过水热法制得 MoO_x@NW，随后采用两步煅烧处理，得到具有催化活性的 Mo_2C/MoO_{3-x}@CWM（缩写为 MCWM）电极。MCWM 电极在酸性（0.5mol/L H_2SO_4）和碱性（1.0mol/L KOH）电解液中均具有优异的 HER 性能和稳定性，其过电位分别为 187mV 和 275mV。该研究也表明，MCWM 电极具有高 HER 活性的原因主要归于以下 3 点：①碳化后的木材基底表面积大，具有开放的、垂直的微孔道结构，孔隙率高，为电解液的传输和 H_2 的释放提供了快速通道；②Mo_2C/MoO_{3-x} 纳米粒子牢固且高分散地嵌入整个碳化木的骨架中，为 HER 提供了更多反应位点；③碳化木结构的完整性使催化电极具有良好的机械稳定性。

9.2.3.2 空气电池

由于柔性电池具有使电子产品更容易弯曲、适应性更强、使用更舒适的潜力，一直是人们感兴趣的研究对象。锌基电池安全系数高、能量密度大，在柔性电池领域备受关注。锌空电池的理论能量密度为 1086Wh/kg，具有成为可穿戴柔性电池的潜力。但空气电极缓慢的 ORR/OER 动力学导致锌空电池能量效率低、过电位大、稳定性差，绝缘且非活性黏结剂的使用更是加剧了这些问题。锌空电池理想的空气电极材料需要同时满足具备良好的 ORR/OER 催化性能，且尽可能不使用黏结剂。同时，柔性电池需要以柔性为导向设计材料与系统，因此目前应用于锌空电池的自支撑单原子膜电极通常柔性较好。

Zhong 等（2021）以自支撑木质结构多孔碳负载的单原子材料（SAC-FeN-WPC）

直接作为空气电极，组装可充电液态电解质锌空电池。稳固的自支撑结构、分级的孔隙结构、均一分散的 Fe-N-C 单原子位点使得 SAC-FeN-WPC 的 OER/ORR 性能出色，进而在锌空电池中展现出优异的性能。电池开路电压为 1.53V，充放电电压差、峰值功率密度均优于对比样（铂碳、氧化钌混合催化剂，Pt/C+RuO$_2$），说明 SAC-FeN-WPC 具有更好的催化性能，且倍率性能、稳定性能优异。在半固态锌空电池中，SAC-FeN-WPC 作为空气电极展现出 70.2mW/cm^2 的大功率密度。

9.2.3.3　燃料电池

燃料电池是将化学能直接变为电能的发电装置。电池内部的燃料（如氢气，煤气等）和氧化剂（如氧气）发生化学反应，电子通过外电路进行传递，实现电能的输出。燃料电池与常规电池的不同之处在于：只要有燃料和氧化剂供给，就会有持续不断的电力输出；与柴油发动机、备用发电机、不间断电源不同，燃料电池可产生稳定电流。燃料电池通过电化学反应产生电能和热量，这实际上是反向的电解反应。燃料电池有一系列的设计要求，然而，它们都遵循同样的原则。燃料电池的组成与一般电池相同，由阳极、阴极、电解质、催化剂以及传导电能的外电路等结构组成。它们都是利用内部的氧化还原反应将化学能转化为直流电，然而电极的组成和作用在两种能量器件之间有很大的不同。电池通常使用的是金属（如锌、铅或锂）电极，经常浸泡在温和的酸中，而在燃料电池中，电极通常由质子导电介质、催化剂和导电纤维组成。电池用作能量储存和转换装置，而燃料电池仅用于能量转换。电池利用储存在电极上的化学能量为电化学反应提供能量，在特定的电位差处获得电流，因此，电池的寿命是有限的，只有在电极材料未耗尽的前提下才能发挥作用。当电极耗尽时，电池必须更换（一次电池）或者充电（二次电池），然而在燃料电池中，反应物是由一个单独的存储装置提供的，并且内部组件在电化学反应中不会消耗。理想状态下，只要反应物足够，产物被及时排除，燃料电池就可以持续运转。现今的充电电池存在很多问题，如能量存储、充电深度和充放电循环次数等，而一个可运行的燃料电池系统仅需要包含一个燃料储存系统和氧化剂供应系统。此外，当电池不工作时，电解液泄漏、爆炸、自放电等问题也限制了传统电池的发展，而对于燃料电池来说，这些都不是问题。

燃料电池的研究开始于 19 世纪早期，威廉·格罗夫爵士被广泛认为是燃料电池之父。威廉·格罗夫爵士提出了一种可以用来发电的逆向过程的概念，基于这一设想，格罗夫成功地制造了一种将氢和氧结合产生电力的装置（而不是用电将它们分开），这种装置最初被称为气体电池，后来被称为燃料电池。进一步的研究一直持续到 20 世纪，在 1959 年，第一个可以实际应用的燃料电池是英国工程师弗朗西斯·托马斯·培根（Francis Thomas Bacon）制造的。20 世纪 60 年代，燃料电池作为"双子座"和"阿波罗"载人航天计划的一部分被美国宇航局使用。自 1970 年以来，人们对汽车中使用燃料电池产生了兴趣。随着技术进一步发展，燃料电池在 2007 年前实现商业化应用。为了满足人们实际生产需要，随着对燃料电池研究的深入，燃料电池的种类也越来越多。

根据不同的分类方式，燃料电池有多重分类。一般情况下，燃料电池分为以下几类：固态氧化物型燃料电池（solid oxide fuel cell，SOFC）、熔融碳酸盐燃料电池（molten carbonate fuel cell，MCFC）、磷酸燃料电池（phosphoric acid fuel cell，PAFC）、质子交换膜燃料电池（proton exchange membrane fuel cell，PEMFC）和碱性燃料电池（alkaline fuel cell，AFC）。作为一种新能源，有关于燃料电池的研究发展迅速，而且燃料电池的用途十分广泛。这种新型的发电方式可以降低环境污染，解决电力供应不足等问题。目前，在汽车领域应用最多的是 PEMFC，PEMFC 具有噪声低、发电效率高、使用寿命长等优点，为其在汽车领域中的应用奠定了基础。

当今燃料电池以补充氢气为主，但地球上 96%的氢都来自化石燃料，在生产过程中并没有达到 100%碳的零排放。乙醇基和甲醇基等燃料电池也会产生 CO_2，其电极更是由昂贵又稀少的铂制成的。而木质素是常见生物聚合物，树木约 25%为木质素，木质素为造纸厂的副产物之一，因此木质素是个更便宜且容易取得的材料。木质素由大量碳氢化合物链组成，会在工业制造中分解成苯二酚，其中苯二酚异变体儿茶酚则占木质素 7%。近来，瑞典林雪平大学有机能源材料研究院 Xavier Crispin 教授利用树木中木质素作为原料，成功研发了一种新型燃料电池。与以甲醇、乙醇等小分子物质为燃料的电池不同，此过程不产生 CO_2，不仅原料绿色环保，而且产品实现了碳的零排放。

9.2.3.4 二氧化碳还原

二氧化碳的过度排放造成了一系列的气候问题，将 CO_2 转化为具有高附加值的燃料或化学品是降低其在大气中含量的一条重要途径，通过电化学还原处理 CO_2 拥有巨大潜力。CO_2 是非常稳定的分子，其进行电化学还原时需要催化剂活化。大多数 CO_2 还原催化材料都在传统的 H 型电解池中测试评估，催化层完全浸泡于电解液中，CO_2 由液相电解液供应，但在电解液中 CO_2 溶解度低、扩散缓慢，极大地限制了反应速率。为此，使用包含气体扩散电极的反应器件（如流动池）受到关注，CO_2 转为借助气体扩散供应，足量的 CO_2 能够快速、短距离地到达催化剂表面，实现大电流条件下的电催化转化。但粉末状催化材料通常需要附着、沉积于气体扩散电极，电催化剂与基底之间的结合力较弱，容易脱落，聚合物黏结剂的使用也降低了电极的导电性。自支撑单原子材料则将气体扩散层与催化活性层整合为一个一体化结构，以其作为 CO_2 还原催化剂克服了上述问题。

Zhao 等（2019）制备了两侧生长有氮掺杂碳纳米管（N-CNT）的碳纸负载的镍单原子材料（H-CP），并在 H 型电解池中测试了其将 CO_2 还原生成 CO 时的催化性能。在电压为-1.0V 时，电流密度为 48.66mA/cm^2，法拉第效率高达 97%；在-0.7～-1.2V，催化选择性保持在 90%以上。优异的性能可归因于镍单原子的高催化性能以及 N-CNT 独特的垂直排列结构。N-CNT 的垂直排列结构提供了优异的导电性能，且其超亲水和超疏气表面有助于传质及气体产物脱离催化剂表面。研究特别讨论了材料的超亲水与超疏气性。H-CP 的 N-CNT 阵列具有超亲水性，接触角接近 0°；阵列的纳米粗糙结构减小了气泡与材料的附着力，在气泡体积不大时便脱离材料，体现出超疏气性。而与此相反，氮掺杂碳负载的镍单原子催化剂附着于碳纤维纸（Ni SAs/CFP）展现出较强的疏水性，且由于没有 N-CNT 阵列，气泡与材料附着力强，在体积较大时仍附着于材料上，当其脱离材料时必然带来很大的局部应力。值得一提的是，该催化材料制备简单，可规模化生产；自支撑材料直接作为工作电极，免去了粉末状材料制备工作电极的步骤，减少了相关成本投入。

9.3 木质基碳光热材料

全球人口激增、气候变化等问题，加剧了水资源的短缺，因此，水资源成为影响全球可持续发展的重要因素之一。据统计，在未来几十年，全球将有约 60%的人们面临严重的淡水短缺问题。为了满足人类对淡水的需求，除了提高现有淡水资源的利用效率外，露水收集、废水处理和海水淡化，被认为是缓解当前淡水危机的有效途径。地球上的海水约占总水量的 97.3%，淡水只占 2.7%，因此，海水淡化是目前公认的最具潜力的解决途径（魏安涢，2021）。Science 在创刊 125 周年之际发表了关于"在未来的 1/4 个世纪的时间内人类需要解决的 125 个科学问题"，其中，新能源开发和温室效应是最令全球关注的能源与环境问题。利用超低能耗，获取淡水资源是一个关乎全球水资源与能源安全的重要研究课题。

目前，研究人员已报道了多种海水淡化技术，如多效蒸馏（Kariman et al.，2020）、多级闪蒸（Obot et al.，2020）、蒸气压缩蒸馏（Yang et al.，2019）、反渗透（Park et al.，2021）和电渗析（Liu and Cheng，2020）。然而，这些传统的海水淡化技术既需要复杂且价格昂贵的实施设备，还需要大量的化石能源作驱动，在获取淡水资源的同时，造成的环境污染往往是不可逆的，违背了目前我国倡导的"绿色低碳发展"。为此，开发新一代绿色可持续、高效且成本低的海水淡化技术迫在眉睫。太阳能光热驱动水蒸发系统，以绿色、稳定和可持续的太阳光作为能量来源，通过光热转换材料吸收太阳光转换成热能，使材料内部水温升高产生水蒸气，从而处理海水、河水和污水等多种水源，获取淡水产物，是一种创新的海水淡化技术。

近些年来，通过对光热蒸发技术的光学调控、热能管理与输水设计等方面的大幅度优化，全球已开发出基于弱太阳辐射的高效光热蒸发器件，该器件无须复杂聚光器件，且表现出了优异的高效蒸发性能。如图 9-2 所示，新兴的高效光热蒸发研究主要经过以下三个阶段的发展（吴琳，2021）。

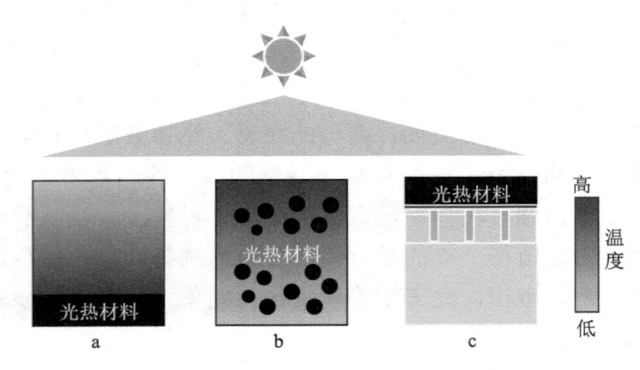

图 9-2　光热蒸发技术的研究发展过程

a. 光热材料固定在水体底部；b. 光热材料分散在水体中；c. 光热材料与水体隔离开来，即界面光热蒸发

第一阶段，光热材料固定在水体底部。

第二阶段，光热材料分散在水体中。

第三阶段，光热材料通过隔热材料与水体分隔开，只对薄水层进行加热，这便是于 2014 年首次提出的界面光热蒸发。

与前两种技术相比，界面光热蒸发能够将热能限制在薄薄的水层中，这种热能限制方式使得光热材料吸收转化的热能直接被薄水层吸收，而不是加热整个水体。因此，界面光热蒸发技术极大地降低了光热材料对水体及周围环境的热损失，整体上提高了光热利用率（Liu et al.，2016）。研究表明，在一个太阳光辐照度的条件下，采用界面光热蒸发技术能够将光热利用率从 20%提高至 64%以上（Lin et al.，2018）。同时，组成界面光热蒸发的器件结构更为简单，大规模应用前景良好。界面光热蒸发作为一项能源可持续发展的海水淡化技术，实现其有效环保利用，亦离不开成本低廉、具有良好吸光性及高光热转换效率的材料。

9.3.1　光热蒸发器件简介

为了实现高效的光热蒸发，光热蒸发器件需满足以下条件（Zhang et al.，2019）。

（1）光吸收：光热吸收层应是具有强光吸收与光热转化能力的光热材料。

（2）热限制：采用隔热材料分隔光热蒸发器件与水体，使热量集中在光热材料附近，极大降低环境与其余水体中的热损失。

（3）水传输：光热蒸发器件需具有充足的水汽供输通道，以保证产生的蒸汽具有连续性。

据此，一个光热蒸发器件由以下3个部分组成，即光热材料、隔热层与输水通道。界面光热蒸发器件的工作过程具体为：首先，光热材料吸收入射太阳光并转化为热能；其次，水在毛细作用力下，通过隔热层中的输水通道自下而上运输至光热材料，并在光热材料底部形成薄水层；最后，具有高热量的光热材料对薄水层进行加热，使水气化逸出。由此可见，光热材料、隔热层和输水通道的协同作用是实现高效光热蒸发的重要保障。

9.3.2 光热材料

根据上述作用机制可知，直接影响光热蒸发器件性能的重要因素是光热材料。简言之，光热材料是把吸收的光能转变为热能的一类材料。太阳光的辐射波段分布在300～2500nm，即紫外波段（300～400nm，此区间能量约占总能量的3%）、可见光波段（400～700nm，此区间能量约占总能量的45%）和红外光波段（700～2500nm，此区间能量约占总能量的52%）（Wang et al.，2017）。一个理想的光热材料，应在全波段范围内均具有较高的光吸收。此外，为保证光热材料稳定驱动气态水的生成，光热材料内部应有丰富的孔隙结构，以保证液态水和气态水的连续传输。除此之外，高效光热驱动水蒸发系统中的光热材料在具备高光吸收性能、多孔结构和光热利用率高的特点的同时，还应适用于多种液体的水净化处理。

目前，常见的光热吸收材料有4类：等离子体金属材料、半导体材料、高分子材料和碳基材料。

9.3.2.1 等离子体金属材料

等离子体金属材料是基于等离子体共振产生局域热效应，从而产生光热转换效应的材料。具体来说，当入射光频率和等离子体金属纳米颗粒表面电子固有频率匹配时，纳米颗粒对太阳光中特定波段的光产生强烈的吸收，颗粒的特定部位发生强烈的电荷集聚和振荡效应，并在其近场区域产生强烈的电磁场，该区域称为"热点"。等离子体金属材料的可吸收光波长取决于该材料的微观结构与组成特性，如组成、形状、结构、尺寸，因此，通过调节等离子体纳米颗粒的微观结构与组成可进一步实现太阳光的宽波段吸收（Halas et al.，2011）。目前，常用的等离子体金属材料包括贵金属纳米粒子，如金（Au）、银（Ag）、铂（Pt）等。例如，18nm的Au纳米颗粒组装成Au纳米薄膜后对可见光波段有较强的光吸收。Wang等（2014）在Al_2O_3纳米线上溅射40nm的Au纳米颗粒得到了一种具有类山脊-山谷微观结构的柔性黑金薄膜，结果表明，该薄膜在400～2500nm波段范围内的光吸收率高达91%，且光热利用率达57%。然而，贵金属价格高昂、合成工艺复杂，非贵金属纳米粒子，如铝（Al），因其自由电子的等离子体共振频率较高，使得其表面等离子体共振峰可以出现在紫外波段，这一现象引起了研究者的广泛关注。Bae 等（2015）将 Al 纳米粒子沉积在多孔的 Al_2O_3 薄膜上，成功制得成本较低廉、具有超强宽光波段吸收的多孔 Al_2O_3 膜，其太阳光的吸收率高达 96%，而这主要是因为 Al 纳米粒子的大量堆积使得其光吸收波段向可见光、红外波段移动。

综合来看，等离子体金属材料作为光热材料可实现对入射太阳光大范围的强吸收。然而，该类材料的成本高昂且合成条件受限，同时不稳定性与毒性也阻碍了其作为光热材料在水淡化应用中的推广。

9.3.2.2 半导体材料

当入射的光子能量大于半导体带隙能量时，半导体材料内部产生电子空穴对，能量高于带隙能量的电子空穴对将会弛豫到带隙边缘将多余能量转化为热能（Chen et al., 2017）。目前常见的半导体光热材料多为金属氧硫族化合物，如 Cu_7S_4 在近红外区域展现出良好的光热转换性能，在 $1kW/m^2$ 的红外光照射下，其光热利用率达到 77.1%。此外，钛基半导体，如黑色 TiO_x 和窄带隙的 Ti_2O_3，可以有效吸收太阳能进而转换成热能（Zhang et al., 2016）。Ye 等（2017）通过调控还原剂 Mg 的用量制备了多种黑色钛金属氧化物，随着 Mg 用量的增加，反应生成物质的光吸收能力随之增强。然而，半导体的光吸收能力受到其能带间隙限制，其光热转换性能仍需进一步提高。

9.3.2.3 高分子材料

高分子材料是通过晶格振动或声子散射将光能转变为热能释放出来（Vélez-Cordero and Hernandez-Cordero, 2015）。常见的高分子光热材料有聚吡咯和吲哚菁绿。例如，Zhao 等（2018）将聚吡咯（PPy）接枝到聚乙烯醇（PVA）网络中，制得一种多层级纳米孔结构的凝胶材料，该材料在 1 个标准太阳光辐射条件下呈现出了优异的光吸收特性，光损失几乎可忽略不计。该研究结果表明，PPy 作为光热材料，在高分子 PVA 网络中充分渗透，PPy 吸收光能转化后的热能可以直接传递给凝胶内部的水，因此，该材料的光热利用率高达94%，同时，这种凝胶结构中的微纳网络结构能够减少水的汽化潜热，进一步提高了材料的光热利用率。

9.3.2.4 碳基材料

碳基材料也是在光照下通过晶格振动获得热能，而当电子从激发态恢复到基态时，热量就会被释放出来（Higgins et al., 2018）。此外，碳基材料一般为黑色，具有宽谱范围的太阳光吸收能力，对太阳光分布较为集中的可见光及近红外光也有强烈的吸收能力，具有成本低廉、稳定性佳等突出优势，多种碳基材料作为光热材料被应用于光热蒸发器件中，如石墨烯、氧化石墨烯、还原氧化石墨烯、碳纳米管、石墨、炭黑与生物质基碳等。蒸发器可以直接由这些纳米材料制成，也可以将其负载在基体或模板上。

其中，生物质基碳材料是一种新型的光热碳基材料，它是由自然界中的天然生物质经碳化处理得到的。自然界生长的生物质储存了大量的水分，其内部具有丰富的可用于水分运输的通道，研究者对生物质原料进行热解、激光和火焰处理等碳化处理，生成生物质基碳材料，并调控处理条件，如温度和时间，使其碳化程度提高，从而提高吸光性能。同时，生物质材料的孔道结构在控制工艺条件下也得以保留，这也有助于水分的传输。例如，Jia 等（2017）报道了一系列的木质基碳蒸发器，材料内部延伸数百微米的垂直孔道加快了水的输运。Liu 等（2018）将废弃木材碳化处理，并将得到的木质基碳进行球磨处理得到木质基碳颗粒，随后将其配置成浆料涂覆在滤纸上，制得光热蒸发器件，该器件在一个标准太阳光辐照下可达到 70%的光热利用率与 0.964kg/（m^2·h）的蒸发速率。此外，许多植物的茎、根和果实经过碳化后也能用作光热转换材料，且不同种类、不同合成工艺的生物质基碳材料具有各种形式的孔道结构，将在光热蒸发中发挥着各自的优势（Wang 等, 2019）。例如，Xu 等（2017）将蘑菇碳化后做成蒸发器，其菌柄具有一维水的通道，而菌肉则为水蒸发提供了更多的面积。

目前，等离子体金属、半导体、聚合物和部分碳基等光热材料普遍存在制备工艺复杂、价格高昂、毒性大等缺点，不适宜大范围推广应用。而生物质基碳材料是由资源丰富且可再生的生物质材料制备而成的，价格低廉，并可以通过简单的碳化处理转化为碳材料，其环境友好性和可扩展性更具优势，在可持续绿色光热蒸发器件中更具应用前景。

9.3.3 木质基碳光热材料的特点

基于高效界面光热蒸发器件对光吸收、热限制及水传输的要求，生物质基碳材料通常具备以下特点（徐凝，2019）。

（1）光吸收：生物质基碳材料具有丰富且粗糙的多孔结构，可以增强光捕获。

（2）热限制：生物质基碳材料导热率低，极大地降低了向周围环境中的热传导损失。

（3）水传输：生物质基碳材料内部长且通直的天然通道提供了充足的水汽传输渠道。

树木通过许多垂直排列的管腔从土壤中吸收水、离子和其他营养物质，管腔之间通过纳米级螺旋和凹坑形状的微通道连接，因此，树木具有丰富的多层级微纳孔道结构，通过上述的碳化处理便可获得具有良好光热蒸发性能的木质基碳材料。例如，Xue 等在酒精灯上灼烧木材表面 1min 后获得表面具有碳颗粒的木材，通过扫描电镜观察到，木材横截面上具有两种不同大小的近圆孔结构：直径为几微米的细胞孔均匀包围着直径 50~100μm 的大通孔，两种不同直径的孔道能够自下而上运送水分，同时也能够帮助捕获入射光，增加光在其内部的折射次数（Wang et al., 2018）。在一个太阳光辐照下，该木质蒸发器获得了良好的蒸发速率[1.05kg/（m^2·h）]与光热利用率（72%）。同样地，Liu 等（2018）将 500℃热板压在木材纵切面上进行碳化处理，结果表明，木材纵切面的导热率更低，木材纵切面作为光吸收面进行的界面光热蒸发打破了器件的热限制，这种设计除了能够将大孔通道作为出色的热屏障外，还有利于水在木材孔道间的横向传输。因此，木材在三维空间上均存在分布规律且相互连通的微纳孔道结构，使其成为光热蒸发研究的热点材料之一。

9.4　木质基碳光电材料

光电材料通过利用可再生环保太阳能作为光电器件使用，得以不断开发和快速发展。光电材料是指用于制造各种光电器件的材料，主要包括各种主动、被动光电传感器，光信息处理，信息存储和光通信等器件。具有信息产生、传输、转换、检测、存储、调制、处理和显示等功能。其中，太阳能光伏电池作为将太阳能转换为电能的重要载体，是高效利用太阳能的最佳形式，近年来引起了国内外光电行业的高度重视。本节根据目前木质基碳材料在光电领域的研究现状，将主要介绍木质基碳材料在太阳能光伏电池中的应用。

9.4.1　光伏电池

1839 年，"光生伏打效应（简称光伏效应）"被法国物理学家 A. E. Becquerel 提出。光伏效应即当半导体材料受到光照射时，光照频率等于或大于导体的禁带宽度时，半导体产生光生电子和空穴，这些光生自由电荷定向移动，形成电流（Becquerel, 1839）。1883 年，Fritts 团队制备了 P/N 结半导体的太阳能电池，这时的电池转换效率仅有 1%左右（熊绍珍和朱美芳，2009）。1954 年，Alcatel-Lucent Bell 实验室研发出第一个带有实用价值属性的太阳能电池，电池的转换效率可以达到 6%，这块电池的出现为太阳能电池的发展开启了新的篇章（Chapin et al., 1954）。

太阳能电池的发展大致可以分为 3 个阶段（颜淼，2022）。

第一代太阳能电池，是最早商用化的硅基太阳能电池。其优点是稳定、高效，缺点是制造成本高、工艺复杂。

第二代太阳能电池，是薄膜太阳能电池。以半导体材料，如砷化镓（GaAs）、碲化镉（CdTe）等为主要材料。虽然砷化镓电池的转化效率很高，已应用于航天领域，但是因制备工艺复杂、成本高昂、原料有毒等原因，无法大规模投入市场应用。

第三代太阳能电池，是新型薄膜太阳能电池。主要包含染料敏化太阳能电池（DSSC）、钙钛矿太阳能电池（PSC）、有机太阳能电池（OSC）。其优点是成本低、对环境的污染小、可柔性制备等，是当前的研究热点，将在本节重点介绍。

因为传统的 DSSC 器件常常使用液态电解质，容易出现电解液泄漏、染料脱吸附和电解质腐蚀电极等许多问题，因此器件效率不稳定，性能容易衰退，这些问题极大地阻碍了 DSSC 器件的大规模生产及产业化发展进程（Agarwala and Kabra, 2017）。就在这个时候，钙钛矿材料的出现给这些问题的解决带来了希望。钙钛矿太阳能电池便是由 DSSC 发展来的。本节将以木质基碳材料在 PSC 中的应用为例进行简要介绍。

9.4.2 光伏电池组成

一个结构完整的钙钛矿太阳能电池主要由 5 部分组成，图 9-3 为 PSC 的电池结构示意图（江琳琳，2021）。

第一部分是导电玻璃基底。它应具备高透光度、优异的导电性、良好的雾度等条件。常用的导电玻璃材料有：氟掺杂的二氧化锡导电玻璃（SnO_2:F，简称 FTO）或氧化铟锡（ITO）。

第二部分是电子收集层。其主要作用是收集和传输电子，为了避免吸收太阳光，该层一般是不透明的金属氧化物。优异的电子收集层应达到两个标准：一是该层材料可以和钙钛矿材料的能级匹配，起到有效传导电子并阻挡空穴的作用；二是具有较高的电子迁移率，可降低电子和空穴的重组概率。常用材料有二氧化钛（TiO_2）、二氧化锡（SnO_2）、氧化锌（ZnO）、三氧化钨（WO_3）等。

第三部分是钙钛矿吸光层。该层是 PSC 器件的核心部分，它的作用是吸收太阳光，并分离电子和空穴。常用材料有有机-无机杂化钙钛矿（$CH_3NH_3PbI_3$、$CH_3NH_3PbI_2Cl$、$CH_3NH_3PbBr_3$ 等）、全无机钙钛矿（$CsPbI_3$、$CsPbBr_3$、$CsPbI_2Br$）。

第四部分是空穴传输层，该层的作用和电子收集层类似，但仅收集和传导空穴，同样需要与钙钛矿的能级匹配并减少界面电荷重组。常用材料有有机小分子材料（Spiro-Me OTAD）、聚合物材料（PEDOT:PSS、P_3HT 等）、无机材料（CuI、NiO_x 等）等。

第五部分是对电极，其主要作用是将从空穴传输层过来的空穴导入外电路。该部分的材料有贵金属（如 Au、Ag）和无机物（碳）。

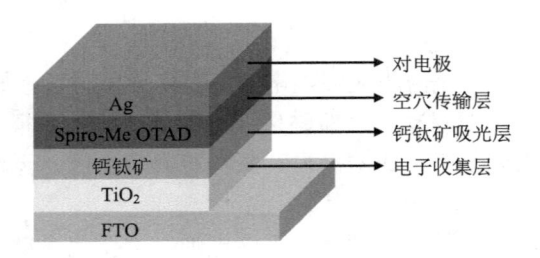

图 9-3　钙钛矿太阳能电池结构示意图

9.4.3　木质基碳材料在光伏电池中的应用

虽然钙钛矿太阳能电池已经取得了较高的光电转换效率且电池种类繁多，但从实际应用的角度来看，其原料有毒、易挥发、热稳定性和化学稳定性差、电池面积小等诸多问题仍需解决。其中，对电极在钙钛矿太阳能电池中起着重要作用，该层的作用是迅速收集空穴传输层的光生空穴并减少其与电子再次结合（段淼，2018）。因此，作为对电极材料需要有高的功函数、与钙钛矿材料的能级匹配且具有良好的导电性和稳定性。在高效钙钛矿太阳能电池中，通常采用贵金属对电极（Au 或 Ag）和昂贵的空穴传输材料。贵金属通常是以蒸镀的方式组装至电池上，该方式不仅需要昂贵的金属而且增加了设备和操作的成本，因此要想满足产业化的要求，就需要在较高的光电转换效率的基础上降低成本（蒋西西等，2016）。首先，从简易电池结构和制作工艺开始，许多研究者在不使用空穴传输层的基础上用廉价的碳材料取代贵金属作为对电极，由于碳材料具有和 Au 接近的功函数，同时它作为一种 P 型材料，具有收集空穴的能力，成为对电极材料的理想替代物。碳材料不仅来源广泛、制备方便、稳定性高，而且可以传导空穴，该材料大大降低了成本，将碳材料作为对电极用于无空穴传输层的电池结构中的研究正在进行，很有希望实现未来的大规模生产。

目前，研究报道的碳对电极材料有石墨碳浆、炭黑/石墨、碳浆、炭黑/石墨/石墨片、碳纳米管等，在钙钛矿太阳能电池使用中可达到 17.02%的电池转换效率（Liu et al.，2017）。木质基碳材料具有天然结构优异、稳定性高、电导率好等诸多优点，已经被应用于电化学电极材料中，并表现出了优异的导电能力和传输能力。然而，现阶段关于木质基碳材料作为钙钛矿太阳能电池对电极的研究还处于起步阶段，现有研究将玉米秆、花生壳、芦苇和竹筷子等木质材料进行碳化后作为无空穴传输层的钙钛矿太阳能电池对电极，可达到 12.82%的电池效率（Gao et al.，2020）。由此可见，木质基碳材料在绿色低碳太阳能电池中的应用仍需进一步开发。

9.5 其他木质基碳先进功能材料

木质基碳材料因具有优异的光吸收、导电、化学稳定性、易调控和低成本等优势，在众多领域得到了广泛的研究与应用，而如何进行精确的调控以达到目标性能的优化、拓展木质基碳材料的绿色低碳应用成为重要的科学问题。本节根据目前木质基碳材料的研究进展，简要介绍其在光催化、生物传感与生物成像领域的研究内容。

9.5.1 光催化剂

光催化是指在特定光源照射下，光催化剂在其表面产生光生电子（e^-）和空穴（h^+），并与水分子或氧气发生反应，生成能够催化氧化降解有机污染物的活性物质，最终转化为 CO_2 和 H_2O（Han et al.，2018）。该技术可以太阳能作为能量来源，降解效率高，不仅可以减少对其他能源的消耗，而且有利于改善当前的环境问题，具有绿色可持续的特点，获得了众多研究者的关注。

由于木质基碳材料具有良好的导电性、吸附性及丰富的内部结构，可以更好地吸收光能和吸附污染物，加速光生载流子的转移，已被广泛应用于光催化反应和环境修复等领域。起初，传统的碳材料以其广泛的来源、简易的制备流程、较强的吸附性能等优点，在众多物理、化学及生物染料降解处理中占据了重要的地位。进而，研究者研发出了先进的碳纳米材料，如碳纳米管、石墨烯、氧化石墨烯、碳量子点、石墨烯量子点及相关复合材料等，从而极大地提高了催化效率。近年来，活性炭材料以及来源于生物质农业废弃物等材料的生物质基碳材料，逐渐成为应用最为广泛的染料吸附材料，材料成本低廉且无须考虑后续再生，同时，使得农业废弃物得到了充分的利用与处置，如小麦秸秆、玉米秸秆、稻草、锯末、甘蔗渣、花生壳及其他秸秆果皮残渣等。然而，生物质基碳材料多采用直接热解制备或者进行一定的改性，材料相对于先进碳纳米材料仍有较多不足。因此，当前的研究重点集中在创新生物质基碳材料制备合成方法。

随着光催化技术的大量研究，人们开始关注于碳材料对光催化降解染料性能的影响。大量研究表明，碳和 TiO_2 等光催化剂存在协同作用，在污染物降解领域主要体现在两个方面：一是污染物分子通过共同界面从碳到半导体显著扩散；二是碳材料的存在产生了光辅助效应，即电子从碳材料中的氧官能团转移至 TiO_2，有利于超氧自由基的形成。除此之外，碳基材料的结构和表面化学特征也影响着光催化活性，其多孔结构和表面官能团可有效提高污染物分子的吸附和扩散速度（陶亮亮，2021）。

目前，对于木质基碳光催化剂的制备通常采用与半导体纳米材料复合的方式进行。单一半导体光催化剂常发生团聚，将其固定在木质基材料表面，经煅烧等热处理后得到木质基碳/半导体复合材料，可有效解决其团聚问题（Lim et al.，2011）。同时，木质基材料的结构在合成过程中对半导体光催化剂形貌有效的控制，可提高其比表面积。此外，木质基碳材料的比表面积一般要高于单一半导体光催化剂，具有更好的吸附性能，将其与半导体复合，可增加光催化反应的活性位点（Zhao et al.，2010）。半导体光催化剂的光生载流子复合率过高，而木质基碳材料一般具备良好的电子传输能力，因此，木质基碳/半导体复合光催化剂有利于光生电子-空穴对的分离，是一种极具前景的光催化材料（Zou et al.，2019）。

9.5.2 生物传感与生物成像材料

随着经济发展，人们生活水平迅速提高，生活与工作方式的改变，疾病谱也发生了显著性变化，代谢性疾病、肿瘤、心血管疾病等慢性病成为主要疾病。生物传感以其快速、准确、便携等诸多优势，在生命监护、远程医疗、食品安全与环境污染监测等领域受到了广泛关注。同样地，生物成像技术也可以通过探针实现实时无创地可视化观察生物体内的情况。而荧光生物成像由于其具有操作简单、成本低、灵敏度高、无创性和长程实时观察等优点，已作为临床诊断的有效方法之一。

近年来，碳量子点作为一种新型的"零维"碳纳米材料，具有良好的生物相容性、低毒性、高灵敏度、快速响应和实验操作简单等优点，作为荧光探针已被广泛应用于生物传感、生物成像等生物医学体系的各种目标物检测。碳量子点是一种具有准球形结构形态和零维结构的发光碳纳米粒子，主要由 sp2 或 sp3 杂化碳的内核和含 N、O 等杂原子的外层官能团组成，尺寸通常在 1~10nm（Baker and Baker，2010）。目前，已经开发了多种碳量子点的合成方法，其中，以天然生物质材料为原料的绿色合成，是将低值生物质废弃物转化为高值生物质基碳量子点，已成为实现能源可持续发展的有效途径。

近年来，以天然生物质产物（包括橙汁、咖啡渣、蚕丝、绿茶、鸡蛋、蛋壳膜、豆浆、面粉、香蕉、甜辣椒、蜂蜜、香菜叶、大蒜、佛手柑、芦荟、柠檬汁、梨汁、头发等）或生物质废弃物（废弃木材、废纸、纸灰、石油焦炭等）作为前驱体合成各种生物质基碳量子点被相继报道，其合成方法主要分为两种，即"自上而下"和"自下而上"法（毛亚宁等，2021）。

"自上而下"法是利用物理或化学方法将大尺寸的 sp2 碳结构域转化为小尺寸的碳量子点，主要包括化学氧化法和电化学合成法等，这些方法虽然简单、易操作、操作时间短，但前驱体局限于那些具有大 sp2 碳结构域的材料，如石墨烯、碳纤维和炭黑等，这种方法虽然不能精确控制产品的尺寸和形态分布，但正是由于尺寸和形态的多样化，也为开发发射波长可调的碳量子点提供了机会。

"自下而上"法是将一些小分子作为碳源前驱体，通过水热法、微波辅助法等方法制备碳量子点，这种方法是通过碳化过程中分子间偶联，使有机分子形成 sp2 碳结构域，形成尺寸和形貌可控的碳量子点，该方法虽然有耗时、复杂的缺点，但是合成的碳量子点尺寸相对均一且形貌可控，并且对碳源的要求相对较低。

对于碳量子点的荧光检测机理简述如下（徐韶梅，2021）。

（1）碳量子点具有体积小、比表面积大和表面官能团丰富等特点，因此具有很高的反应活性，适合作为荧光探针应用于荧光传感器中。

（2）周围环境的变化，如温度、离子强度和溶剂等条件的变化，均可能影响碳量子点的光学性质。从荧光传感器的原理上来看，碳量子点上的识别组分与目标分析物相互作用，引起其荧光性质的变化，且这种变化与目标分析物的浓度呈定量线性的关系。例如，碳量子点表面的官能团（—COOH 和—NH$_3$）可与一些阳离子和阴离子[如 Pt^{2+}（Gao et al.，2018）、Hg^{2+}（Zhang et al.，2017）、Zn^{2+}（Yang et al.，2018）、Fe^{3+}（Lesani et al.，2020）和 ClO^-（Wei et al.，2019）等]发生配位或者静电相互作用，导致其荧光性能变化，进而实现阳离子和阴离子的检测。

与化学碳源制备的碳量子点相比，绿色生物质原料合成的碳量子点具有原料来源丰富、碳含量高、可持续性好、成本低等优点，不仅可将废弃物变成更有价值的碳量子点，还可以降低生产成本，易于实现碳量子点的大规模生产，有望成为下一代绿色低碳的荧光纳米材料。尽管碳量子点的研究已经取得了一些实质性进展，但仍存在许多问题和挑战，如近红外发射荧光碳量子点尽管具有组织穿透深度强和光损伤小等优点，但其在水溶液中的量子产率较低，极大地限制了其在细胞和体内成像中的应用，因此，迫切需要开发生物相容性好、在复杂生物环境中具有良好稳定性的荧光碳量子点（Gao et al.，2018）。

参 考 文 献

段淼. 2018. 介观钙钛矿太阳能电池碳电极研究. 武汉: 华中科技大学博士学位论文.

胡伟航, 沈梦霞, 段超, 等. 2021. 基于木材的超级电容器电极材料的研究进展. 中国造纸, 40(3): 83-94.

江琳琳. 2021. 生物质碳材料在钙钛矿太阳能电池对电极中的研究. 武汉: 武汉理工大学硕士学位论文.

蒋西西, 靳映霞, 柳清菊. 2016. 碳电极在钙钛矿太阳能电池中的研究进展. 功能材料, 47(10): 10044-10050, 10058.

毛亚宁, 王军, 高宇环, 等. 2021. 生物质基碳量子点的合成及传感成像研究进展. 分析化学, 49(7): 1076-1088.

陶亮亮. 2021. 生物质衍生碳纳米材料的超声喷雾热解制备及其光催化降解性能研究. 合肥: 合肥工业大学硕士学位论文.

王哲, 王喜明. 2014. 木材多尺度孔隙结构及表征方法研究进展. 林业科学, 50(10): 123-133.

魏安浈. 2021. 生物质碳基光热材料的制备及其应用研究. 桂林: 桂林电子科技大学硕士学位论文.

吴琳. 2021. 可用于界面光热蒸发器件的生物质碳材料的设计和研究. 南京: 东南大学硕士学位论文.

熊绍珍, 朱美芳. 2009. 太阳能电池基础与应用. 北京: 科学出版社.

徐凝. 2019. 界面光-蒸汽转化: 仿生设计和综合利用. 南京: 南京大学博士学位论文.

徐韶梅. 2021. 新型荧光和细胞碳量子点材料的合成及其在生物传感成像中的应用. 长春: 吉林大学博士学位论文.

颜淼. 2022. 基于海洋生物质材料的有机光电器件研究. 舟山: 浙江海洋大学硕士学位论文.

Adam M, Strubel P, Borchardt L, et al. 2015. Trimodal hierarchical carbide-derived carbon monoliths from steam-and CO_2-activated wood templates for high rate lithium sulfur batteries. Journal of Materials Chemistry A, 3(47): 24103-24111.

Agarwala P, Kabra D. 2017. A review on triphenylamine (TPA) based organic hole transport materials (HTMs) for dye sensitized solar cells (DSSCs) and perovskite solar cells (PSCs): evolution and molecular engineering. Journal of Materials Chemistry A, 5(4): 1348-1373.

Bae K, Kang G, Cho S K, et al. 2015. Flexible thin-film black gold membranes with ultrabroadband plasmonic nanofocusing for efficient solar vapour generation. Nature Communications, 6(1): 10103.

Baker S N, Baker G A. 2010. Luminescent carbon nanodots: emergent nanolights. Angewandte Chemie International Edition, 49(38): 6726-6744.

Becquerel A E. 1839. Recherches sur les effets de la radiation chimique de la lumiere solaire au moyen des courants electriques. CR Acad Sci, 9(145): 1.

Borghei M, Lehtonen J, Liu L, et al. 2018. Advanced biomass-derived electrocatalysts for the oxygen reduction reaction. Advanced Materials, 30(24): 1703691.

Cao G L, Yan Y M, Liu T, et al. 2015. Three-dimensional porous carbon nanofiber networks decorated with cobalt-based nanoparticles: a robust electrocatalyst for efficient water oxidation. Carbon, 94: 680-686.

Chapin D M, Fuller C S, Pearson G L. 1954. A new silicon *p-n* junction photocell for converting solar radiation into electrical power. Journal of Applied Physics, 25(5): 676-677.

Chen C, Song J, Zhu S, et al. 2018. Scalable and sustainable approach toward highly compressible, anisotropic, lamellar carbon sponge. Chem, 4(3): 544-554.

Chen R, Wu Z, Zhang T, et al. 2017. Magnetically recyclable self-assembled thin films for highly efficient water evaporation by interfacial solar heating. RSC Advances, 7(32): 19849-19855.

Gao L, Zhou Y, Meng F, et al. 2020. Several economical and eco-friendly bio-carbon electrodes for highly efficient perovskite solar cells. Carbon, 162: 267-272.

Gao W, Song H, Wang X, et al. 2018. Carbon dots with red emission for sensing of Pt^{2+}, Au^{3+}, and Pd^{2+} and their bioapplications *in vitro* and *in vivo*. ACS Applied Materials & Interfaces, 10(1): 1147-1154.

Halas N J, Lal S, Chang W S, et al. 2011. Plasmons in strongly coupled metallic nanostructures. Chemical Reviews, 111(6): 3913-3961.

Han M, Zhu S, Lu S, et al. 2018. Recent progress on the photocatalysis of carbon dots: classification, mechanism and applications. Nano Today, 19: 201-218.

Higgins M W, Rahmaan A R S, Devarapalli R R, et al. 2018. Carbon fabric based solar steam generation for waste water treatment. Solar Energy, 159: 800-810.

Hui B, Zhang K, Xia Y, et al. 2020. Natural multi-channeled wood frameworks for electrocatalytic hydrogen evolution. Electrochimica Acta, 330: 135274.

Jia C, Li Y, Yang Z, et al. 2017. Rich mesostructures derived from natural woods for solar steam generation. Joule, 1(3): 588-599.

Kariman H, Hoseinzadeh S, Heyns P S, et al. 2020. Modeling and exergy analysis of domestic MED desalination with brine tank. Desalination and Water Treatment, 197: 1-13.

Lesani P, Singh G, Viray C M, et al. 2020. Two-photon dual-emissive carbon dot-based probe: deep-tissue imaging and ultrasensitive sensing of intracellular ferric ions. ACS Applied Materials & Interfaces, 12(16): 18395-18406.

Li Y, Min S, Wang F. 2019. A wood-derived hierarchically porous monolithic carbon matrix embedded with Co nanoparticles as an advanced electrocatalyst for water splitting. Sustainable Energy & Fuels, 3(10): 2753-2762.

Lim T T, Yap P S, Srinivasan M, et al. 2011. TiO_2/AC composites for synergistic adsorption-photocatalysis processes: present challenges and further developments for water treatment and reclamation. Critical Reviews in Environmental Science and Technology, 41(13): 1173-1230.

Lin X, Chen J, Yuan Z, et al. 2018. Integrative solar absorbers for highly efficient solar steam generation. Journal of Materials Chemistry A, 6(11): 4642-4648.

Liu H, Chen C, Chen G, et al. 2018. High-performance solar steam device with layered channels: artificial tree with a reversed design. Advanced Energy Materials, 8(8): 1701616.

Liu L, Cheng Q. 2020. Mass transfer characteristic research on electrodialysis for desalination and regeneration of solution: a comprehensive review. Renewable and Sustainable Energy Reviews, 134: 110115.

Liu S, Huang C, Luo X, et al. 2018. High-performance solar steam generation of a paper-based carbon particle system. Applied Thermal Engineering, 142: 566-572.

Liu S, Huang W, Liao P, et al. 2017. 17% efficient printable mesoscopic PIN metal oxide framework perovskite solar cells using cesium-containing triple cation perovskite. Journal of Materials Chemistry A, 5(44): 22952-22958.

Liu Y, Lou J, Ni M, et al. 2016. Bioinspired bifunctional membrane for efficient clean water generation. ACS Applied Materials & Interfaces, 8(1): 772-779.

Lu L L, Lu Y Y, Xiao Z J, et al. 2018. Wood‐inspired high‐performance ultrathick bulk battery electrodes. Advanced Materials, 30(20): 1706745.

Mulyadi A, Zhang Z, Dutzer M, et al. 2017. Facile approach for synthesis of doped carbon electrocatalyst from cellulose nanofibrils toward high-performance metal-free oxygen reduction and hydrogen evolution. Nano Energy, 32: 336-346.

Obot I B, Solomon M M, Onyeachu I B, et al. 2020. Development of a green corrosion inhibitor for use in acid cleaning of MSF desalination plant. Desalination, 495: 114675.

Park D J, Supekar O D, Greenberg A R, et al. 2021. Real-time monitoring of calcium sulfate scale removal from RO desalination membranes using Raman spectroscopy. Desalination, 497: 114736.

Plötze M, Niemz P. 2011. Porosity and pore size distribution of different wood types as determined by mercury intrusion porosimetry. European Journal of Wood and Wood Products, 69(4): 649-657.

Seh Z W, Kibsgaard J, Dickens C F, et al. 2017. Combining theory and experiment in electrocatalysis: Insights into materials design. Science, 355(6321): eaad4998.

Sheng X, Li Y, Yang T, et al. 2020. Hierarchical micro-reactor as electrodes for water splitting by metal rod tipped carbon nanocapsule self-assembly in carbonized wood. Applied Catalysis B: Environmental, 264: 118536.

Tao X, Xu H, Luo S, et al. 2020. Construction of N-doped carbon nanotube encapsulated active nanoparticles in hierarchically porous carbonized wood frameworks to boost the oxygen evolution reaction. Applied Catalysis B: Environmental, 279: 119367.

Vélez-Cordero J R, Hernandez-Cordero J. 2015. Heat generation and conduction in PDMS-carbon nanoparticle membranes irradiated with optical fibers. International Journal of Thermal Sciences, 96: 12-22.

Wang F, Deng W, Li Y, et al. 2020. *In situ* embedding of Mo_2C/MoO_{3-x} nanoparticles within a carbonized wood membrane as a self-supported pH-compatible cathode for efficient electrocatalytic H_2 evolution. Dalton Transactions, 49(25): 8557-8565.

Wang J, Li Y, Deng L, et al. 2017. High-performance photothermal conversion of narrow-bandgap Ti_2O_3 nanoparticles. Advanced Materials, 29(3): 1603730.

Wang Y, Liu H, Chen C, et al. 2019. All natural, high efficient groundwater extraction via solar steam/vapor generation. Advanced Sustainable Systems, 3(1): 1800055.

Wang Y, Wang C, Song X, et al. 2018. Improved light-harvesting and thermal management for efficient solar-driven water evaporation using 3D photothermal cones. Journal of Materials Chemistry A, 6(21): 9874-9881.

Wang Z, Liu Y, Tao P, et al. 2014. Bio-inspired evaporation through plasmonic film of nanoparticles at the air-water interface. Small, 10(16): 3234-3239.

Wei Z, Li H, Liu S, et al. 2019. Carbon dots as fluorescent/colorimetric probes for real-time detection of hypochlorite and ascorbic acid in cells and body fluid. Analytical Chemistry, 91(24): 15477-15483.

Xiong C, Li M, Nie S, et al. 2020. Non-carbonized porous lignin-free wood as an effective scaffold to fabricate lignin-free Wood@ Polyaniline supercapacitor material for renewable energy storage application. Journal of Power Sources, 471: 228448.

Xu N, Hu X, Xu W, et al. 2017. Mushrooms as efficient solar steam-generation devices. Advanced Materials, 29(28): 1606762.

Yang J, Zhang Z, Lin X. 2019. Exergy analysis of a closed mechanical vapour compression desalination system by the entropy method. Desalination and Water Treatment, 168: 1-8.

Yang M, Tang Q, Meng Y, et al. 2018. Reversible "off–on" fluorescence of Zn^{2+}-passivated carbon dots: mechanism and potential for the detection of EDTA and Zn^{2+}. Langmuir, 34(26): 7767-7775.

Ye M, Jia J, Wu Z, et al. 2017. Synthesis of black TiO_x nanoparticles by Mg reduction of TiO_2 nanocrystals and their application for solar water evaporation. Advanced Energy Materials, 7(4): 1601811.

Zhang C, Yan C, Xue Z, et al. 2016. Shape-controlled synthesis of high-quality Cu_7S_4 nanocrystals for efficient light-induced water evaporation. Small, 12(38): 5320-5328.

Zhang M, Wang W, Yuan P, et al. 2017. Synthesis of lanthanum doped carbon dots for detection of mercury ion, multi-color imaging of cells and tissue, and bacteriostasis. Chemical Engineering Journal, 330: 1137-1147.

Zhang P, Liao Q, Yao H, et al. 2019. Direct solar steam generation system for clean water production. Energy Storage Materials, 18: 429-446.

Zhang Q, Xu W, Wang X. 2018. Carbon nanocomposites with high photothermal conversion efficiency. Science China-Materials, 61(7): 905-914.

Zhao C, Wang Y, Li Z, et al. 2019. Solid-diffusion synthesis of single-atom catalysts directly from bulk metal for efficient CO_2 reduction. Joule, 3(2): 584-594.

Zhao F, Zhou X, Shi Y, et al. 2018. Highly efficient solar vapour generation via hierarchically nanostructured gels. Nature Nanotechnology, 13(6): 489-495.

Zhao W, Bai Z, Ren A, et al. 2010. Sunlight photocatalytic activity of CdS modified TiO_2 loaded on activated carbon fibers. Applied Surface Science, 256(11): 3493-3498.

Zhong L, Jiang C, Zheng M, et al. 2021. Wood carbon based single-atom catalyst for rechargeable Zn–air batteries. ACS Energy Letters, 6(10): 3624-3633.

Zhou L, Tan Y, Wang J, et al. 2016. 3D self-assembly of aluminium nanoparticles for plasmon-enhanced solar desalination. Nature Photonics, 10(6): 393-398.

Zou W, Gao B, Ok Y S, et al. 2019. Integrated adsorption and photocatalytic degradation of volatile organic compounds (VOCs) using carbon-based nanocomposites: a critical review. Chemosphere, 218: 845-859.

第10章 木质人造板低碳加工和碳足迹

人造板是以木材或其他非木材植物纤维为原料，经一定机械加工分离成各种单元材料后，施加或者不施加胶黏剂、其他添加剂胶合而成的板材或模压制品。主要包括胶合板、刨花板、纤维板等三大类产品，其延伸产品和深加工产品达上百种。人造板的诞生，标志着木材加工现代化时代的开始，从单纯改变木材形状发展到改善木材性质，与传统的装饰装修材料相比，具有众多优势，广泛应用于日常生活中。$1m^3$人造板可抵$2\sim 3m^3$原木的使用效果，因此在林业生态建设与林业产业的协调发展中，人造板比实木板更符合节约资源、绿色低碳、循环发展的理念。

木材是一种生物质材料，因此含有生物质碳。生物质碳一旦进入产品生命周期，即作为碳负排放存储在人造板板材中。人造板板材生产期间，如在生产过程中燃烧木材生物质供热，或木材采伐后燃烧枝丫材等森林采伐剩余物，则会排放生物质碳。研究表明，木基复合板材中存储的碳远超过生产过程中释放的碳。

10.1 单板类人造板

单板类人造板是指以单板为结构单元，涂胶后将其纵横向组坯（胶合板）或顺纹组坯（单板层积材）热压胶合而成的产品。

10.1.1 主要类别

胶合板是最常见的单板类人造板，是由木段旋切成单板或由木方刨切成薄木，再用胶黏剂胶合而成的三层或多层的板状材料，通常用奇数层单板，并使相邻层单板的纤维方向互相垂直胶合而成。胶合板是家具、建筑、交通运输，以及包装等领域和行业的重要材料，是当今世界重要的人造板之一。

胶合板分为普通胶合板、特殊用途胶合板、特定功能胶合板，其结构单元均为旋切单板。旋切单板很好地保留了原木的物理力学性能，其制成的胶合板应用范围非常广泛。根据胶合板使用情况，胶合板还可分为涂饰用胶合板、装修用胶合板、一般用胶合板和薄木装饰胶合板，如装饰板、浸渍纸、瓷化泥、墙布等饰面用胶合板、家具用胶合板、装修基材用胶合板、结构用胶合板、造型（异形面）用胶合板、船舶用胶合板、航空用胶合板、铁路客车用胶合板、包装箱用胶合板、实木复合地板用胶合板、集装箱底板用胶合板、混凝土模板用胶合板、乒乓球拍用胶合板等，涵盖了住、行在内的建筑、交通等多个工业门类。

特殊结构的单板类人造板有单板层积材（LVL）、细木工板、重组装饰材、木材层积塑料、木竹（竹帘、竹席）复合胶合板等；功能性胶合板则包括难燃胶合板、防虫胶合板、防腐胶合板等。同时，根据胶合板胶合强度又分为Ⅰ类（NQF）——耐候、耐沸水胶合板，该类胶合板具有耐久、耐煮沸或蒸汽处理等性能，能在室外使用；Ⅱ类（NS）——耐水胶合板，它能经受冷水或短期热水浸渍，但不耐煮沸；Ⅲ类（NC）——不耐潮胶合板（李佳，2008；吕柳等，2008；糜嘉平，2010；李婷婷，2015；揭昌亮，2016）。

10.1.2 与低碳加工相关的工艺

胶合板生产的原料主要为树木主干部分，单板旋切出材率与木段径级和尖削度、弯曲度有关，直径越大、越直的木段，旋切单板的质量越好，出材率越高。旋切是胶合板生产的核心工段之一，操作工艺包括磨刀、上料、定中心、旋切、单板输送、裁切等。与材料利用率相关的主要工艺如下。

1) 单板制备

木段旋切是制作单板类人造板的典型特征工序，为胶合板生产提供基本结构单元——旋切单板。制作流程为原木截断-木段软化-木段剥皮-木段旋切-单板整理。原木截断原则是按料取材、缺陷集中、裁弯取直、减少断头、好材好用和材尽其用。选材顺序是，先选面板、底板，再选长中板和基材芯板。单板厚度偏差、背面裂隙、表面粗糙度是评定单板质量的主要指标，也是涂胶、热压等后续作业的重要影响因子。加工过程中产生的断头、树皮、木芯等可为锅炉焚烧提供热源。

2) 单板干燥

单板旋出后为湿单板，需干燥。单板干燥是胶合板生产能耗最大的工段，占整个生产过程热能消耗的三分之二以上。单板干燥是促进排出木材细胞壁中水分的过程，面板、底板需干燥至含水率16%以下，芯板需干燥至含水率14%以下。木材纤维饱和点含水率平均值为30%，低于纤维饱和点含水率的单板力学强度逐渐增大，与胶黏剂的黏结强度呈上升趋势。单板干燥是前期准备过程，也是调节含水率适应胶合板生产和应用的重要过程。

3) 单板的贮存

胶合板生产中单板数量较大，品种多，须建立单板仓库进行严格的科学管理，保证良好的产品质量。单板仓库有利于掌握单板的数量和质量，达到生产与原料的动态平衡管理，对单板进行最优的组合，从而提高单板等级的利用率。单板仓库要求有一定的贮存面积，要实行科学管理，建立品种、尺寸、等级和数量等信息化管理。同时，还要避免潮湿、漏雨等问题，堆放要整齐，并具有良好的通风系统，贯彻"先来先用"的原则。

4）单板修补、拼接、组坯

树木生长过程中，有节疤、夹皮等天然缺陷，旋切后的单板存在天然缺陷和加工缺陷，经分等后，需要对单板进行修补、纵横向拼接，以满足胶合板生产要求。表板按材质和加工缺陷分为面板和背板。芯板根据开裂尺寸、孔洞、节疤大小及相应数量等缺陷分级。优等品板面平整光洁，不需要修补，其他等级均需要经挖补空洞、嵌条离芯、刀割叠层等方法处理，修补处表面用有孔胶纸带黏接。

5）板坯修补

板坯修补是热压定型前的最后一道弥补措施，基板面层的叠、离芯，甚至下一层涂胶板的叠、离芯都要修补，板面挖补、窄条嵌补使用单面涂胶的同厚度单板，吻合后用有孔胶纸带粘牢；重叠处用刀割离；板坯长宽尺寸欠缺时，用涂胶单板补边。

6）砂光、裁边

先使用单面或双面宽带砂光机实现双面定厚砂光，一般砂削量为 0.4～0.8mm。表板砂光使用单面多砂架宽带砂光机，本次砂光相当于抛光，所用砂带粒度较小，一般大于 120 目。裁边是将热压好的毛板裁成规格尺寸，四边去除疏松部分后，板边光滑平直、无毛刺、无焦痕，不允许出现松边、裂边、塌边、缺角、焦边等现象。裁边余量与单板尺寸设计有关，往往受限于尺寸最短的那一层单板，一般裁边量为 20～50mm（刘元强，2012；王瑞等，2016；刘元强等，2021；江京辉等，2023）。

10.1.3 胶合板减少碳足迹的举措

当前市场上，胶合板的主流生产广泛依赖于"三醛树脂"系列作为核心胶黏剂，具体包括酚醛树脂、脲醛树脂及三聚氰胺甲醛树脂，它们共同的特点在于均将甲醛作为不可或缺的原料成分之一。甲醛，这一化学物质以其高度的活性和显著的挥发性闻名，不仅具有强烈的刺激性，更被归类为有毒气体，其释放周期之长，可横跨 15 至 20 年的漫长时段。在此背景下，无醛胶黏剂生产的板材受到企业的青睐。某生物质材料有限公司推出了一款豆胶地板（胶合板）。这款地板的独到之处在于其采用了纯天然大豆胶作为黏合剂，彻底摒弃了传统胶合板中常见的甲醛成分，实现了从源头上的绿色升级。其原料主要来自大豆、玉米等自然界中广泛存在的可再生资源，这一选择从根本上确保了生产过程的绿色与可持续，将材料成分牢牢锁定在无污染、可循环的基料范畴之内。通过先进的科技手段，特别是酶改性技术的应用，使大豆胶不仅具有卓越的黏合性能，还赋予了其出色的防水特性。大豆胶在甲醛控制方面的卓越表现为，其游离甲醛含量极低，远远低于行业安全标准，更不含苯酚、氨、氰基类等有害化学物质，这一突破性的成就显著降低了"毒地板"等室内装修污染问题，同时也在无形中减轻了胶合板生产对环境的碳足迹影响。在性能上，经过精心改性的大豆胶展现出了非凡的耐沸水与耐冷水胶合强度，均达到了国家标准的严格要求，甚至在某些方面超越了传统化学胶黏剂。与传统化学树脂相比，生物质合成树脂，以大豆胶为代表，展现出了诸多显著优势：资源来源广泛，几乎取之不尽、用之不竭；技术升级空间巨大，能够不断适应市场需求的变化；更重要的是，它实现了从生产到废弃的全生命周期封闭碳循环，生物降解性能优异，对环境造成的负担极小。大豆胶地板的生产与使用，不仅依赖于完全无公害降解的生物质原料，还积极融入了再生林产业提供的可持续木材资源，这一做法深刻体现了低碳循环经济的核心理念。

10.2　纤维类人造板

10.2.1　纤维板种类

纤维板生产是中国人造板生产中自动化程度最高的技术密集型产业，纤维板产业的发展实现了木材资源的综合利用，有效缓解了木材供需矛盾，对于保护天然林资源、农民增收、吸纳农村剩余劳动力和改善生态环境起到了积极作用。纤维板类产品包括家具制作及装饰装修用纤维板、地板基材用纤维板、复合门制作用纤维板、包装用纤维板、特种纤维板、湿法硬质纤维板及轻质纤维板等主要品种（熊满珍和伍美燕，1998；鹤翔，2013；冯雪，2014；张震宇，2022）。纤维板生产的原料为次小薪材、三剩物，在木质资源的综合利用方面占有优势。

10.2.2　加工设备及工艺

近年来，中国纤维板装备在保持与世界装备技术水平同步和接轨的同时，不断进行创新和突破，在超薄型纤维板装备和技术方面处于世界领先水平。连续平压装备越来越获得市场的认可，成为新建生产线的首要选择。受投资、原料种类、应变能力、市场需求影响，四英尺宽度的连续压机装备仍然占据中国纤维板连续压机装备市场的主导地位。

纤维板的生产通常采用两种方法，一种是湿法，一种是干法。湿法是指生产纤维板过程中的热磨、热压、长网脱水成型等工艺，即在生产过程中使用大量的水，以水为介质和原料进行的纤维板制造。干法生产纤维板较湿法工艺耗水量少90%，即生产 1m³ 纤维板，平均耗水仅 70m³，在生产过程中不以水为介质或原料，因此，干法工艺为世界最先进的纤维板生产工艺。干法生产纤维板工艺包括备料系统、纤维制备系统、制胶、调胶与施胶系统、纤维板干燥与铺装系统、热压系统及后期加工系统，各系统均采用了最先进的生产工艺，充分做到了清洁生产。纤维板产品作为森林资源利用的延伸，是森林生态系统碳循环的组成部分和碳储量流动的重要载体，对森林生态系统和大气之间的碳平衡和调节大气中碳周转速率和周转量有着积极意义。同时，在纤维板生产过程中碳排放量远低于钢材、水泥等其他基础材料，全面推进了绿色低碳循环发展，是实现行业高质量发展的必然要求（张思冲和吴昊，1998；郭晓萧和李平，2021）。

10.2.3 纤维的贮存

在纤维板生产中，为了合理调控工序，考虑前后工序可能会出现故障，进行纤维贮存十分必要。实现干燥工序与成型工序之间的原料平衡，使完成干燥的纤维获得缓冲时间，有利于平衡纤维含水率，同时，为齐边、横截及回收提供了需要的场所。

10.2.4 纤维板减少碳足迹的举措

加强轻质纤维板的开发、生产及应用。自2019年以来，欧洲轻质纤维板产量和用量大幅提升，这是欧盟响应世界节能减排协议提出的"零碳建筑"要求，轻质纤维板既满足原料要求又具有保温功能，可实现建筑减排目标。

除木材外，农作物秸秆富含植物纤维，我国为世界第一秸秆产量大国，秸秆资源十分丰富，推进秸秆基纤维板生产可有效减少温室气体排放，根据制备过程中是否使用胶黏剂可分为胶黏剂秸秆基纤维板和无胶秸秆基纤维板。无胶秸秆基纤维板采用热压工艺，完全不使用胶黏剂，依靠植物纤维间的自黏结制备而成。自黏结是通过玻璃化转变来实现的，即热压条件下秸秆中的纤维素、半纤维素和木质素发生玻璃化转变使分子运动加剧，生物质高分子发生变形，表面接触增加从而自黏结。无胶秸秆基纤维板具有性能优异、无甲醛释放、可再生、可降解等优点，不仅能减少、消除合成树脂的使用，减少碳排放、为保护环境提供新途径，还提高了秸秆的利用价值。

生物质黏结剂中，除了大豆胶，还有以壳聚糖（CS）为原料制备的胶黏剂。壳聚糖作为多糖的一种，具有来源丰富、价格低廉、生物可降解性、抗菌性等优点，是一种常用的生物质功能材料。以壳聚糖作为黏结剂制备中密度纤维板，壳聚糖与木纤维之间氢键和酰胺键的生成，可以改善中密度纤维板的物理力学性能，并在一定程度上提高其热稳定性，同时减少了纤维板在使用过程中的碳排放。

10.3 刨花类人造板

10.3.1 刨花板种类

刨花板作为人造板三大板种之一，在我国发展迅猛。刨花板类产品包括普通木质刨花板、竹材或竹木复合刨花板、秸秆刨花板、无机刨花板和定向刨花板等，其中绝大多数是普通刨花板。刨花板行业的产品创新，不仅可以提高企业利润，而且关系到行业的长期健康发展，应重点关注以下5个发展方向：①轻质刨花板，轻质刨花板不仅节省资源，而且可降低生产和运输能耗，可以根据不同用途定制生产轻质刨花板；②潮湿环境用刨花板可以分为厨房用刨花板和卫浴环境用刨花板，厨房用刨花板需要关注防潮、防霉及阻燃等方面性能的改良，卫浴环境用刨花板需要重点关注防潮、尺寸稳定性和防霉等性能；③室外用刨花板，室外用刨花板不仅可用于室外结构用木质建筑领域而且可以扩展到园林景观和广告牌等领域；④建筑用高强度刨花板；⑤阻燃刨花板。

10.3.2 原材料及加工装备

刨花板生产原料适应性较广，过去刨花加工以小径材和枝丫材为主，现行原料中木材加工剩余物比例大大提高，如碎单板、旋切木芯、胶合板边角料等材料加工的刨花。加工剩余物已经成为我国刨花板产业重要的原料来源。由于刨花板产品力学和环保性能的综合优势，特别是质量轻、低蠕变的特点，以及大产能优质刨花板生产线的投产，得到了定制家具行业认可。刨花板生产的发展与刨花板机械制造业的发展是密切相关的。刨花板热压机是刨花板成套设备中的主机，刨花板热压机可以分为两大类，即连续式压机与周期式压机。连续式压机又分为连续平压、连续辊压和连续挤压3种形式；周期式压机则有单层压机和多层压机之分。从刨花板热压机的发展看刨花板的发展历程，基本上经历了多层热压机-单层热压机-连续热压机这样一个过程。单层热压机比多层热压机具有众所周知的一些优点，但是单层热压机产能的提高受到限制，不论单层热压机或多层热压机都有向大幅面发展的趋势，而连续平压热压机除具备单层热压机的全部优点之外，还有它独到的便于建设大规模生产线的优势（杨忠和吕斌，2015；叶克林，2016；常亮等，2017；罗书品等，2022）。

10.3.3 刨花的贮存

在刨花板生产中，基于与纤维贮存相同的目的，中间贮存必不可少。贮存量一般要满足2~4h生产所需要的刨花量。基本要求为出料畅通、密封性好。目前，刨花贮存料仓主要有立式料仓和卧式料仓。立式料仓结构简单，占地面积少，但贮存密度较大，易出现"架桥"现象。卧式料仓由机架、水平运输机和出料机组成，其占地面积较大，且结构相对立式料仓复杂，出料方式有上部出料和下部出料。

10.3.4　刨花板减少碳足迹的举措

刨花板是人造板的一种，又称碎料板、微粒板、颗粒板、木丝板等，是以木材或其他木质纤维素为基本材料制成刨花（碎料），施加胶黏剂后在温度和压力作用下压制的人造板。因此，除了使用生物质胶黏剂可以减少碳排放之外，使用木质纤维的边角料、废料及对工艺中使用的设备进行改进也可以减少人造板的碳排放。某木业有限公司以全桉木边角废料为原料生产的优质环保刨花板，产品各项性能均达到了《刨花板》（GB/T 4897—2015）和《室内装饰装修材料 人造板及其制品中甲醛释放限量》（GB 18580—2017）的要求，生产过程中采用了自制的复合脲醛树脂，并且采用经过改造的尾气处理系统来充分净化压机的尾气，整个生产工艺清洁绿色，大幅度降低了生产成本。该公司改造的压机尾气处理系统包含有第一风机，该设备可将压机排放的尾气输送至除尘设备，在除尘设备和燃烧设备之间设置了第二风机，第二风机的进气口通过第二进气管道连接至除尘设备的排气口，第二风机的排气口通过第二排气管道连接至燃烧设备的进气口。此结构将除尘后的尾气以一定的风速流量快速地输送至燃烧设备，除尘后的尾气经燃烧设备燃烧后变为可排放至空气中的无毒无害气体。系统设备建造成本低，通过加装管道密封就能达到效果。同时，改造后的系统使锅炉起到了促进燃烧、节能、节省成本的作用。

"十三五"以来刨花板在节能增效方面进展迅速。一是刨花干燥技术方面，刨花板生产尾气集中环保处理前通过低温带式预干燥技术与装备，预干燥湿刨花，既节约了干燥能耗和提高了干燥效率，又降低了尾气处理难度与成本；二是刨花板坯预热方面，"十三五"以来，超过一半的连续平压刨花板生产线采用了板坯喷蒸预热、板坯微波预热等板坯预热技术，明显提高了板坯热压时的传热效率，减少了热压升温时间，提高了刨花板热压出板效率和生产线产能，并提高了产品质量。另外，"十三五"以来，刨花板生产中工厂废气、尾气环保处理技术与装备也得到了明显发展，保证了刨花板生产线尾气排放达到或高于国家或地方环保要求，工厂的现代化和清洁化生产是产业规模化发展的保障。

10.4　无机类人造板

无机胶黏剂人造板是以无机材料为胶黏剂，采用较简单的生产工艺而制造的产品。其具有许多木质人造板所不具有的优点，比如不燃、抗冻、耐腐和无游离甲醛散发等，被认为是一类有发展潜力的新型结构人造板。无机胶黏剂人造板用作建筑和室内装修用材，缓解了木材资源压力，并为固碳方面提供了一种新的方式。通过调整工艺流程和原料配比等工作，可有效提高碳储备量及储备期。目前，水泥刨花板和石膏刨花板已在诸多国家投入工业化生产。

10.4.1 水泥刨花板

水泥刨花板是以木质刨花为原料，以水泥为胶凝材料，添加其他化学助剂，经混合搅拌、成型、加压和养护等工序制成的刨花板（周定国，2013；韩益杰等，2013）。因其抗震、抗冲击、抗裂性能好，且具备保温、隔音、吸音性能优良的特点，可用作内外隔墙、屋面板和天花板等各种建筑工程的非承重材料；又因其耐水性能好、吸湿性良好、防水性能好、耐久性好、结构密实、表面光滑，可在室内装饰领域应用（佟立成等，2002；肖姣等，2021）。

水泥刨花板的生产工艺一般有热压法和半干法。相对于半干法，热压法的优点在于生产过程不需要保压夹紧、硬化养护、卸压脱模、垫板回送等辅助设施，占地面积小，但由于热压过程要向板坯喷射二氧化碳来加速水泥的水化和硬化速度，所以需要具备二氧化碳生产和喷射的相关设施，较半干法生产工艺所需的设备价格要高出 30%～50%，因此生产成本较高。此外，二氧化碳在喷射过程中会有一定的损失，直接增加了大气二氧化碳的浓度。半干法的生产工艺成熟，产品质量可靠，可以降低能耗，大部分齐边废料经处理后仍可回收利用，提高了原料利用率，但生产周期长，辅助设备较多，养护占地面积大（佟立成等，2002；肖姣等，2021），其生产工艺如图 10-1 所示。

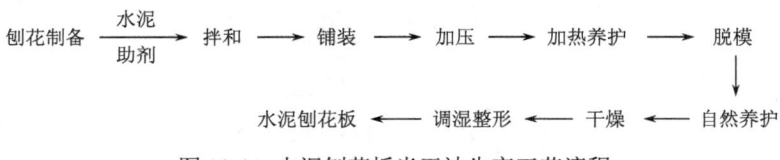

刨花制备 → 水泥助剂 → 拌和 → 铺装 → 加压 → 加热养护 → 脱模 ↓
水泥刨花板 ← 调湿整形 ← 干燥 ← 自然养护

图 10-1　水泥刨花板半干法生产工艺流程

虽然半干法的排碳量较高，但依据品质第一的原则而受到广泛青睐。研究发现，水泥易吸收空气中的水分和碳酸气产生结团，从而影响产品强度，一般要求水泥储存期不超过 1 个月。此外，木质材料与水泥的用量应具有匹配性，因此应通过对水化热的测试来确定。刨花的含水率对减少水泥的缓凝作用也十分重要，一般控制在 20%左右。研究显示，用部分粒径在 0.2～10mm 的锯屑替代刨花，能提高板材的静曲强度，降低吸水率，从而提高木材利用率，减少木材碳素损失量，延长木材碳素储存期。水泥与刨花的用量比称为灰木比，其大小影响着板材的性质，并影响积碳量的大小，所以要根据水泥刨花板的使用场所来确定灰木比。水量控制和化学助剂的选择对板材品质也都具有一定的影响，水木比在生产中需在适当范围内，水量既要满足水泥水化和木材铺装时的最大吸水量，又不能过量导致加压时发生溢水现象。其合适的水木比与灰木比的关系如表 10-1 所示。化学助剂主要解决的问题就是均匀性，以免造成板材强度的部位差。可见，生产工艺中的每个细节都与低碳减排相关，在满足产品品质的前提下应从各方面考虑减少加工的能耗。

表 10-1 合适的水木比和灰木比关系（周定国，2013）

水木比	灰木比	水木比	灰木比
1	1.5	1.6~1.8	3
1.1~1.6	2~2.5	1.8~2.0	4

10.4.2 石膏刨花板

石膏刨花板同水泥刨花板一样也是以木质刨花为基体材料，不同的是此种复合板是以石膏作为胶凝材料制成的一种板材。石膏刨花板具有加工性能好、环保、高耐火性及较好的隔音性等优点，其作为一种建筑材料得到了广泛应用，被列为新墙体材料（周定国，2013；李萌禹等，2018）。石膏具有重量轻、阻燃性好、传热系数小、价格低等优点，但是性脆易碎，因此用木质原料来弥补其不足。其生产方法有湿法和半干法，目前多以半干法为主，它具有用水量小、能耗低、无有毒有害物质产生和排放等特点（言智钢，2009），其生产工艺如图 10-2 所示。

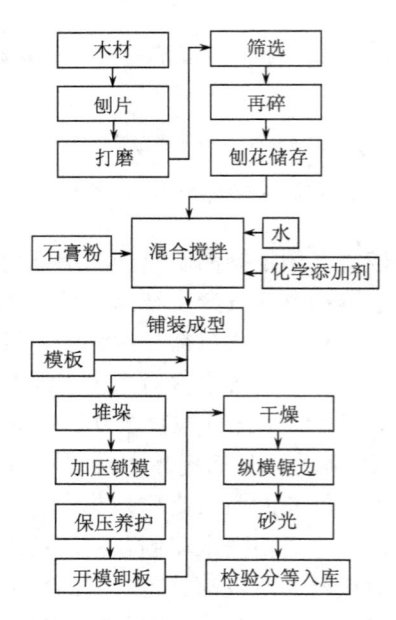

图 10-2 石膏刨花板半干法生产工艺流程（言智钢，2009）

石膏在木质刨花中起到了一种胶黏剂的作用，木质刨花也提供了增加石膏强度和韧性的功能，两者自身的形态特征对板材的性能具有决定性的作用。刨花的长度和厚度与板材的静曲强度分别呈正相关和负相关关系。若刨花中掺杂树皮会降低板材的静曲强度，这是因为树皮中大量的单宁等抽提物对石膏具有较强的缓凝作用。但如果刨花的添加量不变，而以树皮粉作为添加材料，则会提高板材的密度和静曲强度。

科学地控制好石膏的水化速度是非常重要的，过快或过慢将引起不良后果，可以借助差热分析仪确定水化时间。刨花的含水率是保障石膏充分水化的前提，一般不能小于 40%，也不能超过 80%。石膏的品质差异较大，其储存时间不宜过长，以防止发生粘板现象。刨花绝干重与石膏的比例即木膏比过高则降低板材的强度和耐候性，过低则易造成板材不同部位的强度差，一般为 0.25～0.40。水和石膏的比例即水膏比对板材的强度也具有较大的影响，比例过低则石膏水化反应不完全，比例过高则易使混合料结团，影响铺装的均匀性，一般为 0.35～0.45（刘贤淼等，2003；周定国，2013）。在加压时，由于是多张板材叠压，如果铺装不均匀，容易造成板内失均和板间厚度差，因此，混合料必须经过准确定量，且避免垫板变形翘曲。综上可知，从原料来源到产品成型的整个过程中，产品质量受到多方因素的影响，准确控制工艺能有效提高板材的品质和使用寿命，从而延长木材碳素的储存期。

10.4.3 其他无机刨花板

10.4.3.1 矿渣刨花板

矿渣刨花板是用矿渣粉末和刨花作原料，加入少量活性剂，经搅拌、成型、热压而成，成本低廉，生产周期短。其具有良好的保温性能、隔热性能、吸音性能及电绝缘性，可用于对防火、隔音及强度有较高要求的地方。矿渣是炼铁过程中产生的废渣，来源充足（王秀敏等，2002）。矿渣刨花板生产过程与水泥刨花板生产过程相似，其用于生产矿渣刨花板的木质刨花需经干燥，而生产水泥刨花板不需干燥；水泥刨花板一般用冷压，而矿渣刨花板一般用热压。木质刨花用类似于普通刨花板刨花制备方法获得，干燥后含水率为 3%～5%。接着把矿渣、刨花、水、活性剂（水玻璃或 NaOH）在搅拌机内充分混合，再通过铺装、热压、裁边、砂光等工序，便可得到矿渣刨花板（周定国，2013）。

10.4.3.2 粉煤灰刨花板

粉煤灰刨花板是借助于粉煤灰的胶凝特性，添加一定量的水、刨花添加剂，在一定温度压力下，发生水化、凝结和固化而获得的一种板材。粉煤灰刨花板的生产过程与水泥刨花板基本上类似，包括原料准备、搅拌、铺装、热压、养护、裁边和砂光等。为改善板材的性能，一般在生产粉煤灰刨花板时，需添加一定量的水泥。

10.4.3.3 菱苦土板

菱苦土板是用菱苦土和植物纤维混合经固化而制成的一种板材，具有防火、保温和价格低等优点，是一种合适的建筑材料，可用作墙板、天花板等。

生产过程与水泥刨花板相似，一般为冷压（周定国，2013）。

10.5 集成材与重组材

10.5.1 集成材

集成材是将短而窄的锯制板材通过层积胶合制成一定规格尺寸和形状的木质结构板材。其能保持木材的自然纹理，强度高、材质好、尺寸稳定性好，能小材大用、劣材优用，可制成能满足各种尺寸、形状及特殊要求的木构件，是一种新型功能性结构人造板，广泛应用于建筑、家具、室内装修等。其加工工艺流程如图10-3所示。

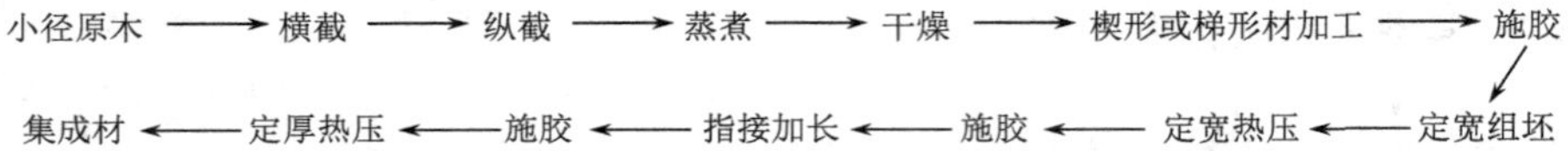

小径原木 ⟶ 横截 ⟶ 纵截 ⟶ 蒸煮 ⟶ 干燥 ⟶ 楔形或梯形材加工 ⟶ 施胶
集成材 ⟵ 定厚热压 ⟵ 施胶 ⟵ 指接加长 ⟵ 施胶 ⟵ 定宽热压 ⟵ 定宽组坯

图 10-3 集成材加工工艺流程

小径原木主要来源于经济用材林和固碳增汇林的间伐材和修枝材，由于小径材在生长早期受大风天气影响易发生弯曲，因此要对其进行截断处理以消除弯曲缺陷，若在树木生长过程中人为修正树木生长弯曲，不仅可提高加工效率，也能够减少加工造成的二氧化碳排放量。截断产生的废料可直接作为燃料使用，或作为压缩燃料、生物燃料等的原料。蒸煮处理可以有效减少木材的吸湿膨胀性，克服因材质不均造成的开裂变形，同时水热抽提出木材中的树脂以提高木材的胶合性能，此步骤对能源损耗较大，目前只能通过调整工艺参数来改善。楔形或梯形材加工的低碳性取决于设备的相关技术参数，如锯路宽度、加工精度及动力参数等。施胶过程易在施胶机上进行，从而有效控制施胶量，减少胶黏剂的损失。由于楔形材与梯形材之间的接触面易产生滑移，因此定宽热压时的上下压力要高于侧向压力。而后进行指接加长，此步骤对厚度要求十分精确，其厚度差不得超过1mm，因此必须选用精度较高的刨床，同时尽可能减少刨削量以减少木材碳素的损失。而后进行施胶和定厚热压,一方面控制施胶量,另一方面在满足要求的情况下对木材厚度进行合理设计,厚度越大,设备的能耗越大,设备使用寿命越短。

10.5.2 重组材

重组材的利用既能节约成本,又能有效地提高木材资源利用率,还能有效固碳。随着重组技术的不断发展,重组材可分为传统重组材和高性能重组材两类。传统重组材是以劣质小径级木材、间伐材及枝丫材为原料,经碾搓加工成横向不断裂,纵向松散而又交错相连的木材大束,再经过干燥、施胶、铺装和热压等工序重新组合加工出来的人造实体木材(林天成等,2017)。而高性能重组材的原料单元是旋切单板,常选用速生材(高旭东等,2022)。其加工工艺流程如图 10-4 和图 10-5 所示。

木段 → 蒸汽处理 → 碾搓 → 干燥 → 施胶 → 二次干燥
                                                    ↓
传统重组材 ← 压制 ← 组坯

图 10-4 传统重组材加工工艺流程

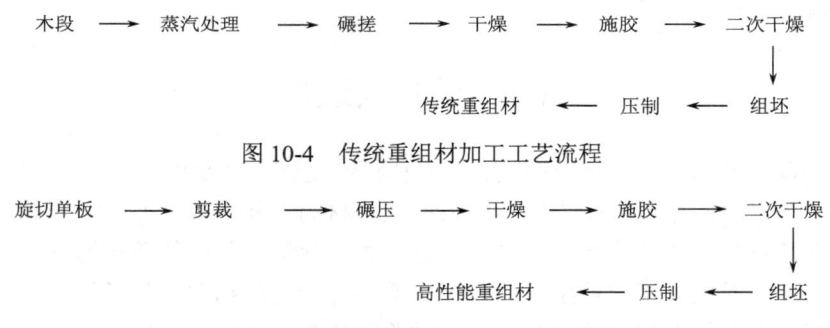

旋切单板 → 剪裁 → 碾压 → 干燥 → 施胶 → 二次干燥
                                                    ↓
高性能重组材 ← 压制 ← 组坯

图 10-5 高性能重组材加工工艺流程

传统重组材木段对材质的要求较低,可充分利用森林经营剩余物,减少木材的碳流失。木段通过蒸汽处理软化,而后由碾搓装置将木纤维解离,木段的软化程度对木纤维解离效果具有重要影响。软化得当利于纤维解离,可降低碾搓装置的负荷,节能的同时减少了对设备的损伤,碾搓工艺的出材率高达 85%以上,为木材加工利用开辟了新途径,实现了木材的高效利用,减少了木材碳素损失量。为达到木纤维的充分解离,需经过 4 次碾搓,在第二次与第三次之间进行加热处理,并在第三次结束后进行喷胶,经过 3 次碾搓,木纤维基分离,且加热处理促进了其对胶黏剂的吸收;通过第四次碾搓,胶液均分布到网状木束层中,而后进行铺装热压得到重组材,铺装方式可根据产品需求采取交叉、平行等多种方式,且对重组材的幅面和厚度亦可灵活调控。

高性能重组材多以杨木(*Populus* spp.)、柳木(*Salix* spp.)、桉树(*Eucalyptus* spp.)等速生材为原料,旋切成单板,以减少加工剩余物的形成,减少木材的碳流失。研究发现,单板厚度是影响高性能重组材的关键因素,其介于 2~6mm 时,高性能重组材的力学性能随单板厚度的增加而降低,但耐水性能提高;一旦超过

6mm，高性能重组材的力学性能和耐水性能均呈下降趋势（张亚慧等，2017；高旭东等，2022）。所以单板过厚不仅增加了设备的能耗，而且降低了高性能重组材的性能。通常采用真空-加压浸渍的施胶方式，因为通过合理控制真空-加压浸渍的条件，既可保证浸胶量均匀又不会造成胶黏剂浪费（韦亚南等，2016；高旭东等，2022）。在组坯方面可以采用平行铺装和顺纤维任意方向铺装两种方式，这两种方式均对高性能重组材的性能无明显影响。但平行铺装的板坯，在成型过程中所需压力小，加工时间更短，能耗较低（梁艳君等，2017）。

重组材的低碳性体现在：①充分利用短轮伐期或速生木材，提高了木材综合利用率；②干燥、施胶、铺装等工序简单，对设备无特殊要求，碾搓过程所需动力较小；③重组材密度可人为调控，因此可根据需求设计产品尺寸，从而节约木材原料；④力学性能优异，不弯曲、不开裂、不扭曲，具有更长的产品使用寿命，即木材碳素储存期更长。

10.6 竹材人造板

竹子以其分布广、生长周期短、秆形和材性良好（强度高、硬度大、韧性好）等特点，在多竹国家中理所当然地成为取代木材的主要原料，并逐渐形成竹材工业。我国是世界上竹子资源最丰富的国家，竹子栽培和利用的历史源远流长，并与中国的文化发展、工农业生产、人民生活多方面息息相关，但千百年来竹材利用长期停留在劈篾编织、原竹利用或经过简单的粗加工生产初级产品。由于竹子自然生长所形成的直径小、壁薄中空、结构不均匀等特殊结构，使竹材工业化加工利用的技术难度比木材加工要大得多，木材的加工方法、加工设备也不能直接用于竹材加工。自20世纪70年代以来，我国在竹材工业化开发利用方面取得了可喜的成绩，先后成功研制了车辆用竹胶合板、竹模板、竹地板、竹炭等新产品，从而大大提高了竹材的利用价值。近几十年来，中国竹材工业化利用和科学研究工作有了很大进展，尤其是竹材人造板研究有了很大进展，目前已生产的品种有竹材层积板、碎料板、胶合板、装饰板等，产品成本低、用途广，大有"以竹代木，以竹胜木"之趋势。

竹材人造板是以竹材为原料，经过一系列的机械和化学加工，在一定的温度和压力下，借助胶黏剂或竹材本身的结合力的作用压制而成的板状材料。竹材人造板已经在建筑、包装、车辆、室内装饰、家具等领域广泛地替代了木材和木材胶合板，成为国民经济建设的一类重要的原材料。竹材人造板组成单元有竹片（>30mm×4mm）、竹条（<30mm×2mm）、竹篾（<20mm×1mm）、竹编、竹帘、竹纤维、竹刨花。根据生产工艺和产品具有的使用性能，可将竹材人造板的结构分为单层结构和多层结构两种形式，前者分为均质结构（竹碎料板等）、渐变

结构、定向结构；后者分为定向结构和非定向结构两种形成。

竹材人造板需要克服竹材本身固有的某些缺陷，使竹材人造板具有幅面大且不变形、不开裂等特点，生产中与木质人造板一样，也要遵循对称原则和奇数性原则。按照其结构和加工工艺分成以下四大类。

（1）胶合板类：竹编胶合板、竹材胶合板、竹帘胶合板、竹席胶合板等。

（2）层压板类：单向（纵向）强度大，横向强度小，手工组坯不均匀，热压压力大，耗能多，板材密度大，受压不均，胶合强度难以保证，耗胶量大，但原料来源广泛。

（3）碎料板类：易制料，强度高，分散了竹青、竹黄对胶黏剂的影响，施胶量比木质刨花少，但板面易产生霉变，使用场合有局限性。

（4）复合板类：高强度覆膜竹胶合水泥模板、竹材碎料复合板、竹木复合板。

10.6.1 竹材胶合板

竹材胶合板是众多竹材人造板产品中的一种，将竹材经过高温软化展平成竹片毛坯，再以科学的、比较简便的、连续化的加工方法和尽可能少改变竹材厚度和宽度的方式获得最大厚度和宽度的竹片，以增加出材率，减少劳动消耗和胶黏剂用量，从而生产出保持竹材特性的强度高、刚性好、耐磨损的结构用竹材人造板。

将经过截断、去外节、剖分、去内节等工序生产的竹片毛坯经过一系列工序进一步加工成竹材胶合板的结构单元的过程，是竹材胶合板生产工艺的极为重要的组成部分。主要涉及竹材的软化、展平和辊压、刨削加工及干燥与齐边几道工序。采用该工艺需刨青、去黄，厚度损失过大；目前压刨的最小加工厚度为 3mm。因此，所用竹材要求直径较大，一般选用胸径大于 9cm 的毛竹或其他直径较大的竹子如桂竹、麻竹、龙竹等，以提高生产效率和出材率；选用材质稳定期的竹材，以增加竹材胶合板的强度。同时，由于原竹具有斜头，从基部至梢头竹壁厚度不一致，需要分段截取，遇到弯曲部位还需及时截断以提高等级，竹材利用率会受到一定影响。

竹片加工时，将半圆形的竹筒展平，则竹筒的外表面受压应力，内表面受拉应力。因竹材的直径较小，曲率较大，要将半圆形的竹筒展平，竹筒内表面受的拉应力大大超过竹材横向的结合力，内表面产生断裂或裂缝难以避免，减小竹材弹性模量是减小竹材展平时反向应力的有效手段。减小竹材弹性模量的方法和措施统称为竹材软化，目前有效的方法包括两个。

一是通过"水煮"提高含水率。竹材的含水率与竹龄、采伐季节、竹材在竹竿高度上的位置、储存时间和方法等多种因素有关，到达工厂的竹材含水率普遍不均匀且偏低。将竹材在 70~80℃ 的热水中浸泡 2~3h，通过水热交换，既提高了竹材的含水率，又提高了竹材的初始温度，同时还可以加快竹材含水率的增加速度，提高竹材及竹材胶合板的防虫防腐能力。

二是提高温度，达到进一步软化的目的。竹材纤维素的含量比一般木材高，而半纤维素和木质素含量较低，试验证明：半纤维素在 80℃、木质素在 100℃ 时即可具有一定的塑性，因此单靠常压水煮的方法提高竹材的温度是无法达到提高塑性的效果的。通常将竹材的温度提高到 140~150℃ 才能使竹材具有较好的塑性。

因竹材具有尖削度，竹片两头厚薄不一，而两块热平板加压是刚性加压，所以竹片不可能完全展平，使得后续工序刨削加工中残留的竹青、竹黄量多，影响胶合质量和外观质量；若过多刨削，则影响产品的机械强度和竹片利用率。竹材刨削的技术要点有：因竹青面较光滑，可作为刨黄时的基准面，一般先刨黄，再刨青；为提高竹材厚度方向利用率，防止一次刨削量过大，竹青、竹黄均应各刨削两次；竹片厚度的规格不宜过大或过小，以便于生产管理和提高竹材利用率，一般以 0.5mm 和 1mm 的间隔将竹片刨削成若干种厚度；刨削后，竹黄面不允许有残留竹黄，竹青面允许有极少量的残留竹青或不允许，以免影响胶合质量或二次加工。

由于竹筒破开产生的撕裂和干燥过程中的不均匀干缩，干燥后的竹片两侧边是凹凸不平的，为使竹材胶合板的面板、背板拼缝严密，芯板组坯时不产生过大的缝隙，所有竹片两侧边都要进行齐边加工。可采用手工进料的铣边机进行铣削，但若是竹片稍有弯曲，则铣削量较大，需经过多次反复铣削，方可使侧边平直，目前多数竹材胶合板厂都使用铣边机齐边，生产效率较低。亦可用履带压紧进料的锯边机，其优点是锯出的边光滑平直，锯削量可以采用活动导尺进行调节，加工余量小；通过履带压紧传送，进料速度快，竹片不会发生偏移，因而生产效率高，竹片的齐边质量好。

10.6.2 竹编胶合板

竹编胶合板是以竹材为原料，经劈篾、编席、涂胶、热压而成的一种竹材人造板。竹编胶合板在我国起始于 20 世纪四五十年代，其生产工艺简单，原料来源广泛，建厂投资小，竹材利用率高，产品具有力学性能高、生产成本低的特点，可广泛应用于包装、建筑、家具、车辆等行业，是目前竹材人造板的主要品种之一。

竹编胶合板的品种很多，对原料的要求各不相同，但加工工艺基本相近。根据我国目前市场上的产品，归纳起来有 3 种分类方法，根据竹编胶合板的耐候性能和防水性能，按照胶种分为 I 类和 II 类竹编胶合板。I 类为耐候、耐沸水竹编胶合板，以酚醛树脂或其他性能相当的胶黏剂胶合而成，能在室外使用，常用于耐候、耐水性要求较高的场合，如水泥模板、汽车卡车车厢底板、活动房屋外墙等。Ⅱ类为耐水竹编胶合板，以脲醛树脂或其他性能相当的胶黏剂胶合而成，这类板能在冷水中浸渍，能经受短时间热水浸渍，具有一定的抗菌性能，但不耐沸水煮，常用于耐水、耐候性要求不高的场合，如天花板、家具、一次性包装材料等。根据竹编胶合板厚度不同，力学性能不一的特点，竹编胶合板按厚度分为两类，一类为薄板型，厚度为 2～7mm，常用于天花板、家具、包装箱板等；另一类为厚板型，厚度为 7mm 及 7mm 以上，常用于水泥模板、汽车车厢底板、坑道顶板等。按照产品的最终用途则分为包装板、家具板、建筑模板、车厢底板等，这是市场上最普遍而对用户来讲又是最为直观的分类方法。还有其他分类方法，如按表面装饰方法分为素板、直接饰面板、薄木贴面板、塑料贴面板等，按其形态分为平面板、曲面板等。

虽然竹编胶合板的生产由于所使用的竹材性质及最终产品的用途而异，所选用的工艺流程有所不同，但主要的生产工序相差无几，主要包括竹篾的制备、编席、干燥、涂胶、热压、裁边等工序。在原料的选择上，尽可能选择劈篾性能好，节间长的竹种，竹材直径一般为 4～20mm 的中大径级竹为宜，精编篾多选用水竹、淡竹、慈竹等，粗编篾多选用毛竹、麻竹等竹种。竹材的劈篾性能随竹龄的增加而变差，嫩竹的篾条柔软、弹性好，精编席可选用 3～4 年生竹，粗编席要求不高，但不宜使用幼年竹。竹材的韧性和弹性随竹材含水率的增加而提高，含水率高时易于剖竹和破篾，故宜选用新鲜、含水率较高的竹材。竹篾的制作包括截断、去节、剖竹、劈篾等工序。

与木质胶合板及竹材胶合板直接测试材料的胶层抗剪强度不同，竹编胶合板胶合性能采取水煮（浸）-冰冻-干燥模拟加速老化后测定材料的静曲强度来表示，它间接反映了板材胶层的胶合性能在水、温度的作用下的变化情况，也反映了材料在正常使用状态下，胶层和整个胶合材料的耐水、耐候性能。与竹材胶合板力学性能相比，其纵向强度低于竹材胶合板，而横向强度高于竹材胶合板，为各向同性材料。

10.6.3 竹篾积成胶合板

竹篾积成胶合板又称竹篾积成材，是一种单向强度大、刚性好的结构材料，其结构组成近似于重组木，是用一定规格的竹篾片，经干燥、浸胶、干燥、组坯热压胶合而成的一种竹质人造板，产品具有显著的定向性，在建筑、车辆制造等行业是替代木材的良好材料。

竹篾积成胶合板的原料制备工段主要包括毛竹截断、剖开、去内节、剖篾、干燥等工艺过程。原料要求为竹龄 3 年以上，竹竿弯曲程度较小，眉围大于 15cm 的毛竹，以保证剖篾质量及较高的竹材出材率。篾片是竹篾积成胶合板的基本结构单元，其加工质量直接影响着产品的质量，因而生产工艺对篾片的质量要求较严格。生产中篾片的长度不一定等于产品的长度，全用长篾片会影响竹材的出材率，增加产品的成本；过多地使用短篾片会造成成品板材的强度降低，组坯时造成铺装不匀的概率大大增加，直接影响产品的质量。因而压制竹篾积成胶合板应遵循长短篾片搭配使用的原则，从产品质量和经济两方面考虑，长短篾片的用量比应为1：（0.2～0.3），组坯时长篾片分布于板的两表面。短篾片位于板的中层，通常长篾片的长度等于成品长度加上裁边余量，短篾片的长度最短不低于30cm，篾片的长度由截断工序控制。根据竹篾积成胶合板的结构特性，原料（篾片）应有较大的比表面积，以保证良好的胶合性能，如篾片较厚，则其比表面积较小，热压胶合时，胶合面积相对较小，且在浸胶量相同的条件下，厚篾片的刚性较大，弹性恢复能力强，板内的空隙较大，密度较小，板面的沟痕较深且多，板材的胶合强度、静曲强度较差，板面的质量也不好。因此，生产中宜选用较薄的篾片，根据生产经验及剖篾机的加工特性，篾片厚度在0.8～1.4mm为宜。篾片太薄会增加加工量和技术难度，影响生产效率的提高，也增加了胶黏剂的用量。篾片宽度对产品质量的影响较篾片厚度小，考虑到竹子的自然特性及加工量的大小，篾片宽度应以15～20mm为宜。篾片的表面为胶合面，为保证板的良好胶合，要求篾片表面平整光滑，同时在储存过程中应重点控制篾片的含水率和通风条件，防止篾片霉变。

篾片浸胶及浸胶后的干燥是生产竹篾积成胶合板的关键工序，此工序工艺过程完成的好坏将直接影响成品板的质量，应引起高度重视。浸胶量是衡量浸胶质量的重要指标，也是影响竹篾积成胶合板质量的重要因素。浸胶量过大则造成胶液浪费，增加生产成本，且热压时胶液易被挤出而污染热压板；过小则成品板的胶合强度差，甚至出现脱胶现象。原则上在保证胶合的前提下，尽量减少浸胶量，一般浸胶量达到篾片质量的6%～7%即可满足要求，生产中用浸胶时间来控制浸胶量。影响浸胶量的因素较多，如篾片的含水率、胶液的固体含量、胶液的黏度、胶液的种类，以及篾片堆积及捆扎的松紧程度等。一般针对不同的胶黏剂需要通过试验来确定浸胶时间。

浸胶后干燥是生产竹篾积成胶合板的关键工序，既要保证较高的干燥速度，又要保证在干燥的同时浸入篾片的胶液未固化，并使之具有均匀的终含水率（10%～14%，理论上6%～8%）。生产中只有工艺控制适当才能得到较理想的干燥效果，从而保证最终产品的质量。

10.6.4　竹材碎料板

竹材碎料板是以杂竹、毛竹枝丫、梢头及其他竹材加工剩余物为原料，经过辊压、切断、粉碎或经过削片、刨片、打磨制成针状竹丝后，干燥、施胶、铺装成型、热压而制成的一种竹材人造板。与其他竹材人造板相比，它的优势在于原竹分离成竹丝后，在一定程度上改变了竹青、竹黄原有的表面状态，从而改变了其胶合效果；对原料要求不高，来源广泛，是提高竹材综合利用率的有效途径之一。

竹材碎料板的生产工艺及设备与木质碎料板（刨花板）相近，但建厂规模不同，其工艺流程也略有差异。其原料来源广泛，直径在 10mm 以上的小径竹是制造竹材碎料板的良好原料，具有生长周期短、再生能力强、密度较低、强重比大，弹性韧性高于一般木材，收缩量小、顺纹抗拉强度大及容易加工成碎料等特点。毛竹等大径级竹材采伐后在迹地遗留下来的枝丫、梢头等采伐剩余物，竹制品加工剩余物、竹材人造板生产剩余物如梢头、根蔸、刨花、边条等也是制造竹材碎料板的良好原料。

为防止原料间的差异影响设备的加工性能或引起产品质量的不稳定性，同一批产品用同一种原料，表层、芯层分开，做到合理搭配。原材料应在阴凉处堆放 2~3 个月，待竹材外表面由青转黄后使用，以减少竹青蜡质的影响。

原料一般要经过水热处理，以提高原料的含水率，降低原料的硬度，减少后续加工的动力消耗，增加原料的塑性，减少加工粉尘，降低胶黏剂消耗；减少竹材表面蜡质（其存在不利于粉碎胶合），从而增加产品胶合强度；清除原料杂质，防止设备损坏，保证产品质量。

碎料制备后还要进行分选，其目的主要有：使同一用途的碎料形状趋于一致，满足不同用途的要求；除去过小的竹粉、竹屑，降低用胶量；回收过大过粗的竹碎料，进行再加工，提高竹材利用率。

10.6.5 竹材复合板

随着竹材资源的深入开发，生产规模的持续扩大，竹材人造板领域也面临着一些亟待解决的问题，如以竹片或竹篾为构成单元的胶合板类，竹材利用率低（35%~50%），生产效率不高，生产规模受到限制；以竹材碎料、竹纤维为构成单元的竹材碎料板、纤维板类虽然可以充分地利用竹材资源，但产品机械强度差，尺寸稳定性差，强重比小，使用过程中易发生霉变，从而影响了产品的使用和推广。针对这些问题，以竹材作为主要原料之一与其他材料结合构成的各种复合板产品应运而生。所谓竹材复合板，就是以竹材作为主要原料之一，由两种或两种以上性质不同（种类、形态）的材料，利用合成树脂或其他助剂，经过特定的加工工艺生产的人造板。竹材复合板品种繁多，结构多样，很难按照统一的标准进行分类，大体可以从下面几个方面进行概括：①按照构成的原料分，有全竹材复合型、竹木复合型、竹材与非木质纤维材料复合型等，如竹材碎料复合板、竹材覆面胶合板等；②按照产品的结构分为夹芯结构复合板（竹席或竹片碎料夹芯复合板等）和层合结构复合板，如竹木复合板及其他结构复合板等；③按照构成原料形态分，有不同种类的单层板复合（竹木复合胶合板）、单层板与碎料复合（竹材碎料复合板）、不同种类的碎料复合等。

竹材复合板的性能一般由构成的基材性能及它们之间的界面状态所决定，同时与产品的结构及成型工艺等密切相关，因此，竹材复合板具有以下共同特点：①可以取长补短，综合发挥各组成材料的优势，使一种产品具有多种性能；②可以根据产品的性能要求进行结构设计和制造；③可以有效地利用各种类型的材料，原料来源广泛。通过不同形态的材料的复合可以改善产品性能，提高原材料的利用率，降低产品成本。

10.6.6 竹材人造板减少碳足迹的举措

竹材人造板作为一种新兴的环保材料，相较于历史悠久的木材人造板而言，其在工业应用与市场普及方面的发展时间较为短暂。特别是在减碳举措的研究领域，针对竹材人造板的专项研究相较于木材人造板显得较为匮乏。这主要是因为，尽管竹材本身作为一种生长迅速、固碳能力强的植物资源，其应用于人造板制造具有天然的减碳潜力，但如何将这种潜力最大化地转化为实际的减碳效果，仍需要深入的科学研究与技术实践。

对于竹材人造板的减碳举措与传统的木材人造板相似，比如选择生长快、更新换代快的竹子作为原料，这样可以减少因原材料生长周期长而带来的碳足迹。利用小径级毛竹和其他直径为 5~6cm 的竹子，以及杂竹、毛竹梢头或枝丫等原料，扩大原材料来源，减少对大径级竹材的依赖，从而降低对森林资源的压力。提高生产机械化程度，减少人工操作带来的能耗和碳排放。优化生产流程，减少不必要的加工步骤，降低生产过程中的能耗和碳排放。采用先进的干燥、定型、涂胶等技术，提高生产效率和质量，同时降低能耗和碳排放。

以竹材纤维板的减碳举措为例，竹材纤维板是人造纤维板的一种，主要以竹纤维作为原料，其性能相较于以木质纤维或其他植物纤维为原料的传统纤维板更优秀，可以代替塑料产品进而减少塑料污染。竹纤维板与传统纤维板在原料以及工艺上存在差异。传统纤维板的原料主要是木质纤维和其他植物纤维。竹纤维板秉持"以竹代木、以竹代塑"等绿色环保新理念，主要以竹纤维作为原料，进行成分优化。采用疏解磨浆、饱和蒸汽烘干加热及干燥压光等关键工艺技术，改善产品长短纤维的配比，有效改变了成型纤维原材料的性能。工艺上传统纤维板的纤维分离过程一般是经机械力作用从原料中分离出纤维，再经盘式精磨机进行精磨，是较为简单的磨制，而纤维板新型包装材料经过疏解机+高浓除砂器+盘磨，属于精细的分离过程，能耗上会比传统的纤维分离过程高出不少。另外在干燥环节，传统纤维板一般是"施胶-干燥"，或者"干燥-施胶"。而纤维板新型包装材料采用的是"前干燥-施胶-后干燥",比传统的纤维板要多一道干燥工序。正因为竹纤维板在磨制阶段和干燥阶段比传统纤维板更复杂,因此增加了竹纤维板单位产品电耗。在竹纤维板生产过程当中,主要涉及制浆备料工段、纤维成型工段及辅助系统,主要工艺流程如图 10-6 所示。其中,制浆备料工段主要是将竹纤维和木纤维从原材料仓库用叉车运送至备料车间,通过链板式输送机送入连续立式疏解机进行纤维拆解后,进入卸料池,泵送高浓除砂器除去泥沙等杂质,再经过盘磨疏解研磨,将纤维物料含水率处理至 3.5%后送至塔内贮存。纤维成型工段主要包括面/芯/底层配料、冲料、上网、压榨、前干燥、施胶、后干燥、压光、卷曲、复卷、打包输送等工序,本工段是生产过程当中最大的耗能系统,主要消耗电力和蒸汽,主要用能设备包括气罩、纸机、风机、机泵和烘缸等,因此主要通过设备选型,设置变频调速、采用伺服电机、蒸汽余热回收、管道保温隔热、冷凝水回收及白水回收等方式节能降耗。辅助系统则配套相应的污水处理、凝结水回收、照明、暖通等,主要消耗电力。采取这一系列节能措施,可以有效降低电力和蒸汽的消耗量,进而降低能耗。

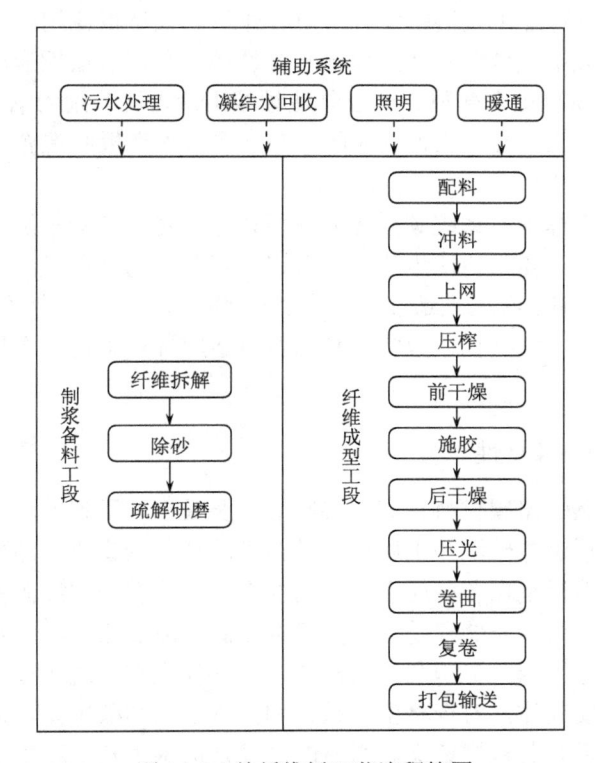

图 10-6 竹纤维板工艺流程简图

10.7 人造板的低碳储碳特性

10.7.1 人造板的低碳特性

所谓的低碳经济是以减少温室气体排放为目标,构筑低能耗和低污染为基础的经济发展模式。低碳经济已经成为世界各国经济发展的主要模式。人造板是指以木材及其剩余物或其他非木材植物为原料,加工成各种形状的单元材料,施加或不施加胶黏剂和其他添加剂,组坯胶合而成的各种板材或成型制品,主要包括胶合板、刨花(碎料)板和纤维板等三大类产品。人造板产业是低碳、环保、可持续发展的绿色产业。人造板产品的广泛应用有巨大的碳减排和碳储存潜力。我国人造板产业主要以人工林资源和"三剩物"等可再生、可降解、可循环利用的生物质资源为原料,产品可以替代优质大径级木材满足国民经济与社会生活的需要,是建筑、家具、包装等产业的重要基础材料,对稳定和扩大就业、增加居民收入,促进绿色循环经济发展等发挥了重要作用。人造板应用广泛,其中,家具制造是最主要的应用领域,其次是建筑装饰领域。我国人造板应用中家具制造领域用量占比约为 60%,在建材、地板制造领域用量占比分别为 20%和 7%,在包装领域用量占比约为 8%。从企业地区分布来看,人造板制造企业主要集中在浙江和江苏地区。

人造板作为森林生态系统碳循环的重要载体,对维持碳平衡有积极意义。随着低碳循环发展经济体系的逐步建立,人造板行业作为循环经济的典型行业,将会获得更多发展机遇。我国人造板应用广泛,但面临木材资源供给压力大等问题,需转向高质量发展。大型化、数字化和原材料适应性更强是人造板设备制造的三大发展趋势。

10.7.2 人造板的储碳特性

木材属于天然的储碳材料,其主要制品只要处于使用状态就一直会作为碳储存库而存在,包括森林碳汇和木质林产品在内的林业碳库总碳储量高于大气中二氧化碳总量。人造板是在各种应用中使用的产品,具有替代能源密集型材料的潜力,同时又具有较强的碳储存功能,并且存在碳释放滞后效应,是重要的碳缓冲器。人造板产品作为森林资源利用的延伸,是森林生态系统碳循环的组成部分和碳储量流动的重要载体,对森林生态系统和大气之间的碳平衡,以及调节大气中碳周转率和周转量有着积极意义。木材的形成是树木生长过程中从大气中吸收二氧化碳,依靠太阳能在树木体内以纤维素、木质素等碳化合物的形式固定储存,形成细胞构造的生物学过程。因此,将树木采伐加工成人造板后继续以木材的形式发挥强大的碳存储库作用,直到木质板材使用寿命结束,其所储存的碳由于木质板材腐烂或焚烧而释放回大气中。

生产和使用人造板及其制品,可以固定大气中的二氧化碳,减少温室气体排放,是应对气候变化的有效方法之一。人造板是重要的木质林产品,主要原料为木材,木材以碳、氢、氧为主要元素,其中碳元素占比达到50%左右。我国原木和锯材的含碳量为 0.496g/g,依据碳储量计量方法测算得知,以平均基本密度 489kg/m³ 计,则每立方米原木和锯材的碳储量约 242.544kg,折合 889.328kg 二氧化碳当量。我国人造板的平均含碳量为 0.4664g/g,依据碳储量计量方法测算得知,以平均基本密度 670kg/m³ 计,每立方米人造板的平均碳储量约 312.488kg,折合 1145.79kg 二氧化碳当量。人造板产业作为储碳减碳的重要载体,对"双碳"目标的实现具有积极作用,积极、合理地利用竹材、木材、薪材等木质原料发展绿色材料、绿色家具、绿色建筑、绿色能源等产业,不仅可以打通森林碳循环之路,从而促进森林更新和可持续固碳,激活森林"碳库",还可以替代塑料、水泥、钢铁、化石燃料等能源密集型产品,实现替代性减排,对于提升森林生态系统碳汇能力、保障木材安全、发展低碳绿色循环产业等,具有十分重要的现实意义(图10-7)。

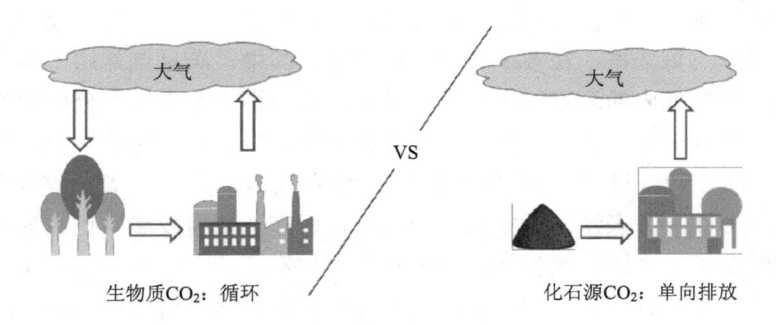

图 10-7 人造板的储碳特性

人造板中碳储存量的计算如下。

碳流动(carbon flow)的计算基于板材产量的绝干质量,并折算为二氧化碳当量,计算公式为

$$碳流动 = 板材产量 \times 50\% \times \frac{44}{12} \tag{10-1}$$

式中,碳流动的单位为吨二氧化碳($t\ CO_2$);板材产量为板材绝干质量,单位为吨(t);50%为板材中木材碳含量估计值;44 为 CO_2 的分子量;12 为 C 的分子量。

累积碳库为历年碳流动之和,单位为吨二氧化碳($t\ CO_2$),计算公式为

$$累积碳库 = 碳流动_{1年} + 碳流动_{2年} + 碳流动_{3年} + \cdots + 碳流动_{x年} \tag{10-2}$$

寿命(lifetime)是指最终产品在被回收或处理前正在使用状态下的时期,是

产品的使用时间或者平均使用时间。通常以半衰期和平均使用寿命两种方式表示，对应于木质林产品的分解率，遵循指数变化模型和线性模型，如果模型是线性的，那么产品的分解率就是恒定的。产品的使用寿命会直接影响到产品的碳储量结果。

10.8 人造板的碳排放

10.8.1 人造板的全生命周期碳排放

在全球变暖和气候变化日益受到关注的背景下，与产品及其生产过程相关的温室气体足迹越来越受到关注。作为重要的生物复合材料，人造板主要由木材、森林采伐剩余物、木材加工剩余物、黏合剂和添加剂组成。广泛应用于家具、建筑、装饰、交通等领域。因此，评估和管理人造板生产的温室气体足迹对这些相关行业至关重要。生命周期评价（life cycle assessment，LCA）作为目前最为科学和全面的环境影响评价方法，能够系统定量地评价产品从原材料获取到最终废弃处理整个生命周期过程中对环境产生的全球增温潜势（碳足迹）、资源消耗、土地利用等多种影响，识别出对环境有较大影响的单元过程，从而为后续产品的改进优化提供科学决策依据，在多个领域广泛应用。其中，碳足迹是用于描述某项活动或产品生命周期内的温室气体排放总量的定量指标。基于过程分析的产品碳足迹（carbon footprint，CF）计算，是对生命周期评价的直接应用，量化产品从原材料获取到最终处理整个生命周期排放的温室气体，并以二氧化碳当量（CO_2 equivalence，CO_2eq）表示。近年来，我国人造板产业快速发展，已成为世界人造板生产和消费第一大国，其生产过程中对于木材资源的大量使用及能源的利用，成为碳排放的重要领域。运用科学分析的方法量化评估人造板产品碳足迹，对于产品绿色设计、企业工艺改进、清洁生产及行业可持续发展具有重要意义。

人造板的贡献包括对年二氧化碳排放和清除的贡献。温室气体的直接排放发生在生产过程中，而间接排放则与购买的电力和产品寿命结束时有关。其他排放类型与纤维和非纤维生产、运输和产品使用有关。目前我国对于人造板生命周期碳排放的评价研究主要集中于胶合板、纤维板、刨花板等少数基材。目前对于人造板产品全生命周期的系统边界在团体标准《人造板及其制品碳足迹评价指南》（T/CNFPIA 4011—2023）中有3种界定，分别是从"摇篮"到"大门"（图10-8），即从原辅料生产、产品生产到产品出厂为止；从"大门"到"大门"，即从原料进厂开始，经产品生产到产品出厂为止；从"摇篮"到"坟墓"，即从原辅料生产、产品生产到产品使用寿命终止为止（图10-9），3种范围界定均涉及环境影响、能源消耗和资源消耗三大部分。

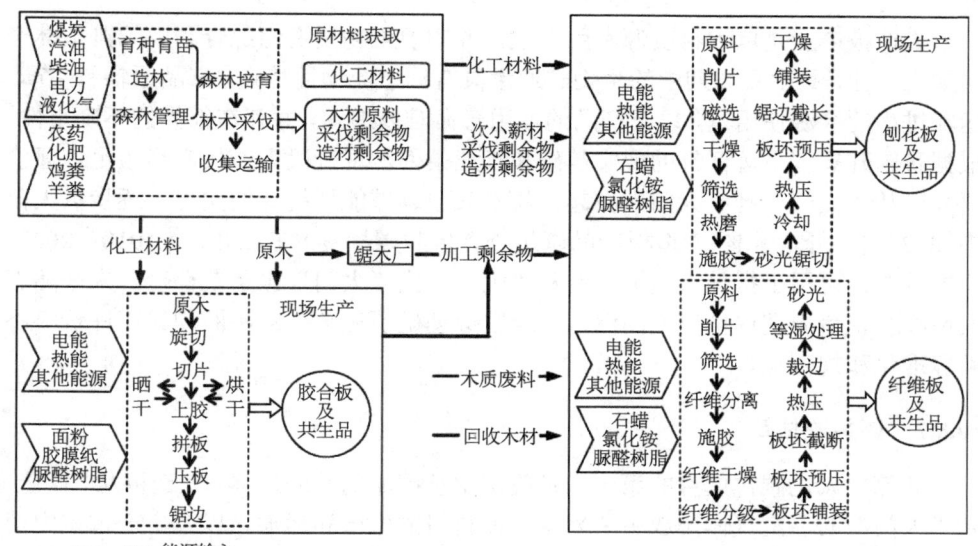

第 10 章　木质人造板低碳加工和碳足迹

图 10-8　基于从"摇篮"到"大门"的生命周期评估

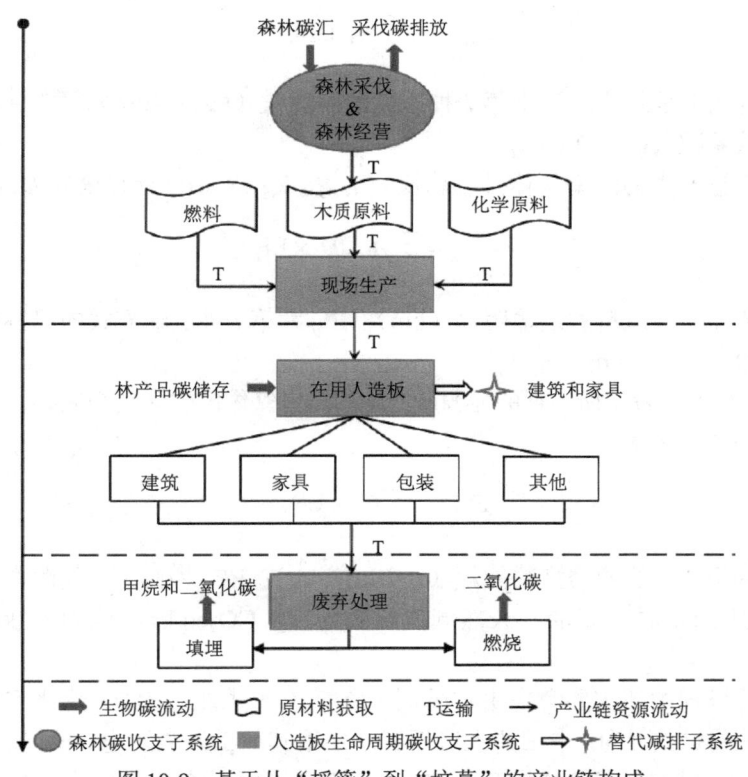

图 10-9　基于从"摇篮"到"坟墓"的产业链构成

人造板产业是以木材资源利用为主，并实现生物质资源综合利用的典型林产品加工产业，其生命周期中的生物碳通量具有动态流动性特点，产品原辅料生产、运输过程的能源使用量，以及产品的使用寿命难以追踪，并存在很大的不确定性，根据我国开展碳足迹评价的现实基础和行业条件，现阶段人造板产品碳足迹评价研究可从"大门"到"大门"做起，随着其他领域能耗统计的完善，逐步扩大范围。2023年，团体标准《人造板产品碳足迹评价和碳标签》(T/CNFPIA 4010—2023)正式发布，可用于指导人造板企业从"大门"到"大门"碳足迹评价，未来随着人造板全生命周期评价研究的深入和全社会基础研究数据的不断积累，评价将不断标准化和规范化。

10.8.2 碳足迹估算

计算二氧化碳排放量的第一步是确定木基碳流的系统边界。人造板从"摇篮"到"大门"的温室气体排放主要来源于原材料的生产和运输，以及生产过程中消耗的能源（表10-2）。原料生产产生的温室气体排放总量（E_{GHG1}，kg CO_2eq）采用式（10-3）进行计算。

$$E_{GHG1} = \sum_{i}^{n} A_i + EF_{ti} \quad (10\text{-}3)$$

式中，A_i 为人造板生产过程中第 i 种原料的消耗量（kg）；EF_{ti} 为第 i 种原料的温室气体排放系数（kg CO_2eq/kg）。

原料运输产生的温室气体排放总量（E_{GHG2}，kg CO_2eq）计算公式如式（10-4）。

$$E_{GHG2} = \sum_{i}^{n} A_i \times D_i \times EF_t \quad (10\text{-}4)$$

式中，D_i 为第 i 种原料的运输距离（km）；EF_t 为第 i 种运输方式的温室气体排放因子[kg CO_2eq/（kg·km）]。

人造板生产过程中所消耗的能源所产生的温室气体排放总量（E_{GHG3}，kg CO_2eq）采用式（10-5）计算。

$$E_{GHG3} = \sum_{j}^{n} C_j \times EF_{ej} \quad (10\text{-}5)$$

式中，C_j 为第 j 种能源类型的能耗（kW·h 或 kg）；EF_{ej} 为第 j 种能源类型的温室气体排放因子[木材、石油、天然气或煤炭为 kg CO_2eq/kg，电力为 kg CO_2eq/（kW·h）]。

在计算过程中还需要考虑生物质颗粒燃料（木材加工残渣）燃烧产生的甲烷和氧化亚氮排放，因为，中国的人造板工厂使用其加工残渣发电。根据ISO 14067计算方法，木材加工残渣燃烧产生的二氧化碳排放不应包括在温室气体足迹计算中，但木材加工残渣燃烧产生的甲烷、一氧化二氮和其他温室气体排放应包括在内。这是因为树木在生长过程中从大气中吸收二氧化碳，但不吸收其他温室气体。木材加工残渣燃烧产生的甲烷和氧化亚氮也需要计入温室气体排放中。

对于生物碳储量的估算，ISO 14067 要求单独记录木制品中储存的生物碳量。因此，根据 BS EN 16449: 2014（CEN，2014）计算人造板中的生物源性碳储量。所用公式为

$$P_{CO_2} = \frac{44}{12} \times cf \times \frac{\rho_\omega \times V_\omega}{1 + \frac{\omega}{100}} \qquad (10\text{-}6)$$

式中，P_{CO_2} 为人造板中生物源性碳储量（kg CO_2eq）；cf 为人造板的碳分数含量；ρ_ω 为人造板的密度（kg/m³）；V_ω 为人造板的体积（m³）；ω 为人造板的水分含量（%）。

以 1m³ 人造板生产为例，我国现场生产胶合板、纤维板、普通刨花板和定向刨花板的投入清单见表 10-2。

表 10-2　中国生产 1m³ 人造板现场生产投入清单

板材	使用的材料	用量和能耗	运输距离/km	运输方式
胶合板	单板	730kg	150	柴油汽车
	三聚氰胺脲醛树脂	80kg	25	柴油汽车
	脲醛树脂	16kg	25	柴油汽车
	粉末	31kg	50	柴油汽车
	三聚氰胺树脂浸渍纸	49m²	50	柴油汽车
	电	46kW·h	—	—
	柴油	0.9kg	20	汽油汽车
	天然气	35m³	—	—
纤维板	枝丫木材	1232kg	50	柴油汽车
	脲醛树脂	176kg	100	柴油汽车
	石蜡	2kg	1200	柴油汽车
	氯化铵	2kg	550	柴油汽车
	电	201kW·h	—	—
	柴油	0.7kg	100	柴油汽车
	生物质颗粒燃料（木材加工残留物）	214kg	100	汽油汽车
普通刨花板	枝丫木材	1038kg	144	柴油汽车
	木材加工残留物	175kg	157	柴油汽车
	脲醛树脂	67kg	—	—

续表

板材	使用的材料	用量和能耗	运输距离/km	运输方式
普通刨花板	聚氨酯	26kg	—	—
	硫酸铵	0.3kg	100	柴油汽车
	磷酸	0.1kg	100	柴油汽车
	石蜡	2kg	100	柴油汽车
	电	131kW·h	—	—
	柴油	1kg	15	柴油汽车
	生物质颗粒燃料（木材加工残留物）	3kg	200	柴油汽车
定向刨花板	木材	2068kg	300	柴油汽车
	聚氨酯	30kg	1000	柴油汽车
	石蜡	7kg	1000	汽油汽车
	电	233kW·h	—	—
	柴油	0.8kg	20	柴油汽车
	生物质颗粒燃料（木材加工残留物）	104kg	50	汽油汽车

注："—"表示空白数据，下同

10.8.3 胶合板碳排放

在中国的人造板总产量中，胶合板占总产量的50%以上。在所界定的从"摇篮"到"大门"系统内分析人造板行业碳足迹，具体包括原辅料获取和运输、产品生产和入库分销等阶段。胶合板的碳足迹最小。在原材料获取阶段，纤维板和刨花板的原料参与上游森林管理和木材加工的环境负荷的分配。原材料运输阶段，由于纤维板和刨花板原料来源广，运输过程三种人造板的碳排放量大小为：纤维板＞刨花板＞胶合板。现场生产阶段，纤维板的能源耗用远高于刨花板和胶合板，故其碳排放量最高，其次是刨花板，最后是胶合板（图10-8）。胶合板具有良好的替代减排潜力。对于胶合板而言，单板生产占总温室气体足迹的第一，其次是三聚氰胺改性脲醛树脂的生产，这是由胶合板生产工艺决定的。胶合板生产过程中，主要消耗能源的环节为调胶施胶和成型热压等。胶合板主要可分为木胶合板和竹胶合板，在胶合工艺下，木胶合板模板碳足迹低于竹胶合板模板。中国胶合板生产的温室气体足迹高于斯洛伐克和美国。人造板的密度、性质和生产技术不同，导致了原材料类型和数量的差异。例如，研究的中国生产的胶合板使用的胶黏剂类型为三聚氰胺脲醛树脂和脲醛树脂，胶黏剂用量分别为80kg/m³和16kg/m³。相比之下，斯洛伐克案例研究中用于胶合板生产的胶黏剂为三聚氰胺甲醛树脂，胶黏剂用量为65kg/m³。总体而言，对于相同的人造板类型，温室气体足迹和面板密度之间存在正相关关系。由于不同树脂的温室气体排放因子不同，树脂类型对温室气体足迹也有影响。

10.8.4 单板层积材碳排放

对于单板层积材的从"摇篮"到"大门"的生命周期碳排放影响评估阶段包括林业经营、贴面生产和单板层积材生产。贴面生产阶段的能源消耗主要基于可再生能源，特别是现场消耗的用于热能发电的木材燃料。相比之下，单板层积材生产阶段主要依赖化石燃料，其中主要消耗的资源是天然气和煤炭。但贴面生产阶段占主导地位，贡献大于 50%。林业经营阶段对环境产生的影响最小。

10.8.5 纤维板碳排放

对于纤维板的从"摇篮"到"大门"的生命周期碳排放评估而言，胶黏剂的生产所产生的碳排放占碳足迹的绝大部分，其次是电力生产（表 10-3）。与其他国家相比，中国生产中密度纤维板所需要消耗的脲醛树脂远远高于西班牙、巴西、美国和加拿大等国家。胶黏剂生产（如三聚氰胺改性脲醛树脂、脲醛树脂和聚氨酯）和生产过程中的能源消耗（如电力和天然气）被确定为中国生产的人造板温室气体排放的主要来源。因此，未来胶黏剂生产应朝着专业化、规模化的方向发展。纤维板现场生产过程中，主要热环节为热磨、纤维干燥和热压等。在生产纤维板方面，巴西案例研究的温室气体足迹明显低于其他国家。在北美的两个案例研究中，纤维板的温室气体足迹存在显著差异。研究得出的我国纤维板生产的温室气体足迹几乎等于德国，而排放量明显低于日本和爱尔兰。在纤维板生产中，除风送和除尘系统外，热磨、干燥工序等是另外的耗能重点，需要加大相关技术的研发。

表 10-3 我国中密度纤维板生产线主要电能消耗指标

生产线来源	设计生产能力/（万 m³/年）	理论单位产品电能消耗/（kW·h/m³）	生产线设备装机容量/kW	气力输送装置 装机容量/kW	平均占总装机容量比重/%
国产	5	<284	4500	860	19.1
	3	300~350	2730~2865	540	19.8
	1.5~1.6	380~400	1507~1846	405	26.9
引进	5	—	4289	1145	26.7

10.8.6 刨花板碳排放

刨花板在能源利用和碳储存方面具有良好的特性。刨花板因为使用木材燃料（一种可再生资源），所以它的碳足迹很小。就刨花板从"摇篮"到"大门"的生命周期碳排放评估而言，胶黏剂的生产所产生的碳排放量占温室气体足迹的绝大部分（表 10-4）。刨花板现场生产主要用热环节是干燥、制胶、石蜡熔化和热压等。刨花板是木材废料回收再利用中最常见的产品，与使用新鲜木材制备的刨花板相比，使用再生木材废料制备刨花板或增加再生木材废料的比例产生的二氧化碳当量更低。表明对于刨花板，减少碳排放的努力应主要集中在材料资源类别上。在生产刨花板方面，研究得出中国生产的刨花板产生的碳足迹高于西班牙、德国和巴西，但低于日本、北美和巴基斯坦。在生产定向刨花板方面，中国产生的温室气体碳足迹最高，明显大于巴西、爱尔兰、美国东南部和德国。造成各国之间差异的一个关键因素是能源结构。中国和日本的人造板行业严重依赖电力，而北美的人造板行业则依赖于木材废料、煤炭和天然气。巴基斯坦很大一部分能源来自化石燃料。在巴西和一些欧洲国家，生物质颗粒燃料和水电等可再生能源在向人造板行业提供能源方面发挥着重要作用。能源结构不仅影响人造板生产本身的温室气体排放，还影响原材料生产的温室气体排放。此外，原材料运输距离的变化也可以部分解释温室气体足迹的差异。例如，巴西生产定向刨花板所需木材的运输距离较短（150km），而中国生产定向刨花板所需木材的运输距离要长得多（300km）。

表10-4 从以前的国际研究中提取的4种类型的人造板（胶合板、纤维板、刨花板和定向刨花板）的温室气体足迹（从"摇篮"到"大门"，不包括生物碳储存）

板材	密度/（kg/m³）	使用树脂类型	碳足迹/（kg CO$_2$eq/m³）	地区
胶合板	517	酚醛树脂	281	美国东南部
胶合板	458	酚醛树脂	177	美国西北部
胶合板	—	三聚氰胺甲醛树脂	515	斯洛伐克
胶合板	—	三聚氰胺脲醛树脂/脲醛树脂	538	中国
纤维板	683	脲醛树脂	199	巴西
纤维板	782	三聚氰胺甲醛树脂/脲醛树脂	759	北美
纤维板	—		897	爱尔兰
纤维板	720	脲醛树脂/三聚氰胺改性脲醛树脂	850	日本
纤维板	691	脲醛树脂	406	德国
纤维板	—	脲醛树脂	406	中国
刨花板	750	脲醛树脂/三聚氰胺甲醛树脂/酚醛树脂/聚氨酯树脂	444	日本
刨花板	634	脲醛树脂/三聚氰胺改性脲醛树脂	217	德国
刨花板	692	脲醛树脂/三聚氰胺改性脲醛树脂	402	北美
刨花板	630	脲醛树脂	333	巴西
刨花板	640	脲醛树脂	215	西班牙

续表

板材	密度/(kg/m³)	使用树脂类型	碳足迹/(kg CO₂eq/m³)	地区
刨花板	750	脲醛树脂	975	巴基斯坦
刨花板	—	脲醛树脂	348	中国
定向刨花板	633	聚氨酯树脂/酚醛树脂	248	美国东南部
定向刨花板	—		236	爱尔兰
定向刨花板	573	聚氨酯树脂/三聚氰胺改性脲醛树脂	318	德国
定向刨花板	600	聚氨酯树脂	127	巴西
定向刨花板	—	聚氨酯	552	中国

注:"—"表示收集的文献研究中对该类型数据未提

10.8.7 碳储存对于碳足迹计算结果的影响

生命周期评价可以提供人造板的整体环境性能,但迄今为止进行的大多数人造板生命周期评价研究都没有考虑这些木制品的生物碳储存方面。中国是全球最大的人造板制造国、消费国和贸易国。中国人造板的生产过程与其他国家的生产过程有很大的不同。不同生物源性碳延迟排放估算方法对不同人造板类型温室气体足迹的影响尚缺乏综合评价。计算人造板的碳排放,碳足迹方法论之间的主要差异是对于生物源二氧化碳的处理。例如,ISO 14067 温室气体协议和 PAS 2050 在碳足迹计算中明确包括了生物源二氧化碳的排放和清除。《气候宣言》并未考虑生物源性二氧化碳或碳储存,这可能在与不储存生物碳的竞争产品(如基于化石的材料)比较中产生偏差,但对于哪种方法最合适计算碳足迹尚未达成共识。并且不同方法对不同人造板类型温室气体足迹影响的综合评价仍然缺失。此外,迄今为止,关于中国生产的人造板的温室气体足迹的数据很少,而且没有一个数据包括生物碳储存的影响(表10-5)。

表 10-5 用于评估中国生产的人造板生物源性碳延迟排放的权重因子

方法	焚烧	填埋
固定 GWP 法	1	1
ILCD 法	0.695	0.495
PAS 2050 法	0.685	0.590

人造板的碳排放计算结果对各种碳排放方法也非常敏感。此外,人造板的使用寿命相对较长(超过 10 年),因此,了解在使用和处置阶段与储存和延迟碳排放有关的信息至关重要。在人造板使用寿命期间储存的生物碳可能在其使用寿命

结束时排放到大气中。对于焚烧情景，不同的计算方法对人造板的温室气体足迹有显著影响。对于垃圾填埋场情景，不同的方法对人造板的温室气体足迹的计算结果影响微不足道，因为98%的生物源性碳将永久储存在产品中。因此，未来的人造板准则，如产品类别规则，应要求评估和报告碳储存，统一废物能源消耗的核算，并包括资本货物。

在人造板使用寿命期间储存的生物碳可能在其使用寿命结束时排放到大气中。因此，生物源性碳延迟排放的处理是人造板温室气体足迹评估的关键问题。目前使用比较广泛的3种方法为，固定GWP法（García and Freire，2014）、ILCD法（EC-JRC，2010）和PAS 2050法（BSI，2008）。固定GWP法没有考虑生物源性碳的延迟排放。换句话说，该方法认为人造板中储存的生物碳量等于生命的终结中释放的生物碳量。而另外两种方法则解释了生物碳的延迟排放。可以使用权重因子来估计延迟排放的影响，ILCD法与PAS 2050法的权重因子计算方法不同。

根据ILCD法，权重因子（FW）的计算如下。

$$FW = \frac{100 - t}{100} \qquad (10\text{-}7)$$

式中，t表示人造板中储存的生物碳的年数总和。

在PAS 2050法中，权重因子的计算方法如下。

$$FW = \frac{\sum_{i=1}^{100} x_i (100 - i)}{100} \qquad (10\text{-}8)$$

式中，i表示排放发生的年数，x_i表示第i年发生的总排放量的比例。

考虑到不同的生命的终结方式，两种常见的为焚烧和填埋。在焚烧的情况下，人造板内100%的生物碳立即释放到大气中。在垃圾填埋场沉积的情况下，假设98%的生物源性碳永久储存在人造板中，只有2%的生物源性碳将在20年内以固定速率释放到大气中。根据IPCC指南，人造板的预计使用寿命为30.5年。

10.8.8 人造板材与其他材料碳排放对比

人造板具有碳替代减排潜力。2022年发布的《林产工业行业碳排放现状与达峰路径蓝皮书》研究表明，仅考虑生产加工阶段，不考虑材料的来源和回收阶段，木制品生产过程的平均碳排放量仅为瓷砖生产过程碳排放量的16.7%、钢铁生产过程碳排放量的25.4%、水泥生产过程碳排放量的61.6%、粗钢生产过程碳排放量的4%、P.I型硅酸盐水泥生产过程碳排放量的9.2%，因此使用木质人造板替代瓷砖、钢铁和水泥可有效降低建材生产碳排放量。用木材生产的人造板建筑模板可以代替标准水泥、钢筋和红砖等材料。废旧木材燃料替代化石燃料技术在国外已经有了较为成熟的应用。

10.8.9 人造板减少碳排放举措

我国是世界人造板生产、消费和进出口贸易的第一大国，年生产、消费人造板 3 亿 m³ 左右。虽然中国人造板行业发展进步较快，但其能源结构仍有待调整优化。国外人造板行业多采用木质燃料供热。木质燃料是一种可再生燃料，可有效替代化石能源，从而能改善产品生产过程中的环境排放。提高生物质燃料的比例，将生产过程中的废弃树皮和不能作为板材原料利用的边角料、砂光细粉等作为生物质燃料使用，能有效大幅降低企业温室气体排放量。采购指标要求应确保供方能够提供符合工厂环保要求的材料。在资源方面，树皮及生产线筛选的细料、粉尘废料、刨花边条等很难全部资源化利用，但据某人造板企业监测，这些废料作为生物质燃料，可将热效率提高至 0.95，燃烧后的木灰渣仅占燃烧前总重量的 4%，木质废料所能提供的热能与生产线所需的热能可以做到基本平衡，不仅大幅降低了企业成本和温室气体排放量，还降低了绩效评估指标中的单位产品能耗和碳排放量。

人造板生产企业，特别是刨花板、纤维板生产企业主要以三剩物和次小薪材为原材料，不仅"变废为宝"，而且大幅降低了木材的使用量，其原材料具有天然的生态产品优势。如果能更多地利用城市木质废弃物作为生产原料，在生产能耗、污染物排放及包装回收利用等方面考虑周全，人造板企业的产品较容易满足生态设计指标的要求。企业应积极履行生产者责任延伸制度（EPR），推进固体废弃物的综合利用，可依据国家标准《废旧人造板回收利用规范》（GB/T 40051—2021）的规定，积极推动废旧人造板的变废为宝。

碳足迹评估结果显示，刨花板在应对气候变化中有很大的减排潜力。其碳储量高于胶合板且碳足迹低于纤维板，能源耗用也远低于纤维板。在未来的产业结构调整中考虑刨花板的减排潜力，发展优质刨花板的生产和使用，符合中国人造板产业结构升级方向。对于人造板，化学试剂的使用也会影响碳排放，如使用植物源防霉剂比使用化学防霉剂每立方米重组竹地板碳足迹减少 2.28kg CO_2eq，所以应尽量使用对环境更为友好的化学试剂。

同时，通过上述人造板碳排放的描述可以发现，胶黏剂的生产占据了碳足迹的很大一部分。虽然生物胶黏剂具有较低的环境影响，但较高的生产成本和技术壁垒仍然限制了其在中国人造板行业的大规模应用。因此，需要减少胶黏剂的消耗。减少胶黏剂用量可以通过改善胶黏剂的黏接性能和耐水性来实现。将胶黏剂用量从 100%减少到 92%，可使胶合板减少 2%的碳排放量，纤维板减少 5%，刨花板减少 4%，定向刨花板减少 2%（图 10-10）。

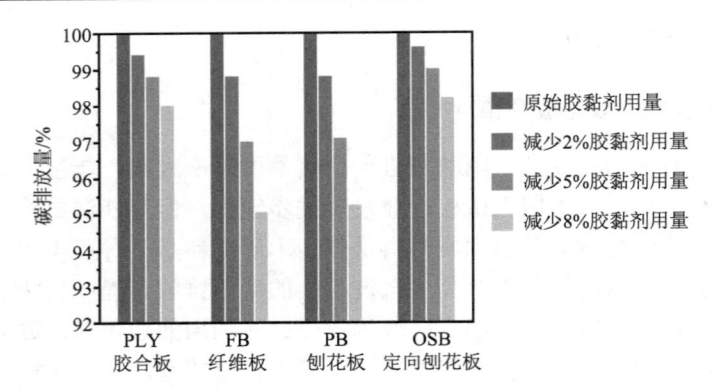

图 10-10　不同类型的人造板减少胶黏剂用量对于碳排放的影响

后续应进一步开展"以竹代塑"前瞻性人造板产品的碳足迹高精度量化和绿色认证，推进构建木竹替代"1+X（钢、化石能源等）"体系，拓展其面向碳中和的贡献潜力。替代减排效应分析结果显示，竹胶合板模板比具备相同功能的钢模板的环境影响低得多（约为1/10）。

人造板企业绿色工厂的创建是推动"双碳"目标实现的重要途径。人造板生产企业在生产过程中消耗的能源主要包括电力、天然气、煤炭、柴油、汽油等。企业应制定能源消耗统计制度、产品消耗定额制度，为各个车间、主要耗能设备及用能单元安装电表、天然气表和水表，定期进行能源统计。电力消耗在能源消耗中占比较高，尤其是连续平压机、砂光机和切割机等大型设备耗电量较大，具有较大的节能潜力。此外，企业应采用节能灯、声控灯、光伏发电，以降低电力消耗。

参 考 文 献

曹燕卫, 赵政博, 秦晨, 等. 2023. 基于壳聚糖粘结剂的中密度纤维板制备及其性能研究. 林产工业, 60(5): 15-20..

常亮, 郭文静, 吕斌, 等. 2017. 我国刨花板产业现状和发展趋势. 中国人造板, 24(10): 1-5.

崔丽娜, 安然, 丁观芬, 等. 2024. 饰面人造板材的生命周期碳足迹评价. 林产工业, 61(4): 59-63.

冯雪. 2014. 中国人造板出口市场结构研究. 哈尔滨: 东北林业大学硕士学位论文.

高旭东, 亓燕然, 范吉龙, 等. 2022. 重组木制造技术研究进展与展望. 木材科学与技术, 36(1): 22-28.

耿爱欣. 2021. 基于碳负债理论的中国林产品替代减排有效性及固碳偿还时间研究. 南京: 南京林业大学博士学位论文.

郭文静, 常亮, 高黎, 等. 2024. 中国刨花板产业创新发展近况及展望. 中国人造板, 31(3): 57-61.

郭晓萧, 李平. 2021. 绿色发展理念下低碳化创新研究的动态演化、特征及趋势. 贵州社会科学, 11: 130-138.
韩益杰, 兰从荣, 饶久平. 2013. 水泥刨花板研究进展. 福建林业科技, 40(4): 225-230.
鹤翔. 2013. 我省人造板产业现状及发展趋势思考. 云南林业, 34(2): 39-41.
江京辉, 王斯栋, 张凤毫. 2023. 江苏丰县胶合板产业现状与发展建议. 中国人造板, 30(3): 6-9.
江泽慧. 2002. 世界竹藤. 沈阳: 辽宁科学技术出版社.
揭昌亮. 2016. 木质林产品进出口贸易与我国林业全要素生产率增长关系的实证研究. 北京: 北京林业大学博士学位论文.
劳万里, 段新芳, 李晓玲, 等. 2023. 周期评价研究进展. 西北林学院学报, 38(1): 205-211.
李佳. 2008. 我国胶合板出口贸易研究. 北京: 北京林业大学硕士学位论文.
李萌禹, 岳孔, 刘健等. 2018. 石膏刨花板研究综述. 世界林业研究, 31(1): 46-51.
李婷婷. 2015. 中国人造板出口增长因素实证研究. 北京: 北京林业大学博士学位论文.
李延军, 许斌, 张齐生, 等. 2016. 我国竹材加工产业现状与对策分析. 林业工程学报, 1(1): 2-7.
梁艳君, 张亚慧, 余养伦, 等. 2017. 铺装方式对杨木重组木性能的影响. 木材工业, 31(3): 40-43.
林立平, 黄圣游. 2016. 木基材料产品碳足迹的核算与分析. 中南林业科技大学学报, 36(12): 135-139.
林天成, 翟莲, 彭东俊. 2017. 国内外重组木的研究现状与发展趋势. 低温建筑技术, 39(3): 58-60.
刘贤淼, 傅峰, 张双铁, 等. 2003. 石膏刨花板的生产技术及应用前景. 木材加工机械, 5: 12-15, 38.
刘元强. 2012. 杨木单板层积材单板斜接质量胶接工艺探讨. 中国人造板, 19(8): 14-16.
刘元强, 叶交友, 詹先旭, 等. 2021. 胶合板生产工艺探讨. 中国人造板, 28(7): 7-14.
罗书品, 吕斌, 郭文静. 2022. 2021年我国刨花板进出口贸易情况简析. 中国人造板, 29(7): 1-5.
吕柳, 王志强, 张智光, 等. 2008. 我国胶合板产业集群的发展现状与建议. 木材工业, 2: 29-32.
糜嘉平. 2010. 我国木胶合板模板的发展及存在问题. 中国人造板, 17(5): 5-8.
佟立成, 张双保, 常建民. 2002. 水泥刨花板的生产、应用及发展前景. 木材加工机械, 4: 31-34.
万阳, 曹志强, 彭博, 等. 2024. 全桉木边角废料生产优质环保刨花板的清洁生产工艺. 大众科技, 26(3): 77-80, 84.
王军会, 杨秦丹. 2019. 胶合板产品生命周期(LCA)评价分析. 陕西林业科技, 47(5): 72-75.
王瑞, 吕斌, 唐召群, 等. 2016. 对我国胶合板产业发展的几点建议. 林产工业, 43(1): 19-22.
王珊珊. 2021. 基于碳中和目标的人造板产业动态生命周期模型及碳收支评估. 南京: 南京林业大学博士学位论文.
王珊珊, 张寒, 杨红强. 2019. 中国人造板行业的生命周期碳足迹和能源耗用评估. 资源科学, 41(3): 521-531.
王秀敏, 许欣欣, 山永青. 2002. 无机胶粘剂刨花板简介. 林业机械与木工设备, 8: 40-41.
韦亚南, 张亚梅, 于文吉. 2016. 浸胶方式对荷木重组木性能的影响. 木材加工机械, 27(5): 29-31.

肖姣, 侣爽, 杨奕旭, 等. 2021. 硅酸盐水泥刨花板制造及应用研究进展(续). 中国人造板, 28(12): 7-11.

熊满珍, 伍美燕. 1998. 木材节约代用是缓解我国木材供需矛盾的有效途径. 林产工业, 1: 6-9.

徐金梅, 王高峰, 段新芳, 等. 2021. "双碳"目标下人造板企业绿色工厂的创建. 木材科学与技术, 35(6): 71-76.

徐丽. 2024. 竹纤维板项目节能降耗研究. 化工管理, (20): 68-71.

言智钢. 2009. 石膏刨花板生产工艺与发展前景. 湖南林业科技, 36(3): 38-40.

杨忠, 吕斌. 2015. 我国刨花板产品质量现状分析. 中国人造板, 22(10): 19-23.

叶克林. 2016. 当前我国人造板工业面临的新挑战. 木材工业, 30(2): 4-6.

佚名. 2017. 郑州佰沃: 新理念打造"绿色"板材让家装洋溢谷香. 河南科技, (5): 6-8.

张冰, 胡婷婷, 唐青青, 等. 2024. 广西人造板产业存在的主要问题及对策建议. 中国人造板, 31(4): 7-11.

张方文. 2017. 定向刨花板生命周期评价（LCA）及环境影响评价研究. 北京: 中国林业科学研究院博士学位论文.

张齐生. 1995. 中国竹材工业化利用. 北京: 中国林业出版社.

张齐生. 2004. 竹类资源加工的特点及其利用途径的展望. 中国林业产业, (1): 9-11.

张思冲, 吴昊. 1998. 纤维板制造业的工艺优化及清洁生产. 森林工程, 1: 18-19.

张秀标, 费本华, 江泽慧. 2020. 竹展平板胶合性能研究. 林产工业, 57(9): 16-19.

张亚慧, 韦亚南, 于文吉. 2017. 疏解单板厚度对杨木重组木性能的影响. 木材工业, 31(1): 46-49.

张震宇. 2022. 中国纤维板产业发展现状分析. 林业机械与木工设备, 50(7): 11-15, 23.

张忠涛, 杨诺, 王雨. 2024. "双碳"战略下中国人造板产业的绿色发展之路. 中国人造板, 31(3): 39-43.

赵仁杰, 喻云水. 2002. 竹材人造板工艺学. 北京: 中国林业出版社.

周定国. 2013. 人造板工艺学. 北京: 中国林业出版社.

周捍东. 2003. 我国中密度纤维板生产线气力输送及除尘系统能耗浅析. 林产工业, 6: 16-18, 36.

British Standards Institution(BSI). 2008. PAS 2050: 2008—specification for the assessment of the life cycle greenhouse gas emissions of goods and services.

CEN. 2014. BS EN 16449:2014. Wood and wood-based products—calculation of the biogenic carbon content of wood and conversion to carbon dioxide. CEN-CENELEC Management Centre, Brussels.

Costa D, Serra J, Quinteiro P, et al. 2024. Life cycle assessment of wood-based panels: a review. Journal of Cleaner Production, 444: 140955.

Ferro F S, Silva D A L, Lahr F A R, et al. 2018. Environmental aspects of oriented strand boards production. A Brazilian case study. Journal of Cleaner Production, 183: 710-719.

García R, Freire F. 2014. Carbon footprint of particleboard: a comparison between ISO/TS 14067, GHG Protocol, PAS 2050 and Climate Declaration. Journal of Cleaner Production, 66: 199-209.

Hafezi S M, Zarea-Hosseinabadi H, Huijbregts M A J, et al. 2021. Portance of biogenic carbon storage in the greenhouse gas footprint of medium density fiberboard from poplar wood and bagasse. Cleaner Environmental Systems, 3: 100066.

Lao W L, Chang L. 2023. Greenhouse gas footprint assessment of wood-based panel production in China. Journal of Cleaner Production, 389: 136064.1-136064.10.

Wang S, Wang W, Yang H. 2018. Comparison of product carbon footprint protocols: case study on medium-density fiberboard in China. International Journal of Environmental Research and Public Health, 15(10): 2060.

Wilson J B. 2010. Life-cycle inventory of medium density fiberboard in terms of resources, emissions, energy and carbon. Wood and Fiber Science, 42(Suppl. 1): 107-124.

第 11 章　木结构建筑

我国木结构建筑历史悠久，是中华文明的重要组成部分。木结构是中国历史上最重要的代表性建筑类型之一，有着深厚的历史积淀和文化内涵，形成了成熟的技术体系。北宋时期制订的中国古建筑技术规范——《营造法式》，就已经记录了成熟完善的设计与施工要求。传统木结构建筑主要采用原木，取材方便，梁架适用性强，有较强抗震性能；通常采用模数制，加工方便，施工速度快，便于修缮和拆迁，同时，建筑结合材料特性形成了独特的建筑美感。但是，近代木结构建筑逐渐被钢筋混凝土结构、玻璃幕墙等具有现代主义风格的建筑所取代。然而，水泥、钢筋混凝土、玻璃等材料产生的能耗对生态环境造成了巨大影响。在全球变暖和能源危机影响下，发展节能低碳建筑变得十分重要。由此，绿色建筑、生态建筑、有机建筑和可持续建筑日益受到重视。

现代木结构建筑是指利用先进木材加工或重组技术制造的工程结构材，通过新型节点连接技术所构成的木结构体系，其整体性能优于传统原木结构建筑。木结构建筑以天然材料为主，具备独特的生态优势，如环保可再生、施工简便、工期短、成本低、隔热性能好、抗震性能优良等。木结构建筑产业链上游由原木、木质工程材料等原料供应商构成，中游主要包括建材研发生产、建筑设计及安装施工等，下游产业由文旅休闲建筑、会所、民居等木结构建筑需求方组成。根据中国林业科学研究院木材工业研究所 2022 年发布的《中国现代木结构建筑发展研究报告》，截至 2021 年 12 月，全国有木结构建筑企业 270 余家，规模以上企业占 35%，民营企业占 85%，主要分布在东北、华东、华中和西南等地区，其中，华东地区占 70%以上，产值占 90%以上。2021 年，我国木结构建筑施工面积约 310.8 万 m^3，市场规模小，不到 200 亿元，但发展质量近年有较大提升。建筑类型以文旅项目和公共建筑为主，梁柱式（框架式）和轻型木结构产品占比分别为 90.03%、89.47%。

11.1　木结构建筑的低碳可持续特性

"双碳"目标背景下，木结构作为绿色建筑的重要表现形式，具有广阔的发展空间。木结构建筑从原料开发、制造、运输、建造、营运到拆迁的全生命过程中均体现了绿色建筑理念，相对其他建筑形式在降低二氧化碳气体排放、减少建筑运行能耗等方面具有明显的优越性（郭明辉，2012）。

11.1.1　木结构建筑的低碳特性

木材具有天然的低碳特性，木质建材加工过程能耗低、碳排放量低，同时具有良好的固碳储碳功能（曾杰等，2018）。建筑材料是构筑建造物的基本原料，其碳排放量占建筑物累积碳排放量的大部分，因此，减少建筑材料二氧化碳排放量是降低建筑物碳排放的关键（图 11-1）。建筑材料在生产、运输、施工、运营、使用和拆除等系列过程中都对环境造成不同程度的影响（陈启仁和张纹韶，2005；倪冰乙等，2023）。根据清华大学建筑节能研究中心（2021）发布的《中国建筑节能年度发展研究报告 2021》，木材、水泥、玻璃和钢材的环境评价指标如表 11-1 所示。木材累积大气二氧化碳排放量远小于水泥、玻璃和钢材，因此，提高建筑物的木构件比例将会有效减少二氧化碳排放。

可持续的木结构建筑固碳

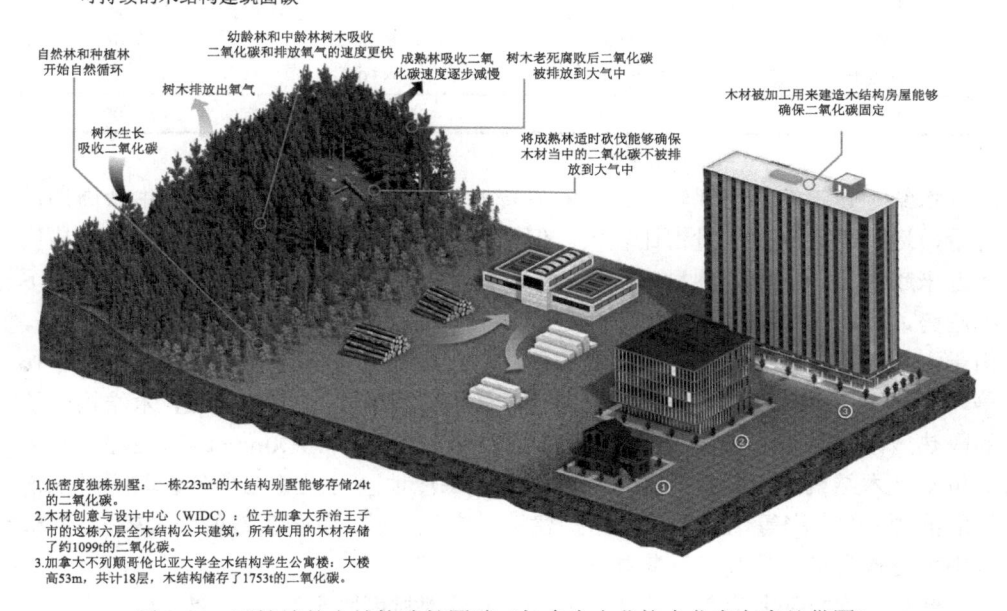

1. 低密度独栋别墅：一栋223m² 的木结构别墅能够储存24t 的二氧化碳。
2. 木材创意与设计中心（WIDC）：位于加拿大乔治王子市的这栋六层全木结构公共建筑，所有使用的木材存储了约1099t的二氧化碳。
3. 加拿大不列颠哥伦比亚大学全木结构学生公寓楼：大楼高53m，共计18层，木结构储存了1753t的二氧化碳。

图 11-1　可持续的木结构建筑固碳（加拿大木业协会北京办事处供图）

为改善人居微环境，且综合考虑地理位置等因素，一些国家比较重视木结构居民住宅建设。我国受木材资源的限制和人们生活习惯的需求，木结构住宅尚未实现规模化发展，但在度假村、公园、旅游胜地等一些区域亦可见到木结构的木屋和别墅等（张峻，2015）。建筑面积为 136m² 的木结构、钢筋混凝土结构和预制钢结构住宅建造主要用材的加工碳素排放量如表 11-2 所示。木材的二氧化碳排放量最低，木结构建筑的累积碳排放量最低，是比较理想的低碳建筑类型。

表 11-1　4 种建筑材料的环境评价清单

环境评价指标	木材	水泥	玻璃	钢材
气候变暖（CO_2 排放）/kg	30.30	1220.00	1870.00	6470.00
臭氧层损耗（ODP）/kg	0.01	0.35	0.56	1.80
酸化（二氧化硫）/kg	0.15	76.80	197.00	48.70
悬浮颗粒物/kg	2.57	250.00	574.00	1080.00
水资源消耗/m^3	1.24	99.60	243.00	549.00
化石能源消耗/kg	115.00	349.00	2350.00	1310.00

表 11-2　3 种住宅建造主要用材的加工碳素排放量（kg CO_2）

材料	木结构	钢筋混凝土结构	预制钢结构
制材品	1 282.00	234.60	293.60
胶合板	260.30	425.30	199.60
钢材	792.60	7 067.80	8 817.10
混凝土	2 805.10	14 087.00	5 432.70
合计	5140.00	21 814.70	14 743.00

　　木结构建筑能源消耗较少，是业界普遍认可的特征。从木结构全生命周期过程看，运行阶段碳排放量占比较大。但是，在发展被动式建筑过程中，木结构优势越来越明显。国内外项目实践经验证明，木结构建筑运行碳排放量占比将呈下降趋势，被动式木结构建筑优势凸显（Gong et al.，2012）。木结构建筑保温性好，由于木材的导热性较差，在同样厚度条件下，木材的隔热值比标准的混凝土高 16 倍，比钢材高 400 倍，比铝材高 1600 倍。即便采用通常的隔热方法，木结构建筑的隔热效果也是空心砖建筑的 3 倍多（Guo et al.，2017；Dong et al.，2020）。由此可知，木结构建筑能降低能耗，特别是在寒冷地区可显著减少冬季取暖时所消耗的能源（徐洪澎等，2021）。木结构建筑是实现零碳、负碳建筑的一种较佳选择，应用木结构有助于实现社区零排放。

　　此外，木材还具有储存碳素的功能，$1m^3$ 木材可固定约 1t 二氧化碳。木结构建筑是碳的储存库，将碳汇从森林扩展到城市建筑（高颖，2020）。发展木结构建筑，形成木结构建筑碳汇，可以补充陆地碳储存。雄安新区白洋淀游客服务中心木结构建筑与等效钢混结构建筑相比，整体木结构建筑在建材生产阶段碳排放量降低约 18.20%～24.79%，考虑木材固碳量后，降低约 39.94%～45.58%（图 11-2）。

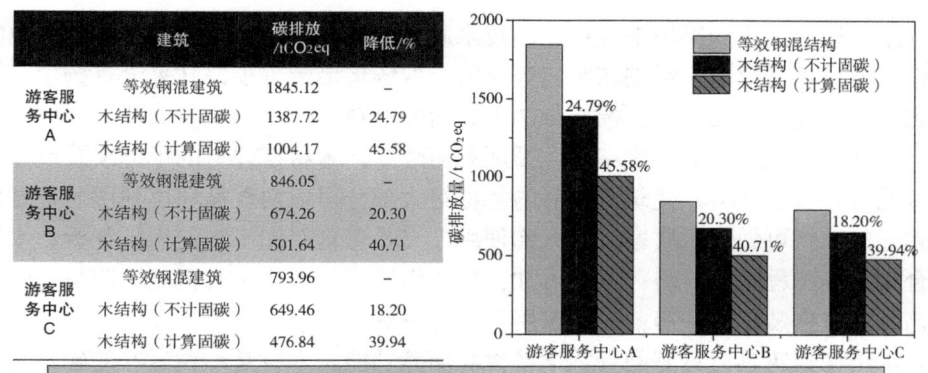

建筑		碳排放/tCO$_2$eq	降低/%
游客服务中心A	等效钢混建筑	1845.12	—
	木结构（不计固碳）	1387.72	24.79
	木结构（计算固碳）	1004.17	45.58
游客服务中心B	等效钢混建筑	846.05	—
	木结构（不计固碳）	674.26	20.30
	木结构（计算固碳）	501.64	40.71
游客服务中心C	等效钢混建筑	793.96	—
	木结构（不计固碳）	649.46	18.20
	木结构（计算固碳）	476.84	39.94

- 地上建筑部分，建材生产阶段约降低18.20%～24.79%，考虑固碳可降低39.94%～45.58%

图11-2 雄安新区白洋淀游客服务中心木结构建筑与钢混结构建筑碳排放量比较

11.1.2 木结构建筑的可持续特性

木材是天然可再生的绿色建材，可持续的森林利用能够满足木质建材的不断供给。合理地种植和采伐，有利于促进森林里树木生长。在建筑中增加木材的使用能促进森林资源的可持续发展，减少对能源密集型材料的消耗。与限伐、减伐等途径相比，加强回收利用、生物能源利用及工程木质材料制造，可以更高效地发挥森林资源可持续利用特性，助力建筑行业可持续发展（高颖，2022）。

木结构建筑使用寿命长，耐久性优异。木结构建筑形态与自然资源、政策、经济、技术等紧密相关，从最早的原木井干式结构到公元10世纪的木筋墙结构，均是以木材为主要的支撑构架，如瑞士的圣加仑州（St. Gallen）、法国的阿尔萨斯（Alsace）、德国的奎德林堡（Quedlinburg）等地保存的11世纪、12世纪建造的木结构建筑。应县佛宫寺释迦塔是我国现存最古老最高大的纯木结构楼阁式建筑，已有近千年历史；日本奈良法隆寺是现存世界上最古老的木结构建筑，至今有1400多年历史，可见木材是一种耐久性极强的天然可再生材料。近几十年来，木结构建筑的保温防潮设计、材料处理技术、抗震安全性能、施工及维护技术都有了长足的发展，木结构建筑的耐久性和使用寿命明显增强。

木结构建筑抗震，结构稳定性好。一般采用均衡对称的柱网平面和梁架布置，是具有一定柔性的整体框架结构体系。当地震时，建筑通过自身的变形能消化地震带来的破坏性冲击，可在一定限度内保障建筑的安全（戴志中和胡斌，2002）。因此，木结构体系能有效减轻地震对建筑、物品等的损毁，从而减少地震后的修复工作，减少能源消耗。

木结构建筑装配化程度高，绿色建造技术优势明显。木结构构件、部品标准化程度较高，木结构设计样式灵活多变，可控性强，易于工业化生产，可灵活拆卸互换；施工过程均采用干式作业，技术质量易于控制，建造工期短，除土地配套设施外，不需要砖、钢筋和水泥等材料，现场环境污染少，几乎没有扬尘，可做到"零"建筑垃圾，可大幅减少加工、运输材料所产生的能源消耗。

木结构建筑拆除后回收率高，循环利用性好。木材在建材的可持续发展领域有着无可替代的优势，建筑拆除后的木材绝大部分可以实现循环再利用。一是保存完好的木料可做成木质家具供人们使用；二是可重新加工制作为刨花板、木塑复合材料等工程木质材料；三是可加工制备纸浆、活性炭、有机肥；四是可制成工艺品或室内装饰部件等；五是可用于燃烧供热。

木结构建筑具有良好的环境学特性和康养功能。木材是一种良好的建筑艺术材料，可以使建筑成为居家、工作学习和运动的绝佳场所。木材具有温馨和自然属性，可以给人创造出积极的情绪，产生康乐安宁的总体感觉，提高工作成绩和生产效率。在医院，可以对患者康复起到身心调适作用。用于外墙板、梁和搁栅的工程木制品由环保胶制成，绿色安全，不会产生过敏。木材还可调节室内的温度和湿度，减少对空调和通风的需要，使生活更加舒适。

木结构建筑具有良好的可持续发展特性，是构建低碳节能社会、实现生态文明、构建美好人居环境的重要途径。此外，随着人工林速生材进入"种植-采伐-应用-种植"的良性循环，我国现代木结构建筑在原材料及工程木质材料生产技术、木结构建筑设计与建造技术、防护技术及保养维修技术，以及建筑设计风格等方面的国产化、本土化发展目前也日益成熟（张调亮等，2012；刘毅等，2014）。

11.2 木结构建筑的结构体系

木结构产品生产具有标准化、规格化及生产效率较高的特点，其构造形态与材料尺寸和接合方式相关，同时也受到气候、功能性和经济性等外部因素的影响。木结构建筑能够有效降低建筑物累计能耗，在自然资源可持续发展方面亦有突出贡献。随着建筑环保意识和节能低碳理念强化，木结构建筑技术得到长足进步。目前，逐渐发展形成现代木结构建筑体系。

11.2.1 木结构建筑用材

现代木结构建筑用材主要包括工程木质材料、结构用胶黏剂、金属材料及连接件等。常见的工程木质材料如下：规格材（dimension stock）、胶合木（结构用集成材，structural glued laminated timber）、正交胶合木（cross-laminated timber，CTL）、定向结构刨花板（oriented strand board，OSB）、单板层积材（旋切板顺纹胶合木，laminated veneer lumber，LVL）、层板胶合木（glued-laminated timber，GLT）、层板销接木（dowel-laminated timber，DLT）、层板钉接木（nail-laminated timber，

NLT)、平行木片胶合木（parallel-strand lumber，PSL）、层叠木片胶合木（laminated strand lumber，LSL）、木工字梁（工字木搁栅，wood I-joist）等（图 11-3）。工程木质材料品质应符合《胶合木结构技术规范》（GB/T 50708—2012）、《结构用集成材》（GB/T 26899—2022）、《建筑结构用木工字梁》（GB/T 28985—2012）、《木结构覆板用胶合板》（GB/T 22349—2008）等标准规范的相关规定。

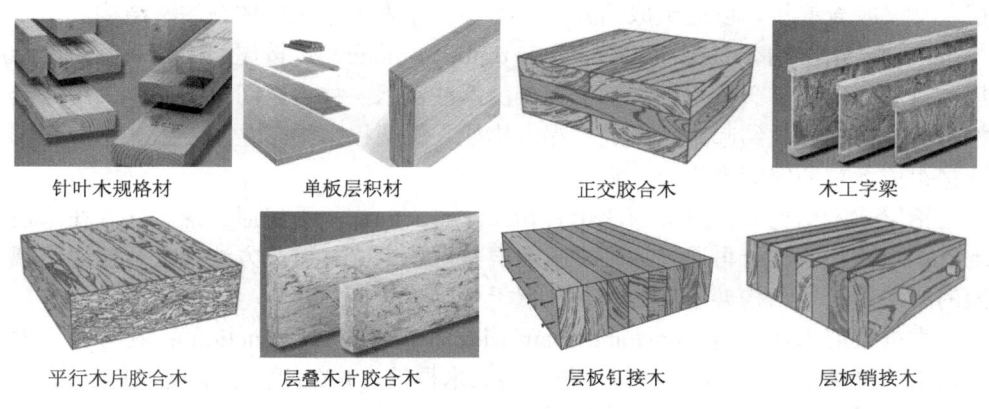

针叶木规格材　　单板层积材　　正交胶合木　　木工字梁

平行木片胶合木　　层叠木片胶合木　　层板钉接木　　层板销接木

图 11-3　常见工程木质材料

11.2.2　木结构建筑结构类型

根据《木结构设计标准》（GB 50005—2017），木结构指采用以木材为主制作的构件承重的结构，主要包括方木原木结构、轻型木结构、胶合木结构。

1) 方木原木结构

方木原木结构（sawn and log timber structure）指承重构件主要采用方木或原木制作的建筑结构。方木原木结构可采用下列结构类型：井干式木结构、穿斗式木结构、抬梁式木结构、木框架剪力墙结构、梁柱式木结构，以及作为楼盖或屋盖在混凝土结构、砌体结构、钢结构中组合使用的混合木结构（图 11-4）。方木

井干式木结构　　穿斗式木结构　　抬梁式木结构

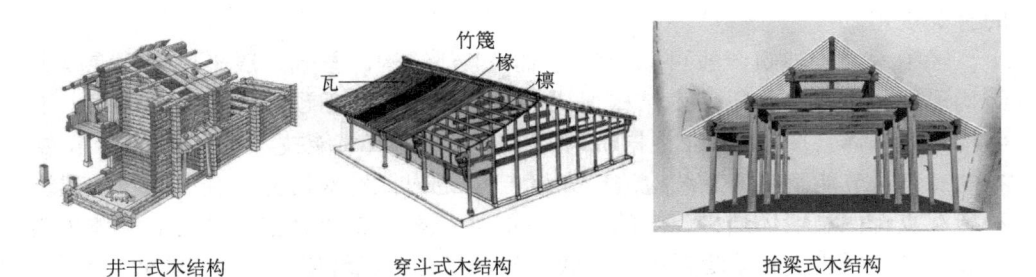

图 11-4　常见的方木原木结构

原木结构构件应采用经施工现场分级或工厂分等分级的方木、原木制作，亦可采用结构复合木材和胶合原木制作。由地震作用或风荷载产生的水平力应由柱、剪力墙、楼盖和屋盖共同承受。

井干式木结构（log cabins；log house）：采用截面经适当加工后的原木、方木和胶合原木作为基本构件，将构件水平向上层层叠加，并在构件相交的端部采用层层交叉咬合连接，以此组成的井字形木墙体作为主要承重体系的木结构。

穿斗式木结构（CHUANDOU-style timber structure）：按屋面中檩条间距，沿房屋进深方向竖立一排木柱，檩条直接由木柱支承，柱子之间不用梁，仅用穿透柱身的穿枋横向拉结起来，形成一榀木构架。每两榀木构架之间使用斗枋和纤子连接组成承重的空间木构架。

抬梁式木结构（TAILIANG-style timber structure）：沿房屋进深方向，在木柱上支承木梁，木梁上再通过短柱支承上层减短的木梁，按此方法叠放数层逐层减短的梁组成一榀木构架，屋面檩条放置于各层梁端。

木框架剪力墙结构（post and beam with shear wall construction）：在方木原木结构中，主要由地梁、梁、横架梁与柱构成木框架，并在间柱上铺设木基结构板，以承受水平方向作用力的木结构体系。

2）轻型木结构

轻型木结构（light wood frame construction）指用规格材、木基结构板或石膏板制造的木构架墙体、楼板和屋盖系统构成的建筑结构。轻型木结构的层数不宜超过 3 层。对于上部结构采用轻型木结构的组合建筑，木结构的层数不应超过 3 层，且该建筑总层数不应超过 7 层。轻型木结构的平面布置宜规则，质量和刚度变化宜均匀。所有构件之间应有可靠的连接，必要的锚固、支撑，足够的承载力，保证结构正常使用的刚度，良好的整体性。构件及连接应根据选用树种、材质等级、作用荷载、连接形式及相关尺寸，按标准规定进行设计。组合建筑中轻型木结构的抗震设计宜采用振型分解反应谱法。采用轻型木屋盖的多层民用建筑，主体结构的抗震作用应符合《建筑抗震设计规范》（GB 50011—2010）的有关规定。

轻型木结构建筑一般可以分为基础和上部结构。基础一般采用钢筋混凝土结构形式，上部结构采用木结构形式，通过混凝土基础预埋的连接构件将上下结构连为一体（图 11-5）。根据哈尔滨工业大学建筑节能技术研究所 2008 年发布的《建筑节能及空调系统检测研究报告》，通过跟踪对比分析轻型木结构建筑和砖混复合保温墙体结构建筑的节能性发现（表 11-3），轻型木结构的墙体传热系数、采暖耗热量和采暖耗煤量均低于砖混复合保温墙体结构，节能效果显著。

图 11-5 轻型木结构（左）和胶合木结构（右）建筑

表 11-3 轻型木结构和砖混复合保温墙体结构检测结果

结构类型	墙体传热系数/[W/(m²·℃)]	采暖耗热量/(W/m²)	采暖耗煤量/(kg/m²)	室内外平均温差/℃
轻型木结构	0.244	25.38	20.87	23.10
砖混复合保温墙体结构	0.526	43.75	38.22	22.84

3）胶合木结构

胶合木结构（glued timber structure）指承重构件主要采用胶合木制作的建筑结构，分为层板胶合木结构（glued laminated timber structure）和正交胶合木结构（cross laminated timber structure）（图 11-5）。层板胶合木结构适用于大跨度、大空间的单层或多层木结构建筑，木构件各层木板的纤维方向与构件长度方向一致，构件截面的层板层数不应低于 4 层；正交胶合木结构适用于楼盖和屋盖结构，或由正交胶合木组成的单层或多层箱形板式木结构建筑，木构件各层木板之间纤维的方向应相互叠层正交，截面的层板层数不应低于 3 层，并且不宜大于 9 层，其总厚度不应大于 500mm。

胶合木结构构件设计与构造要求应符合《胶合木结构技术规范》（GB/T 50708—2012）和《结构用集成材》（GB/T 26899—2022）的相关规定，并根据使用环境注明对结构用胶的要求。采用集成材代替传统天然木材，可显著改善或避免天然木材自身的缺陷，解决天然木材存在的干缩湿胀和结构不均匀等问题，大幅提高木材利用率和尺寸稳定性。此结构体系的优势在于空间最大化，且能满足不同空间安排的结构系统，此外，在木材高效利用、经济环保和固碳减排等方面具有优势。

混合木结构以木结构为主结合几种不同的材料或结构形式组合而成，通常应用于大跨度建筑中。较常见的混合木结构是胶合木复合结构，即由木材、钢和钢筋混凝土构成。木结构是主体，决定整体结构形式和空间造型；钢构件承受拉力或作辅助结构确保木结构的稳定；钢筋混凝土作为建筑的基座和墙体，避免木结构与地面直接接触而受到生物破坏。胶合木材料的优点在于稳定性、防火性、防腐性及加工尺寸的灵活性。由于混合木结构体系中钢和钢筋混凝土等高加工能耗材料的使用，使得其累计能耗高于其他两种木结构体系，但其应用性更强，更易于推广。

11.2.3 木结构建筑建造流程

随着木结构建造技术和配套加工设备的发展，木结构建筑装配化程度逐步提高。工厂预制木结构具有工期短、质量可控、资源利用率高、成本节约等优点。当前，工厂预制木结构已基本代替了现场制作，成为木结构建筑加工制作的主要方式，主要工作包括构件预制、板块式预制、模块化预制和移动木结构 4 种形式。其优点在于：①易于实现产品质量的统一管理，确保加工精度，施工质量稳定；②由于构件可以统筹计划下料，从而提高了材料利用率，减少了废料产生；③工厂预制完成后，现场直接吊装组合，现场采用干式作业，无扬尘污染，同时可大幅减少施工时间、降低天气影响和劳动力成本，绿色低碳优势明显。

目前，木结构建筑构件制造商通常采用图 11-6 所示流程进行屋顶、地板和墙板等预制木构件的生产。

11.2.4 木结构建筑标准规范

目前，我国现行的现代木结构标准体系已初步构建完成，涵盖了设计、施工验收、产品、技术、测试方法等。产品标准主要覆盖了锯材、结构用集成材、结构用人造板等。现行木结构相关标准有 91 项，其中国家强制标准 5 项，国家标准 38 项，行业标准 42 项，团体标准 6 项，主要分为产品标准（36 项）、试验方法标准（39 项）、设计与施工验收标准（16 项）。主要标准与规范如表 11-4 所示。

表 11-4 现代木结构主要标准与规范

序号	类别	标准名称	实施日期
1	通用规范	《装配式木结构建筑技术标准》（GB/T 51233—2016）	2017-06-01
2		《多高层木结构建筑技术标准》（GB/T 51226—2017）	2017-10-01
3		《木结构通用规范》（GB 55005—2021）	2022-01-01
4	设计	《木结构设计标准》（GB 50005—2017）	2018-08-01

第 11 章 木结构建筑

续表

序号	类别	标准名称	实施日期
5	设计	《胶合木结构技术规范》（GB/T 50708—2012）	2012-08-01
6		《轻型木桁架技术规范》（JGJ/T 265—2012）	2012-08-01
7		《木骨架组合墙体技术标准》（GB/T 50361—2018）	2018-12-01
8		国家建筑标准设计图集 14J924：木结构建筑	2015-01-01
9	施工验收	《木结构工程施工质量验收规范》（GB 50206—2012）	2012-08-01
10		《木结构工程施工规范》（GB/T 50772—2012）	2012-12-01

建筑设计 → 结构设计 → 布局设计

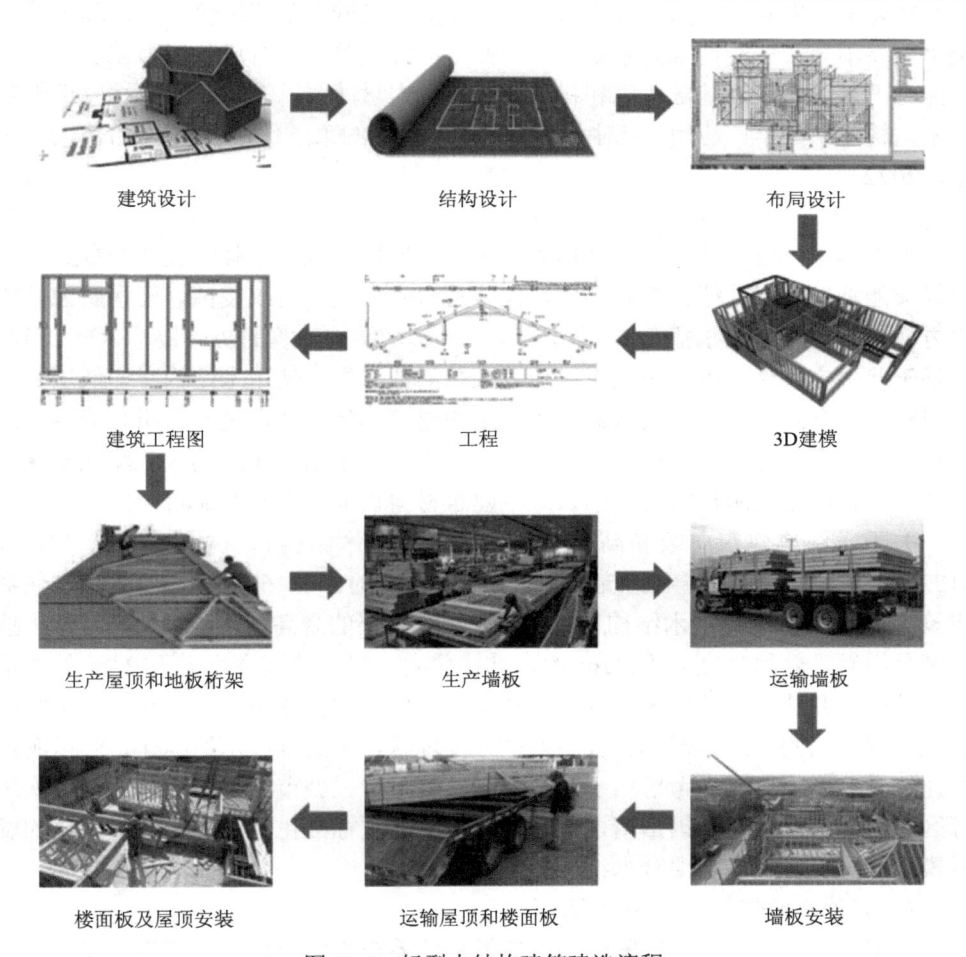

建筑工程图 ← 工程 ← 3D建模

生产屋顶和地板桁架 → 生产墙板 → 运输墙板

楼面板及屋顶安装 ← 运输屋顶和楼面板 ← 墙板安装

图 11-6 轻型木结构建筑建造流程

11.3 木结构建筑的发展策略

11.3.1 发展木结构建筑的约束条件与应对策略

我国人均木材占有量低于世界平均水平。1998 年开始为保护森林资源和生态环境，我国实行了严格的天然林保护工程，大幅度调减木材砍伐总量，而人工林木材材质和径级难以满足木构件的强度要求。据统计，2021 年我国木材对外依存度约为 51.4%。目前木结构建筑占总建筑市场份额极少，造价相对较高，有关标准规范从高度、层数、防火等级等对木结构建筑进行了严格限定。同时，木结构产业链还不够完善，相当部分原材料、胶黏剂、机械设备还依赖进口，施工技术水平参差不齐，专业技术人才缺乏，企业生产方式单一，抗风险能力差，科技创新能力不足，系统性基础研究和科技成果转化力量薄弱。这些在一定程度上限制了木结构建筑的推广应用。应对木结构建筑发展的约束条件，可考虑以下策略（崔愷，2022）。

1）制定导向政策，合理有序推广

以人为本，安全第一。木结构建筑施工周期短、抗震性强、设计布置灵活、保温节能舒适性好、绿色低碳环保，但是易遭受火灾、白蚁侵蚀，雨水腐蚀。防火方面，目前我国消防规范严格规定了 1~5 层木结构建筑的防火技术标准。当前可基于此限定条件，可以在能快速疏散人员的地方推广使用木结构，如低层、小型建筑以及开阔空间等。同时需发挥木结构建筑优势，结合生态文明和美丽中国建设重大需求，加强顶层设计，完善产业政策，将木结构建筑纳入装配式建筑激励框架，将高强度木结构材料纳入绿色建筑材料认证体系和产品目录。

关于木结构建筑层数和高度，目前《多高层木结构建筑技术标准》（GB/T 51226—2017）规定，住宅建筑按地面上层数分类时，4~6 层为多层木结构住宅建筑，7~9 层为中高层木结构住宅建筑，大于 9 层的为高层木结构住宅建筑；按高度分类时，建筑高度大于 27m 的木结构住宅建筑、建筑高度大于 24m 的非单层木结构公共建筑和其他民用木结构建筑为高层木结构建筑。规范允许全木结构建筑可以建造到 5 层，但基于我国人多地少现状，广泛推广木结构建筑难以满足居住要求。当下可以先考虑用于城市旧城区的改造、城市中心填充区、城市次边缘区域等地区。针对我国国情，木结构建筑应注重标准化、体系化、集成化的发展模式，重点发展多层混合木结构住宅体系。

2）完善质量体系，提高监管水平

我国木结构建筑用木料紧缺，当前梁架体系较难实现复杂的建筑空间，由于这些技术原因，木结构建筑在高层建筑中应用较少。但可以充分结合其特点，在适合场景与环境下，优先考虑在乡村民居、文旅休闲场所、建筑小品、大跨度单层建筑、低层或多层建筑的开放性空间以及多层建筑的非结构性室内空间中加以推广应用。同时，在保证人民群众生命财产安全前提下，基于我国国情，因地制宜修订消防法规，分类制定并实施现代木结构质量监管制度，修订编制适宜的标准规范，完善木结构设计、加工、施工、验收和维护相关标准规范，建立符合中国木结构建筑产业的材料、构件、部品、产品认证体系。制定木结构建筑工程量统一的计算标准，加强产业链建设和资源整合，降低成本，规范市场。

3) 研发关键技术，推动人才培养

大力发展轻质高强、防腐阻燃防蛀的木质工程材料及防护技术，与建筑信息模型（building information modeling，BIM）、大数据、数字化生产、人工智能等新技术集成应用，推进装配式与模块化建造技术和实践，研发标准化木构件及部品，推行数字设计/施工一体化，运用数字化手段推动智能建造和信息共享，推广净零能耗和亲生物设计理念，加大人才培养力度，完善职业技能人才培养体系和评价制度，大力推进开发型、设计型、生产型、设备制造型基地建设，培育龙头企业和领军人才，加强宣传和示范引导，通过高水平产业集团或联盟集聚提升产业发展规模和潜力，构建中国现代木结构建筑体系，推动木结构建筑产业健康发展（图11-7）。

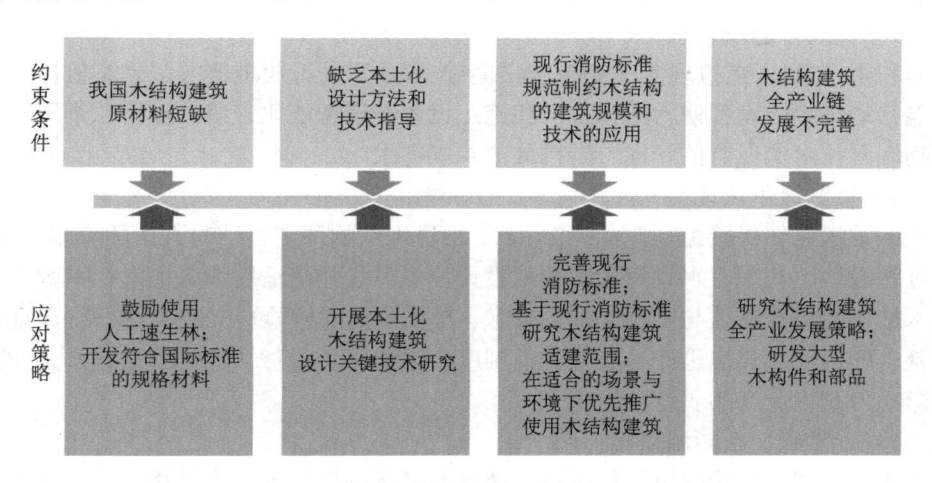

图11-7 发展木结构建筑的约束条件与应对策略

11.3.2 木结构建筑研究重点与关键技术

受材料、消防、土建等限制，木结构建筑在我国大规模发展应用尚存在问题，今后重点研究方向主要有以下几方面：一是开展新型木质工程材料及材性研究，加强速生木、竹原材料生长周期和材质调控研究，提升木结构材用胶合材料、连接材料和增强材料性能。目前，关于木结构材料耐候、阻燃、防腐、防虫等方面的研究较多，在生态环境响应、节能减排、碳足迹等方面还有待进一步研究；二是复合结构体系研究，包括钢木结构、铝木结构、索木结构、装配式箱体结构等；三是研究相关关键技术与工艺标准，如木结构建筑节点连接关键技术、木结构建筑电气设计关键技术等；四是基于现行规范适用范围，构建完善的中国化标准体系，优化木结构建筑推广模式，扩大应用范围，适时推动相关法规修（制）订。

有关木结构建筑开发的关键技术主要包括以下几方面。

1）装配式产品和技术

加强木构件、部品、部件标准化设计，研发人工林木材基础信息及分级技术，开发结构建材连续化、模数化、数字化生产加工技术，提高生产效率，促进装配式产品标准化、系列化、商业化供应。开发集成化、模块化部品部件，重视钢木等混合木结构研究，提高木结构建筑整体强度。研发高强、低能耗、耐久、耐火性好、绿色环保且具有价格优势的国产化木质建材，开发低能耗装配式木结构墙体制造技术，满足市场主流木质建材需求。

2）数字化加工技术

建立符合国内木结构设计规范的加工平台，利用BIM技术联合数控加工技术制造大型、复杂、精细木结构构件，实现设计和生产信息互通、信息共享。

3）智能化建造方式

利用BIM、虚拟现实（VR）等数字技术，开发工业机器人、建筑机器人、智能移动终端等设备使木结构生产和施工设备实现智能化升级。应用二维码识别等物联网技术实现监控管理、碳排放追踪等需求。

4）推进绿色认证

研发绿色环保胶黏剂、油漆及涂料，推进木结构住宅设计与人居环境相结合，通过对绿地、花木、水景和人工景观设计，提升居住舒适度和人们幸福指数。研发木结构建筑舒适性与安全性评价技术。根据"抽样检验+初始工厂检查+获证后监督"的认证模式推进产品质量认证制度，加快绿色建材认证推广，提升企业品牌影响力和行业产品质量整体水平。

5）近零碳、新能源技术

研发新型木结构建筑材料碳排放评价及零碳制造技术，木结构建筑全生命周期减碳、固碳技术，发展近零能耗、被动房技术，降低建筑冷热负荷需求（保温防风、隔热、调湿），充分利用高性能能源系统，提高光伏、光热、热泵、生物质锅炉等可再生能源供给。目前，国内研发有多功能正交胶合木节能保温墙体、双向龙骨节能隔音功能型轻型木结构墙体，创制了集光伏组件、太阳能集热器能源屋盖、模块化多功能体温墙体、相变储热仓的主动式能源围护结构系统。

立足国家"双碳"目标，在生态文明和绿色发展理念指导下，加大木结构建筑发展政策、技术、标准规范等方面的研究，发挥木结构建筑在节能降碳、资源节约集约利用、构建绿色生态人居环境等方面的重要作用，切实关注人民群众的时代幸福感和获得感，更好地服务人民安居生活和建设低碳社会。

11.4 木结构建筑的碳排放

11.4.1 建筑的全生命周期碳排放

建筑的碳排放量计算主要是基于全生命周期评价（life cycle assessment，LCA），全生命周期是指产品从原材料获取到生产、使用、寿命终止处理、再循环和最终处置的全过程（徐伟等，2019；张时聪等，2019）。我国建筑碳排放计算方法主要依据《建筑碳排放计算标准》（GB/T 51366—2019），建筑碳排放指建筑物在与其有关的建材生产及运输、建造及拆除、运行阶段产生的温室气体排放量的总和，以二氧化碳当量表示。计算采用清单分析法即排放因子法，各阶段的碳排放量以实测碳排放因子与相应活动数据的乘积表示，进而计算出单体建筑的全生命周期碳排放量（C_M）[式（11-1）]。

$$C_M = \frac{\left(\sum_{t=1}^{n}(E_i \times EF_i) - C_p\right) \times y}{A} \quad (11\text{-}1)$$

$$E_i = \sum_{j=1}^{n}(E_{ij} - ER_{ij})$$

式中，C_M 为建筑运行阶段碳排放量（kg CO_2/m²）；E_i 为建筑第 i 类能源年消耗量（kg/年）；EF_i 为第 i 类能源的碳排放因子；E_{ij} 为 j 类系统的第 i 类能源消耗量（kg/年）；ER_{ij} 为 j 类系统消耗由可再生能源系统提供的第 i 类能源量（kg/年）；i 为建筑消耗终端能源类型，包括电力、燃气、石油、市政热力等；j 为建筑用能系统类型，包括供暖空调、照明、生活热水系统等；C_p 为建筑绿地碳汇系统年减碳量（kg CO_2/年）；y 为建筑设计使用寿命，年；A 为建筑面积（m²）。

根据中国建筑节能协会、重庆大学城乡建设与发展研究院（2024）所发布的《中国建筑能耗与碳排放研究报告（2023）》，2021 年，全国房屋建筑全过程（不含基础设施建造）能耗总量为 19.1 亿 t 标准煤当量，占全国能源消费的 36.3%；全国房屋建筑全过程碳排放总量为 40.7 亿 tCO_2，占全国能源相关碳排放的比重为 38.2%。其中，建材生产阶段碳排放 17.0 亿 tCO_2，占全国的比重为 16.0%，占全过程碳排放的 41.8%；建筑施工阶段碳排放 0.7 亿 tCO_2，占全国的比重为 0.6%，占全过程碳排放的 1.6%%；建筑运行阶段碳排放 23.0 亿 tCO_2，占全国的比重为

21.6%，占全过程碳排放的 56.6%。当考虑基础设施时，全国建筑业全过程碳排放总量为 50.1 亿 tCO₂，占全国能源相关碳排放的比重为 47.1%（图 11-8）。

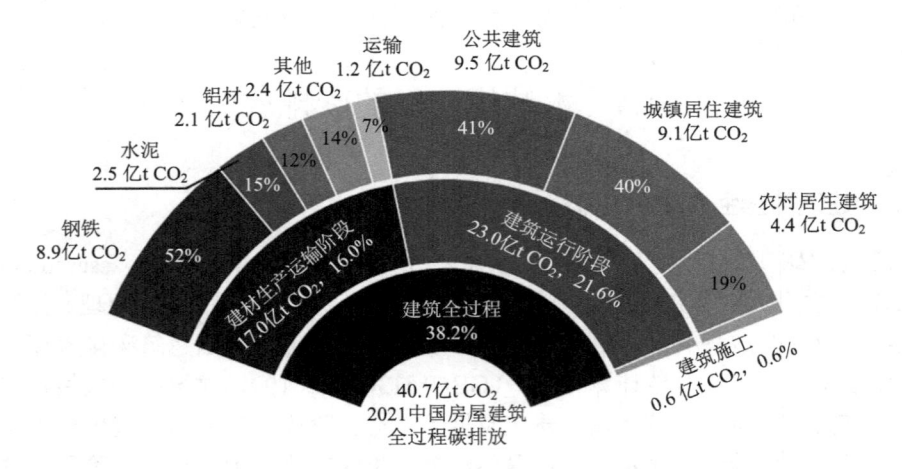

图 11-8　2021 年中国房屋建筑全过程碳排放

注：建造阶段的建材碳排放和施工碳排放仅包含房屋建筑，不涉及基础设施；建材碳排放仅为能源碳排放，不含建材的工业过程碳排放；全国能源相关碳排放总量 106.4 亿 t CO₂，数据源自国际能源署（IEA）

11.4.2　木结构建筑碳排放量计算方法

木材天然可再生，树木能洁净空气，为人类创造宜居环境，并为人类和野生动植物提供自然栖息地。通常，树木每生长 1m³ 能吸收 1t 二氧化碳并释放 3/4t 氧气。二氧化碳以碳的形式储存在树木中。生长活跃的幼林树木比成熟林木能够吸收更多二氧化碳。在建筑中增加木材的使用能促进中国和世界森林资源的可持续发展，减少对能源密集型材料的需求，减少温室气体排放。

木结构建筑全生命周期碳排放是指对包括轻型木结构、方木原木结构、胶合木结构等以木材为主要承重构件的木结构建筑，在建材生产、建材运输、建筑施工、建筑运营与维护、建筑拆除、回收处置 6 个阶段产生的温室气体排放量的总和，以二氧化碳当量表示（高颖，2020）。由于木质建材回收再利用率较高，同时是一种重要的能源再生材料，因此根据回收方式将该阶段的碳排放也计算在内，如此全生命周期碳排放量计算更全面，木结构建筑的减碳效果更加明显（徐伟涛，2021）。

确定各阶段计算边界之后，将各阶段能源和材料消耗量与二氧化碳排放量相对应的系数用碳排放因子表征，主要分为能源碳排放因子、机械设备碳排放因子、建材碳排放因子、建材运输碳排放因子等，用于量化建筑物生命周期不同阶段相关活动的碳排放量。国内关于木质建材碳排放因子的研究和案例较少，主要集中于现有木结构建筑碳排放量计算、不同木结构建筑形式间碳排放量差异分析、木质建材相关碳排放因子或数据库构建，以及运行阶段碳排放量量化对比等方面，尚未形成体系。目前的研究表明，木结构建筑运营与维护阶段是其生命周期中持续时间最长、对碳排放影响最大的阶段，减少其碳排放的主要措施有采用新型建材或先进建造技术提高保温能力、延长木结构建筑使用寿命、采用节电节能措施等。

11.4.3　木结构与其他结构建筑碳排放量对比

虽然木结构与混凝土结构、钢结构建筑碳排放均使用全生命周期评价理论，采用碳排放因子法量化，但两者适用的建筑类型不同，且木结构建筑的主要建材——木材及工程木制材料具有固碳特性。木结构建筑与同等体量混凝土和轻钢结构建筑相比具有明显的低碳、固碳优势，全生命周期碳排放量减少 28.90%～29.28%。由于建筑层数、木质建材用量占比的不一致性及相关研究规模较小，目前尚未得出木结构建筑较传统建筑形式的定量降碳效果。木结构具备良好的保温性能，契合被动式低能耗建筑技术与理念。经节能设计的木结构屋顶较轻钢结构、钢筋混凝土结构分别能降低约 45%、63%的碳排放。严寒地区被动式木结构的全生命周期碳排放量较混凝土建筑低 11.1%。

目前，国内关于木结构建筑碳排放量的测算还未推行统一的标准。不同的建材和建造方式也会影响碳排放因子清单的制订及计算模型的构建。在计算工具及标准选择方面，国家建筑碳排放计算标准中并未罗列各类建筑用木材的碳排放因子及现代木结构碳排放的计算方法。有关木结构建筑全生命周期碳排放对环境影响的研究和碳排放数据库正在逐步完善。

参 考 文 献

陈启仁, 张纹韶. 2005. 认识现代木建筑. 天津: 天津大学出版社.
崔愷. 2022. 树立高品质发展理念推动现代木结构建筑发展. 建筑, 16: 12-16.
戴志中, 胡斌. 2002. 木材与建筑. 天津: 天津科学技术出版社.
高颖. 2022. 木结构低碳可持续发展优势分析. 建筑, 16: 19-21.
高颖, 梅诗意. 2020. 中国木结构建筑全生命周期碳排放数据库建设探析. 建筑技术, 51(3): 260-263.
郭明辉. 2012. 木材碳学. 北京: 科学出版社.
刘毅, 胡极航, 蔡淑杰, 等. 2014. 现代木结构建筑的国产化路径. 家具与室内装饰, 179(1): 21-23.
倪冰乙, 王若寒, 张颖璐. 2023. 轻型木结构全生命周期碳排放分析及影响因素研究. 建筑技术, 54(1): 121-123.

清华大学建筑节能研究中心. 2021. 中国建筑节能年度发展研究报告 2021. 北京: 中国建筑工业出版社.
徐洪澎, 李恺文, 刘哲瑞. 2021. 基于类型比较的严寒地区被动式木结构建筑碳排放分析. 建筑技术, 52: 324-328.
徐伟, 张时聪, 杨芯岩. 2019. 木结构建筑全寿命期碳排放计算研究报告. 中国建筑科学研究院有限公司.
徐伟涛. 2021. 基于LCA法的木结构建筑使用阶段碳排放探讨. 林产工业, 58(2): 36-38.
曾杰, 俞海勇, 张德东, 等. 2018. 木结构材料与其他建筑结构材料的碳排放对比. 木材工业, 32(1): 28-32.
张峻. 2015. 被动式住宅不同屋顶构造的碳排放比较研究. 青岛: 青岛理工大学硕士学位论文.
张时聪, 杨芯岩, 徐伟. 2019. 现代木结构建筑全寿命期碳排放计算研究. 建设科技, (18): 45-48.
张调亮, 刘毅, 胡波, 等. 2012. 日本传统木结构建筑的现代化演绎. 家具与室内装饰, 163(9): 62-64.
中国建筑节能协会, 重庆大学城乡建设与发展研究院. 2024. 中国建筑能耗与碳排放研究报告(2023年). 建筑, 2: 46-59.
Dong Y, Qin T, Zhou S, et al. 2020. Comparative whole building life cycle assessment of energy saving and carbon reduction performance of reinforced concrete and timber stadiums—a case study in China. Sustainability, 12(4): 1566.
Gong X, Nie Z, Wang Z, et al. 2012. Life cycle energy consumption and carbon dioxide emission of residential building designs in Beijing. Journal of Industrial Ecology, 4: 16.
Guo H, Liu Y, Meng Y, et al. 2017. A Comparison of the energy saving and carbon reduction performance between reinforced concrete and cross-laminated timber structures in residential buildings in the severe cold region of China. Sustainability, 9(8): 1426.

第12章 碳 生 活

　　世界人口在 2022 年 11 月 15 日达到 80 亿，人类社会比以往任何时候都兴旺繁荣。社会的进步离不开生产力的飞速发展、信息技术的高效普及，随着人类物质生活水平的极大提升和经济发展繁荣，人类社会向地球索取的资源（土地、空间、能源等）也越来越多，产生了一系列负面效应，如全球气候变暖、能源危机、生态系统失衡等。正如恩格斯的预言："我们不要过分陶醉于我们人类对自然界的胜利。对于每一次这样的胜利，自然界都对我们进行报复。"如不能正视目前面临的生存危机，人类社会的可持续发展将面临前所未有的巨大挑战。从《联合国气候变化框架公约》到《巴黎协定》，低碳生活已成为未来社会实现可持续发展的重要途径，践行低碳生活应该是我们每一位地球居民应当履行的职责和义务（图12-1）。本章从低碳校园、低碳交通和低碳制造方面简要总结了一些节能减排的生活方式和低碳减排技术，并列举了一些典型案例供参考讨论。

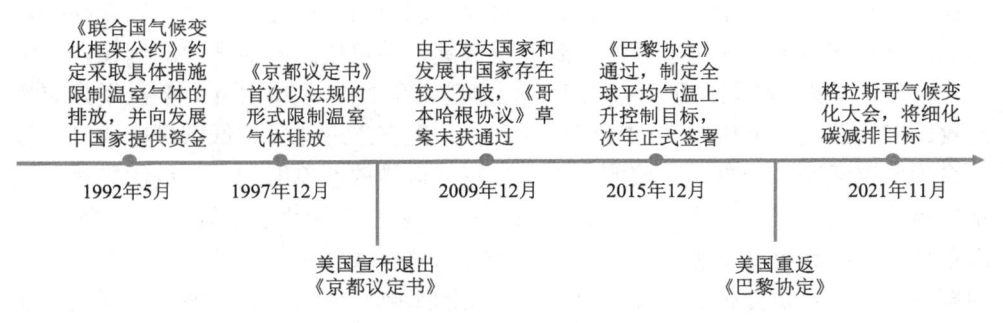

图 12-1　世界各国碳中和政策演变历程

12.1　低 碳 校 园

12.1.1　低碳校园的发展及意义

　　根据我国《2021 年全国教育事业发展统计公报》，全国共有各级各类学校 52.93 万所，各级各类学历教育在校学生 2.91 亿人，专任教师 1877.37 万人。普通、职业高等学校共有校舍建筑面积 108 767.29 万 m^2。伴随着学校数量的增加、办学规模扩大、学生数量的急剧增加，校园已成为用能大户。践行低碳行动，加强可持续发展理念教育，建设低碳校园既有利于节能减排，助力碳达峰，又有利于传播绿色生活理念，从而推动整个社会的低碳可持续发展。

1972 年，在瑞典召开的人类环境会议上首次提及环境保护教育，之后随着不可持续生产、消费方式的加剧，20 所大学联合签署了《泰洛伊里斯宣言》，提出了十点如何将可持续发展和环境管理的绿色教育体系纳入大学教育，突出绿色发展思想、理念和战略视野，并持续深化、发展和创造绿色校园理念。但是，迄今为止，对于低碳校园的定义，还没有在学术界形成共识。

毛学东（2010）认为，低碳校园是一种低碳学习、低碳生活和低碳工作的方式，应该着力于生态化、数字化、人性化的和谐校园建设。赵彦龙（2010）认为，低碳校园应该建立在正常的教学、科研和管理基础上，全面加强和提高在校师生的环保意识，构建集现代化、信息化、低碳化三位一体的可持续发展新型校园。陈亚男等（2015）认为，低碳校园的定义应该包括将低碳化运行方式推广，是具有普适性的高校运行模式。

大学校园是一个小型社区，其不仅承担着为教师和学生提供学习与工作场所的功能，还肩负着向学生传授先进思想和科学的责任。将可持续发展的理念融入校园教育，有助于提高学生保护环境、爱护环境的意识和对人类命运共同体理念的认识。目前，许多学校和大学都在积极发起创建绿色校园的活动，以提高公众意识，让校园内所有人都能够参与到建设低碳、绿色校园的活动中。例如，中山市"碳普惠"试点校园电子科技大学中山学院，在 2017～2018 年，多次举办衣物回收、旧物改造、低碳宿舍、环保公益宣传、碳普惠进课堂、低碳讲座和交流等一系列低碳活动，同时还在校园内开展温室气体排放清单编制、建设污染物与温室气体协控实验室、开展低碳化建设和改造、安装空气能热水器等低碳实践探索。南京林业大学通过从水电、交通、饮食等方面调研大学生的活动行为，利用生命周期评价方法定量分析这些行为对周围环境的影响，倡导开展节能减排行动、建立垃圾回收设施、提高食堂节能效率等活动，创建低碳校园。还有许多职业高中、中小学校都通过各种各样的方式组织培训志愿者，设计"低碳校园"科技教育活动，鼓励学校师生积极为低碳校园建设建言献策。

12.1.2 校园碳核算

校园碳核算是指通过科学方法，合理设置调查对象，计算学校在运行过程中的温室气体排放情况，为建设低碳校园提供数据基础。表 12-1 列举了一些校园碳核算常用的温室气体排放清单，主要包括建筑能耗、交通能耗、道路设施、水资源利用、废弃物处理和绿色空间六大板块，每个板块还设置了评估内容和计算参数。广义建筑能耗是指从建筑材料制造、建筑施工，一直到建筑使用的全过程能耗。不同于广义上的建筑能耗，在校园碳核算中建筑能耗仅指建筑使用过程中的能耗,不包含建筑建造时消耗原材料的生产、加工、制造等,具体包括建筑照明、供暖、空调、通风、办公用品等校园建筑使用时产生的能量消耗。交通能耗通常指在校园内通勤产生的温室气体排放,具体以校园内平均车速、通勤距离、车流频率等参数加以估算。道路设施主要指校园道路中指示灯及相关设备运行过程产生的能耗,可以通过运行时长、设备功率等加以计算。水资源利用也是校园碳排放中重要的一部分,由于校园生活常常会产生大量的生活、排污用水和绿化用水,如不妥善加以处理和循环利用,将增加下游污水处理产业处理废水的碳排放。因此,节约用水应该是每一位同学应该牢记的绿色生活方式。第五个板块是废弃物处理,包括生活垃圾、废旧衣物、一次性包装产品等,这些与学生的生活习惯和人口密度紧密相关。最后一部分应该考虑到校园碳核算中的是绿色空间,这部分与碳中和有正相关性,校园绿化面积越广,单位面积林木蓄积量越高,校园碳储存能力越强。

表 12-1 高效校园碳排放清单

板块名称	评估内容	计算参数
建筑能耗	校园建筑运营过程中的电器能耗的碳排放	建筑面积;单位面积能耗
交通能耗	校园交通出行中消耗能源的碳排放	道路长度;车流频率;单位出行距离能耗
道路设施	校园道路中指示灯、路灯等设备耗能的碳排放	道路长度和等级;设备布置密度;设备功率
水资源利用	校园生活生产用水及其污水处理产生的碳排放	建筑面积;单位面积用水量
废弃物处理	校园生活废弃物处理过程中产生的碳排放	人口数;人均生活垃圾产生量
绿色空间	校园绿化对温室气体的吸收消除作用	各类绿地空间面积;各类绿地空间乔木覆盖率

12.1.3 低碳校园构建模式

1) 复旦大学构建低碳校园的方法

复旦大学根据国家在 2011 年 3 月发布的《中华人民共和国国民经济和社会发展第十二个五年规划纲要》,以及上海市颁布的《上海市节能减排工作实施方案》制定了节能减排政策和目标,从 2006 年开始创建节约型校园,成立节能领导小组,并制定了《复旦大学能源(水、电、煤气)使用管理暂行条例》《复旦大学校园基础管线管理制度》《复旦大学节能奖励办法》《复旦大学水电收费实施细则》等规章制度。复旦大学环境科学与工程系建立了低碳校园管理系统网(图 12-2),通过网站实现低碳管理系统的各项功能,以达到高效、低成本的节能减排,实现建立低碳校园的目标。截至 2010 年,复旦大学的邯郸、枫林、张江 3 个校区已完成节水型校区建设;2006 年起在校区学生公寓安装智能电表,对学生公寓的照明灯具实施节能改造,节电效果明显。此外,还开展了计划用电试点运行,与多家试点单位签订《计划用电实施协议》；2010年2月，制订的《复旦大学节能工作三年规划》明确规定了建立能源台账查询系统和能源收费系统、成立督查小组、增加技改投入和完善计量系统等措施确保低碳校园持续完善。从2015年开始，复旦大学每年制订节能目标及实施方案，每年开展节能宣传活动，这些措施都极大程度地提高了在校人员的节能减排意识，成效显著。

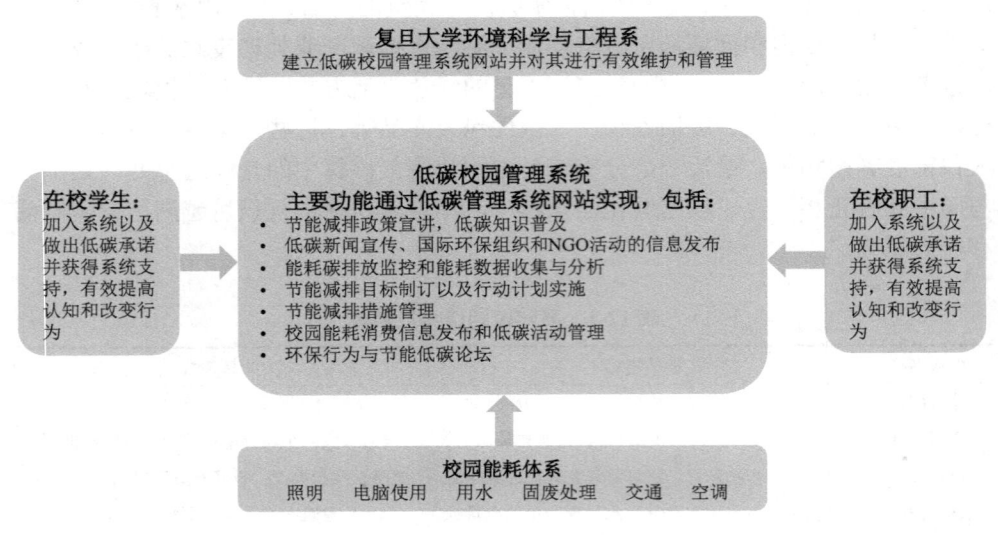

```
                复旦大学环境科学与工程系
              建立低碳校园管理系统网站并对其进行有效维护和管理
                            ↓
                     低碳校园管理系统
    在校学生：     主要功能通过低碳管理系统网站实现，包括：    在校职工：
    加入系统以及   • 节能减排政策宣讲，低碳知识普及           加入系统以及
    做出低碳承诺   • 低碳新闻宣传、国际环保组织和NGO活动的信息发布  做出低碳承诺
    并获得系统支 → • 能耗碳排放监控和能耗数据收集与分析       ← 并获得系统支
    持，有效提高   • 节能减排目标制订以及行动计划实施           持，有效提高
    认知和改变行   • 节能减排措施管理                           认知和改变行
    为             • 校园能耗消费信息发布和低碳活动管理         为
                  • 环保行为与节能低碳论坛
                            ↑
                       校园能耗体系
              照明   电脑使用   用水   固废处理   交通   空调
```

图12-2　复旦大学的低碳校园管理系统

2）大阪大学建设低碳校园的措施

为了实现低碳、可持续校园的建设，大阪大学为每种建筑类型提前制订每日能源使用计划，以达到高效节能的目的。从2011年开始，大阪大学安装了校园网信息系统，实时测算3个主校区（Suita、Toyonaka和Minoh）每栋主建筑在每30min内的电力消耗，且实现了信息的实时读取和可视化。校园网内的任何人都可以使用内部网来检查哪些部门或建筑物耗电量最大，帮助实时监测校园建筑能源消耗情况。同时，根据部门类型将大学设施分为高中低不同能耗类型，以方便为其制订不同的能源使用模式。第一类建筑为文科类建筑。与普通办公楼相比，此类建筑能耗低，单位面积所需要的能量密度低。通过安装个性化的监控系统以适应有人和无人的情况，辅助太阳能技术等可再生能源，可极大减少能耗。第二类建筑为科学和工程类学科建筑，维持其正常运行通常需要较高的能量密度。此类建筑由于24h运行设备的比例因学科分类而异，因此须对现有运行状况进行统计分析，针对不同情况制订与之匹配的节能策略。使用计划-执行-检查-行动的循环监控模式，不断调整和优化节能措施，达到节能效果和成本之间的平衡。第三类建筑是带有大型实验设施的建筑。与其他两类建筑相比，第三类建筑运行往往需要更多

的能耗，因此将运行的能源管理外包给能源服务公司是理想的选择。通过一系列的分类和精细化操作，与 2010 年的建筑运行能耗相比，2015 年大阪大学单位建筑面积的能耗减少了近 22%。尽管在此期间校园内总建筑面积有所增加，但仍实现了节能减排。同时，每年大阪大学都会举行两次节能会议（夏季和冬季），共享各单位的节能信息，督促在校人员共建低碳校园。在政策层面，2014 年大阪大学用日语和英语发布了其低碳校园政策，要求各单位严格遵守《合理使用能源法》等相关法律法规，通过制订的明确目标，所有教职员工和学生都能理解低碳发展的重要性，并努力开展切实有效的措施建设绿色校园。

3）斯坦福大学的绿色低碳校园建设经验

斯坦福大学校长希望用斯坦福大学的知识和理论为低碳校园建设服务。因此，斯坦福大学已将"可持续发展"纳入其未来发展战略，并于 2018 年春季宣布了两个可持续建设目标，即到 2025 年实现 80%的无碳排放，到 2030 年实现零浪费。2019 年，高等教育可持续发展促进协会（AASHE）将斯坦福大学的可持续发展定级为白金，成为世界上仅有的两所实现这一里程碑的高等教育机构之一。斯坦福大学是一个持续自我完善和创新的可持续发展实践基地，基于自身的科学研究和可持续教育发展，专注于校园能源、温室气体排放、水资源利用和废物处理研究。围绕校园的多个下属机构的能源供需、水和土地、废物利用、饮食、建筑、交通和管理等不同方面，斯坦福大学制订了一系列有针对性的计划和措施，如斯坦福能源系统创新项目（SESI）、能源和气候行动计划、零废物计划和可行性研究、雨水收集和用于校园灌溉、建立通勤俱乐部和无车俱乐部、可持续低碳生活和可持续食物计划。

能源供需方面：斯坦福大学确定并实施了绿色能源发展战略，积极探索提高建筑能源使用效率。2015 年 SESI 设定了 10 年后将特定范围内的温室气体排放量减少 80%的目标，截至 2024 年已取得显著进展。2021 年，该校第二座太阳能发电站投入运行，预期能将斯坦福大学的温室气体排放量比峰值时期降低近 80%。饮食方面：斯坦福大学餐饮部门与宿舍管理部门合作，将可持续食品主题教育融入学生日常餐饮，并提供了从花园到食品实验室的采摘和果酱制作的各类学习课程，边上课边就餐，既锻炼学生动手能力又能促进低碳饮食、减少浪费。废物利用方面：学校将力争到 2030 年前将零废物校园建设程度完成到 90%或更高。2017 年斯坦福大学启动了"零废物计划和可行性研究"，对当前的废物组成进行了全面分析。这项研究不仅证实了填埋场中 75%以上的废物可以被回收利用，还详细研究了每个废物链的材料类型，并提出了可行的解决方案，这对减少浪费和废物再利用，推动闭环系统建设具有重要意义。建筑方面：斯坦福大学的新建筑设计不仅要保留原有的绿地，还要求使用环保材料，减少对环境的影响。由于校园中 93%的温室气体排放来自建筑供暖、制冷和电力产生的能源，斯坦福大学的设计团队参考了《可持续建筑指南》,正在力求以建设一个既能节约资源又能适应周围环境的绿色建筑,减少温室气体排放,实现低碳使用。交通方面:2002年斯坦福大学就制订了"交通需求管理计划",其中包括一些最基本的交通减排战略,如为学生、教师和员工开发了非单一车辆进入校园的创新方式,减少拥堵,实现错峰出行等。通过建设可持续停车设施、公共汽车和各种替代交通方式,减少了校园内有关交通温室气体的排放和交通拥堵状况。从2002年到2018年,开车前往主校区的斯坦福员工的比例从67%下降到42%,58%的校园通勤者经常乘坐公共交通工具或骑电动车和自行车等,极大地减少了交通碳排放,让斯坦福大学在实现新通勤出行的目标上取得了巨大进展。

12.1.4 日常生活中的低碳行为

校园生活是学生们成长过程的必经之路,如果在日常生活中注意每一个小细节,如节约用纸、用水、用电等,都可以做到节能减排,为低碳校园作贡献。为了更好地推动全民参与节能减排活动,科技部组织专家开展了全民节能减排具体量化指标的一系列课题研究,发布《节能减排全民科技行动方案》,编者从衣食住行4个方面选取了该方案部分日常低碳节能行为供大家参考,希望大家从点滴做起、从身边小事做起,积极参与节能减排和低碳校园建设。

1)衣

衣服、帽子、鞋子等服饰在生产、加工和运输过程中,都会消耗大量的能源,同时产生废气、废水等污染物。据统计,在保证正常需求的情况下,每人每年少买一件衣服可减排二氧化碳6.4kg。如果全国每年2.9亿在校学生做到这一点,就可以减排二氧化碳185.6万t。由于洗衣服过程中,洗衣机会产生大量的水电浪费,如果大家每月用手洗代替一次机洗,每台洗衣机每年可减排二氧化碳3.6kg。

2)食

"谁知盘中餐,粒粒皆辛苦",随着人们生活水平的提高,浪费粮食的现象越来越普遍。据统计,我国餐饮食物浪费量约为每年1700万~1800万t,相当于3000万~5000万人一年的口粮。在全球范围内,预计每年浪费粮食量为16亿t,由此产生的碳排放量高达33亿t,平均少浪费0.5kg粮食(水稻),可节能约0.18kg标准煤当量,相应减排二氧化碳0.47kg。如果全国平均每人每年减少粮食浪费0.5kg,每年可节能约24.1万t标准煤当量,减排二氧化碳62.9万t。

3)住

在寝室休息,对于南方学校而言,空调、风扇是夏天必备,对于北方学校,供暖是冬天必备。但是,不管是空调还是供暖目前都需要消耗大量的能源。空调设定的温度越低,消耗能源越多。生活中,适当调高空调温度,并不影响舒适度,还可以节能减排。如果每台空调在国家提倡的26℃基础上调高1℃,每年可节电

22 度，相应减排二氧化碳 21kg。如果对全国 1.5 亿台空调都采取这一措施，那么每年可节电约 33 亿度，减排二氧化碳 315 万 t。以一台 60W 的电风扇为例，如果使用中、低档转速，全年可节电约 2.4 度，相应减排二氧化碳 2.3kg。

4）行

随手关灯、绿色出行、少用塑料袋、节约用纸、节约用水、植树造林都是我们在校园里能够遵循的节能减排小行动。据统计，养成随手关灯的好习惯，每户每年可节电约 4.9 度，相应减排二氧化碳 4.7kg。养成短行程骑自行车或步行代替打车出行的习惯，每 100km 可以节油约 9L；坐公交车代替自驾车出行 100km，可省油六分之五。少生产 1 个塑料袋能节约 0.04g 标准煤当量，相应减排二氧化碳 0.1g，如果全国减少 10%的塑料袋使用量，那么每年可以节能约 1.2 万 t 标准煤当量，减排二氧化碳 3.1 万 t。每减少 10%的一次性筷子使用量，相当于减少二氧化碳排放量约 10.3 万 t。纸张双面打印、复印，既可以减少费用，又可以节能减排，如果全国 10%的打印、复印做到这一点，那么每年可减少耗纸约 5.1 万 t，节能 6.4 万 t 标准煤当量，相应减排二氧化碳 16.4 万 t。如果将全国 5%的出版图书、期刊、报纸用电子书刊代替，每年可减少耗纸约 26 万 t，节能 33.1 万 t 标准煤当量，相应减排二氧化碳 85.2 万 t。如果回收 20%的废纸和玻璃，可节约 270 万 t 标准煤当量，相应减排二氧化碳 690 万 t。

倡导低碳生活是高校的职责所在，鼓励师生培养一种低碳的生活方式，在平时日常生活中不浪费粮食，节约用电用水，尽量减少开车出行，少用一次性筷子，多乘坐公共交通工具，自习的时候集中度高一点，减少屋内空调的开启，楼层不高的时候少乘坐电梯，超市买东西的时候多使用环保可重复使用的纸袋或布袋，这些都是低碳生活方式的体现，都应该被倡导和学习。

12.2 低 碳 交 通

交通运输行业是世界上第二大碳排放行业，其碳排放量超过世界碳排放总量的五分之一。传统内燃机需要汽油和柴油作为燃料，伴随着内燃机做功，大量石化燃料被燃烧，受限于内燃机的工作效率和尾气处理催化剂的催化效率，汽车尾气通常包括一氧化碳、二氧化碳、碳氢类化合物、氮氧化合物、固体悬浮颗粒、铅硫氧化物等，这些都是导致环境空气污染和全球变暖的重要因素。根据国际能源署最新统计，随着全球新型冠状病毒感染（COVID-19）大流行的结束，交通运输活动逐渐频繁，Simpson Spence & Young 分析公司发布的报告显示，2021 年全球航运排放的二氧化碳相较于 2020 年的 7.9 亿 t 增加到 8.3 亿 t，同比增长 5%。1990～2021 年，运输行业产生的碳排放量以年均近 1.7%的速度增长，比其他任何行业增长都迅速。近 10 年来，我国交通运输领域碳排放年均增速保持在 5%以上，已成为温室气体排放增长最快的领域。随着我国汽车保有量的继续增加，交通拥堵将持续增大减排压力。为了实现节能减排，出台有效的法规和财政刺激政策，鼓励新能源汽车发展，改善交通用能结构，加大对实现零排放和低碳汽车运营等基础设施的投资至关重要。

12.2.1 新能源汽车

交通行业减碳，首先考虑从新能源汽车的技术创新发展入手。以一辆汽车的全生命周期碳排放核算为依据，新能源汽车单车的全生命周期碳排放量比传统燃油车减排约25%至45%。新能源汽车包括纯电动汽车、增程式电动汽车、混合动力汽车、燃料电池电动汽车、氢发动机汽车。

以纯电动汽车为例，使用电动机代替内燃机可以避免尾气排放，同时使用可再生能源（太阳能、风能等）对电动汽车充电可进一步降低碳排放。虽然目前可再生能源转换效率有限，但将电动汽车接入现有电网，利用夜间等电力富余时间段充电，也有助于电力系统高峰和低谷时期电能都得到充分使用，提高能源利用效率。与传统燃油车相比，电动汽车具有清洁环保的优点，且由于组装电池代替了内燃机，降低了车身整体重量，因此电动汽车能量利用效率更高。现在电动汽车发展也存在一定问题，如许多城市都缺少足够的汽车充电桩，且电池充电效率低，续航里程短，受环境温度影响较大。此外，氢能的燃烧热值是汽油的3倍，乙醇的3.9倍，焦炭的4.5倍，且氢燃烧后的最终产物是水，因此氢能被认为是世界上最干净的能源，契合国家可持续发展战略。推动氢能汽车的发展是许多车企关注的重要方向，如丰田公司从20世纪90年代就开始了氢能汽车的研发，目前已经推出了两代氢能汽车。氢能汽车的动力原理非常简单，就是氢气和氧气的燃烧反应，相较于电动汽车，氢能汽车续航相对方便，按照目前市场上的加氢速度，大概只需要加氢气3min即可行驶650km。由于氢气是一种化学反应活泼的气体，除了使用过程的安全因素外，目前限制氢能汽车发展的主要原因是制氢成本高、加氢站数量少。工业制氢气主要使用电解水制氢、化工原料制氢、石化资源裂解制氢等，这些制氢工艺的成本和环保性能都或多或少存在一定缺陷，有许多科学技术问题尚未被解决。

2022年北京第二十四届冬季奥林匹克运动会被誉为史上最绿色冬奥。在绿色、科技、环保理念的加持下，诸多低碳环保技术都被用于服务冬奥，其中，冬奥会赛时交通服务用车几乎全部使用新能源汽车。北京汽车集团有限公司为北京冬奥会提供了200多辆新型纯电动轿车和氢燃料客车，丰田公司等推出了新型氢能大巴车、氢能轿车、氢能特种车等共1000余辆，且通过户外实践证明，不管是氢能汽车还是纯电汽车都具有全气候耐极寒能力，在零下30℃等极寒低温环境下能够安全顺利地为冬奥会各项服务提供保障。在赛事结束后，这些新能源汽车、客车等都将继续用于公共交通系统,将公交车、出租车替换为新能源汽车的方式,是试点新能源汽车技术发展成果,创造良好的社会经济效益的可行途径。

12.2.2 构建智能交通系统

优化交通系统,减少交通拥堵、提升交通安全、降低交通排放污染是构建智能交通系统的主要目标。利用大数据、云计算和人工智能等方式,将人、车、路、云等交通要素深度融合,构建多用户、多车、多网络的车联网交通系统,不仅可以增强车载用户体验,而且极大地提高了通勤效率,保障了交通系统安全性。同时,人机交互模式的持续优化,许多新应用如娱乐资源共享、视频监控、自动驾驶等服务的出现也极大地丰富了用户体验。

智能交通系统的构建可以极大地缓解大道路交通压力,减少交通拥堵成本,提高交通运输效率,减少能源消耗和环境污染。例如,自动驾驶汽车能以雷达、GPS 和视觉探测系统等感测道路环境,能利用先进的控制系统将传感数据转换为导航道路,自动优化路线,规避道路障碍。同时,将无人驾驶技术与交通控制系统结合,可以极方便地出行,减少红绿灯等待时间,从而从根本上改变交通方式。

从 20 世纪 90 年代开始,国内外相关组织已经开始研究车联网发展战略。依托成熟的信息技术和大数据分析,美欧等发达国家在智能交通领域陆续出台了相关政策和法规。例如,欧盟在《通往自动化出行之路:欧盟未来出行战略》中提到,应该在 2020 年实现部分场景下的自动驾驶,到 2030 年初步实现完全自动驾驶。美国交通运输部在 2020 年发布了《确保美国在自动驾驶汽车技术中的领导地位:自动驾驶汽车 4.0》,该文件强调提升自动驾驶中用户安全和网络安全的重要性,并需要进一步推动市场运行机制完善,提高交通运输系统水平。2020 年 8 月,韩国科学技术信息通信部发布了《引领 6G 时代的未来移动通信研发战略》,2021 年 5 月,德国通过《自动驾驶法(草案)》,这些政策和法规都明确了车联网将成为智能交通系统构建的主要发展方向,并在逐渐为自动驾驶汽车的推广提供相关法律和市场支持。

为了加快建设交通强国和推动交通系统高质量发展,我国也在智能交通构建中出台了一系列相关政策和法规。《中国制造 2025》中明确到 2025 年,我国掌握自动驾驶总体技术及各项关键技术,建立较完善的智能网联汽车自主研发体系。国家重点研发计划即启动了"交通载运装备与智能交通技术""氢能技术"两个国家重点专项,旨在大幅提高交通体系的智能化水平,加快新能源汽车研发。

2022 年 8 月,重庆、武汉两地率先发布自动驾驶全无人商业化试点政策,允许车内无安全员的自动驾驶车辆在社会道路上开展商业化服务。根据深圳发布的关于智能网联汽车管理的法规——《深圳经济特区智能网联汽车管理条例》,智能网联汽车分为有条件自动驾驶(L3 级别)、高度自动驾驶(L4 级别)和完全自动驾驶（L5级别）3种类型，前两种需要具有人工驾驶模式和相应装置，并配备驾驶人，完全自动驾驶类型则非必要，但只能在相关部门划定区域、路段行驶，这类规定在一定程度上保证了用车人的安全。当然智能交通系统的发展仅有无人车还不够，智能交通的基础设施建设以及数字化管控同样重要。以河北保定为例，依托百度在线网络技术有限公司的一车协同、大数据和人工智能技术，在主城区建设了176个ACE智能路口，实现了对车辆的一体化管控及信号灯的智能配时，使得保定市区高峰期拥堵指数下降了4.6%，4条主干道车辆行程时间平均缩短了约20%。通过精准识别道路交通路口信号，智能优化通行时间，可以极大地提高交通效率。依托智能路口检测系统，及时发现交通事故和道路车流量，可以减少交通拥堵，缩短事故处置时间，提高交通管理水平。实时将道路交通红绿灯信号情况与用户手机、车辆共享，可优化用户体验，享受车辆网系统便利。

12.2.3 完善碳交易市场

碳交易是为了促进全球减少温室气体排放建立的一种市场机制，主要将二氧化碳、甲烷、氧化亚氮、氢氟碳化物、全氟碳化物和六氟化硫6种温室气体纳入减排系统，其中由于二氧化碳对全球气候变暖贡献比例最大，因此温室气体交易通常以每吨二氧化碳当量（t CO_2eq）为计量单位，统称为"碳交易"。碳市场的运行可以刺激减排成本低的企业超额减排，并将其所获得的剩余碳配额通过交易的方式出售给减排成本高的企业，帮助减排成本高的企业完成既定的减排目标，从而有效降低全社会的减排成本。

碳交易机制是经济激励节能减排的重要手段，国外已经基本形成了五大相对成熟的碳排放权交易体系。我国碳排放权交易制度经过十余年的试点探索，2021年全国碳排放权交易市场正式上线交易，利用市场价格调控对二氧化碳进行定价，从政策上固定碳排放总量，让市场决定碳排放价格，从而实现动态调控。生态环境部发布的《碳排放权交易管理办法（试行）》，对重点碳排放单位的纳入标准、分配方案、交易主体，以及监管和违约惩罚等方面都具有明确的规定。据广东省生态环境厅消息，截至2020年12月，广东省碳排放权的累计交易额和交易量分别为31.7亿元和1.5亿t。北京市总配额较低，导致平均碳价最高，为41.6元/t。

交通系统是一种移动源，其时空变化特征明显，组成形式多样，仅交通方式就包括航空、公共汽车、货运、私家车、铁路等多种形式，因此精细化交通能耗和碳排放数据是一项艰巨而富有挑战性的任务，需要不同部门协同工作。在交通运输领域中引入碳交易可以从政策层面上界定碳排放边界，促进对交通体系中能源消耗的统计和计算，解决诸多过程中碳排放量不明确问题。因此，精准核算碳排放量、继续完善碳交易市场、健全相关政策和法规十分重要。

根据美国能源部数据，2014年美国交通行业的碳排放量由前一年的39%下降至 36%，预期到 2030 年，该数值将继续下降至 27%，其中对该指标贡献最大的是新能源汽车制造企业。2015 年，韩国正式启动碳交易，总计参与碳交易企业超过 450 家，占全国碳排放总量 60%以上，通过积极纳入多种类型行业企业，并制定统一减碳标准，将交通行业碳排放量极大降低，扩大了清洁能源和节能减排技术的投资。

以车企为例，首先，我国碳交易市场上的碳配额分配主要以"历史排放法"为基准，对部分车企，尤其是经过技术更新换代的企业来说缺乏公平和效率，导致其利益受损。其次，汽车生产过程中的碳核查缺乏系统认知和统一标准，导致无法精准核算，碳配额被保守估计。最后，受碳中和目标的影响，大部分车企以发展新能源汽车为主，对全生命周期的碳排放测算处于被动局面，被迫参与碳交易，短期来看势必会对部分车企产生经济损失。因此，提高车企的碳中和管理水平，降低制造成本，推行清洁生产，有助于节能减排，释放企业出售碳配额能力。当节能减排成本高于市场碳价时，又可以从市场上购买碳排放额度，以最低成本节能减排。基于碳排放权交易市场的刺激，企业未来将更加注重制造过程中全生命周期碳管理，如采用绿色环保材料减碳、建设绿色工厂节能减排、优化回收利用便利性降碳、研发新型低碳制造技术等。随着碳交易技术体系的健全，可以预见拥有先进节能技术的企业能够获得更高的碳排放量和更好的品牌声誉，从而获得潜在的政策支持和市场配额，这也为实现车企可持续长远发展提供了可行之路。

12.3 低碳制造

我国是制造大国，自新中国成立以来，制造业对国民经济生产总值的贡献巨大。但是制造业一直以来都是二氧化碳的主要排放源，由于能量密集型产业集聚和高负荷、长时间的工业生产活动，日益严重的环境污染问题也不容忽视。制造业发展必将围绕着绿色发展、节能减排和智能制造做出新的改变，兼顾经济效益和环境效益。在"双碳"目标的约束下，加快产业结构调整、优化能源供给模式、加速高端制造、智能制造的建设是推动制造业低碳转型升级的发展方向。

本节主要对低碳制造发展中常见的低碳能源、二氧化碳捕集和再利用技术进行论述。

12.3.1 低碳能源

低碳能源主要包括太阳能、风能、海洋能、生物质能等，是可以替代化石能源的一种能源类型。高效利用低碳能源可以减少对传统化石能源的依赖，保证能源的安全；发展与低碳能源相关联的绿色低碳技术可以有效推动相关高新产业发展，促进经济发展方式转型升级。

12.3.1.1 太阳能利用

太阳能利用的主要途径可以分为光伏发电技术和光热转换技术。太阳能光伏发电是一种利用太阳能电池板将太阳能直接转换为电能的重要技术。太阳能光热转换技术是通过吸光材料直接收集太阳能，并将其转换为热能的利用技术。

1）太阳能光伏发电技术

太阳能光伏发电是利用太阳能电池板的光伏效应将光能转化为电能的技术，其发电系统主要包含太阳能电池组件、充放电控制器和逆变器等。其中，太阳能电池是最重要的组成部分，由半导体材料制成。当太阳光照射到半导体 PN 结上，形成新的空穴-电子对，受内部电场的吸引，电子流入 N 区，空穴流入 P 区，导致 N 区储存了过剩的电子，P 区有过剩的空穴，因此在 PN 结附近形成与势垒方向相反的光生电场。目前，采用直拉法设计的单晶硅太阳能电池发展较为成熟，是市场占比最高的太阳能电池。此外，还有利用铸造、片状和带状生长技术、化学气相沉积法生产制备的多晶硅电池，采用玻璃衬底生产制造的薄膜非晶硅太阳能电池等（Malinowski et al.，2017）。在科学研究领域，钙钛矿太阳能电池因其高光电转换效率备受关注，通过界面工程、组分调控和结构设计等策略可有效提升钙钛矿电池转换效率；采用界面修饰、添加剂和封装等方法可提高电池的稳定性，当然，这些基础研究结果在工业生产中能否得到有效应用仍需要进一步验证，实现钙钛矿太阳能电池的规模化生产还需要更多的实践来证明。

除了太阳能电池，光伏发电技术应用的基本形式主要可以分为两大类，包括独立发电系统和并网发电系统。独立光伏发电系统属于孤立的发电系统，通常需要加装能量储存和管理设备，满足偏远无电地区的用电需求；并网光伏发电系统不经过蓄电池储能，将电能直接输送到公共电网直接为社会供电，其技术运行和管理成本远低于独立发电系统，已被许多国家优先采用，以期解决未来城市能源供应问题。

此外，太阳能光伏发电技术的重要特点还包括：安装简单，没有转动部件，不产生噪声；建筑可视性好；经久耐用、维修保养费用低；运输方便；各组件的生产成本和系统安装的相关成本在过去几年中大幅下降，有效助推了该技术在全球范围内的普及，让太阳能真正成为传统化石能源的替代品。太阳能光伏发电系统可应用于交通、通信、海洋、气象、家用电源、空间太阳能电站、海洋检测设备、气象观测设备、光伏电站和光伏水泵等领域，将太阳能光伏技术与建筑材料相结合，实现大型建筑的电力自给是未来低碳建筑发展的重要方向。当然，就系统集成方面考虑，太阳能光伏电池板的输出功率易受太阳辐射强度、环境温湿度和灰尘等条件的影响，导致商用光伏电池板的效率仍然相对较低，以合理的价格优势提高光伏电池板的生产规模和转换效率，仍然是未来发展的一个重大挑战。

2）太阳能光热转换技术

太阳能光热转换指通过集热器将太阳辐射能转换成热能加以利用，根据工作温度的不同，可将其分为低温（<80℃）、中温（80～250℃）和高温（>250℃）3种利用方式。平板太阳能集热器和真空管式太阳能集热器等低温光热转换技术的能量转换效率为15%～40%；线性菲涅尔反射器和抛物线槽式集热器等中温光热转换技术的能量转换效率为50%～60%；中央接收器和抛物面聚光集热器等高温光热转换技术的能量转换效率为60%～80%。

目前，太阳能低温热转换技术发展相对成熟，通过太阳能集热器加热水或其他物质，可以实现农业种植、建筑物供暖和生活热水的供应。传统的平板太阳能集热器在温暖的气候条件下工作效率更高。当天气多云多风，环境条件变得不利时，其光热转换效率将会大大降低。与平板太阳能集热器相比，真空管式太阳能集热器可以达到更高的光热转换效率，性能更好、更经济。

中温热转换技术主要应用于海水淡化和工业加热领域。利用线性菲涅尔反射器进行光热转换实现海水淡化可以有效缓解淡水资源紧缺的问题。中温太阳能集热器可以产生高温热水或低温低压蒸汽，利用聚光技术来提高热能品质，与现有的工艺技术集成，可以应用于多种生产场景，如金属工业，主要包括铁、钢和铝的生产，与传统加热系统相比，利用太阳能对金属进行热处理可以降低运营成本，同时保持产品质量；制药工业，通过非聚光太阳能系统提供热量，产生热水和热空气，可满足制药过程不同阶段所需的电能和热能；皮革工业，制革过程由一系列复杂的物理和化学工序组成，需要在关键工序下使用大量的热水，同时进行干燥，太阳能干燥系统的使用可以减少大量常规能源的消耗，达到节能减排的目的。

高温热转换利用即太阳能光热发电。通过将太阳能集中到中央接收器上，从阳光中获取高温热量，传输到熔融盐、水或空气等工作流体中，产生的蒸汽在涡轮机中膨胀，实现电力的转换。与中央接收器和其他太阳能光热转换技术相比，太阳能抛物面聚光集热器具有更高的光热效率。由于太阳辐射易受季节变化和其他不稳定因素的影响，为确保太阳能光热发电系统的稳定运行和太阳能利用最大化，通常需配备储能系统，如锂离子电池储能系统；或利用石油、天然气等化石燃料作备用燃料，实现低成本、高效率光煤互补发电，减少化石燃料的消耗和碳排放。

12.3.1.2 风能利用

太阳光照射地球表面时，不同地质结构吸收光热能力的不同，各地气温不同，导致气压分布不均造成空气流动，进而形成风。作为一种新型可再生能源，风能的可开发性强，风力涡轮机可以在不燃烧的情况下将动能转化为电能，是重要的发电能源之一。利用风力发电可以节省常规化石能源，减少二氧化碳等温室气体排放。

风能发电是利用风力带动涡轮机的螺旋桨叶片旋转，将风的动能转变成机械能驱动发电机发电的过程。随着机械加工技术的发展，风力涡轮机的成本大幅降低，风力发电技术也因此得到了普及运用。根据安装场所的不同，风能转换技术主要有陆地风能转换技术、海上风能转换技术和空中风能转换技术3种。

陆地风能转换技术经过数十年的发展已经趋于成熟。然而，随着陆地可利用面积和陆地风能资源的持续短缺，海上风能利用逐渐成为风能发电发展的趋势。与传统的陆地风能转换技术相比，海上风能转换技术因其风能充足、功率输出大、土地占用率低等优势，而备受关注。由于海洋区域稳定的高风速，且有广袤的区域可安装风力发电场，海上风能资源的潜在发电量更高；陆地风电场不可避免地会占用一些土地资源，可能会对森林或耕地造成破坏，而海上风电场的建立对海洋生物的影响相对较小。当然，海上风能转换设备的安装门槛较高，海上恶劣的自然环境条件使得海上风电设备的运行和维护成本较陆地设备高；且海上风能波动较大，具有明显的间歇性和随机性，风力发电的稳定性难以得到有效控制，同时陆地和海上风能发电技术依靠安装在地面或海面上的风力涡轮机发电，需要搭建塔架和重型设备，能利用风能的高度有限。

高空风力发电机的出现有望解决高空风能利用的问题，通过采用比传统塔式涡轮机更轻的机载系统、更低的制造成本和更快的安装时间，利用电缆将高空更强、更稳定的风能转化为电能，以持续提供电力。空中风能转换技术有两种类型：一种是地面转换，即在地面设置发电机，将风筝连接在轻质高强电缆上，借助风筝在高空的运动产生拉力拉动电缆，再将拉力传递到地面的发电机以转换成电能；另一种是飞行转换，使用机载涡轮发电机，将其放置在机身上，风筝飞行产生电力，通过电缆将产生的电力传输到地面站。空中风能转换技术的空间限制较小，能够保证完全自主飞行且快速反馈，极有可能成为未来风力发电的主流技术。

12.3.1.3　海洋能利用

海洋面积约占地球总表面积的四分之三，海洋能是一种长期可再生的清洁能源，蕴藏量巨大，包括潮汐能、海流能、波浪能、温差能和盐差能等多种形式，具有很好的开发利用前景。

海洋能发电是海洋能利用的主要方式，主要包括潮汐发电、波浪发电和温差盐差发电等。潮汐能发电技术是目前最成熟的海洋能开发技术，利用海水的周期性涨潮和落潮推动水轮机带动发电机发电，这种技术使用寿命长，但发电成本高，发电效率低于常规水电站。除传统拦坝式潮汐能技术，现也开发了开放式潮汐能等新型发电技术，这种技术不需要建筑水坝，对海洋的生态伤害很小。

波浪能是海洋能中另一种主要能源，通过波浪能转换器将波浪所具有的动能和势能转化为电能实现波浪发电。波浪能转换技术大致可以分3种：振荡浮子技术、振荡水柱技术和越浪技术（Wang et al.，2019）。振荡浮子技术是浮标受到海浪的冲击上下振荡或左右摆动，将波动能量传递到液压缸使得流体的压力增加，从而驱动电机发电；振荡水柱技术是在封闭空间中，水柱振荡压缩空气带动空气涡轮发电；越浪技术则是利用波浪将水积聚在高于海平面位置的水库中，产生比周围海水更高的水位，这种势能驱动低水位水轮机发电，此技术装置可以固定安装在海岸上，也可以漂浮在海面上。尽管这些波浪能技术已经进行了长期海试，但是如何在恶劣的海上环境下实现装置长效稳定的工作和能源的高效转化仍有待解决。

温差能即海洋热能，利用海洋表面的温海水与800～1000m深处的冷海水之间的温度差驱动涡轮机发电，主要分开式循环发电技术和闭式循环发电技术两种。开式循环发电技术利用温海水直接作为工作介质，以水蒸气带动电机发电，当蒸汽被冷海水冷凝时，产生淡水，同步实现海水淡化。闭式循环发电技术采用低沸点物质作工作介质，大大简化了装置部件，热转换效率也高于开式循环发电技术。目前，温差能发电技术的研究还处在初级阶段，许多问题如温差较小、能量密度低、传热传质系统如何在低温差下实现高效率仍需要克服。

盐差能是一项新兴的绿色能源，利用淡水与海水之间的浓度差，驱动水轮机发电，整个过程无污染物和二氧化碳排放。目前，基于纳流体离子选择透过膜的反向电渗析技术是实现高效盐差能发电的一种重要途径，该技术可将两种盐溶液混合产生的自由能直接转化为电能，不需要其他辅助设备，通过改进膜材料、间距和结构，来提高技术的功率密度和能源效率。目前，盐差能发电技术的开发仍处于初级阶段，在实际开发利用中仍存在着一定的困难，通过提高盐碱转化效率，降低过程能量损耗，研究具有优异性能的低成本膜和最优的系统设计，同时与其他相关技术协同发展在未来仍有着很大的提升空间。

12.3.1.4 生物质能利用

生物质能是生物体内借助太阳能转化而来的一类可再生清洁能源，直接或间接来自于植物的光合作用，包括农林业生物质、粮食作物、藻类及固体有机废弃物。生物质是唯一可以通过各种物理和化学转化制备液体与气体燃料的可再生能源。生物质能转换技术可分为直接燃烧技术、生物化学转换技术、热化学转换技术和致密化技术（Rathore and Singh，2021）。

生物质直接燃烧技术是最简单的生物质能转换技术，是将生物质作为燃料燃烧，对所产生的热能加以利用，主要包括分层燃烧技术和流化床燃烧技术。直接燃烧的生物质燃烧效率低，造成能源的极大浪费；与化石燃料相比，生物质在理化性质等方面存在着较大的差异，因此对燃烧设备的设计要求较高。

生物化学转化技术是用微生物发酵的方法将生物质能转变成燃料物质，主要包括有氧发酵和厌氧发酵。有氧发酵主要是将糖类原料或淀粉类原料发酵转化为乙醇和其他化学物质；厌氧发酵是从各种生物质原料中回收能源和资源在严格厌氧条件下经发酵而产生气体燃料，如沼气。

生物质热化学转换技术是指在加热的条件下，将生物质热转化为液体燃料或化学物质的技术。常见的热化学转换技术有热解液化、气化和水热液化3种。热解液化是指生物质碳在缺氧或低氧环境下发生裂解，生成生物油和生物炭的过程。与陆地生物资源相比，海洋生物资源丰富，对土地利用的影响小，可作为未来生物质燃料来源。从藻类热解中获得的生物油通常比从木质纤维素生物质中获得的生物油质量更好，有研究证明，用碱式碳酸盐对小球藻和斜生栅藻进行低温热解后获得的生物油具有更好的得率（Ferreira and Soares, 2020）。气化是将固体生物质转化为气体燃料的热化学转化，该过程使生物质完全转化为气体和焦炭，可以进行大规模的生产。水热液化是一种适用于处理生活废弃物和水生生物质等高含水率生物质原料的方法，通过高压水热将生物质转化为生物油，其产物热值高于热解液化。

生物质致密化技术即将生物质压缩成型，如将农林废弃物木屑、稻壳、树枝、秸秆等，在一定压力的作用下压缩成密度较大的棒状、块状等固体燃料的成型技术。在生物质残渣致密化的过程中，原料或残渣材料中的水分在高压下产生蒸汽，将木质素和半纤维素水解为低分子碳水化合物、糖聚合物及其他衍生物，在加热加压时作为胶类物质，使生物质颗粒紧密结合在一起。通过致密化技术将分散的生物质残留物转化为可用的生物质燃料，可以减少生物质残渣的管理、储存、运输和燃烧过程中产生的环境污染问题，是一种高效的可再生能源和清洁能源利用方式。

12.3.2 二氧化碳捕集技术

碳捕集与封存（carbon capture and storage，CCS）技术是指从相关排放源中分离、封存，并长期与大气隔绝二氧化碳。这种技术被认为是大规模减少温室气体排放与减缓全球变暖经济、可行的措施。我国主要能源结构以煤炭、石油、天然气等化石燃料为主导，而化石燃料燃烧势必将向大气中排放二氧化碳，加剧温室效应。因此，利用二氧化碳捕集技术去除工业废气中的二氧化碳或将二氧化碳分离转换为高浓度二氧化碳，最终实现运输、封存和再利用是大规模减少温室气体排放、减缓全球变暖的重要方法。

12.3.2.1 二氧化碳捕集过程

由于工业生产活动中二氧化碳排放方式存在多种形式，针对二氧化碳的捕集过程可以分为"燃烧后捕集"(PCC)、"燃烧前捕集"(PrCC)、"富氧燃烧捕集"(OCC)和"化学链捕集"4种,如图12-3所示。

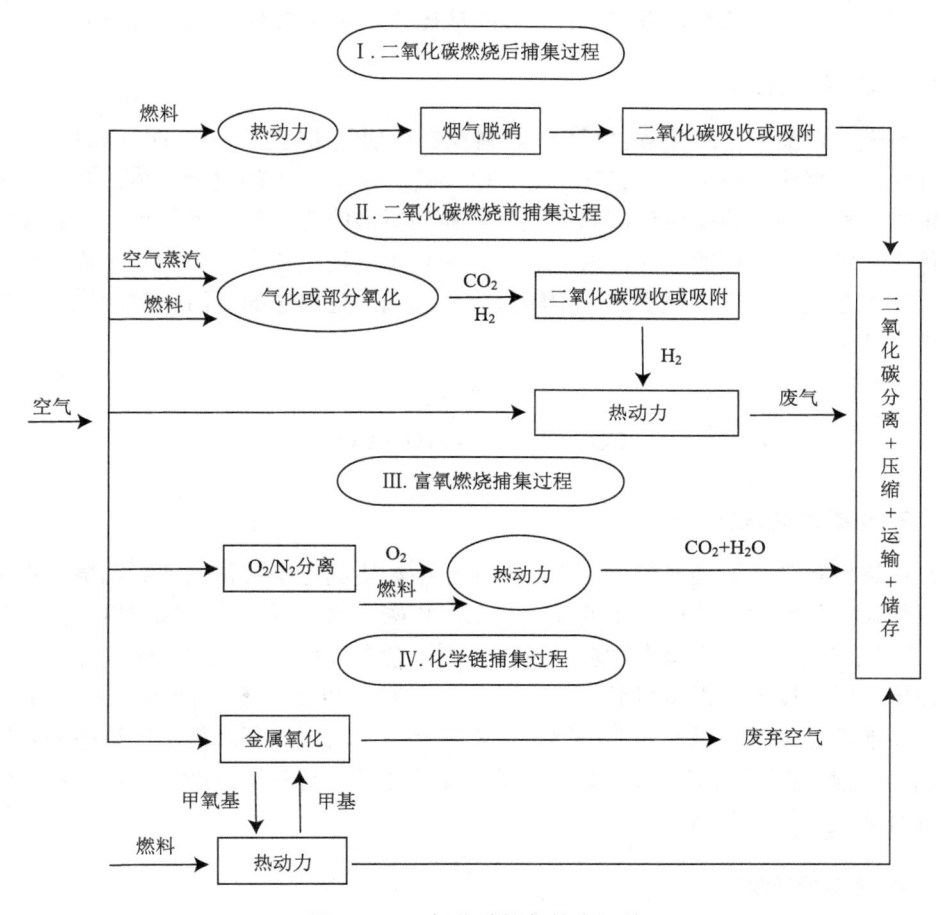

图 12-3 二氧化碳捕集技术汇总

1. 燃烧后捕集

燃烧开始后捕集二氧化碳的过程称为 PCC,是最后处理二氧化碳阶段。该过程旨在从燃烧排放的烟气中提取二氧化碳,是化石燃料工厂及生物质、城市废物和其他废物转化能源工厂优先选择的技术手段。通常在 PCC 中,燃料燃烧后释放蒸汽和烟气(二氧化碳、氮气和水的组合)。当烟气进入 PCC 阶段时,蒸汽用于发电(即用于涡轮机),烟气经过分离,将二氧化碳与氮气和水分离出来。由于它们都是气体分子,因此将二氧化碳从其他组分中精准分离出来具有一定的挑战性。

现阶段最有效的分离方法是吸收、吸附或膜分离系统。此外，燃烧后捕集二氧化碳的另一个挑战是燃烧烟气中的二氧化碳浓度相对较低，因此用于吸附或分离二氧化碳的技术必须具有高度灵敏性，这间接提高了相关成本（Bae and Su，2013）。

2. 燃烧前捕集

在燃烧前捕集二氧化碳过程中，燃料在燃烧前需进行预处理，即低氧水平下，在气化炉中气化，产生富含氢气（H_2）和一氧化碳（CO）的混合气体。随后发生的水汽交换反应，将一氧化碳和水蒸气转换为更多的氢气和二氧化碳。随着混合气体中二氧化碳浓度的增加，通过吸收、吸附等过程更加容易对二氧化碳进行捕集。产生的氢气可以在燃烧过程中转换为水蒸气，是理想的清洁能源，反应过程如下。

$$燃料 \longrightarrow CO + H_2$$

$$CO + H_2O \longrightarrow H_2 + CO_2$$

3. 富氧燃烧捕集

在纯氧条件下燃烧燃料，而不是在空气中燃烧的方法被称为富氧燃烧。由于使用纯氧进行燃烧，烟气的主要成分是二氧化碳、水和 SO_2。常规静电除尘器和烟气脱硫方法可分别去除微颗粒和 SO_2，剩下含有高浓度二氧化碳的气体采用蒸汽发电、压缩技术分离和利用。OCC 的优点是它不涉及二氧化碳分离步骤，并且所产生的部分烟气可以在工厂的锅炉中重复使用，同时显著降低了气体中的含氮氧化物含量。当然，OCC 过程最大的缺点是成本高，富氧环境产生的硫化物气体也容易加剧系统的腐蚀。

4. 化学链捕集

化学链捕集是通过在燃烧过程中引入化学链反应，将二氧化碳转化为其他物质，从而实现二氧化碳的捕集。这种方法目前仍处于实验室研发或小试阶段，尚未大规模应用。

12.3.2.2　二氧化碳捕集原理

根据二氧化碳捕集的原理，二氧化碳捕集方法又可以分为化学吸附法、物理吸收法、物理吸附法、膜分离法、蒸馏分离法等若干类别（表12-2）。

表 12-2 各类二氧化碳捕集方法的优缺点总结

捕集方法	优点	缺点
吸收法	①设备相对简单，技术相对成熟 ②吸收速率快，效率高，选择性强 ③总能耗较低，投资低，吸收效率高（490%）	①吸收剂用量大，在循环过程中需进行补充，试剂要求高 ②吸收剂再生能耗较大
吸附法	①CO_2纯度高，吸附率高，回收率高，不存在污染 ②装置运行稳定可靠	①气体需要增压，脱附需要升温，能耗较高 ②初期投资大
低温蒸馏分离法	①工艺较合理，技术成熟 ②分离产率及纯度较高	①投资大，成本高，工艺复杂 ②适用于高浓度CO_2处理
金属氧化物法	①单位质量小，更加方便 ②吸收率高，产物纯度高 ③吸收剂稳定性好	①易产生粉尘危害 ②实验成本较高
膜分离法	①工艺过程简单，操作简便，可实现高的分离效率 ②一次性投资少，设备紧凑，占地面积小，能耗低	①对原料气要求高，要进行前处理、脱水和过滤 ②得到的产物纯度不高
水合物分离法	①工艺流程简单 ②条件简单，适用范围广 ③气体回收率高，成本较低	①处于实验研究阶段，技术尚未成熟，需要新的技术和更多的研发 ②间歇工艺，耗能较高

（1）化学吸附法：通过添加化学试剂，让烟气中的二氧化碳经过化学反应在吸附剂表面形成强共价键，从而将二氧化碳选择性地吸附到另一材料表面，实现气体分离的过程。

（2）物理吸附法：利用二氧化碳与吸附剂之间存在的范德瓦耳斯力（又称范德华力），选择性地将二氧化碳分子吸附在固体表面，从而实现二氧化碳的捕集。吸附了二氧化碳的吸附剂可根据其吸附机理不同通过特定手段再生，释放出被吸附的二氧化碳，实现吸附剂的可循环利用。为了达到高效吸附二氧化碳的目的，通常化学吸附和物理吸附两者可有机结合。

（3）物理吸收法：利用二氧化碳与其他组分在物理溶剂中的溶解度不同，将二氧化碳分子吸收到另一种材料的本体相中（液相），而分离二氧化碳的方法。比如将烟气排放到特定的液体溶剂（甲醇），利用二氧化碳在溶剂中具有比其他气体更高的溶解度，将二氧化碳吸收到甲醇溶液中分离气相中的二氧化碳，随后通过加热方式释放溶解的二氧化碳。

（4）膜分离法：膜分离法的机理是该膜只允许二氧化碳通过，而排除烟气中的其他成分，这一过程中最重要的部分是由聚合物制成的分离膜。可用于二氧化碳捕集的膜材料可分为聚合物膜、致密金属膜和多孔无机膜。膜分离法设备紧凑，操作简便，但其对原料气要求较高，膜系统的性能容易受到低二氧化碳浓度、低压力等烟气条件的影响。

（5）低温蒸馏分离法：是在极低温度和高压下蒸馏从而实现气体分离的过程。这种方法与其他常规蒸馏过程类似，只是它用于分离气体混合物的组分而不是液体，可用于回收油田伴生气中的二氧化碳。在二氧化碳分离时，将含有二氧化碳的烟气冷却到 $-100 \sim 135℃$，随后将固化的二氧化碳与其他气体分离，然后在 $100 \sim 200 MPa$ 高压下压缩，达到分离效果。利用此方法回收二氧化碳的效率可超过90%，但成本和能耗也高。

（6）金属氧化物法：金属氧化物被用作捕集二氧化碳气体的载体，生成碳酸盐，通过此反应可在高温下逆向进行，因此金属氧化物又可以再生利用。目前，许多低成本的金属氧化物，包括三氧化二铁、一氧化镍、氧化铜等被用作捕集二氧化碳气体的载体。

（7）水合物分离法：利用高压，可将含二氧化碳的废气形成水合物，从而实现二氧化碳选择性与其他气体分离。该方法是基于二氧化碳与其他气体的相平衡的差异，其中二氧化碳比氮气等其他气体更容易形成水合物。相比于其他方法，利用该方法捕集二氧化碳整体能耗小，可低至 $0.57 kW·h/kg$。提高水合物生成速率和降低水合物压力可以提高二氧化碳捕集效率，如在体系中加入四氢呋喃（THF）可进一步促进水合物的形成，提高分离效率。

12.3.2.3 二氧化碳的封存

二氧化碳封存技术指的是将大气中的二氧化碳通过一定方式捕集之后，经过运输，存储在一种特定的地方，利用各种手段将二氧化碳封存再利用的技术。通过将二氧化碳封存起来，可以降低大气中的二氧化碳，减轻温室效应，更有利于实现碳中和目标。

在二氧化碳封存之前，碳存储的第一步是将捕集的二氧化碳运输到适当的存储站点，即二氧化碳与其他烟气成分分离之后，就需要将其运送到储存地点或各设施进行工业利用。二氧化碳运输最理想的方法是地下管道运输，然而这需要一定的基础设施建设。在管道运输不可行的情况下，也可以通过汽车、火车、轮船等进行运输，可靠、安全和经济上可行的运输系统是实现碳封存的重要步骤。

二氧化碳封存方式广泛，目前主流的封存方式有两种：地质封存（GS）和海洋封存（OS）。

地质封存（GS）：通过地质构造来储存二氧化碳，包括深盐含水层、枯竭的油气储层和煤层构造，二氧化碳通常储存在 $800 \sim 7000m$ 的地底深度，储存在不透水的地层中，来防止二氧化碳泄漏。而为防止意外泄漏，增加二氧化碳密度，将高浓度二氧化碳转换压缩为超临界形式是必要步骤。地质封存目前也是封存石油和天然气行业所排放的二氧化碳最理想的解决方案。另一种二氧化碳封存方案是深盐含水层储存。盐碱地层的优点是它们具有非常大的潜在储存量，但这些地层的地质结构并不为人所知，往往需要进一步的勘探才能进行大规模使用。

海洋封存（OS）：海洋面积广阔且具有深度，将捕集的二氧化碳运输到海洋底部进行碳存储自然是理想的选择。尽管海洋封存具有明显优势，但还没有大规模测试其效果。如二氧化碳大规模泄漏，海水中二氧化碳浓度过高，势必将影响海洋生物的生存。

目前，碳排放超标是全球共同面临的一大问题，应对二氧化碳排放所引发的气候变化刻不容缓，而能源需求量仍在不断增长，大量使用化石燃料，产生二氧化碳等气体，是导致全球变暖和气候变化的主要原因。将碳捕集与封存（CCS）技术应用于工业生产预期将减少二氧化碳总排放量的五分之一。尽管这些技术已经取得了一定进展，但未来的研究重点还必须着眼于开发新技术，降低目前的技术成本。同时，枯竭的油气储层或未开采煤层中的二氧化碳封存也可以显著降低二氧化碳储存成本，提高碳氢化合物回收率。当然，地底封存过程仍需要深入研究，以明确深层地下条件和环境的复杂性。二氧化碳捕集和储存也可以扩展到工业生产过程，包括生产甲醇、淀粉等其他有价值的化学原料或食品。

12.3.3　二氧化碳转化技术

二氧化碳作为常温下一种无色无味的气体，是大气中的组分之一（占空气体积的 0.03%～0.04%），将二氧化碳转化为有价值的化学品，使用最多的方法是加氢还原和电化学还原，加氢还原主要是将二氧化碳还原为水和碳或者还原为水和甲烷，而电化学还原则可以在常温常压下将二氧化碳转化为可再生能源，比如水煤气（一氧化碳、甲烷）、乙醇和丙醇等，实现常温常压下的二氧化碳转化通常需要高效的催化剂来降低反应能垒（图 12-4）。

12.3.3.1　二氧化碳转化为尿素

尿素作为一种化学氮肥，是目前使用量最大且含氮量最高的一种氮肥，它的优点就是易于保存并且使用方便。在目前的工业生产中，常用生产尿素的方法是使用液氨和二氧化碳合成尿素，该方法的优势在于原材料价格低廉，产量大且产品纯度高，不足之处是能耗高，需要在高温高压下进行，反应条件苛刻。

在高温高压下，液氨与气态二氧化碳反应生成氨基甲酸铵，该反应迅速且是放热反应，生成的氨基甲酸铵随后可以分解成尿素和水。由于所有的反应都是平衡反应，反应过程中都存在二氧化碳和氨残余，提高二氧化碳转化率或回收未转化的二氧化碳是生产反应过程中需要控制的因素。此外，氨基甲酸铵分解也存在副反应，如二聚体缩二脲。缩二脲主要由尿素高温熔融产生，虽然可以用作高效氮肥料，但其副产物含量过高会导致烧苗，产生农害。因此，在合成的农作物肥料中应尽可能降低缩二脲的含量，防止对农作物幼苗产生危害。

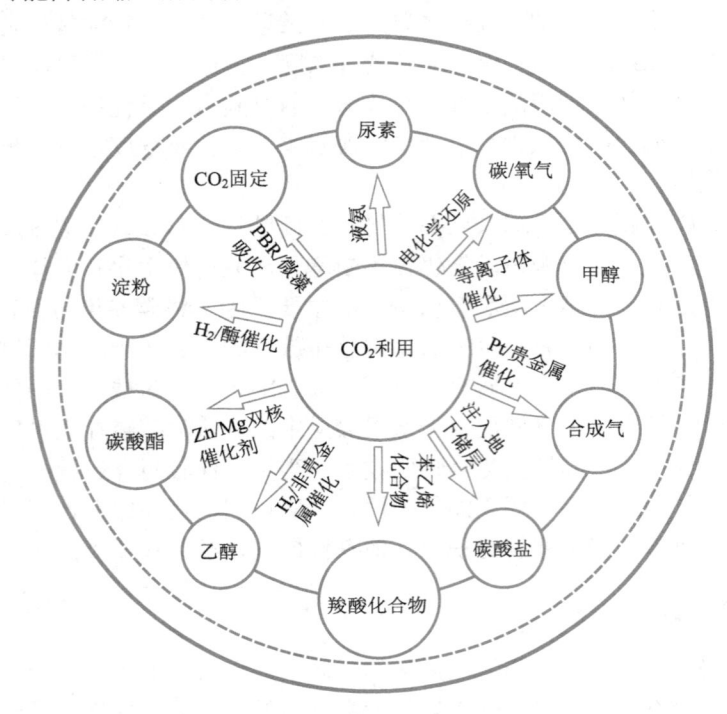

图 12-4　二氧化碳转化技术手段

12.3.3.2　二氧化碳与甲烷干重整制合成气

甲烷是最简单的烃，也是一种十分清洁的能源，它的燃烧产物只有水和二氧化碳，且甲烷的价格便宜。因此，使用甲烷和二氧化碳进行干重整转化成一种合成气是生产清洁、低价能源的可行方法。

干重整是指将二氧化碳和天然气混合转化成一种合成气，这种合成气与单一的二氧化碳和甲烷不同，且可以进一步合成液态燃料和高附加值的化学品。这里主要介绍一种使用铂基贵金属作为催化剂来使甲烷和二氧化碳催化重整的方法（Alper and Orhan，2017）。该反应属于非均相反应，即反应物与催化剂不处于同一物态，反应物为气态，而催化剂则是固态金属。在催化重整过程中，二氧化碳和甲烷吸附在催化剂的不同位置，其中甲烷主要吸附在铂上，而二氧化碳则吸附于金属 ZrO_2 的表面。在催化剂的作用下，甲烷发生降解，部分氢原子被解离出来形成氢气，剩下的产物为 CH_x。同时，二氧化碳和甲烷在催化剂表面形成的碳酸盐被 CH_x 还原成了甲酸盐和一氧化碳，而甲酸盐可以进一步降解为 CO 和 OH，二者均可以解吸为水或者进一步反应。因此，干重整得到的合成气体中包含氢气和一氧化碳在内的可燃气体，进一步控制反应条件和设计催化剂可以制备合适配比的 CO/H_2 合成气。目前，干重整的最大问题就是甲烷在解离时会产生丝状焦炭，这些焦炭会吸附在催化剂的表面，阻碍重整反应的进一步进行。此外，贵金属催化剂的成本高，过渡金属催化剂的反应效率和稳定性需要进一步提升。

12.3.3.3 二氧化碳氢化反应室温合成甲醇

制备甲醇的方法有很多种，可以用天然气、烷烃类化合物制备甲醇。工业上使用一氧化碳合成甲醇的方法相对成熟，但由于二氧化碳十分稳定，其化学式中碳氧双键的键能很高，要将二氧化碳作为一种原料合成甲醇需要打断碳氧双键，这对反应设备和合成条件的要求很高。因此，高效、低廉的二氧化碳转化合成甲醇的方法仍然处于发展阶段，这里介绍一种能够在大气压下和常温下将二氧化碳和氢气转化合成甲醇的方法（Wang et al.，2018）。

采用等离子体（由原子被电离后产生的正负离子形成的物质状态）催化的方法可实现常温常压下合成甲醇。在这个过程中，最重要的是如何设置等离子体装置，这对于甲醇的生产有着巨大的影响。具有特殊电极设计的介质阻挡放电（DBD）反应器在提高 CO_2 转化率和甲醇产率方面表现出极佳的反应性能。此外，采用等离子体-催化剂偶联设计可进一步提高 CO_2 的转化率、甲醇的得率和浓度。由于采用了特殊的水冷 DBD 反应器，在常压、室温条件下，可实现 CO_2 的高选择性加氢，为降低催化 CO_2 氢化反应的反应动力学和减少设备成本提供了新途径。

12.3.3.4 二氧化碳加氢制备乙醇

中国具有几千年的酿酒文化，而白酒中的基本化学成分就是乙醇。制备乙醇的方法包括发酵法和合成法。现有的发酵法就是以酿酒工艺为基础发展起来的。发酵法是以含有淀粉、纤维素、葡萄糖等成分的植物、水果等为发酵原料，经过蒸煮、糖化、无氧环境下发酵等工艺制备乙醇。合成法是基于现代化学工业发展起来的化学合成法，是以煤炭石油裂解产生的乙烯为原材料，经过加工处理转化成乙醇。合成法分为直接水合法和间接水合法，直接水合法是在有机磷等催化剂存在的条件下，乙烯和水蒸气通过高温和高压直接进行加成反应。此工艺操作简便，但对原料气体中的乙烯的纯度有一定要求（通常需达到 98%以上）。间接水合法也叫硫酸水合法，是将硫酸与乙烯通过加成反应，得到硫酸氢乙酯，然后水解为乙醇和硫酸，本方法无须对原料气体进行提纯，且装置简单，但不足之处在于酸性环境会对设备产生腐蚀。

除了上述两种方法，工业上还有一种联合生物加工生产乙醇的方法。其基本过程和发酵法一样，都是以粮食作物为原材料。使用联合生物加工法，可以减少预处理、提高酶活力、提高产品收率、减少中间环节等，进一步降低生产成本。且生物合成技术不涉及生产和分离纤维素酶，它将糖化和发酵结合在一个由微生物控制的反应系统中，具有便捷性。使用粮食为原料制备乙醇虽然可以缓解不可再生资源短缺带来的压力，但是大量使用这类方法产生的后果就是粮食供应短缺。

12.3.3.5 二氧化碳电化学还原为碳

将二氧化碳还原为碳和氧气的想法源于人们对火星的探索，火星空气主要由90%以上的二氧化碳和少量的氮气组成，因此，想要实现星际移民的构想，就需要从二氧化碳分解入手，将其还原成氧气和碳是最理想的方式。近年来电化学催化的发展，证明了在含碳酸盐的熔融盐中可电解获得碳，即CO_2可以通过熔融盐电解质中碳酸盐离子的电化学还原间接转化为碳。在密闭的无氧环境下，碳既可以作为氢气的替代品，也可以从火星土壤的氧化物中提炼出金属。例如，以钛板为阴极，以铂箔为阳极，以熔融态下的氧化锂为电解液，将二氧化碳通到阴极附近，二氧化碳与解离的氧负离子结合形成碳酸根离子，后者在阳极附近失去电子，从而形成氧气，而碳酸根离子在钛板上得到电子生成碳（Li et al., 2016）。

12.3.3.6 二氧化碳矿化处理

二氧化碳矿化是一种减排策略，即利用天然存在的矿石与二氧化碳进行碳酸化反应，得到稳定的碳酸盐来储存二氧化碳。目前，利用碱性固体废物矿化处理二氧化碳被认为是较有潜力的处理手段，其不仅有利于固定二氧化碳，延缓全球变暖，还可以再次利用反应后的碱性固体废物，达到回收再利用的目的。据统计，现在通过直接或者间接对CO_2进行矿化处理，每年可以减少 4.02Gt 的二氧化碳排放，相当于全球CO_2排放量减少了 12.5%。另外一种二氧化碳矿化的方法就是将高浓度二氧化碳储存到地下，通过矿化作用，二氧化碳被转化成碳酸盐矿物。通常情况下，至少需要几百年、甚至上千年才能完成天然矿化作用，达到稳定保存二氧化碳的目的。但据报道，在冰岛的 CarbFix 储层中，仅仅花了不到两年的时间就成功将 95%的二氧化碳转换为岩石，如此方法能够规范化推广将大大加速碳中和进展（Matter et al., 2016）。在地质中储存CO_2最大的问题就是气体泄漏，因此，需要评估地质层的安全性和CO_2泄漏的可能性。目前，使用最多的是通过储层中的CO_2流体-岩石反应实现的矿物碳酸化（即CO_2转化为碳酸盐矿物）将泄漏风险降至最低。另外，传统CO_2储层中富钙、富镁和富铁硅酸盐矿物含量少，将CO_2转化成碳酸盐矿物的能力有限，现在比较好的做法就是将CO_2注射到富含钙镁铁的玄武岩中，提高二氧化碳的转化率。为了解决储层深度不够导致CO_2泄漏的问题，将 CO_2 溶解在流动的水中，保证水中 CO_2 的浓度低于对应储层中的最大溶解度，这样就能尽可能地避免 CO_2 泄漏带来的危险。

12.3.3.7　二氧化碳转换为聚碳酸酯

聚碳酸酯是含有碳酸酯基的高分子聚合物，是一种强韧的热塑性树脂，目前主要使用熔融酯交换法（即双酚 A 和碳酸二苯酯通过酯化和缩聚反应合成）来合成聚碳酸酯。

将二氧化碳与环氧化物共聚制备聚碳酸酯是一种可行的方法。目前，工业上主要采用该方法合成低摩尔比聚碳酸酯，而通过二氧化碳与环氧化物的开环反应生成高摩尔比的聚碳酸酯，但由于其本身具有的脆性及较低的断裂伸长率暂时无法大规模生产。为了提高高摩尔比聚碳酸酯的性能，采用高活性的有机金属催化剂与生物基 ε-癸内酯、氧化环己烯和二氧化碳一锅煮法合成聚合物，其中，CO_2 和环氧化物在催化剂的作用下发生了开环反应生成了聚碳酸酯，紧接着，聚碳酸酯与聚酯合成了三嵌段聚合物，改善了高摩尔比聚碳酸酯的脆性和断裂伸长率（Sulley et al., 2020）。

12.3.3.8　其他二氧化碳转化利用途径

众所周知，淀粉是粮食最重要的成分，是一种重要的能源储存物质，最常见的合成方法就是通过植物的光合作用，在叶绿体中将 CO_2 通过生物化学途径合成淀粉，但生物体内理论能量转换效率仅为 2%左右。稻米、玉米、马铃薯、红薯等农作物中的淀粉合成都需要占用大量土地、消耗大量淡水及肥料等，因此，如果可以找到一种快速的人工合成淀粉的方法，替代传统的种植过程，无疑将极大提高生产效率，缓解粮食危机和气候变化。2021 年，我国科学家经过多年攻关，首先采用一种化学催化和生物催化联合体系，实现了"光能-电能-化学能"的能量转变，成功探索了一条从二氧化碳到淀粉合成的人工反应途径（Cai et al., 2021）。

微藻是一类能够进行光自养的单细胞微生物，不仅具有快速增殖的能力，而且可以吸收周围的 CO_2，然后将其转化为复杂的有机化合物。因此，培养大量微藻用于吸收各种工业废气中的 CO_2 对于缓解温室气体排放增加引发的全球温室效应有显著的增益作用。目前，最重要的培养微藻的方法就是设计合理的光生物反应器（photobioreactor，PBR）。PBR 是微藻培养的重要设备，能够为微藻生长提供合适的条件，如光照、碳源、营养素、pH 和温度。空气中的二氧化碳只有溶解在微藻悬浮液中才能被转化利用。在 PBR 中，利用良好的光源和反应器配置，PBR 可以有效地促进微藻的生长。将微藻的生物效应与其他碳捕集手段结合也被证明是工厂降低生产成本和控制温室气体排放的可行方式。

参 考 文 献

陈亚男, 汪国军, 孙振清. 2015. 低碳校园评价指标初探. 能源研究与管理, (1): 95-97.

毛学东. 2010. 高校低碳校园建设的几点思考. 中国高等教育, (13): 39-40.

赵彦龙. 2010. 关于低碳校园建设的若干问题研究. 会计之友, (26): 42-43.

Alper E, Orhan O Y. 2017. CO_2 utilization: developments in conversion processes. Petroleum, 3(1): 109-126.

Bae J S, Su S. 2013. Macadamia nut shell-derived carbon composites for post combustion CO_2 capture. International Journal of Greenhouse Gas Control, 19: 174-182.

Cai T, Sun H, Qiao J, et al. 2021. Cell-free chemoenzymatic starch synthesis from carbon dioxide. Science, 373(6562): 1523-1527.

Ferreira A F, Soares D A P. 2020. Pyrolysis of microalgae biomass over carbonate catalysts. Journal of Chemical Technology and Biotechnology, 95(12): 3270-3279.

Li L X, Shi Z N, Gao B L, et al. 2016. Electrochemical conversion of CO_2 to carbon and oxygen in $LiCl-Li_2O$ melts. Electrochimica Acta, 190: 655-658.

Malinowski M, Leon J I, Abu R H. 2017. Solar photovoltaic and thermal energy systems: current technology and future trends. Proceedings of the IEEE, 105(11): 2132-2146.

Matter J M, Stute M, Snæbjörnsdottir S Ó, et al. 2016. Rapid carbon mineralization for permanent disposal of anthropogenic carbon dioxide emissions. Science, 352(6291): 1312-1314.

Rathore A S, Singh A. 2022. Biomass to fuels and chemicals: a review of enabling processes and technologies. Journal of Chemical Technology and Biotechnology, 97(3): 597-607.

Sulley G S, Gregory G L, Chen T T D, et al. 2020. Switchable catalysis improves the properties of CO_2-derived polymers: poly (cyclohexene carbonate-b-ε-decalactone-b-cyclohexene carbonate) adhesives, elastomers, and toughened plastics. Journal of the American Chemical Society, 142(9): 4367-4378.

Wang L, Yi Y, Guo H, et al. 2018. Atmospheric pressure and room temperature synthesis of methanol through plasma-catalytic hydrogenation of CO_2. ACS Catalysis, 8(1): 90-100.

Wang Z W, Carriveau R, Ting D S K, et al. 2019. A review of marine renewable energy storage. International Journal of Energy Research, 43(12): 6108-6150.